提炼数据内涵，
回归数学精髓，
提升教学质量。

张景中 2019年10月

丛书主编　方海光

中小学教育大数据分析师系列培训教材

数据驱动的智慧教育

数据驱动的教育研究

数据驱动的学校决策

楚云海 | 主编　薛树树　李欢 | 编

电子工业出版社

Publishing House of Electronics Industry

北京·BEIJING

未经许可，不得以任何方式复制或抄袭本书之部分或全部内容。
版权所有，侵权必究。

图书在版编目（CIP）数据

数据驱动的教育研究．数据驱动的学校决策／楚云海主编；薛树树，李欢编．—北京：电子工业出版社，2020.9

中小学教育大数据分析师系列培训教材

ISBN 978-7-121-39460-7

Ⅰ．①数… Ⅱ．①楚… ②薛… ③李… Ⅲ．①数据处理－中小学－师资培训－教材 Ⅳ．① TP274

中国版本图书馆 CIP 数据核字（2020）第 158314 号

责任编辑：张贵芹　文字编辑：仝赛赛
印　　刷：北京天宇星印刷厂
装　　订：北京天宇星印刷厂
出版发行：电子工业出版社
　　　　　北京市海淀区万寿路 173 信箱　　邮编 100036
开　　本：787×1092　1/16　　印张：31.75　　字数：660.4 千字
版　　次：2020 年 9 月第 1 版
印　　次：2020 年 9 月第 1 次印刷
定　　价：140.00 元（全 4 册）

凡所购买电子工业出版社图书有缺损问题，请向购买书店调换。若书店售缺，请与本社发行部联系，联系及邮购电话：（010）88254888，88258888。

质量投诉请发邮件至 zlts@phei.com.cn，盗版侵权举报请发邮件至 dbqq@phei.com.cn。

本书咨询联系方式：（010）88254510，tongss@phei.com.cn。

丛书主编：方海光

本书主编：楚云海

本书编写者：薛树树　李　欢

指导专家委员会

指导专家委员会成员：

黄荣怀	北京师范大学	荆永君	沈阳师范大学
李建聪	教育部教育管理信息中心	赵慧勤	山西大同大学
王珠珠	中央电化教育馆	杨俊锋	杭州师范大学
李　龙	内蒙古师范大学	李　童	北京工业大学
王　素	中国教育科学研究院	纪　方	北京教育学院
余胜泉	北京师范大学	郭君红	北京教育学院
刘三女牙	华中师范大学	徐　峰	江西省教育管理信息中心
顾小清	华东师范大学	高淑印	天津市中小学教育教学研究室
尚俊杰	北京大学	陈　平	南京市电化教育馆
魏顺平	国家开放大学	黄　艳	沈阳市教育科学研究院
曹培杰	中国教育科学研究院	罗清红	成都市教育科学研究院
胡小勇	华南师范大学	杨　楠	北京教育科学研究院
李　艳	浙江大学	李万峰	北京市通州区教师研修中心
张文兰	陕西师范大学	马　涛	北京市海淀区教育科学研究院
蔡　春	首都师范大学	石群雄	北京教育学院丰台分院
方海光	首都师范大学	卢冬梅	天津市和平区教育信息中心
张　鸽	首都师范大学	陕昌群	成都市教育科学研究院
鲍建樟	北京师范大学	李俊杰	北京教育学院丰台分院
陈　梅	内蒙古师范大学	管　杰	北京市第十八中学
梁林梅	河南大学	顾国齐	OKAY智慧教育研究院
杨现民	江苏师范大学	楚云海	伴学互联网教育大数据研究院
肖广德	河北大学		

序 一

近年来，大数据、人工智能等技术在教育管理变革、学习模式变革、教育评价体系变革、教育科学研究变革等方面的作用日益凸显。国家高度重视教育大数据的发展，鼓励教师主动适应信息化时代变革。2018年1月，《中共中央国务院关于全面深化新时代教师队伍建设改革的意见》明确提出，"教师要主动适应信息化、人工智能等新技术变革，积极有效开展教育教学"。2018年4月，教育部印发《教育信息化2.0行动计划》，指出要深化教育大数据应用，大力提升教师信息素养。2018年8月，教育部办公厅印发通知，启动人工智能助推教师队伍建设行动试点，将探索应用大数据支持教师工作决策、优化教师管理作为重要试点内容。2019年3月，教育部印发《关于实施全国中小学教师信息技术应用能力提升工程2.0的意见》，强调大数据、人工智能等新技术的变革对教师信息素养提出了新要求，教师需要主动适应新技术变革。

当前，随着新技术的不断涌现与发展，很多原有的教育理论都迸发出了新的火花，大数据、人工智能等技术与教育的深度融合，将促进我们加快发展伴随每个人一生的教育、平等面向每个人的教育、适合每个人的教育、更加开放灵活的教育。教育大数据可以让教师读懂学生，让教育教学更加智慧，让教育研究更加科学。教育大数据可以让管理者读懂学校，由"经验式"决策变为"数据辅助式"决策，推动教育、教学、教研、管理、评价等领域的创新发展。

我认识方海光教授好多年了，启动丛书的策划工作时，海光还提出，希望请重量级人物来担纲主编，但我不这么认为。我觉得像他这样的中青年学者已经成长为学科发展的一线主力，理应主动承担起更大的责任。这套丛书的出版确实也让我有眼前一亮的感觉。丛书内容丰富、形式新颖，根据学校的不同角色分成了五个系列：教育大数据——迈向未来学校的智慧教育、数据驱动的技术基础系列、数据驱动的智慧学校系列、数据驱动的智慧课堂系列和数据驱动的教育研究系列。丛书符合中小学教师信息技术应用能力提升工程2.0的要求，相信将在各级单位信息化领导力培训、信息化教学创新培训、数据能力素养培训等工作中发挥重要作用，能够为教育管理者的数据智能决策提供帮助，为教师教育的研究者提供参考，更值得广大的学校管理者、教师阅读和学习。

希望这套丛书的出版能够促使教育大数据更好地助推教育教学改革和培训教研改革，引领中小学教育的整体变革，进而推动教育的跨越式发展。

华东师范大学教授 任友群

序 二

国家教育现代化和智慧教育示范区的建设都强调了教育大数据的应用方向，教育大数据中心建设和区域数据互联互通成为当前教育信息化的发展重点。

从我国教育信息化的发展趋势来看，基础环境和资源建设与应用快速推进，师生信息化应用能力和水平显著提升。信息化不断发展带来知识获取方式和传授方式、教与学关系的革命性变化，很多学校面临知识的体系化建设阶段。在大数据和人工智能的环境下，我们面临很多新的问题：如何建设学校的知识体系？如何指导学生的学习过程？学习过程的数字化带来了更多的大数据，人工智能的数据处理引擎带来了更复杂、更精准的应用场景，更自然、更贴近人们日常生活的人机交互带来更直观的体验。各种教育大数据和人工智能应用层出不穷，学校的选择空间很大，但是在此之前，我们必须对学校的定位和自身需求有一个明确的认识：学校为什么需要教育大数据？教育大数据能帮学校做什么？学校是否需要转变应用数据的思维方式？

实际上，教育大数据并不神秘，它一直伴随着数字校园、智慧教室学习环境的建设，学习空间的应用，在线教育的发展等。教育大数据具体可以应用于精准教学、学情分析、精准管理、科学决策、学生生涯成长过程记录、学校数据统一优化。未来学校和智慧教育示范区的建设离不开教育大数据，教育大数据的应用也离不开管理者和师生对它的认识和理解，这些都是产生信息化价值的重要基础。

为了服务新时代大数据、人工智能等技术带来的教育变革需求，促进广大教育工作者深入理解和学习有关教育大数据应用的价值和知识，这套丛书应运而生。这套丛书内容全面、新颖，案例丰富且适合实践，可供关注教育大数据和教师培训的研究者和实践者使用，更值得关注未来学校发展和教师队伍建设的学校使用，也期待丛书能根据使用情况和技术的发展，愈加完善。

北京师范大学教授 黄荣怀

序 三

以人工智能为代表的新一代信息技术对教育的发展具有重要影响，国家高度重视智慧教育的发展，希望加快人工智能在教育领域的创新应用。利用智能技术支撑人才培养模式的创新、教学方法的改革、教育治理能力的提升，构建智能化、网络化、个性化、终身化的教育体系，是推进教育均衡发展、促进教育公平、提高教育质量的重要手段，这也是实现我国教育现代化的重要动力和有力支撑手段。

对于学校，数据将会成为学校最重要的资产，这是教育大数据生态的基石。学校将是一个教育大数据中心，能够实现多层面数据价值的共享。对于课堂，数据的核心价值是形成闭环，并通过这种闭环迭代，使学生的学习效果越来越接近预期目标。如何迎接新时代教育大数据的挑战是学校面临的问题，本套丛书旨在帮助学校应用教育大数据，探索基于数据的思维转变过程，掌握应用教育大数据进行教育创新的方法。

本套丛书采用了新颖的内容组织形式，各册均采用扁平化组织，只有章的结构，没有节的结构。各章的结构要素包括知识检查点、能力里程碑、核心问题、问题串、活动。其中，知识检查点是知识检查的基本单元，能力里程碑是任务完成的标志性能力。各章通过核心问题引发学习者思考，以系列问题串组织内容，引导学习者通过评估性问题和反思性活动进行探究，实现知识学习和能力提升的演化过程。活动包括自主活动、小组活动和评价活动。在自主活动中，学习者首先对本章内容进行反思，反思在平时的教育实践中是否出现过类似的问题或现象等，然后写个人心得，结合本章内容阐述在以后的教学实践中可以有怎样的举措。在小组活动中，集体讨论本章所学内容，然后各抒己见，思考如何改善教学质量，属于小组层面的交流。评价活动用于评价和检测，不仅适用于参加教师培训的教师、教育管理者，还适用于不参加培训的广大学习者。这三个活动的设置符合研修的典型特征，每个活动都有一个聚焦的主题，不限定具体的活动内容，有利于组织者安排工作，根据实际的需要展开活动，也适合学习者的自主学习、反思。

本套丛书共分为五个系列，它们分别是：教育大数据——迈向未来学校的智慧教育（全1册）、数据驱动的技术基础系列（全4册）、数据驱动的智慧学校系列（全4册）、数据驱动的智慧课堂系列（全4册）、数据驱动的教育研究系列（全4册），共计17册。本套丛书的任何一册都可以单独组成8～12学时的培训课程，又可以以系列教材为主题组成培训主题单元模块。本套丛书既适用于国家层面、各省、各市、各区县级、各级各类学校进行有组织的教师教育和培训活动，又支持一线教师、教研员、管理者、研究者及教育服务人员的自主学习，还适合大学、研究生及高校教师进行参考和学习。本套丛书难免存在各种问题和不足，恳请各位同仁不吝赐教！

方海光

首都师范大学

前 言

互联网的蓬勃发展成就了像亚马逊、苹果、谷歌、Facebook 这样的世界级企业,也催生出像阿里巴巴、腾讯、字节跳动、百度这样的中国"独角兽"。2019 年的世界人工智能大会上,中国科技部把好未来作为建设"智慧教育"的国家新一代人工智能开放创新平台,以应用需求为牵引,促进人工智能在教育领域的技术创新和生态建设。

人工智能、大数据、云计算都属于技术创新,正确看待新型技术给学校教育带来的新变化,不仅要看到技术对于学校管理决策过程的直接影响,还要看到其产生的更大的社会影响。

本书采用问题式学习(Problem-Based Learning,PBL)的方式,围绕学校数据、决策支持系统、大数据 BI、联想网络指标建构、智能决策过程等实际问题,按照数据驱动下的智能决策的六个阶段依次展开论述。

第一章以五个问题为导向展开论述,阐明了数据驱动下的学校智能决策及过程。第二章通过四个问题阐述了数据收集阶段需要做什么,怎么做,为什么做。第三、四、五章阐述了活动设计阶段、选择决策阶段和评价修正阶段的具体工作内容,通过不同的层面让读者了解到决策者做决策时需要考虑的问题。第六章通过三个问题阐述了智能引领决策在未来智慧教育中的重要性。

本书作为中小学数据研究系列教材,对数据如何驱动学校决策进行了较为全面的阐述。希望本书能够对中小学教育工作者及教育研究者有所帮助。

在本书的策划及编写过程中,承蒙首都师范大学方海光教授的不断鼓励支持,在此表示感谢。同时,特别感谢团队成员薛树树、李欢、汪时冲和刘嘉琪的奉献和付出。此外,对本书的编辑全赛赛及电子工业出版社的相关工作人员,表示由衷的感谢。最后,还要感谢父母、妻子及女儿的默默付出。

由于水平有限,书中难免有疏漏和不足之处,敬请广大读者不吝赐教!

楚云海

伴学互联网教育大数据研究院院长

目 录

第一章 审时度势，变革转型——数据驱动决策 / 001

002　问题一：学校数据的概念、分类和产生场所分别是什么？

006　问题二：学校数据与智能决策的关系是什么？

009　问题三：何为学校数据 DSS 与学校数据 BI？

011　问题四：如何通过顶层设计让学校数据为学校创造价值？

013　问题五：如何设计学校数据的智能决策流程？

第二章 运筹帷幄，集成整合——数据收集阶段 / 017

018　问题一：进行数据采集时参考的指标和注意事项有哪些？

023　问题二：使用哪些技术对数据进行采集？

027　问题三：如何对采集到的数据进行分类？

029　问题四：如何对数据进行预处理？

第三章 决策利器，技术助力——活动设计阶段 / 034

035　问题一：数据与建模的关系是什么？

036　问题二：如何将数据图形化？

039　问题三：如何将数据表格化？

041　问题四：如何依据相关性做数据建模？

048 　问题五：如何依据聚类做数据建模？

052 　问题六：如何依据时间序列做数据建模？

第四章　科学分析，因情制宜——决策实施阶段 / 057

058 　问题一：如何选择决策方案？

063 　问题二：如何实施决策？

067 　问题三：如何提升校长的决策能力？

第五章　追本溯源、灵活应变——评价修正阶段 / 073

074 　问题一：如何开展以价值观为导向的决策评价活动？

076 　问题二：评价的层次有哪些？

077 　问题三：如何进行决策修正？

078 　问题四：决策的初衷是什么？

第六章　远瞻未来，前行不辍——智能引领决策 / 081

082 　问题一：学校数据对教育未来的影响有哪些？

084 　问题二：大数据时代学校如何迎接未来？

086 　问题三：如何聚焦应用，做到智能决策？

参考资料 / 089

第一章 审时度势，变革转型——数据驱动决策

本章学习目标

在本章的学习中，要努力达到如下目标：
- ◆ 能够描述学校数据的概念、分类及来源（知识检查点1-1）。
- ◆ 了解数据决策价值模型（知识检查点1-2）。
- ◆ 能够描述并区分学校数据DSS与学校数据BI（知识检查点1-3）。
- ◆ 能够灵活运用学校数据顶层设计方法（能力里程碑1-1）。
- ◆ 能够掌握数据驱动下的智能决策过程的六个阶段（能力里程碑1-2）。

本章核心问题

为什么学校在做决策的时候需要根据数据进行判断？建构指标对于决策有什么帮助？数据驱动下的智能决策过程是什么？

本章内容结构

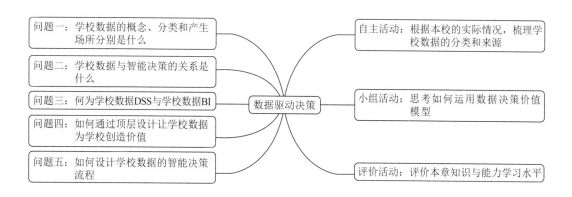

引 言

当今管理面临的巨大挑战之一就是数据的日益增多,这些数据通常被称为大数据。IBM（International Business Machines Corporation）的最近一项研究表明,大数据或大数据爆炸是主要的业务挑战。大数据爆炸的主要驱动力是整个社会的不断数字化。学校作为社会中的育人场所,必然也身处数据大爆炸之中。

面对这一情况,有的人反应快,并且适应了,有的人反应过来了,但还没有适应,有的人至今还没有反应过来。不过,这都不重要,因为时间会证明一切。在过去的10年里,人类的数据存储能力、数据分析能力都在飞速提升,这就是摩尔定律的蝴蝶效应。随着大数据的不断产生,如何运用这些数据是最为重要的问题。商业界鼎鼎有名的麦肯锡的研究证明了此观点。他发现,在营销中,人们正试图从不断增长的、可利用的数据中费力地获取对客户的了解,其中一个重要原因是缺乏对数据的分析,以及让这些数据创造价值的知识和技能。

问题一：学校数据的概念、分类和产生场所分别是什么？

大数据技术是继云计算、物联网之后的又一项颠覆性技术,从传统数据库技术到大数据技术,看似只是简单的技术演进,但细细考究不难发现,两者的内在本质已然不同,随之而衍生出来的数据科学、数据分析、数据决策、数据思维等领域更是在逐渐颠覆传统的数据管理模式。

一、学校数据

教育大数据是近年来出现的新名词,是教育产业和大数据结合的产物,对教育产业的发展起着巨大的推动作用。与此同时,教育大数据与人工智能技术的结合可以逐步实现教育管理智能化、学校决策协同化、课堂教学精准化、教学资源均衡化和学生发展个性化。

学校数据特指学校产生的教育数据,即整个教育活动过程中所产生的数据及根据教育需要采集到的、一切用于教育发展并可创造巨大潜在价值的数据集合。学校数据产生于各种教育活动,包括教学活动、教育科研、资产设备管理、安全管理、课程设置等。

学校数据的特征主要表现在以下四个方面。

1. 学校数据的多样性

由于教育本身具有复杂性,学校数据的来源非常广泛。对学生而言,它既有以新媒介为载体的行为数据、线上交互数据等过程性数据,也有传统的测试、调查、评价等阶段性数据,甚至还有餐饮消费、图书借阅、自习室预定、上机查找资料等校园生活的记录性数据。对教师而言，学校数据既有教育管理中涉及的学生家庭情况、学生健康情况、教职工基本情况、学校基本情况、财务信息等基础性数据，也有个人在科学研究中生成的课程资源、论文、社团活动、科研设备管理、耗材管理等记录性数据。

2. 学校数据的特殊性

由于教育具有目的性，学校数据虽然来源广、数量大，但仍以具有教育价值的数据为主。教育活动过程中会产生大量无意义的噪声数据，需要根据教育目的进行数据过滤与数据整理（也叫做数据预处理），为后期挖掘与分析数据、发现数据潜在的教育价值做准备。

3. 学校数据的驳杂性

在建设数字校园"三通两平台"的过程中，由于校领导和教师分管不同的业务，不同部门、不同职位的教师以自身的业务需求为中心，各管理部门之间缺乏有效的沟通和组织协调机制，数字校园的各个平台随着需求的变化不断完善，但平台建设技术标准滞后、缺少信息化的统一部署、规划和顶层设计，导致中小学数字校园、智慧校园的建设出现了"信息孤岛"问题。数据标准无法统一，平台之间的信息无法互通，这些都是学校数据驳杂性的体现。

4. 学校数据的创造性

大数据使教育充满了无限可能，而无限的可能需要教师本身乃至学校具有打破常规教学思维的勇气和胆量、决心和魄力、耐心和毅力，创造属于自己的可能。

二、学校数据的分类

学校数据有多种分类方式。

从数据的技术属性来看，可以分为四类，分别是课堂中产生的交互数据（如教师言语、学生言语、情感、动作等）、互联网上的在线教育数据（如在线作业系统、管理平台、智慧课堂类应用 App 等）、各种纸质媒介承载的数据（如练习、考试、调查问卷等）及各种活动场所产生的感知数据（如一卡通、物联网、VR、AR、支持人脸识别的视频监控等）。

从数据的业务属性来看，分为教学类数据、管理类数据、科研类数据和服务类数据。

从数据的格式属性来看，分为结构化数据和非结构化数据。结构化数据是指人们能够预定义的数据类型，可以用二维表来对结构化数据进行存储，比如学生的学籍信息、教师的职工信息、学校的课程信息等。非结构化数据则是不规则或者不完整的，事先没有预定义的数据类型，比如文档、图片、视频和音频格式的数据，这种数据格式不适合用二维表结构的数据库存储，一般都用非结构化数据库存储，比如 NoSQL、HBase、MongoDB、Bigtable、Dynamo 等。

三、学校数据的产生场所

由于学校数据本身的复杂性，数据采集工作难度很大，可以通过其产生场所来确定数据来源。如图1-1所示，从数据产生的场所来看，学校数据的来源主要集中于各类教室和各类活动场所，包括普通教室、专业教室、办公室、体育活动场所、心理咨询室、德育展览室、图书馆、食堂、财务室、医务室、公共活动区域和其他场所。

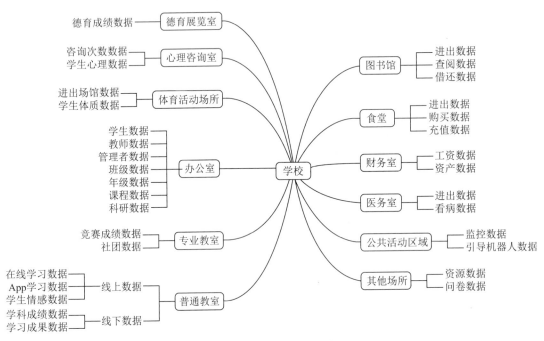

图1-1　学校数据的产生场所

理论导学：大数据的前世今生

一、数据

数据是什么？不同领域、不同专业的人对其的理解各不相同。人们对数据的初始理解，或者说狭义的理解是数值。随着科技的发展，数据有了新的定义，它既可以是阿拉伯数字，也可以是载荷或按一定规则排列组合，记录信息的物理符号。

计算机领域的学者对数据所下的定义为：凡是经过编码的都是数据。所以数据类型有很多，比如数字、文本、图像、音频、视频、一段可编译执行的计算机代码，甚至是一个网页，这些都可以称为数据。

这里要注意区分数据与元数据。元数据是关于数据的数据，包含个体数据的来源及内容。如果没有元数据，数据的内容和真实性就难以估量，继而造成数据价值和可用性降低。如果某条数据是一节课的名字，例如《Python流程控制之分支结构》，其元数据就是标签上所描述的内容,换句话说,元数据就是这节课的特性或者属性,如作者、教师年龄、教师职称、授课对象以及所属学校这些标识。在元数据中挖掘出的数据价值是有限的,有些数据未必能在课程的标签上看到,如这节课的授课方式。

谈及授课方式,这节课应该按照教学风格存放在特定的位置。这样即便日后整个资源库的规模变得很大,教师也能轻松地找到它。这就好比酒庄会根据红酒的存储方式把不同种类的红酒分别存放。再比如,超市把会员的姓名和电话号码存放在固定的、预先设定好的地方,方便及时发布促销活动信息,这就是结构化数据。

不过,《Python 流程控制之分支结构》这节课的数据也可能不知道存储在哪个分类里,因为资源库里面存满了各种学科、各种学段、各个省市的视频类课程资源。在这种情况下想要快速地找到《Python 流程控制之分支结构》就没那么容易了,这恰恰是教师常常遇到的场景。这个场景反映的就是非结构化数据。非结构化数据以自由格式的文本为特征,就好比红酒的存放这个例子,红酒也可能藏在杂乱无章、堆满红酒瓶子的橱柜里。再比如家里的厨房,既有摆放有序的刀具,也有胡乱堆放的食材。同理,在计算机领域中,既有结构化数据,也有非结构化数据。

二、大数据

如今各行各业都充斥着各类数据,电子办公已成常态,"互联网+"更是体现在生活的方方面面,一直对技术采取保守使用策略的教育领域也逐渐被大数据、云计算、人工智能等各种概念充斥着,人们的教育需求在提高,但教育的发展并没有与时俱进,突然产生的大数据会让人措手不及,只靠人力无法从中提取出真正有价值、有意义的信息。这就需要学校拥有能够采集、存储、分析、挖掘学校数据的平台和工具,因为大数据与传统的数据不同,它有以下几个特点。

1. 数据量大。大数据时代,各种传感器、移动设备、智能终端等无时无刻不在产生数据,学校各类平台每天产生的数据量突破万亿字节(Byte),统计数据量以千倍级别上升。

2. 类型多样。当前大数据不仅是指数据量的海量增长,而且意味着数据类型的多样化。以往的数据大都以二维结构呈现,但随着互联网、多媒体等技术的快速发展和普及,视频、音频、图片、邮件、HTML、RFID、GPS 和传感器等所产生的非结构化数据将占更大比例。

3. 运算高效。基于云计算的大数据框架,利用集群高速运算和存储,实现了一个分布式运行系统,以数据流的形式提高了数据的传输率,同时随着数据集成、数据挖掘、语义分析、数据可视化等技术的发展,能从海量的数据中提取出有价值的信息。

4. 价值丰富。学校数据正成为学校的新型资产。同时,由于其价值密度低的特性,从大数据中挖掘有价值的信息也是重中之重。

问题二：学校数据与智能决策的关系是什么？

智慧教育的时代已经来临，作为教育者，要不断学习新理念，掌握新技术。那么学校数据与智能决策到底是什么关系呢？

简单来说，智能决策最重要的两个组成部分是协同决策与数据智能。两者机制不同，却相辅相成，协同决策在推动数据智能发展的同时，数据智能也成为协同决策扩张时不可或缺的助力，两者共同构成了智能决策的"双螺旋"结构，形成了教育领域的DNA。每个人大脑的容量和运行效率是有限的，但群体协同能力却是无限的，这是这个时代最大的优势。就如每台计算机的运算能力、运行内存和存储内存是有限的，但计算机却可以通过紧密地连接共享运算能力和存储空间，这是集群式服务器的概念。计算机除了可以共享，还可以分布式执行，即把一个业务拆分成不同的子业务，部署在不同的服务器上，从而提升执行效率。集群式和分布式的理念奠定了云计算的基础。同理，协同决策对于如今的数据智能有着重要的意义。

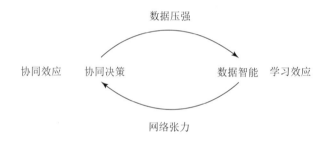

图1-2 协同决策＋数据智能的"双螺旋"结构

如图1-2所示，校内的协同决策机制在促进人与人之间协同效应产生的同时，给校内的数据服务器带来了一定的压力，本书称之为数据压强。物理学中压强是反映单位面积上承受压力的大小，本文中是指在学校拥有的数据服务器上可承受的数据压力。当校内的服务器建设能够承受数据压强带来的数据压力后，数据就可以被人所支配，从而产生数据智能，同时这些数据还可以产生自我学习效应，继而为学校的决策提供数据支持。在提供数据决策支持的时候，难免会有数据密集式请求和访问的情况，这时就需要学校网络建设有一定的网络张力，支持整个数据系统，以免出现无法访问、服务停止的状况。

一、协同决策

所谓协同决策，是指通过大规模、多决策的实时互动来解决特定问题。以前通常是根据上级教育管理部门要求或个人的教育经验和直觉做出决策。

下面以"百度百科"为例进行说明。"百度百科"是服务大众的知识共享平台，原则上每一个人都可以在上面分享自己的知识、想法、趣闻等。也就是说，你有权利修改任何一个词条，甚至可以恶意攻击它。当然，"百度百科"有权限编辑和一键复原，也有内容审核的机制与流程。如果你认为你的解释更准确，可以再修改回来。这样的协同工具以及协同规则，可以让网民在没有中央权威、没有传统命令的机制条件下，建立全面且庞大的实时在线知识库。

再以"淘宝"为例。"淘宝"与"京东""苏宁""国美"不一样，"淘宝"不是零售商，它不拥有任何一件商品，它只是一个给卖家和买家提供服务的平台。"淘宝"之所以能够改变我们的消费习惯，创造一个又一个奇迹，很重要的一个原因是"淘宝"不仅仅是一个平台，它已经演化成一个社会化的协同购物中心。在今天，即使是初出茅庐的"淘宝"新卖家，也可以在线同时和几百个服务商合作，只需要一个 API（应用程序接口）的链接就能调动数据和服务，服务内容可以是打通"微博""抖音"这样的社交媒体，也可以是"蚂蚁金服"提供的金融服务后台，还可以是与买家实时沟通的"旺旺"工作流及各种营销工具。所以"淘宝"本身是一个非常复杂的协同网络，而这个网络给人们带来了巨大的社会价值。

上述两个例子说明了协同决策的重要性，让一个原本被锁死的业务链或者供应链在互联网的平台上实现重构，形成属于自己的协同决策的格局，这是每一个领域迈向智能的第一步，教育亦不例外。

群体协同决策有两个优点：一是群体成员不会同时犯同样的错误，可以在一定程度上避免决策的失误；二是群体协同决策可将问题分解成若干部分，分别交给专家处理，从而迅速解决问题。

二、数据智能

数据智能和传统的决策完全不同，其本质是机器取代人直接决策。如今大多数行业都有自己的数据部门，用来分析数据、提供决策支持。数据智能强调运营决策由机器决定。比如"淘宝"的"千人千面"计划，每天有上亿人到"淘宝"购物，每个人看到的商品都不一样，这么复杂的决策只能由机器来完成。在学校，一个非常有效的智能评判标准是由人操作的环节能不能让机器来代替，只要能代替，就完成了迈向智能决策的一次质的飞跃。

想要让机器取代人进行决策，有几个非常重要的前提条件，即云计算、大数据和算法。其中，云计算和大数据是分不开的。因为有了云计算，使得存储和计算海量的数据成为现实，而正因为有了处理大数据的需求，才有了对云计算的重视。两者推动了整个数据领域不断高速发展，但想要让云计算和大数据真正创造价值，还需要靠"大脑"来思考，即算法。

严格来说，算法并不是机器，而是"人"，是算法工程师，它可以将人的思考和人的角色进行模拟，抽象为一个模型，然后用数学方法给这个模型找到一个最优解，之后再用代码把这个解变成机器可以执行的命令，这就是"智能大脑"的构建方式。换句话说，算法其实就是将人对特定事情的理解转换成机器可以理解和执行的模型与可执行代码。当然，就当今人工智能的水平而言，它和人脑还是有很多不一样的地方，它基于海量的学校数据，通过不断地学习、分析来优化决策，所以，没有大数据的支撑，算法就会变成无源之水，无法做到智能。

在 2016 年的人机围棋大战中，AlphaGo 对战世界顶级围棋手李世石。AlphaGo 的计算能力非常强，学习效率非常高，它可以快速学会人类历史上所有的棋谱，并在此基础上进行优化，突出的学习能力和计算能力使它最终以 4∶1 的成绩赢得了比赛。此后不久推出的 AlphaGo Zero 在原有版本的基础上又取得了重大突破，AlphaGo Zero 甚至无须分析人类的历史数据，只靠自己的左手打右手就练就了一身本领。很快就有消息传出，AlphaGo Zero 打败了 AlphaGo，这也说明了未来算法的发展有着广阔的空间。

人工智能算法都是基于反馈闭环，谷歌搜索引擎就是典型的例子。用户在搜索时每一次点击的行为数据被实时记录，并反馈到算法引擎，这不仅能够优化当前用户的搜索体验，而且能够优化任何搜索此关键词的人的搜索体验。这种反馈的闭环在教育领域中也经常出现，比如智慧课堂资源库中的课件选择、练习题的选择，教师的每一次点击或者使用的行为数据都被实时记录，并反馈到算法引擎，当教师再使用课件的时候，系统会根据教师平时的使用习惯优先推送合适的课件，优化教师的使用体验，同时任何搜索此课件的教师也都会得到优化后的使用体验，这就是"协同决策 + 数据智能"的力量，每个人既是平台的使用者，又是平台的贡献者。

理论导学：当教育遇上人工智能

一、人工智能与教育相互促进

不是所有学生都能遇到好老师，也不是所有学生都能接触好教材。优质的教学资源往往局限在重点学校内，流动性差。这就产生了地区和学校之间教育资源分配失衡的问题。而如何解决教育资源分配失衡问题一直是教育领域的一个重要议题。如今，AI 科技的发展可以为解决这一难题带来新的突破口。基于 AI 技术底层支持的互联网，可以逐渐打破地区和学校之间在地理上的资源壁垒，使教育逐渐扁平化。此外，它还可以打破时间限制，使学生可以在任何时间查漏补缺，进行有针对性地复习。

北京师范大学的余胜泉教授曾说："对于人工智能，我们不要过分高估，但也不要过分低看。人工智能不能取代教师，但是使用人工智能的教师却会取代不使用人工智能的教师。"需要注意的是，这里的高估指的是人工智能短期内不会对教育产生实质性的影响，而不是没有影响。不要低看指的是人工智能 + 大数据 + 云计算的模式不是纸上谈兵，而是既定事实，这些技术已经在改变着教育的方式。要秉承理性、客观的态度看待人工智能与教育的关系。

二、语音识别，让标准化测评成为现实

对于语言学习而言，发音的准确度是衡量学习成绩的重要标准。传统模式是教师对学生直接测评，并根据自己的判断进行打分，这种方式一直沿用至今，它的弊端在于，不同教师的评判标准不同，却根据考试成绩在整个年级里进行统一排名，这样就无法真正做到公平、公正。

语音识别技术的出现，使标准化测评成为现实，口语的评价体系逐渐变得更加完善。计算机通过麦克风采集到被试的声音，然后同标准声音进行比对，根据统一的标准打分，避免了人为因素的影响，提高了口语教学和口语测评的严谨性，也让英语口语考试纳入中高考成为现实。

三、人工智能算法，让精准教学生根发芽

中国古代儒家就提倡因材施教，但因材施教对教师的要求较高，所以较难做到。尤其是引入班级授课制后，一位教师要同时面对40～50名学生，对教师而言，准确地把握每一名学生的课堂学习情况是不切实际的，而大数据分析技术的出现让教师有望实现因材施教。通过对学生的学习数据进行采集和分析，人工智能可以准确地对每一名学生的学习状况做出综合判断，从而定制出专项学习计划，让学生有针对性地弥补知识短板，从而做到个性化精准教学。

人脸识别技术可以观察课堂上学生面部表情的变化，以及举手、抬头、起立、扭头、低头、张嘴等动作，以此来评估学生上课的状态，生成每一名学生的个性化学习报告，并实时将学生的数据分析结果反馈给教师，让教师以此为依据来调整自己的授课策略。

问题三：何为学校数据 DSS 与学校数据 BI？

一、学校数据 DSS

决策支持系统（Decision Support System，简称 DSS）是以计算机技术为手段，为人类的决策活动提供支持的智能系统。决策支持系统主要是指对决策的支持，而不是指决策的自动化。可以支持任何管理层次的决策，比如战略层、战术层或执行层。

学校数据 DSS 是大数据、人工智能和 DSS 的结合体。应用深度学习、数据挖掘与数据可视化分析技术，能够使 DSS 更深刻地认识人类，比如关于决策问题的描述性知识、决策过程中的过程性知识、求解问题的推理性知识等。

对于学校来说，最大的风险是战略风险，而非财务风险。战略风险包括课程内容体系的打造与新时代学生的需求不对等、一味地追求特色学校的标签而忽略了核心竞争力、推行新的教育理念和管理制度时的内在压力和外界压力等。战略风险的发现应该依赖于分析

而非猜测，要基于可靠的事实，这就需要学校数据 DSS 的支持了，它能提供一个自助服务平台，能够完成基本的数据分析工作。通过维度建模、数据可视化等一系列流程帮助学校管理人员及时通过数据发现风险，并规避风险。

二、学校数据 BI

BI(Business Intelligence)，为商务智能，它是一套完整的解决方案，可以有效整合组织中现有的数据，快速、准确地提供报表，并提出决策依据，帮助组织做出明智的业务经营决策。大数据 BI 是能够处理和分析大数据的 BI 软件，区别于传统 BI 软件，大数据 BI 可以完成对 TB 级别数据的实时分析。

学校数据 BI 是大数据 BI 和教育结合的产物，针对教育的特殊性，构建符合学校各职能部门的数据标准，利用数据仓库、分布式计算、分布式通信、内存计算和库内计算等底层技术，开发具备数据存储、数据处理、数据分析和数据可视化等一系列功能的复杂系统，一般是基于云存储的 B/S 架构的平台或者是 C/S 架构的软件。B/S 是"Browser/Server"的缩写，即"浏览器/服务器"模式。这种模式对客户端做了统一处理，让核心业务的处理在服务端完成。你只需要在自己的电脑或手机上安装一个浏览器，就可以通过 Web Server 与数据库进行数据交互。这种结构的平台在电脑端使用会比较方便。C/S 是"Client/Server"的缩写，即"客户端/服务器"模式，是一种软件系统体系结构，在生活中很常见。这种结构可以将需要处理的业务合理地分配到客户端和服务器端，可以大大地降低通信成本，但是升级和维护相对困难。比如我们手机中安装的各种 APP 就是 C/S 结构，这种结构的软件，在手机端操作起来会很方便，但是升级和维护时，需要用户自己及时更新。它的核心功能是从学校内的不同职能部门业务系统中提取出有用的数据，并进行清理，以保证数据的正确性，然后经过抽取（Extraction）、转换（Transformation）和装载（Load），即 ETL 过程，合并到企业的数据仓库里，从而得到企业数据的全局视图。在此基础上利用合适的查询和分析工具、数据挖掘工具等对其进行分析和处理，这时数据就变为可以辅助决策的信息，最后将信息呈现给管理者，为管理者的决策提供数据支持。

这里的大数据是指从海量数据中，使用算法对这些来自不同渠道的数据进行分析，从中找到数据之间的相关性。简单来说，学校数据的功能更偏重于发现、猜测与印证，这是一个循环逼近的过程。

从技术上看，大数据与云计算的关系就像一枚硬币的正、反面一样密不可分。TB 级及以上的实时大数据必然无法用单台的计算机进行处理，必须采用分布式架构。它的特色在于对海量数据进行分布式数据挖掘。但它必须依托云计算的分布式处理、分布式数据库和云存储、虚拟化技术。适用于大数据的技术，包括大规模并行处理数据库、数据挖掘电网、分布式文件系统、分布式数据库、云计算平台、互联网和可扩展的存储系统。

问题四：如何通过顶层设计让学校数据为学校创造价值？

学校数据面临的最大挑战之一是如何利用大数据创造价值。本书运用顶层设计的方法，通过数据决策价值模型来表明如何实现价值创造。该模型有四个要素：大数据资产、大数据性能、大数据分析、大数据价值，如图1-3所示。

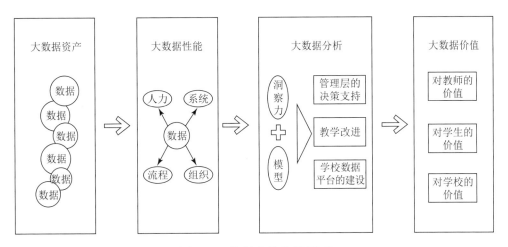

图1-3 数据决策价值模型

一、大数据资产

对学校而言，资产通常被认为是学校积累了一段时间的资源储蓄。这些资产可以是有形的（比如教学楼、实验楼、操场等），也可以是无形的（比如学籍管理系统、家校通等）。在过去，学生的基本信息从开学被收集上来以后，就被放在教务处的柜子里，上面可能落满了灰尘，谁也不愿意为了查一名学生的家庭具体情况而大费周章。如今，学籍管理系统已经取代了纸质档案，如果哪位教师需要查询某些信息，只需登录网址，使用姓名或者班级等关键词进行搜索就能查到，整个操作过程不到2分钟，工作效率的提高是显而易见的。对于学生而言，基本信息只是基础数据，还有智能终端（如电子书包、手机、笔记本等）产生的实时学习数据、课堂交互数据等。对于教师而言，学校的OA办公系统能够减少开集体大会的次数；成绩管理系统能够录入班级考试成绩，方便学生或者家长查看平时成绩和期末成绩；综合素质评价系统能够记录学生与学校活动的所有相关资料；智慧课堂APP能够记录学生对知识点的学习情况，并统计出全班的整体情况，帮助教师进行课堂诊断、精准教研；自动阅卷系统对于考试频率较高的高三和初三年级来说，简直就是教师们的福音。

二、大数据性能

大数据价值的基础是大数据资产，而要发现价值、创造价值在于如何开发大数据的性能。本书认为性能是利用大数据与其他资产一同来创造价值的"黏合剂"。例如，使用不同职能部门所拥有的学生数据，可以了解提升学生综合素质能力的方法，从而建立对学生教育的定性输出，进一步提高学生的学习体验，比如生涯教育、研学教育、劳动教育、政治教育的开展等。大数据的基本性能包括以下四方面的内容。

1. 人力资源

要利用大数据，人力资源是非常重要的。如果没有设置学校数据分析师岗位，制订大数据战略是不理智的，因为数据分析部门是必不可少的，这实际上是对中小学校最大的挑战之一。现在，中小学的普遍现象是教师平时授课任务很重，还要参加各种培训会议、比赛活动，很难再抽出时间去做大数据分析这一工作。鉴于这种情况，学校可以专门设置岗位。

2. 系统

这里的系统指的是数据集成。前面介绍大数据资产时提到了多种学校使用的系统，若是各个系统相对独立，那么数据之间的关联就无法建立，因此，需要使用专门的数据管理工具和平台来实现数据的汇总，打造学校的综合数据生态系统——学校数据 BI。

3. 流程

大数据的分析流程主要关注数据的采集与存储，数据的可访问性及其与教学决策、管理决策之间的关系。数据的可访问性涉及学校数据的隐私、数据安全及有关数据使用的法律问题。因此，学校要重视对数据的使用和存储，以免出现隐私数据泄露等安全问题。

4. 组织

有了一定的人力资源，学校需要把注意力集中在大数据的内部统筹上。班主任与其他任课教师的需求不同，学科主任与教研主任的需求不同，年级主任与主管教学的副校长的需求亦不同。所以，每类人的数据使用权限是不同的，这需要学校进行系统地组织、规划。

三、大数据分析

大数据分析师要想从大数据中获取价值，除了需要掌握一定的技术来建立数据模型外，还需要有一定的洞察力。拥有良好的洞察力和建模能力能够帮助学校在以下三个方面创造价值：管理层的决策支持；教学的改进；学校数据平台的建设。

四、大数据价值

价值的创造是每一个大数据战略的最终目标。无论是对管理的决策支持，还是对教学的改进，都是在为学校创造价值。可以从以下三个方面来考虑大数据的价值：对教师的价值；对学生的价值；对学校的价值。

> **理论导学：大数据时代的人力资源管理**
>
> 大数据将引发人力资源管理领域的一场新的革命，因此，一方面要合理地对教师的专业素养和能力进行科学测评，另一方面还要对每一个工作岗位进行细致的描述。人力资源部的一项重要任务就是努力实现这两方面的高度匹配。
>
> 无论是学校管理者，还是一线教师，都应该重视数据的价值，努力培养自己的数据思维。学校内部会产生大量的数据，通过分析教师之间的沟通数据，可以了解哪个年级组更有凝聚力，了解每位教师的行为表现、风格、特色，有助于提升教学团队的合作效率。
>
> 人才流失的现象在哪个行业、哪个单位都时有发生。过去对此常采用的办法是待遇留人、感情留人和事业留人。然而，无论单位给出的条件有多么诱人，总有人才流失的现象。要想减少这种现象的发生，可以依靠大数据掌握全体教师的整体态势以及杰出教师的流动态势。什么事情都是有苗头、有征兆的，人力资源部要对组织内人员的相关状况及时进行整体分析、动态观察。例如，一向正常上班的教师近来却不断请假，平时身体很好的教师近来却常常说自己身体不适，以前积极建言献策的骨干教师现在却沉默寡言……这些现象都应该通过细心观察予以发现。因此，人力资源管理者要有一定的数据敏感性，能够及时发现苗头，并采取相应措施。

问题五：如何设计学校数据的智能决策流程？

根据学校数据决策的顶层设计和决策的一般流程，绘制出如图1-4所示的学校智能决策过程模型，包括数据收集、活动设计、活动决策、活动实施、活动评价和活动修正六个阶段。在纵向上，这六个阶段相互交织，在横向上，每个阶段又可构成一项决策，总体形成一个复杂的逻辑过程。在学校，领导者制订决策时可以参考该流程。

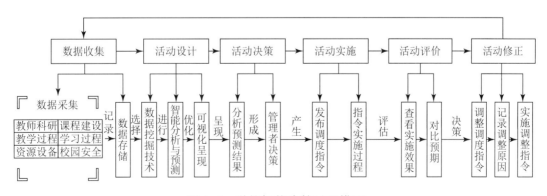

图1-4 学校智能决策过程模型

1. 数据收集阶段

数据收集作为整个决策过程的第一步,需要采集全面、动态、清晰、持续、高质量的数据,准确掌握学校的内部信息,对资源设备、校园安全、教学过程、学习过程、教师教研、课程建设等方面进行智能监控、全面记录,采集并存储教学管理过程中产生的各种数据。

2. 活动设计阶段

一般情况下,实现目标的方案不应只有一个,要有两个或更多的可供选择的方案。活动设计阶段就是探索可供选择的方案的过程。真正的管理决策,往往是在某些条件的限制下,同时对多个选项进行确定,这是一种运筹学问题或者是规划问题。

根据数据仓库中采集到的数据,选择合适的分析工具,应用事例推理、聚类分析、关联分析、决策树、神经网络、基因算法等方法,挖掘出隐含的、未知的、有潜在价值的关系、模式和趋势,并以可视化的方式呈现给决策者。

3. 活动决策阶段

决策者查看各个方案的预测结果,根据量化分析后的数据做出选择,并便捷地获知整个学校的发展情况,最终形成最佳的教育决策。

4. 活动实施阶段

在具体实施决策的过程中,综合考虑人力、系统、组织和流程四个方面,通过全局发布调度指令,把具体的实施细节落到实处。

5. 活动评价阶段

在指令实施的过程中,通过合适的信息收集方法,记录、存储有价值的管理数据,与方案的预测对比,开展评价活动,可以为智能决策系统提供更多的有效信息与管理数据,提高系统的智能性。

6. 活动修正阶段

如果在活动评价阶段及时发现了问题,就需要对整体的实施指令进行调整,这就是修正活动,它会让智能决策系统变成一个不断迭代、不断更新的生态系统,为管理者的智能决策提供更多、更准确的支持与帮助。

理论导学:构建数据决策科学体系

数据管理已成为很多政府机构、企事业单位必须关注的重点,现在也是搭建大数据综合管理平台的最佳时机,如何构建数据决策科学体系成为学校管理者们面临的挑战,建议从以下几个方面着手。

1. 消除信息孤岛现象，搭建大数据综合管理平台。

2. 立足顶层设计，做好系统规划。领导层思维的转变特别重要，领导者要从思想上重视数据对于学校的影响，将数据作为学校发展的核心资源，将数据的收集、管理、分析和有效利用作为打造可信竞争力的大事来对待，尽早地进行顶层设计。

3. 既要强化数据管理，也要重视数据安全。

4. 优化内部协同工作模式，加强外部合作共赢。

5. 数据在决策过程中，流程比分析更重要。很多一流的分析师做出了富有洞见的分析结果，但由于缺乏有效的决策流程，也会导致结果不尽如人意。在学校里建立数据决策流程，与建立一个强大的数据系统和数据分析团队同样重要。

6. 专业人才的吸引和培养。要组建数据分析部门，让教师掌握科学的方法来分析数据，运用科学的方法进行决策，不受决策人的知识结构、情绪冲动和价值偏好的影响，争取使任何一个决策都成为目前情况下所能做到的最优决策。

本章内容小结

本章介绍了学校数据的概念，明确了学校数据可以分别从技术属性、业务属性和格式属性进行分类，提出了通过确定产生场所来明确数据来源的方法（知识检查点 1-1），结合一线教师的实际工作情况解读了数据决策价值模型对于学校数据平台的重要性（知识检查点 1-2），描述了学校数据与智能决策相辅相成的关系，阐述了什么是学校数据 DSS 和学校数据 BI（知识检查点 1-3）。介绍了学校数据顶层设计方法和数据驱动下的智能决策过程的六个阶段（能力里程碑 1-1、能力里程碑 1-2）。

本章内容的思维导图如图 1-5 所示。

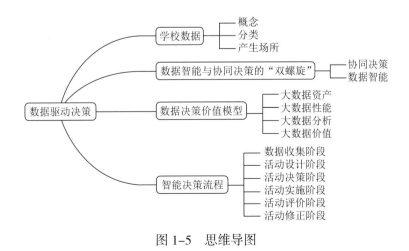

图 1-5 思维导图

自主活动：根据本校的实际情况，梳理学校数据的分类和来源

请学习者在学习完本章内容后，进行自我反思，并记录个人学习心得。

小组活动：思考如何运用数据决策价值模型

请学习者围绕本章的学习主题进行组内交流，并做好小组学习记录。

评价活动：评价本章知识与能力学习水平

一、名词解释

学校数据（知识检查点1-1）

数据决策价值模型（知识检查点1-2）

二、简述题

1. 请说一说你对学校数据的理解，并对其来源做出阐述（知识检查点1-1）。

2. 有人认为，无论是信息化社会还是传统社会，决策的方法与过程并不是最重要的，关键是做决策的人。针对这种看法，你是怎么想的（知识检查点1-2）？

3. 请反思你在做决策的时候，决策的过程是否和智能决策过程类似，如果不类似，你准备在管理中如何落实智能决策（能力里程碑1-1、能力里程碑1-2）？

三、实践项目

选择当前学校决策中的一个问题，厘清学校数据的分类，梳理涉及的部门和人员，按照数据决策价值模型建构合理的数据标准和运营机制，制订决策方案的实施流程（能力里程碑1-1、能力里程碑1-2）。

第二章 运筹帷幄，集成整合——数据收集阶段

本章学习目标

在本章的学习中，要努力达到如下目标：
- ◆ 能够说出进行数据采集时参考的指标（知识检查点2-1）。
- ◆ 能够举例描述数据采集时使用的技术（知识检查点2-2）。
- ◆ 能够说明对数据进行预处理的过程（知识检查点2-3）。
- ◆ 能够结合实际情况对采集的数据进行分类（能力里程碑2-1）。

本章核心问题

在进行数据采集时应参考哪些指标？使用哪些技术对数据进行采集？如何对数据进行预处理？

本章内容结构

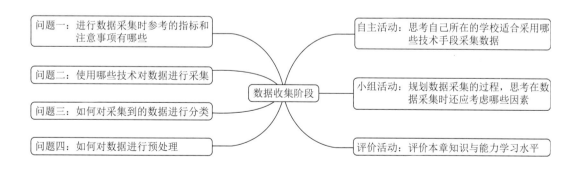

引 言

霍马迪克逊说过："我们要求领导必须解决大量的、相互关联的问题，如果解决不了，也必须控制情势。因为这些问题都可能悄无声息、毫无征兆地发展成一所学校的重大危机。

他们必须深入分析那些似乎根本无解的困局，他们会被淹没在无用而冗杂的信息里，而我们还要强迫他们以更快的速度解决。"

随着信息与网络通信技术的发展，人类社会步入了大数据时代。人们能够感知并采集到更大规模和更多种类的数据，通过对这些数据的分析和处理，挖掘其内在蕴含的各种价值。而大数据在教育中的应用和发展，不仅能够在一定程度上帮助学生提高学习效率和学习质量，帮助教师改善教学效果，还能够帮助校长在面对学校中的各种问题时进行科学决策、精准决策。

数据收集活动作为整个决策过程的第一步，能够采集全面、动态、清晰、持续、高质量的数据，并跟踪记录个体成长发展的全过程，这就使得采集到的教育数据更加多元、复杂。为了确保学校数据的可用性，需要在数据的源头进行把关。通过对第一章的学习，我们了解了学校数据的来源，从来源做好原始数据的采集和预处理，能够有效提高数据的质量，从而帮助学校管理者做出有效决策。那如何采集这些数据？在进行数据采集时需要参考哪些指标？本章我们一起探讨这些内容。

问题一：进行数据采集时参考的指标和注意事项有哪些？

一、数据采集参考指标

随着大数据技术的快速发展，其在教育领域的应用也越来越显著，学校数据作为大数据在教育中的一种应用方式，逐渐在中小学智能管理决策中发挥着重要作用。

国家一直推行"三通两平台"政策，其中教育管理信息化平台是以学校、教师、学生三大基础数据库为依托，在全国实行学生和教师"一人一码"、学校"一校一码"，为每一名学生、教师和每一所学校建立全国唯一的电子档案。这些档案的建立，可以帮助学校对动态的数据资源进行有效管理，如监管教师的换岗、转岗等变动信息，以及学生的转学、升学等轨迹。而学校、教师、学生也正是学校数据平台在数据采集时应考虑的指标类别，如图 2-1 所示。

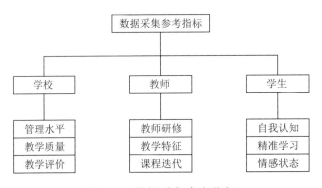

图 2-1　数据采集参考指标

1. 学校

学校数据产生于各类学校活动中，其核心来源是"人"和"物"。"人"包括教师、学生、家长、管理者等；"物"包括各种教学设备、学校网站、学习平台等。通过对"人"和"物"等的数据采集，可以及时明确学校整体发展态势，把握学校办学理念和办学方向，为宏观决策和微观决策服务。

随着智慧教育、资源共享平台和教育管理平台等的不断发展，学校数据对学校教育的影响不断显现出来，尤其在提升学校的管理水平、教学质量与完善教学评价等方面都具有独到之处。

数字校园的建设大大推动了学校管理的数字化和网络化，办公OA系统、资产管理系统、课程管理系统、科研管理系统、学生综合素质评价系统等各种应用系统为教育管理数据的实时采集和深度挖掘提供了条件。目前，国内已有一批大学和中小学率先开展了基于大数据的教育管理和服务工作。

例如，浙江省城关一中的数字校园，其德育管理平台包括工作组成员、德育纪事、班级德育管理、综合查询等，对值日教师、任课教师、德育处的数据进行记录，助力日常德育工作管理。华东师范大学利用学生的餐饮消费记录，为经济困难的学生提供助学金支持。

此外，学校数据还可以在教师招聘工作上发挥重要作用。通过对应聘者个人信息的分析，从而招聘更适合的教师。美国一些学校已经开始与大数据公司合作，应用大数据工具辅助教师招聘，通过对教师的学位、专长、经验、人生观、开放性等的分析，结合面试结果，综合决定教师是否被聘用。

学校数据不仅能够提升学校的管理水平，还可以帮助学校提高教学质量。通过对整个教学过程中的数据进行全方位、不间断地收集和分析，使学校能够精确定位到某一个年级某一个班的学生，把握学生成长状态，帮助教师预测学生成绩，让学生更加了解自己，并为学生提供科学有效的学习建议，帮助其提高学习成绩。

学校数据可以为学生和教师的整体评价提供全面的数据支持。学生在校园内的一切活动都能够被记录和存储在学校数据中，形成个人的学习档案袋，教师在整个教学和管理活动中的全部数据也会被整理成教师档案袋。基于全面、完整的档案袋数据分别建立学生和教师的评价体系模型，既可以对学生和教师进行定期评估，向其提供发展建议，又可以从总体趋势上分析、预测学生与教师的未来发展动向。

2. 教师

教育信息化背景下，中小学教师如何利用数据提高业务水平、改善教学效果，是目前亟待解决的问题。基于此，教师网络研修活动开始不断涌现，教师网络研修不仅能够满足教育改革的需求，同时也满足了教师自身专业发展的需要，对于推进教师队伍建设、改善教育质量具有重大意义。许多地区在已经拥有教研室、进修学校、电教馆等教师继续教育机构的基础上，还创建了教师网络研修平台，充分发挥远程教育的优势，帮助教师建立网上学习共同体，使研修活动突破空间、时间的限制，在专家、培训者和教研员的引领下，开展自主学习、协作学习、共同探索。

利用大数据技术不仅可以收集教师在研修过程中产生的数据，对教师的积极性、兴趣点进行分析，关注教师的真实需求，及时了解教师在网络研修中存在的问题和教学实践活动中未解决的问题，为教师提供针对性的问题解决方案及学习支持服务，还可以帮助教师找到学习共同体，建立志同道合的同侪互助"朋友圈"，凝聚群体的力量，从多个角度解决实际教学问题。

利用学校数据平台对教师的教学活动进行全方位、不间断地记录，帮助教师分析其教学优势，从而使教师精准定位适合自己的课程教学任务，找到优化教学效果的方式。通过学校的网络教育教学资源平台，教师能够判断学生对某一知识点的掌握情况，以及学生的学习风格适合哪种教学模式，从而进行有针对性的教育教学。当然，教师还可以对学生未来的学业发展进行预测，对于学习存在困难或障碍的学生，教师利用学校数据可以提前预知，并及时进行干预和辅导。美国普渡大学的"课程信号"项目是国际知名的大数据教育应用典型案例之一。该项目研发、设计了课程学习预警平台，采集了学生在学习活动中的过程性数据，通过一套预测算法预测学生该课程的通过率，从而使教师及时对课程教学进行调整，对学生的学习进行及时的指导、干预，提高该课程的通过率。

3. 学生

从德智体美劳全面发展，到素质教育，再到目前提倡的核心素养，大数据时代的发展要求人才的培养向着创新、变革、创造的方向发展、演化。个性化的教育培养模式已成为未来人才培养的新趋势。

要实现学生的个性化发展，首先需要学生了解自己的实际情况，认清自我，知道自己的优势与不足，明确自己的学习兴趣、学习风格、认知能力、发展方向等；在认清自我的基础上，给学生提供适合其个性发展的环境、资源、活动、设备、服务等外部条件。学校数据的最大优势就是能够帮助学生认识内在和外在最真实的自己，通过对学生校内外的各种行为、活动数据的记录、跟踪、分析、挖掘，满足学生真正的学习需求，让学生感受学校数据的智能，感叹学校数据对自己的"了解"有多深。

网络学习本身虽然具有天然的"个性化"优势，但是缺少了学校数据的支持，即便能够为学生提供个性化的辅导（传统的网络学习平台也只能机械地将这些资源推送给学生），但无法通过追踪学生的动态学习过程进行智能推送，也无法为每位学生提供量身定做的个性化服务。

如果说互联网促进了教育的民主化，那么学校数据将实现教育的个性化。在大数据的背景下，学校和教师可以精准定位到每位学生，通过记录每位学生的学习过程数据，追踪其学习轨迹，不仅能分析出每位学生的学习风格、学习特征，诊断其学习的问题，明确其学习的困境，还能预测其学习的最终结果。教师及时进行干预，开展真正的个性化教学和指导，而教师的身份也由代替学生进行决策的执行者转变成引导者、促进者。

在大数据的支持下，传统的网络学习平台将转变为教育大数据平台，为学校持续、全面地收集各种数据，不仅能够对学生的学习数据进行分析、预测，还能对学生的身体健康状况进行预警，帮助学生提高其身体素质。当然，也可以了解学生每天的心情，只需要通过情感识别等技术对学生的面部表情进行辨别，即可了解到学生当下的心情，教师掌握了这些情感数据后，可以有针对性地对情绪低落的学生进行及时疏通和引导。

二、注意事项

学校、教师和学生是学校数据的三大基础数据库的来源，也是在采集数据时要参考的三大指标。数据采集是学校数据的基础性工作，也是进行所有活动的第一步。随着各种新兴技术的不断发展，诸如眼动仪、情感识别技术等越来越多地应用到教育领域，也使得学校数据的采集工作更加便捷、灵活。在进行数据采集时，为了保证数据的连续性和完整性，还应该注意以下几点。

1. 审视大局，提前规划

在学校进行大数据的建构是一项十分复杂的工程，需要考虑很多因素，必须统筹全局，提前规划。根据学校的目标进行有针对性的设计工作，以便能够采集到有价值的高质量数据。提前规划的具体内容包括数据采集的范围、数据采集的参考指标、数据采集技术、数据采集环境的部署、数据采集质量的保障措施、数据采集的应用目的和场景、数据的存储方案、数据的更新机制、数据的交换标准等。

在采集数据时，不同种类的数据在不同的研究角度会有不同的侧重点，针对同一问题从不同的角度研究也需要考虑多种因素。如要探究校本课程的设计是否符合学生的成长需求，从学校的角度看，在采集数据时要关注学生学习该校本课程的持续性数据，经过一段时间的校本课程学习，学生在某一方面的能力是否有一定程度的成长等；从教师的角度看，需要关注学生在课堂教学活动中的实时数据，必要时调整自己的教学策略；从学生的角度看，需要关注学生在学习活动中的测试、训练数据，或者在网络学习平台上的学习轨迹，以便学生进行自我诊断。

2. 明确具体内容

学校数据平台能够采集到更加全面的数据，但若是采集到的数据没有任何意义，数据的价值性比较低，对学校来说就得不偿失了，因为数据的存储、维护与管理需要耗费人力、物力和财力。实际上一些问题的解决不需要参考所有数据，这就要求教师在采集数据时明确需要采集哪些数据，当然，这取决于最初采集数据时的目的。

比如，教师要了解学生的学习情况，就需要对学生在课堂中的学习行为数据进行采集和分析，如是否积极回答问题、跟老师和同学是否有交流互动等，而不必采集学生的饮食、运动等数据。

3. 保证数据采集的规范性和连续性

数据需要有连续性，学生某一次或某几次的学习数据不足以反映问题，就像要了解一个人，仅凭这个人说的一两句话就对这个人进行评判是不够的。但如果能够采集到学生的连续性数据，就可以客观地评价学生的整体学习效果，如成绩有无波动，发挥是否稳定等，教师也能够根据数据进行准确、有效的个性化教学和针对性辅导。

学校数据的采集需要保持一定的连续性，保证采集到的数据是相对完整的，能够在一定程度上反映某一现象或规律；另外，采集学校数据时还应遵循一定的规范性，比如所有教学教研相关部门建立统一的数据字典，采集数据时严格按照数据字典中对数据项的格式和要求来执行。避免后期对数据进行分析和处理时出现不必要的麻烦。

4. 采集的数据粒度要适当

数据粒度指的是数据的细化程度。一般来说，细化程度越高，粒度越小；细化程度越低，粒度越大。较低的粒度级别能够采集到比较细致、全面的数据，但是需要占用更多存储空间，查询时也要花费更长的时间；而较高的粒度级别不占用过多的存储空间，查询时速度较快，但所提供的数据不够详细。

要保证数据的规范性、持续性及价值性，较细的数据粒度较适合学校数据采集，这样可以观察到更多的价值信息。比如，教师在课堂教学过程中，使用眼动仪来跟踪学生整节课的学习情况。教师在计算机屏幕上展示一道选择题，通过眼动仪，可以采集到学生停留在该题目上的时间、学生眼球的移动轨迹、学生停留在某个选项上的时间等详尽的数据，通过这些数据，教师可以判断学生的掌握情况、存在的困惑等，从而把握学生的思考过程以及整节课的教学效果。

5. 采集过程应符合伦理道德和法律规范

数据的安全问题一直比较令人头疼。学校数据主要来自学校、课堂、教师、学生、家长等相关人员，所涉及的范围和深度较广，尤其是学生的成绩、排名等。教师及其他相关人员的基础信息数据等都属于个人隐私。

学校等教育部门和机构应当遵守国家的法律法规和相关的伦理道德规范，在采集数据时不能随意泄露学生、教师等的个人信息。当然，数据的"源头"——如学生、教师等也是有一定的知情权和选择权的。

问题二：使用哪些技术对数据进行采集？

大数据时代的数据处理，有"三要三不要"的原则，即要全体不要抽样，要效率，不要绝对精确，要相关，不要因果。学校数据涉及学生的学习活动数据、健康数据等，还有教师的教学活动数据、科研管理数据等，不仅数量庞大、格式不一，而且质量也良莠不齐。数据采集作为学校决策管理的第一步，采集到的数据的质量常常影响着后续数据处理与分析的结果。

学校数据的采集需要综合多种技术，而每种采集技术的特点和数据对象都有所不同，数据采集技术主要分为以下四类，如图2-2所示。

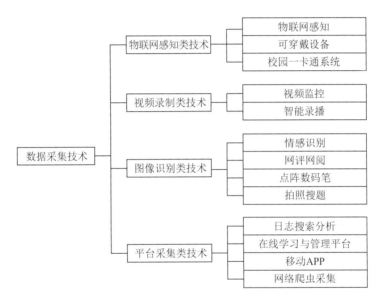

图 2-2　数据采集技术分类图

一、物联网感知类技术

物联网是指通过信息传感器、射频识别技术、全球定位系统、红外感应器、激光扫描器等装置与技术，实时采集任何需要监控、连接、互动的物体或过程，采集其声、光、热、电、力学、化学、生物、位置等各种信息，通过各类可能的连接方式，实现物与物、物与人的泛在连接，实现对物品和过程的智能化感知、识别和管理。

物联网中的数据采集主要是通过传感器和电子标签来完成。传感器可以感知到外界环境参数，比如，在教室里安装可以感知光线的传感器，能够随时监控光线亮度，从而控制教室里照明灯的开关；电子标签主要用来对信息进行标识，比如，将学校的每台教育教学设备都打上专属的电子标签，方便对这些设备进行管理和维护。

将采集到的数据上传至数据存储中心后，就可以对各种感知数据进行挖掘、分析和处理，从而实现智能采集和监控的目的。物联网在大数据的支持下能够做到全面感知、可靠传输、智能处理，对于课堂教学、课外学习、教育管理等具有重大意义。

陕西杨凌示范区全力打造智慧教育。在课堂上，教师将交互式电子白板中的课堂资源传送到学生的平板电脑上，学生每人手持一个反馈器。教师推送一套试题，学生做完后通过反馈器传送数据，机器会自动计算每道题出错的概率。

通过给学生佩戴传感器手表、眼镜等，可以采集到学生的多重数据，如体温、脉搏、心跳以及眼动、手部轻微移动等数据，利用心理学的相关分析技术对这些数据进行分析，可以得知学生在课堂上的紧张程度、注意力状态、动脑情况等。

我国北京、上海、台湾等地开展了基于物联网的"数字化卫星气象站"项目，在学校建立校园气象观测站，通过物联网技术收集气象数据，将这些数据发送到学校数据中心，实现数据资源的开放、共享和利用，从而支持学校开展的课外研究性学习。

通过给各类教育教学设备粘贴字典标签或者传感器，分配给专人进行管理，可以方便管理人员进行统一调度和维护。当仪器出现温度过高或者断电等安全问题时，能够及时提醒管理人员快速进行处理，防止危险情况发生。

另外，学生的校园一卡通也属于物联网技术的范畴。校园一卡通可以采集到学生的餐饮消费记录、洗浴消费记录、超市购物记录、图书馆出入记录、补助记录、就医买药记录等数据信息，几乎包含了学生校园生活的方方面面。部分地区的校园一卡通还与城市交通、医疗等系统关联在一起，为学生的校外生活提供了极大的便利。

二、视频录制类技术

随着教育信息化的不断推进，视频录制类技术现在已成为教育教学过程中不可或缺的辅助工具。将视频监控技术应用在教室中，可实时记录、跟踪教学现场，还可查看历史录像，用以改进教学。现在的视频监控技术已发展到第三代，与传统的模拟视频监控、数字视频监控相比，它采用更加先进的流媒体技术和智能化全自动控制技术，能够自动记录、实时采集课堂教学过程数据，还能将其上传至网络，优质的教学视频资源还会放在教育资源公共服务平台。视频监控支持线上直播和远程教学，可实时直播、点评，偏远地区同样也可以享受优质教育资源。

视频监控系统能够实现对学生、教师及校外人员出入校园情况的监控，对校园异常情况如突发性奔跑、人员密集等的预警，对校园设备的全面监控与管理，对各班级情况的有效监控。视频监控系统由视频采集系统、视频传输系统、中心管理系统组成，利用监控设备对校园中的一切活动场所进行全方位、全高清、立体化的监控。视频采集系统是整个系统的"眼睛"，采集视频内容的好坏和它产生的图像质量会影响整个系统；视频传输系统主要用来进行网络传输，实现对校园的联网监控；中心管理系统用来实现数据的存储、视频的查看、报警的响应等。通过对摄像机等的远程控制，实时监控校园运行状态，准确监控和预测校园中有危险的地点，设置报警与联动，以快速处理校园打架斗殴等危险事件。

云南省沧源县教育局研训中心和沧源国门小学共同策划的"一校带多校"同步直播课堂平台，是智能录播技术的典型应用。沧源国门小学的教师利用录播教室上公开课，并将公开课通过网络教研平台进行直播，组织学生同步上课。通过视频、音频的实时传播，使周边缺乏优质教学资源的乡村学校能够在相同的时间学习相同的教材内容。同步直播课堂的开展，不仅有力推动了城乡教育的均衡发展，也缓解了沧源县部分乡村学校师资不足的现状。

三、图像识别类技术

图像识别类技术主要是对图像中的物体进行识别、处理，做出有价值的判断，是利用信息技术来模拟人的认识和理解的过程。

网评网阅技术是目前大型考试活动常用的阅卷技术，在中高考、大学英语四六级等考试中使用频繁，用以采集学生的考试成绩数据。网评网阅技术以计算机网络和图像处理为基础，使用专门的阅读扫描设备，对考试答卷和文档进行扫描和处理，从而实现对客观题的自动评阅，而主观题由教师评阅。

点阵数码笔是一种新型智能化直面书写工具。通过在普通纸张上印刷一层不可见的点阵图案，数码笔前端的高速摄像头随时捕捉笔尖的运动轨迹，同时压力传感器将压力数据传回数据处理器，最终将信息通过蓝牙或者USB线向外传输。这些信息包括纸张类型、来源、页码、位置、笔迹坐标、运动轨迹、笔尖压力、笔画顺序、运笔时间、运笔速度等，笔迹记录过程与书写过程同步。

点阵数码笔能够将纸张上的文字或图片以数据的形式存储，并且通过智能终端还原成文档，还可以通过投影同步显示。点阵数码笔不仅可以保存学习结果，还可以记录学习过程中的其他数据，如笔画顺序、书写时间、书写方式等。与此同时，书写或绘画过程中的声音也可以同步记录，将学生学习时的具体情境信息也记录下来。

拍照搜题技术是图像识别技术在教育领域的又一大应用，主要是通过智能终端，如手机、平板电脑等获取题目的相关照片，之后由系统从海量的题库中查找、搜索、匹配、分析，最终找出与照片信息最相似的题目、答案和解题思路。拍照搜题技术不仅能够实现对题目答案的检索，还可以将照片中的信息记录和存储下来，分析学生的学习难点，从而有效服务于教师的教学和学生的自我评价。

图像识别技术在学校中的另一个应用是对学生的情感状态进行记录、识别，主要是通过摄像机捕捉学生的面部表情。以在线学习为例，当学生在学习过程中出现烦躁情绪时，系统可以给予学生适当的鼓励或者减慢学习进度；当学生感到枯燥乏味、情绪低落时，系统可以适当降低难度，并给出调动学生积极性的鼓励话语；当学生感到自信满满时，系统可以根据学生的水平提供更具挑战性的学习内容。

四、平台采集类技术

日志文件中存储了用户及系统的操作信息，通过日志搜索分析技术可以有效地筛选出有用的信息。日志搜索技术即通过日志管理工具，对日志进行集中采集和实时索引，提供搜索、分析、可视化和监控等，最终实现线上业务的实时监控、业务异常原因定位、业务日志数据统计分析，以及安全与合规审计等。

日志搜索分析技术可以实现对教育教学设备和资产日常运营情况的实时监控，如设备故障信息、病毒安全威胁等，为智能运行提供保障；还可以详细记录教师、学生、管理员等用户的操作，如系统登录时间和次数、对用户信息的增、删、改、查等。

在线学习与管理平台是当前教育数据采集的主要工具，能够采集到学生、教师在网上学习、研修等各种教研活动管理数据。在线学习与管理平台因其功能和需求不同，采集到的教育教学数据范围和类型也不同。

一般来说，在线学习平台主要采集教学数据，如课程基本信息、学习资源、课程作业、教师评定、课程考核等。还可以开展学校特色课程，让学生进行拓展性学习。管理类平台主要负责学校财务、设备资产、科研、人事信息等数据的采集和管理。

浙江省绍兴市鲁迅小学建立的"百草园"数字课程在线学习平台在投入使用后，成功上线五十余门富有鲁迅文化和学校文化特色的系列数字课程，累计211个微视频，供学生学习，增强学生的文化认同感，促进学生的全面发展。

移动智能设备的便携性使得在线学习平台开始转移到手机端、平板电脑端，极大地方便了学习者随时随地的学习，移动APP技术也逐渐成为采集学习过程数据的主要手段。

移动APP技术与在线学习平台技术在本质上并没有多大差别，只是将平台从电脑端换到了移动智能设备端，采集方式也更加多样化，更加灵活。利用移动APP技术，学生能够不受时间、地点的限制，在情境中通过移动终端学习知识，并找到学习伙伴，而所有的学习过程数据都能够通过移动APP技术记录、存储在学习平台中。

福州八中自主研发了一款具备错题收集与整理功能的APP，将全校的校本作业和练习电子化，每一名学生都有自己的账号，要求学生通过手机或者电脑建立错题集，制订复习计划，重新梳理知识。该平台具有知识点分析和统计功能，教师可以通过个人账号查看某一班级某次作业的错题情况，及时掌握学情，有针对性地进行引导和讲评。

网络爬虫（Web Crawler），又称网络蜘蛛（Web Spider），是一个自动下载网页的计算机程序或自动化脚本，是搜索引擎的重要组成部分。网络爬虫技术可以根据一定的规则自动抓取网络信息的程序或脚本，因此，该技术可以实时监控、采集教育平台或学习软件的舆情信息数据，从而为有效处理各种突发事件提供可能。

问题三：如何对采集到的数据进行分类？

四类技术工具采集到的是不同场景的学校数据，那如何对这些学校数据进行分类呢？

从数据的技术属性来看，可以分为四类，分别是课堂中产生的交互数据（如教师语言、学生语言、情感、动作等）、互联网上的在线教育数据（如在线作业系统、网络搜索、管理平台、智慧课堂类应用APP等）、各种纸质媒介承载的数据（如练习、考试、调查问卷等），以及各种活动场所产生的感知数据（如一卡通、物联网、VR、AR、支持人脸识别的视频监控等），如图2-3所示。

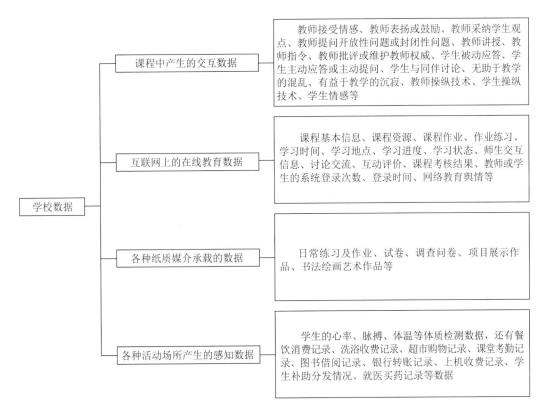

图2-3 学校数据分类

一、课堂中产生的交互数据

采集课堂中产生的交互数据时，主要使用视频监控技术和智能录播技术，对教师、学生在课堂中的言语信息、行为信息等进行详细记录,再利用课堂互动分析系统进行处理。课堂中的交互数据有多种互动分析系统,最常见的有弗兰德斯互动分析系统(FIAS)、基于信息技术的互动分析编码系统、改进型弗兰德斯互动分析系统(iFIAS)。

iFIAS 把课堂中产生的交互数据分为教师接受情感、教师表扬或鼓励、教师采纳学生观点、教师提问开放性问题或封闭性问题、教师讲授、教师指令、教师批评或维护教师权威、学生被动应答、学生主动应答或主动提问、学生与同伴讨论、无助于教学的混乱、有益于教学的沉寂、教师操纵技术、学生操纵技术、学生情感等类别。

通过捕捉课堂上发生的师生言语信息、手势等交互数据,运用一定的技术与分析方法,将课堂中的交互数据详细地记录为可量化的分析数据,有利于通过较为客观的数据来直观反映课堂教学活动,以便进行更为深入的分析与评价,促进教师进行教学反思,从而提高教师的教学能力与水平。

二、互联网上的在线教育数据

互联网上的在线教育数据包括课程基本信息、课程资源、课程作业、作业练习、学习时间、学习地点、学习进度、学习状态、师生交互信息、讨论交流、互动评价、课程考核结果、教师或学生的系统登录次数、登录时间、网络教育舆情等信息。在采集互联网上的在线教育数据时主要使用在线学习平台技术、移动 APP 技术、网络爬虫技术等平台采集技术。

上海格致中学在高考新背景下进行数字校园建设,设置了基于课程资源一体化的在线课程平台,整合了基础型课程、拓展型课程、研究型课程,包括由学校开发的格致在线课程平台,由教师录制系列微课或是上传课堂教学实录,供学生在课后自主点击学习。数字校园环境下,学生便捷地学习、浏览,课程资源唾手可得。该平台还具有管理学生在线学习时间、在线收集学生作业等多种功能。学生达到在线课程的学习要求,其课程学习将计入学分管理。

学校还使用了一款基于移动终端的免费教学互动平台 APP,可以预先布置各类题目,在教学中由教师控制教学流程。教师端与学生端需共同接入无线网络,教师在教学互动平台上发布相应的教学任务,学生会第一时间从自己的移动端接收到教师发布的教学任务,并进行相应的答题反馈,学生在移动端上的回答结果将在教师端以统计图或列表的形式及时呈现,方便教师掌握并分析每一位学生的学习情况。

三、各种纸质媒介承载的数据

各种纸质媒介承载的数据包括日常练习及作业、考试答卷、调查问卷、项目展示作品、书法绘画艺术作品等信息,可通过拍照、点阵数码笔等技术将这些数据信息上传至网络平台。

江苏省南通第一中学实施智慧教育,学校建设有数字化学习平台和两个电子书包教室,同时部署智慧教学云平台,在教室安装智慧教学支撑设备,为每位教师及学生配备平板电脑,开展全科化、常态化的智慧教学。课前,教师通过云平台推送预习内容,学生以在线提交、拍照上传等方式及时反馈预习结果,使教师备课更具针对性。课中,教师把授课内容推送到学生的平板电脑,学生通过在线答题、拍照上传、抢答等方式积极参与课堂互动,学习机会均等,学生真正成为学习的主人。课后,教师在线布置作业、推送学习资源,以微课、语音互动、拍照答题等方式答疑解惑,学生学习更主动、更积极。

四、各种活动场所产生的感知数据

各种活动场所产生的感知数据包括学生的心率、脉搏、体温等体质检测数据,各种餐饮消费记录、课堂考勤记录、图书借阅记录、银行转账记录、学生补助分发情况、就医买药记录等信息,可通过校园一卡通技术、视频监控技术等进行数据采集。

河南省郑州市第五中学通过数据诊断驱动教育变革,学生进入校园刷校园一卡通,与此同时,学生家长的手机会收到学生进校的信息。之后,学生利用校园卡在电子班牌上刷卡签到,班主任可以通过查看APP,了解全班同学的签到情况。将这些数据放在学校的应用场景系统中,可满足家长对学生的安全、消费、学业状况等的关注需求,可满足教师关于学生学业、在校状况、校内办公等的关注需求,可满足学生对学业诊断、就餐消费、选课等的关注需求。将这些数据长期留存,便于随时汇总、实时调阅。近几年学校在信息化教育变革上不断探索,以数据促进学生成长、改变课堂生态,取得了优异的成绩,赢得了家长满意的口碑。

学校还在不泄露学生隐私数据的前提下,在家长和班主任的手机端展示学生的个体数据。以多维度数据促进优质教学生态环境的建立,引导管理者、教师、家长从多角度看待学生的成长和发展。

问题四:如何对数据进行预处理?

数据采集完成后,需要衡量数据的质量。首先,必须保证数据的完整性及各项指标的齐全;其次,保证数据的准确性、一致性、时效性、可信性、可解释性。因此,需要对数据进行预处理。

数据预处理是在处理数据之前对数据进行的处理。如使用调查问卷研究某一现象时,需要对收集到的问卷进行诸如排序、分类、剔除等工作,这就是数据预处理的过程。

数据预处理的方法包括数据清洗、数据集成、数据标准化和数据变换。大数据必须经过预处理,才能有效展现其潜在价值。

一、数据清洗

通常情况下，由于数据的来源不同，且种类繁多，有的数据是错误的，有的数据与数据之间相互冲突，这些错误数据和相互冲突的数据称为"脏数据"。这些"脏数据"没有价值，因此需要按照一定的规则把这些"脏数据"洗掉，这就是数据清洗。

数据清洗就是把"脏数据"洗掉，发现并纠正数据文件中可识别的错误，过滤掉不符合要求的数据。不符合要求的数据包括不完整数据、错误数据、重复数据三大类。数据清洗是数据处理过程中不可或缺的一个环节，数据的质量直接关系到数据分析的最终结果。据统计，数据清洗在大数据开发过程中占用的时间比例高达70%以上。

数据清洗的主要内容包括填充缺失值和去除数据中的噪声。

教师在录入学生数据时，需要录入学生的姓名、性别、学号、班级、各科成绩等信息。在对数据进行校验时，如果发现某个学生的语文成绩没有录入，这时没有录入的语文成绩就是缺失值。通常情况下，对于缺失值的处理有删除或插补两种方法。当数据量较大而缺失值所占数据量比例较小时，可以使用删除法。所处理的数据量较小时，一个属性值的删除也会造成信息的极大浪费，这时就要使用插补法，根据数据的属性将缺失值补齐，或者利用线性或非线性回归技术将缺失值补齐。

噪声是数据中存在的数据随机误差。噪声数据会影响数据的真实性，所以有时也需要对这些噪声进行过滤。噪声的过滤方法有回归法、均值平滑法、离群点分析法和小波去噪法。

上文中根据数据的来源将数据分为四类，分别是课堂中产生的交互数据、互联网上的在线教育数据、各种纸质媒介承载的数据，以及各种活动场所产生的感知数据。根据数据的类型，可将数据分为文本数据、语音数据、视频数据和地理信息数据。可以根据这四种数据类型对数据清洗产业技术进行细分。

文本清洗领域主要基于自然语言处理技术，通过分词、预料标注、字典构建等从数据中提取有效信息，提高数据加工的效率。

语音数据加工领域主要是基于语音信号的特征提取，利用隐马尔可夫模型等算法进行模式匹配，对音频进行加工处理。

视频图像处理领域主要是通过图像获取、边缘识别、图像分割和特征提取等环节，实现人脸识别、车牌标注、医学分析等实际应用。

地理信息处理领域主要是基于栅格图像和矢量图像，对地理信息数据进行加工，实现可视化展现、区域识别、地点标注等应用。

数据清洗时应该加强对数据资源的安全保护，尤其是对教师、学生数据的隐私保护，确保学校数据所有者的责任，保证数据在处理前后的完整性和可用性，防止数据被他人滥用，导致信息泄露。

二、数据集成

数据集成就是将采集到的分散数据有逻辑地或物理地集成到一个统一的数据集合中。数据集成的任务是将互相关联的学校数据源集成到一起，使用户（教师、学生、管理者）能够以更加透明的方式访问这些数据。

集成是指维护学校数据源整体上的数据一致性、提高信息共享和利用的效率；透明的方式是指用户无须关心如何实现对学校数据源的访问，只关心以何种方式访问何种数据。数据集成的学校数据源广义上包括各类 XML 文档、HTML 文档、电子邮件、普通文档等结构化、半结构化数据信息。

在建设数字校园"三通两平台"的过程中，由于校长和教职工分管不同的业务，不同职位、不同部门的管理人员以自身的业务需求为中心，各管理部门之间缺乏有效的沟通和组织协调机制。数字校园的各个平台随着需求的变化不断建立，但平台建设技术标准滞后、缺少信息化的统一部署和顶层设计，导致中小学数字校园多平台的建设出现了"信息孤岛"现象。

将不同信息平台间的数据进行整合、构建数据共享机制、实现多个信息平台数据的无缝链接和同步，是每个领域都需要解决的问题，也是当前教育领域内中小学智慧校园信息化建设中亟待解决的问题，因此，校长可在学校建构一个学校数据综合管理与分析平台，也就是学校数据 BI，为学校管理提供智能决策，辅助学校对数据进行科学管理。

三、数据标准化

数据标准化是将数据按比例缩放，使之落入一个小的特定区间。在某些比较和评价的指标处理中经常会用到。去除数据的单位限制，将其转化为无量纲的纯数值，便于对不同单位或量级的指标进行比较和加权。最典型的莫过于数据归一化处理，即将数据统一映射到 [0, 1] 区间上。常见的数据归一化方法有 min-max 标准化（Min-max normalization），log 函数转换，atan 函数转换，z-score 标准化（zero-mena normalization，此方法最为常用）。

比如教师评价某一名学生不同学科的成绩时，由于数学和物理总分不同，无法同类比较，需要进行数据标准化处理，对处理后的数据再进行评价，会更加准确。

四、数据变换

在对数据进行统计、分析时，要求数据必须满足一定的条件，如在进行方差分析时，要求试验误差具有独立性、无偏性、方差齐性和正态性。但在实际的分析过程中，独立性、无偏性比较容易满足，方差齐性在大多数情况下能满足，正态性有时不能满足。若将数据进行适当地转换，如平方根转换、对数转换、平方根反正弦转换，则可以使数据满足方差分析的要求。这种将数据从一种形式转变成另一种形式的过程称为数据变换。

换句话说，数据变换是指将原始数据做某种函数转换，使得数据资料各组方差齐同或偏态资料正态化，以满足 t 检验或其他统计分析方法对资料的齐性或正态性的要求。

本章内容小结

本章我们了解了进行数据采集时应参考的三个指标（知识检查点 2-1），明确了在采集数据时使用的四类技术（知识检查点 2-2），掌握了数据的分类方法（能力里程碑 2-1），知道了对数据进行预处理的过程（知识检查点 2-3）。

本章内容的思维导图如图 2-4 所示。

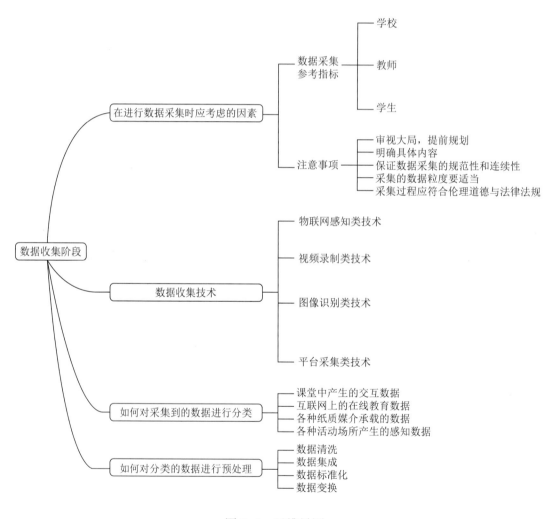

图 2-4 思维导图

自主活动：思考自己所在的学校适合采用哪些技术手段采集数据

请学习者在学习完本章内容后，进行自我反思，并记录个人学习心得。

小组活动：规划数据采集的过程，思考在数据采集时还应考虑哪些因素

请学习者围绕本章的学习主题进行组内交流，并做好小组学习记录。

评价活动：评价本章知识与能力学习水平

一、名词解释

数据清洗（知识检查点 2-3）

数据集成（知识检查点 2-3）

数据标准化（知识检查点 2-3）

数据变换（知识检查点 2-3）

二、简述题

1. 你觉得学校数据的采集要考虑哪些参考指标？请说一说你对学校数据采集的理解，并对其采集参考指标做出阐述（知识检查点 2-1）。

2. 在实际的学校数据采集过程中，你常使用哪些技术手段（知识检查点 2-2）？

3. 学校在日常的数据采集过程中，是如何对数据进行分类的？对分类的数据通常采取哪些处理方式（能力里程碑 2-1）？

三、实践项目

选择当前学校决策中的一个问题，按照数据采集的参考指标，厘清学校数据的分类，梳理数据采集的技术手段和方法，对采集到的数据进行分类和预处理（知识检查点 2-1、知识检查点 2-2、知识检查点 2-3、能力里程碑 2-1）。

第三章 决策利器，技术助力——活动设计阶段

本章学习目标

在本章的学习中，要努力达到如下目标：
- 能够说出数据建模的方法（知识检查点 3-1）。
- 能够运用合适的工具对数据进行基础处理分析（知识检查点 3-2）。
- 能够运用合适的工具对数据进行高级处理分析（知识检查点 3-3）。
- 能够联系实际需求，灵活运用合适的建模方法（能力里程碑 3-1）。
- 能够通过数据建模得到结果，实现数据的价值（能力里程碑 3-2）。

本章核心问题

怎样通过数据建模产生有价值的信息？如何灵活运用合适的建模方法？

本章内容结构

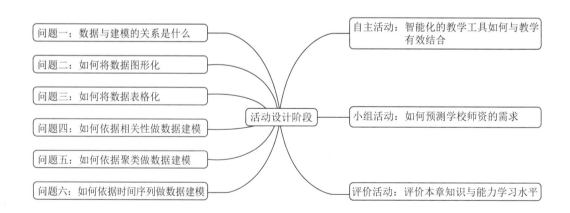

引 言

我们每天都在做着各种各样的决策。那么，当我们在做决策时，最重要的依据是什么

呢？没错，是信息。有了充分的信息，我们做出的决策才更加理性。要做出理性决策，需要具备分析思维，即在一定的模型框架下建立起来的体系化的分析思维。

一般情况下，实现目标的方案不应是一个，而是有两个或更多的可供选择的方案。活动设计阶段就是探索可供选择的方案的过程。真正的管理决策，往往是在某些条件的限制下，从多个方案中选出一个最优的。决策者可以通过数学模型来研究最优决策，这个问题属于运筹学的范畴。在大数据技术的支持下，运筹学的工具变得更加强大，比如数据挖掘技术，它可以帮助人们快速地建立数学模型。数据挖掘是采用数学、统计、人工智能、神经网络等领域的科学方法，如记忆推理、聚类分析、关联分析、决策树、基因算法等技术，是从大量数据中挖掘出隐含的、先前未知的、对决策有潜在价值的关系、模式和趋势，并用这些知识和规则建立用于决策支持的模型，提供预测性决策支持的方法、工具和过程。

对于一个指定的实际问题，可以按照以下步骤进行决策：首先，列出能成功解决问题的可行方案；无须评价，仅列出即可。对于决策所需要的方案来说，在没有做出选择之前，越多越好，但不要在决策之前就做出选择，以免制约方案的提出，从而影响决策本身。其次，可以在设计阶段选择多种算法进行建模，或者将两种或者多种算法结合起来进行建模。最后，模拟数据验证模型，检验决策的可行性。

问题一：数据与建模的关系是什么？

随着信息经济生态的加速形成，数据的力量正在被不断激发。智能设备、物联网、云计算等技术帮助人类构建着一个日渐丰富的数据世界，这些数据也越来越完整地反映出现实世界的面貌，并且通过对数据的进一步分析和归纳，帮助人类探寻其中的规律，使人类对世界的认知达到了过去几千年从未企及的深度。

对数据的驾驭能力不足往往是很多数据分析人员的短板。把抽象数据封装成各种算法形式，可以更加直观、生动，从而合理地分析数据，从数据中形成决策。从数据中形成决策，其学名为"管理科学"，即从数据分析中获取有效信息，利用合适的算法进行建模。利用算法进行建模就是将数据处理成不同算法的表现形态，数据转换后的最后表现形态就是模型。下面将五种典型的数据形成对应的模型，帮助大家理解利用算法进行建模的过程。这也是"算法+"的过程。

什么是"算法+"？它是从"互联网+"的概念类比而来的。"互联网+"概念的提出近年来已经深刻地影响了人类的生存方式，"互联网+工业""互联网+金融""互联网+农业""互联网+教育""互联网+医疗"将深刻影响人们的生活和工作方式，改变着人们的政治生态、经济形态、文化形态、教育与学习方式、商业运作模式等。

"算法+"在本书中主要指"算法+教育"，通过算法对教育进行数据赋能，帮助一线教师解决实际教学过程中产生的问题，提高教学评价、教学反馈的效率，精确定位班级内学生的普遍性问题，方便一线教师及时调整自己的教学计划，落实因材施教的教学目标；

帮助学校中的教学管理人员了解年级组内的实际情况，为制定年级组内部的阶段性教学管理目标和教师考评标准提供了科学依据。

五种典型的数据建模方法分别是图形化、表格化、相关性分析、聚类分析与时间序列分析。这些方法从不同的角度对数据进行收集、处理，通过这一系列的处理过程，把繁杂的数据连接起来，并从中汲取出对决策有用的信息。本章的问题二到问题六详细地阐述了这五种数据建模方法。

问题二：如何将数据图形化？

图形化是数据分析人员常用的数据建模方法之一，图形化可以将数据中的信息以可视化的方式反映出来。图形能够直观地揭示数据的内在特征，但这是有条件的，即必须使用恰当的图形类型，不同类型的图形所展示的数据的侧重点不同，选择合适的图形是使用图形进行数据分析的第一步。比如，探究数据之间的关系时可以选择散点图；进行数据之间的对比时可以选择柱形图；探寻数据的变化趋势时可以选择折线图；观察数据结构的变化趋势时可以选择面积图等。《Excel 图表之道》列出了一个"数据图形选择指南"，即依据数据的关系将图形分为四种类型：比较型、分布型、构成型和联系型，如图 3-1 所示。

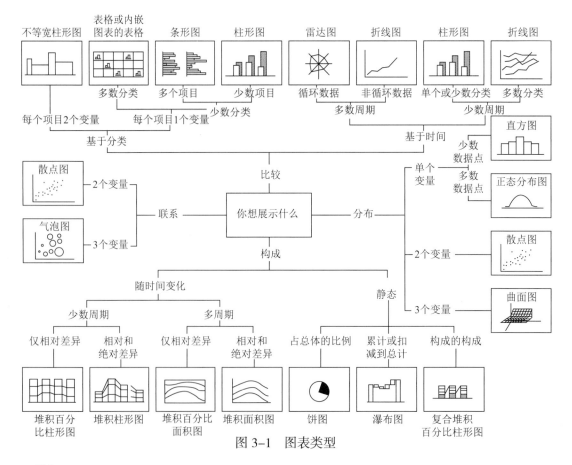

图 3-1　图表类型

下面结合三个案例对数据图形化做进一步阐述。

案例一：个人成绩波动折线图

当家长想要了解自己的孩子一学年的语文成绩变化趋势时，提取相关的成绩数据，绘制折线图，可以清晰地观察学生成绩的变化情况。图3-2所示为某学生2018—2019学年（连续两个学期）语文成绩波动折线图。通过该折线图，家长可以清晰地看到：该学生上学期语文成绩虽然整体呈上升趋势，但成绩浮动较大，不够稳定；下学期成绩则稳中有升，说明该学生从知识的掌握程度上和考试状态上都有所进步。

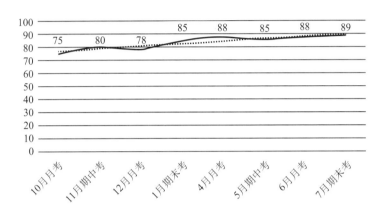

图3-2　2018—2019学年语文成绩波动折线图

同时，该折线图还可以辅助教师进行决策，比如，2019—2020学年可继续采用该学年下学期的教学方法，以保障学生持续保持良好学习状态。

案例二：班级优秀率的柱形图

如图3-3所示，学校的年级主任通过此柱形图可以清晰地看出在某一次考试中三班的优秀率是最高的，其次是一班和五班，然后是二班和六班，四班排在最后。柱形图直观、清晰，还可以把繁多的数据和烦琐的计算过程隐藏起来，帮助年级主任直接分析各个班级的情况，然后针对不同优秀率的班级实施不同的改进措施。比如，可以让优秀率较高的班级中的教师和学生进行经验分享，促进优秀率较低的班级的稳步发展。

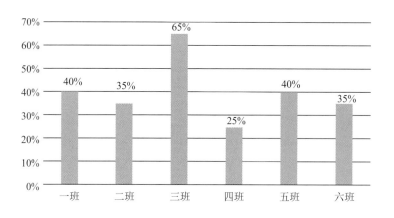

图 3-3　显示成绩优秀率的柱形图

案例三：个人成绩对比图

图 3-4 显示的是某学生各科成绩的分数及占比，通过该图，教师可以清晰地看到该生的语文、数学和英语是占比较大的三个学科，而且数学分数最高，是占比最多的。从该环形图中还可以看出各个颜色的圆环大小差别不大，说明该学生各科成绩相对而言较均衡，没有出现偏科现象。各科教师可以根据此图来制订适合该生的教学方法，进行个性化精准教学。比如，可以在政治课和物理课上多花一些精力，进行拔高。

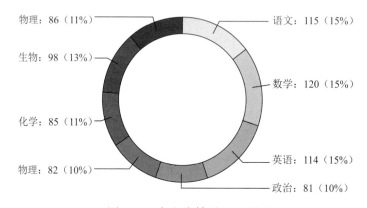

图 3-4　个人成绩对比环形图

同理，也可以用饼状图（见图 3-5）来展示相关的数据，在处理这种占比需求时环形图和饼状图往往颇具优势，方便教师从中获取有价值的信息。

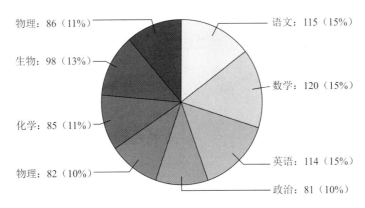

图 3-5 个人成绩对比饼状图

问题三：如何将数据表格化？

将数据表格化是描述性统计中的一种方法，通过将数据制成表格，对数据的分布状态、数字特征和随机变量之间的关系进行描述。数据的表格化主要使用集中趋势、离散程度、偏度度量、峰度度量等方法来描述数据的集中性、分散性、对称性和尖端性，从而归纳数据的特征。在表格中描述数据，常用的统计量有众数、中位数、算术平均数、调和平均数、几何平均数、四分位差、标准差、方差、变异系数等，如图 3-6 所示。

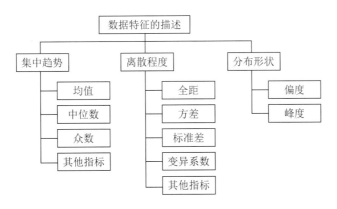

图 3-6 数据特征描述

如果想要查看数据的分布情况，一般需要对数据进行相应的加工处理，处理之后会发现，大多数情况下，数据都会呈现出一种钟形分布形态，即各个变量值与中间位置的距离越近，出现的次数越多；与中间位置的距离越远，出现的次数就越少，从而形成了一种以中间值为中心的集中趋势，这就是平均数的统计价值，平均数可以反映一组数据的集中趋势，它是一组数据中有代表性的值，最常用的有算数平均数、几何平均数、调和平均数、中位数和众数。如图 3-6 所示，集中趋势只是数据分布的一个特征，它所反映的是各个变量值向其中心值聚集的程度。另一种反映总体中个体的变量值之间差异程度的指标为离散程度，最常用的有极差、标准差、方差、四分位差和变异系数。

只用集中趋势和离散程度来表示所有数据，难免不够准确，要全面了解数据分布的特点，识别总体的数量特征，还需要掌握总体数据的分布形态。分布形态大体可以分为两种：一种是分布的对称程度，其测定参数称为偏度或偏斜度；另一种是分布的高低，其测定参数称为峰度。数据经过表格的相关处理，便于使用时会更加直观化，从而更好地辅助教师决策。

下面通过两个案例来具体说明数据表格化的实际应用，如表 3-1 和表 3-2 所示。

案例一：班级成绩量化表

表 3-1 为某班级的成绩量化情况。首先，从表中可以清晰地看到各科的平均分和平均分的名次，上文提到，平均数反映的是数据集的集中趋势，它代表着一个班级的整体发展水平，班主任可以根据平均分名次快速了解班级中各科的成绩情况。

表 3-1　班级成绩量化表

类别	语文	数学	英语	物理	化学	生物	政治	历史	地理
教师	周晶	孙问筠	卫夏雪	吕秀	金寒雁	孔妍	邹半芹	王成龙	魏乐
平均分	103.7	100.9	95.7	78.5	84.2	76.9	84.7	83.9	82.5
平均分名次	1	1	3	2	1	2	1	1	1
及格率	90.0%	80.0%	80.0%	80.0%	90.0%	80.0%	100.0%	100.0%	90.0%
优秀率	80.0%	70.0%	40.0%	40.0%	50.0%	30.0%	60.0%	50.0%	60.0%
总成绩	273.7	250.9	215.7	198.5	224.2	186.9	244.7	233.9	232.5
总成绩名次	1	1	3	2	2	2	1	1	1

然后观察平均分名次较低的学科的及格率和优秀率，根据及格率和优秀率来分析平均分低的可能原因。例如，表 3-1 中的英语学科平均分较低，其及格率为 80%，优秀率为 40%。对比数学和语文的及格率和优秀率，会发现，英语学科平均分名次低的原因是学生的成绩集体处于中等水平，优秀者不多。据此，班主任可以与英语教师共同制订有效的决策，比如，调整教学策略，修改课堂内基础类和拔高类的习题占比，进行拔高习题的强化训练，对班级内中等偏上的学生进行适当的拔高式教育，让其多做一些有难度的练习，同时可以采用分层教学，让班级中还没有及格的学生也能够有进步。

案例二：学科成绩统计描述表

标准差，也称均方差，是各数据偏离平均数的距离的平均数，用 σ 表示。标准差是方差的算术平方根，它能反映一个数据集的离散程度。平均数相同，标准差未必相同。标准差可以反映平均数不能反映的内容，如稳定度等。简单来说，标准差是对数据平均值分散程度的度量。标准差越大，意味着这个班级的学生水平差距越大，可能出现了两极分化现象，说明该班级整体成绩的稳定性较差；标准差越小，意味着这个班级的学生水平差距越小，说明该班级整体成绩的稳定性较好。

表3-2展示了各学科的最高分、最低分、平均分及标准差。观察平均分和标准差的数值，就可以知道各科的成绩情况，从而清晰直观地进行分析。例如，表中数学学科的标准差最高，说明该班学生的数学成绩普遍与平均成绩差距较大，数学学科整体成绩呈现不稳定性。相对而言，历史学科的标准差较低，说明历史学科整体成绩较为稳定。此表有助于帮助教师对班级的各个学科制订不同的决策：针对历史学科，可以进行拔高训练，从而提高学生整体的成绩；针对数学学科，则需要加强基础训练，稳中求胜，从而提高班级的整体优秀率。

表 3-2　学科成绩统计描述表

学科	满分	考试人数	最高分	最低分	平均分	标准差
语文	120.0	10	120.0	65.0	103.7	14.2
数学	120.0	10	120.0	64.0	100.9	19.2
英语	120.0	10	115.0	60.0	95.7	17.9
物理	100.0	10	92.0	40.0	78.5	16.7
化学	100.0	10	100.0	60.0	84.2	11.3
生物	100.0	10	98.0	51.0	76.9	14.3
政治	100.0	10	99.0	67.0	84.7	8.6
历史	100.0	10	91.0	67.0	83.9	6.6
地理	100.0	10	97.0	60.0	82.5	11.1

问题四：如何依据相关性做数据建模？

相关性不等于因果性，也不是简单的个性化。相关关系是指现象之间存在着非严格的、不确定的依存关系。这种依存关系的特点是：某一现象在数量上发生变化会影响到另一现象数量上的变化，而且这种变化在数量上具有一定的随机性。即当给定某一现象一个确定数值时，另一个现象会有若干个数值与之对应，并且总是遵循一定的规律，围绕这些数值的平均数上下波动。其原因是影响现象发生变化的因素不止一个。例如，影响销售的因素除了推广费用外，还有产品质量、价格、渠道等因素。回归函数关系是指现象之间存在着某种依存关系。在这种依存关系中，对于某一变量的每一个数值，都有另一变量值与之相对应，并且这种依存关系可用一个数学表达式反映出来。例如，在一定条件下，身高和体重存在依存关系。

相关性分析是研究两个或两个以上处于同等地位的随机变量间的相关关系的统计分析方法，用于衡量两个变量的相关程度。对学校数据来说，在很多情况下都可以进行相关性建模分析，例如，对于课堂中产生的交互数据，可以进行相关性分析，从而了解教师的语言、动作、情感等对学生的影响；对于互联网上的在线教育数据，可以进行相关性分析，从而了解在线教育的学习方式对学生学习的影响；对于学生的考试成绩数据，也可以进行相关性分析，从而获取学科之间关系的紧密性，这有助于为学科融合的教学研究提供科学的决策依据。

下面通过两个案例进行详细说明。

> **案例一：学科成绩相关性分析**

在自然科学领域中，皮尔逊相关系数广泛用于度量两个变量之间的相关程度。它是由卡尔·皮尔逊从弗朗西斯·高尔顿在19世纪80年代提出的一个想法演变而来的，其定义为两个变量之间的协方差和标准差的商，因此也被称作"皮尔逊积差相关系数"。

$$\rho_{X,Y} = \frac{\text{cov}(X,Y)}{\sigma_X \sigma_Y} = \frac{E\left[(X-\mu_X)(Y-\mu_Y)\right]}{\sigma_X \sigma_Y}$$

上式定义了总体相关系数，常用希腊小写字母ρ(rho)作为代表符号。估算样本的协方差和标准差，可得到样本相关系数（样本皮尔逊系数），常用英文小写字母r表示：

$$r = \frac{\sum_{i=1}^{n}(X_i - \bar{X})(Y_i - \bar{Y})}{\sqrt{\sum_{i=1}^{n}(X_i - \bar{X})^2} \sqrt{\sum_{i=1}^{n}(Y_i - \bar{Y})^2}}$$

r描述的是两个变量间线性相关的强弱程度。r的取值在 -1 到 $+1$ 之间。

（1）若$r>0$，表明两个变量是正相关，即一个变量的值越大，另一个变量的值也会越大。

（2）若$r<0$，表明两个变量是负相关，即一个变量的值越大，另一个变量的值反而会越小。

（3）若 r=0，表明两个变量间不是线性相关，但有可能是其他方式的相关（比如曲线方式）。

r 的绝对值越大，相关性越强，一般会对 $|r|$ 的取值范围进行划分，通过 $|r|$ 的取值范围来判断两个变量的相关强度：

（1）0.8～1.0 为极强相关；

（2）0.6～0.8 为强相关；

（3）0.4～0.6 为中度相关；

（4）0.2～0.4 为弱相关；

（5）0.0～0.2 为极弱相关或无相关。

从统计学的角度讲，一般情况下会对得到的 r 值做独立样本 t 检验，以保证 r 值的科学性。

$$t=r\sqrt{\frac{N-2}{1-r^2}}$$

上式定义了 t 值的计算方式，N 为样本量，$N-2$ 表示自由度 df。得出 t 值后，需要在 t 值分布表中比对，根据 df 的值，确定 t 值具体在什么水平。把 0.05 水平上对应的 df 值记为 $h_{0.05}$，0.01 水平上的对应 df 值记为 $h_{0.01}$。

比对的结果有四种情况：

（1）当 $t<h_{0.05}$ 时，结论为不相关，显示为"r"。

（2）当 $h_{0.05}<t<h_{0.01}$ 时，结论为 0.05 水平上显著相关，显示为"r^*"。

（3）当 $h_{0.01}<t<h_{0.001}$ 时，结论为 0.01 水平上显著相关，显示为"r^{**}"。

（4）当 $t>h_{0.001}$ 时，结论为 0.001 水平上显著相关，显示为"r^{***}"。

当然，教师也可以通过一些大数据分析工具来帮助自己进行相关性自动化建模，简化操作难度。如图 3-7、图 3-8、图 3-9 所示，应用某教育大数据分析工具，可以快速得出两个变量的 r 值和 t 值。

第一步，选取两个变量。

图 3-7 选取变量

图 3-8 自动清洗后的数据显示

图 3-9 相关性系数

第二步，查看样本数据，检查是否有缺失值和无效数据，进行简单的数据清洗。

第三步，点击相关性分析按钮，会自动计算出皮尔逊相关系数 r 值和 t 值。

在上述案例中，分析结果显示：$r=0.487***$，$t=3.698765$。大数据分析工具自动比对 t 值，得出相关性的结论："***"表示1年级5班学生的数学和语文的成绩在0.001水平上显著相关，同时 $0.4<r<0.6$，表示相关的强度为中度相关。这个结论意味着该班级的语文成绩好，数学成绩就好；反过来，数学成绩好，语文成绩也会好。

案例二：线性回归分析方法

线性回归分析方法是数理统计中回归分析方法的一种，用来确定两种或两种以上变量间相互依赖的定量关系。它主要是通过建立因变量 Y 与影响它的自变量 X 之间的回归模型，衡量自变量 X 对因变量 Y 的影响能力，进而预测因变量 Y 的发展趋势。例如，学习水平与身体素质之间存在依存关系，通过对这一对依存关系的分析，在制订下一阶段的学习目标时，可以预测将要达到的学习水平。再比如物理学习水平与数学学习水平之间存在依存关系，通过对这一对依存关系的分析，可以制订相应的学习计划，预测学科融合下的双学科的能力提升。

线性回归又分为简单线性回归和多重线性回归。这里主要讲解的是简单线性回归,也就是一元线性回归,只有一个自变量X,一个因变量Y。简单线性回归模型为:

$$Y=a+bX+\varepsilon$$

上式中,Y 为因变量(也叫做响应变量);X 为自变量;a 为常数项,是回归直线在纵坐标轴上的截距;b 为回归系数,是回归直线的斜率;ε 为随机误差,即随机因素对因变量所产生的影响。

线性回归的分析流程如下。

(1)根据预测目标,确定自变量和因变量。

围绕教学或者管理问题,明晰预测目标,从经验、常识、历史数据等角度初步确定自变量和因变量。

(2)绘制散点图和残差图,确定回归模型类型。

通过散点图,从图形化的角度初步判断自变量和因变量之间是否具有线性相关关系,据此可以选择合适的函数对数据点进行拟合。散点图可以提供三类关键信息:① 变量之间是否存在数量关联趋势;② 如果存在关联趋势,是线性的,还是曲线的;③ 如果有某一个点或者某几个点偏离大多数点,也就是离群值,通过散点图可以一目了然。从而可以进一步分析这些离群值是否可能在建模分析中对总体产生很大影响。

通过残差图,对数据进行进一步的检验,如果是线性模型,那么残差应符合正态分布的假设,围绕0进行上下无规律波动。换句话说,模型的拟合应该平均散布在被拟合值点附近,因此,残差应该是以对称的模式,在整个拟合范围内恒定、均匀地扩散,如图3-10所示。残差图中残差不应该包含任何可预测的信息。现在来看一个有问题的残差图,如图3-11所示,我们可以根据拟合值来预测残差的非零值。例如,拟合值为9的预期残差为正值,而5和13的拟合值均为负的预期残差。如果遇到这种情况,说明当前选取的变量可能不当,两个变量之间的关系模型可能缺少第三个变量,或者缺少一个变量的高阶项来解释曲率,抑或是模型缺少在已经存在的项之间的相互作用项(交叉项)。由此多次修改模型,以期修改后的残差图是理想中的残差图。

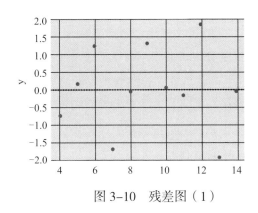

图3-10 残差图(1)

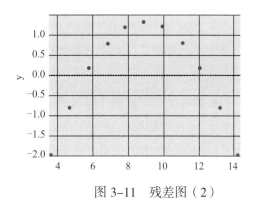

图3-11 残差图(2)

（3）估计模型参数，建立回归模型。

采用最小二乘法估计模型参数，建立简单线性回归模型。最小二乘法，又称最小平方法，通过最小化误差的平方和寻找数据的最佳函数匹配。最小二乘法名字的来源有两个：一是要将误差最小化；二是将误差最小化的方法是使误差的平方和最小化。最小二乘法在回归模型上的应用，就是要使得观测点和估计点的距离的平方和达到最小，使得尽可能多的（X，Y）数据点更加靠近这条拟合出来的直线。

（4）对回归模型进行检验。

使用回归模型，可能不会一次就达到预期效果，通过对整个模型及其各个参数的显著性检验，逐步优化，最终确立回归模型。

对于最小二乘法得出的斜率值，一般采取 t 检验法进行显著性检验，t 的绝对值越大，$sig.$ 就越小。$sig.$ 代表 t 检验的显著性，在统计学上，若 $sig.<0.05$，一般被认为是系数检验显著。显著的意思就是回归系数的绝对值显著大于0，表明自变量可以有效预测因变量的变化，这个结论错误的可能性是5%，即结论正确的可能性有95%。

对于得到的回归模型，需要评价该模型的准确性。因为一旦我们否定了两个变量不存在线性相关的原假设，认为 X 与 Y 有关系，那么我们就要知道模型与数据的拟合程度。

线性回归的拟合质量由两个典型的统计量来评价，一个是残差标准误（RSE），另一个是判定系数（R^2-statisic）。RSE 是残差标准误的估计值，可以理解为因变量 Y 偏离回归直线的平均值。这个值越小越好，它提供了一种对模型与数据拟合程度的绝对测量方法。

判定系数 R^2-statisic，简称 R^2，是通过比例的计算方式对模型进行测量，可以理解为方差的比例，它的取值必然在0到1之间，并且与 Y 的测量量级无关。

$$R^2 = \frac{TSS-RSS}{TSS} = 1 - \frac{RSS}{TSS}$$

上式中，TSS 为总离差平方和，即因变量的方差。RSS 为残差平方和，表示的是由误差导致的真实值和估计值之间的偏差平方和。通过公式可以看出，R^2 表示的是响应变量 Y 的变化之中可以被自变量 X 解释的比例，这个比例越接近1，表示模型与数据的拟合程度越高，误差越小。

（5）利用回归模型进行预测。

模型通过检验后，应用到新的数据中，进行因变量目标值的预测。下面请看一个实际的操作案例。

前文的案例一中提到1年级5班学生的数学成绩和语文成绩呈中度相关，因此可以在此基础上继续做线性回归分析：如果两个变量具有相关性，可以继续研究这两个变量之间是否线性相关；如果两个变量之间没有相关性，那么研究线性相关是毫无意义的。

因此，可以继续研究1年级5班学生的数学成绩和语文成绩是否线性相关。

第一步，选择数据。把语文成绩设为自变量 X，把数学成绩设为因变量 Y，如图 3-12 所示。

图 3-12 选取因素

第二步，清洗数据。查看样本数据是否有缺失值和无效数据，进行简单的数据清洗，如图 3-13 所示。

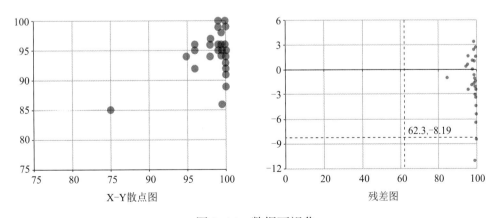

图 3-13 清洗数据

第三步，单击线性回归模型分析按钮，查看散点图和残差图。如图 3-14 所示，散点图中数据较为集中，不过能够看出两个变量大致呈线性变化。残差图中的所有数据大致围绕 0 点进行上下无规律波动，说明可以进行线性回归建模。

图 3-14 数据可视化

第四步，查看建模方程系数校验表和模型评价表。如图 3-15 所示，先看系数校验表，

能得出截距 a 和斜率 b 的值，接着查看 $sig.$ 值，发现在 0.001 水平显著相关，说明 b 值是可靠的。再看模型评价表，$RSE \approx 3.3$，$R^2 \approx 0.24$，F 检验 ≈ 13.7，N 为样本数，从数据上来看，模型还是不错的。RSE 值越小越好，R^2 值为 0.24，说明该模型中因变量 Y 的变化之中可以被自变量 X 解释的比例为 24%，这个比例在实际情况中还算不错，达到 0.5 的模型可以说是很优质的模型了。F 检验是检验方程整体显著性的，其值越大越好。

系数校验表

因变量	自变量	a（常量）	b（斜率）	t	Sig.
数学	语文	21.44544678	0.7594	3.7008	在0.001水平显著相关

模型评价表

RSE	R^2	F-statistic	N
3.3392	0.2375	13.7051	46

计算结果

回归方程：因变量=a+bx 自变量　　[拟合值计算]

自变量 = 90　　　　因变量 = 89.79144678

图 3-15　线性回归分析

第五步，利用回归方程进行预测。教师可以根据 1 年级 5 班学生的语文成绩来预测数学成绩，如图 3-15 中的回归方程所示，假设语文成绩（自变量）为 90 分，那么数学成绩（因变量）大约为 89 分。如果下一次考试中语文成绩为 90 分，但数学成绩没有达到 89 分，那么就说明这一阶段的数学学习出现了一些问题，需要学生及时排查自己的知识漏洞，教师也要根据实际情况调整自己的教学策略；如果下一次考试中语文成绩为 90 分，数学成绩远远高于 89 分，说明学生进步较大。对于学生而言，可以回顾这段时间的学习方法，把方法固化下来，争取做到稳步提升；对于教师而言，这可能是新的教学策略的改变引起的分数变化，应该及时总结经验，把好的教学策略固化下来，形成模式，以便日后推广使用。

问题五：如何依据聚类做数据建模？

作为无监督聚类算法中的代表——K 均值聚类算法（K-means），其主要作用是将相似的样本自动归到一个类别中。所谓的无监督算法，就是输入样本没有对应的输出，或者未给输入样本打标签。聚类试图将数据集中的样本划分为若干个通常不相交的子集，每个子集称为一个"簇"，聚类既能作为一个单独过程，用于找寻数据内在的分布结构，又能作为分类等其他任务的前趋过程。

在学校数据中，如果想要知道数据的分组情况，K-means 是首选之一。教师可以通过 K-means 对数据进行建模，从而针对不同类别的学生采取不同的教学策略。比如可以对学生的学习风格进行聚类分析，从而对不同学习风格的学生采取不同的教学方法；可以对学生的成绩进行聚类分析，从而对不同成绩的学生采取分层教学；可以对学生在线学习的过程数据进行聚类分析，从而针对不同类别的学生开展不同形式的在线学习活动。通过这样的分析，可以充分利用数据来优化决策。

下面通过一个案例来进行具体说明。

案例

对于百分制考试，传统做法是把考试成绩分为四类：0～59 分为不及格，60～69 分为及格，70～84 分为良好，85～100 分为优秀。这种分类方式一致沿用至今，但这种分类方式存在不足之处：假如某次考试的题目较难，学生的成绩都偏低，那么所得的结论并不能说明教师的教学水平，也无法详细给学生分类；假如某次考试的题目较简单，学生的成绩普遍较高，那么也无法明确地给学生分类，达不到检验学生学习水平的考试目标；假如这个班的学生成绩两极分化较重，分类的情况也是不理想的，可能会出现 10 人优秀，15 人及格，10 人不及格，0 人良好的情况。对于以上情况，用 K-means 进行成绩分类会比较方便，它可以根据考试成绩的改变而改变分类标准。

下面以 2 年级 2 班的一次语文考试成绩为例进行说明。

第一步，选取要分析的数据。

第二步，清洗数据（第一步和第二步的操作截图见图 3-16）。

图 3-16　选取和清洗数据

第三步，填写 K 值，根据 K-means 建模。点击单科数据，进行聚类分析，分析结果如图 3-17 所示。由于填写的 K 值为 4，所以成绩分为四类。结果发现，这次考试中学生成绩普遍较高，如果依据以往的分类方法，就会出现全优秀的结论。而依据 K-means，可以精确地把学生分为四类，方便教师对考试成绩进行精准分析。

分析结果   SSE=19.3667 K=4

阶段	分值	人数	SSE	聚类中心
A	99.0~100.0	10	3.2	99.6
B	96.5~98.5	9	5	97.5
C	94.0~96.0	9	5.6667	95.1667
D	90.0~93.5	6	5.5	91.4167

图 3-17　K-means 分析结果

第四步，查看详情。了解具体的分类情况，如图 3-18～图 3-21 所示。

所属班级: 2年级2班　　　　因素一: 语文

A：99.0~100.0

学号	学生姓名	单因素
L21010520101122004X	张若熙	99
L210105201102240011	张文浩	99
L210105201010090036	黄祉谕	99.5
L210105201103150026	张品萱	99.5
L210105201108030015	李晓斌	99.5
L210105201111100010	祝一贺	99.5
L2101052010091000C4	籍诗彤	100
L21010520110116001X	王明睿	100
L210105201105260018	苏国轩	100
L210105201109270029	郑雅文	100

图 3-18　A 组数据图

B：96.5~98.5

学号	学生姓名	单因素
L210105201104110018	徐唯恩	96.5
L210105201106070021	陈馨鸣	97
L210105201106270023	李佳怡	97
L210105201108230025	张奕萱	97
L210105201012150020	张婉宁	97.5
L210105201012230020	赵慧明	98
L210105201106230021	吴雨晨	98
L21010520110814002X	李拂晓	98
L210105201012250021	孙誉宁	98.5

图 3-19　B 组数据图

C：94.0~96.0

学号	学生姓名	单因素
L210105201104290020	杨煜茗硕	94
L210105201010270010	焦熙博	94.5
L210105201206100021	陈禹彤	94.5
L210105201103260022	王语诺	95
L210105201104180016	甘鸿哲	95
L210105201104130019	李鸿诚	95.5
L210105201010090052	侯嘉睿	96
L210105201010130018	付一楠	96
L210105201103020029	李禹霏	96

图 3-20　C 组数据图

D：90.0~93.5

学号	学生姓名	单因素
L210105201105200015	孟焕哲	90
L210105201108070017	王子齐	90.5
L210105201101050013	刘骐硕	91
L21010520101201001X	王明宇	91.5
L210105201105170012	王跃寒	92
L210105201102150016	张智宸	93.5

K ＝　4

图 3-21　D 组数据图

理论导学：K-means 建模理论

聚类分析是一种探索性的分析，在分类的过程中，人们不必事先给出分类标准，聚类分析能够从样本数据出发，自动进行分类。进行聚类分析时，所使用的方法不同，往往会得出不同的结论。不同研究者对于同一组数据进行聚类分析，所得到的聚类数未必一致。从实际应用的角度看，聚类分析是数据挖掘的主要任务之一。而且聚类能够作为一个独立的工具，获得数据的分布状况，得出每一簇数据的特征，集中对特定的聚簇集合做进一步分析。聚类分析还可以作为其他算法（如分类和定性归纳算法）的预处理步骤。

如图 3-22 所示，使用 K-means 建模的主要步骤如下：

（1）选取初始质心。常见的方法是随机选取初始质心，但这往往会导致簇的质量较差。除此之外，还有以下几种方法。

① 多次运行，每次使用一组不同的随机初始质心，然后选取 SSE 最小（误差的平方和）的簇集。这种方法虽然简单，但效果可能不好，这取决于数据集和找到的簇的个数。

② 取一个样本，并使用层次聚类技术对其进行聚类分析。从层次聚类中提取 K 个簇，并用这些簇的质心作为初始质心。该方法通常很有效，但仅对下列情况有效：样本相对较小；K 相对于样本较小。

③ 取所有点的质心作为第一个点，然后对每个后继初始质心，选择离已经选取过的初始质心最远的点。使用这种方法，确保了选择的初始质心不仅是随机的，而且是散开的。但是，这种方法可能会选中离群点。

（2）距离的度量。常用的距离度量方法有欧几里得距离和余弦相似度。欧几里得距离度量方法会受指标单位刻度的影响，所以一般需要先进行标准化，同时，距离越大，个体间差异越大；余弦相似度度量方法不会受指标单位刻度的影响，余弦值落于区间 [-1, 1]，余弦值越大，差异越小。

（3）质心的计算。对于距离的度量，不管是采用欧几里得距离，还是采用余弦相似度，簇的质心都是其均值。

（4）算法的停止条件。一般是目标函数达到最优或者迭代次数达到最大时，即可终止。对于不同距离的度量，目标函数往往不同。当采用欧几里得距离度量方法时，目标函数一般为最小化对象到其簇的质心的距离的平方和；当采用余弦相似度度量方法时，目标函数一般为最大化对象到其簇的质心的余弦相似度和。

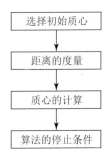

图 3-22　K-means 建模步骤

问题六：如何依据时间序列做数据建模？

时间序列预测分析就是利用过去一段时间内某事件的时间特征来预测未来一段时间内该事件的特征。这是一类相对比较复杂的预测建模问题，和回归分析模型的预测不同，时间序列模型是依赖于事件发生的先后顺序的，同样大小的值改变顺序后输入模型所产生的结果是不同的。在学校管理决策中利用时间序列对学校数据进行分析,可以将长期的学校数据进行可视化处理,可以给决策提供一个长期反馈回来的数据依据,从而使决策更具有可靠性和可参考性。例如:想要预测某毕业班级在高考时的达线率,就可以通过分析该班级过去三年的成绩变化,得出该班级高考成绩大致的水平,有助于帮助年级主任根据预测对班级实施可行的教学决策。

案例

图3-23为某校2006—2014年初二年级的体育特长生人数,从图中可以看出,2006—2014年该校初二年级体育特长生的人数整体处于上升趋势,由此可以根据数据预测未来几年初二年级体育特长生人数的发展趋势。学校领导可以根据发展趋势对初二年级整体的分班情况进行合理的规划,有助于实现有效的管理。时间序列是按照时间顺序取得的一组数据,大多数的时间序列存在惯性,通过对惯性的分析,可以根据现在值和过去值对未来值进行预测。

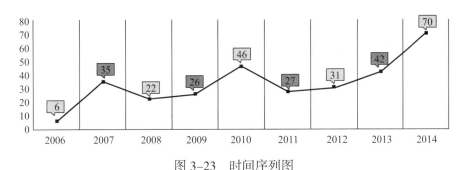

图3-23 时间序列图

理论导学:时间序列算法建模理论

时间序列是按时间顺序排列的一组随机变量,反映了事物的内部联系与变化规律,时间序列分析则是应用数理统计方法对时间序列进行分析与处理,研究序列所遵循的统计规律,是对动态数据进行处理的一种统计分析方法。它主要根据时间序列的依存关系和事物发展的延续性对曲线变化规律进行拟合,来建立数学模型,通过估计模型参数得出时间序列所反映的特征、趋势及内在变化规律,最后进行类推,预测出事物将来的发展情况。按照时间序列的特点,时间序列分析模型可分为平稳时间序列模型、趋势性时间序列模型、季节性时间序列模型与复合型时间序列模型。

如图3-24所示,时间序列的建模步骤如下。

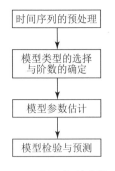

图3-24 时间序列建模步骤

（1）时间序列的预处理。观测、收集到的时间序列数据都是不稳定的，在进行建模之前需要进行平稳性的预处理检验。当时间序列观测值不平稳时，则需要进行相应的预处理，使其平稳化。

（2）模型类型的选择与阶数的确定。模型类型主要是通过样本数据的自相关与偏自相关函数的取值来选择。只要判断出自相关与偏自相关函数是截尾还是拖尾，就可以确定模型类型。主要选择方式有两种：计算法和图像法。

（3）模型参数估计。模型参数的估计方法有很多，包括矩估计、极大似然估计、最小二乘估计等方法，目前广泛使用的是最小二乘估计方法。

（4）模型检验与预测。模型的显著性检验主要检验模型的有效性，即判断模型是否充分、完整地提取了时间序列的内在规律。因此，主要是通过判断模型计算得到的残差序列是否为白噪声来进行模型检验。如果残差序列为白噪声，则模型拟合显著有效，可以利用模型进行预测；否则，模型拟合不显著，序列信息提取不完全，就无法通过模型对未来进行有效的预测。

要建立一个可以准确预测未来发展趋势的模型，有必要确定适合数据的模型类型。以下介绍三类时间序列的分析与预测模型。

1. 平稳序列

平稳序列包括以下四类模型。

（1）自回归模型（AR）。找到自身前面部分的数据与后面数据的相关关系（自相关），建立回归方程。

（2）移动平均模型（MA）。一段时间序列中的白噪声加权和，可以建立移动平均方程。

（3）自回归移动平均模型（ARMA）。自回归模型＋移动平均模型，自回归模型可解决自身前部分数据与后部分数据之间的关系，移动平均模型可解决随机变动数据（噪声）。

（4）差分自回归移动平均模型（ARIMA）。基于平稳的时间序列或差分化后是稳定的，步骤如下：

① 获取时间序列的数据；

② 判断是否为平稳序列，若不是，则进行d阶差分运算，将其化为平稳序列；

③ 对平稳序列求自相关系数（ACF）和偏相关系数（PACF），得到ACF图和PACF图，分析后得到最佳阶层p和阶数q；

④ 得到最佳的d、p、q，从而得到ARIMA模型。

2. 趋势型序列

趋势型序列包括线性趋势序列和非线性趋势序列。其中非线性趋势序列又包括指数曲线和多阶曲线。

3. 复合型序列

复合型序列包括季节性多元回归模型、季节性自回归模型和时间序列分解预测法。

本章内容小结

本章学习了数据在建模过程中的几种方法：图形化、表格化、相关性建模、线性回归建模、聚类建模和时间序列建模（知识检查点 3-1、知识检查点 3-2、知识检查点 3-3），从对应的实际案例中深刻体会到利用算法建模可以将学校中的相关数据进行处理（能力里程碑 3-1、能力里程碑 3-2），便于学校、教师和学生根据数据模型进行有效决策，同时也有助于帮助决策者进行决策。

本章内容的思维导图如图 3-25 所示。

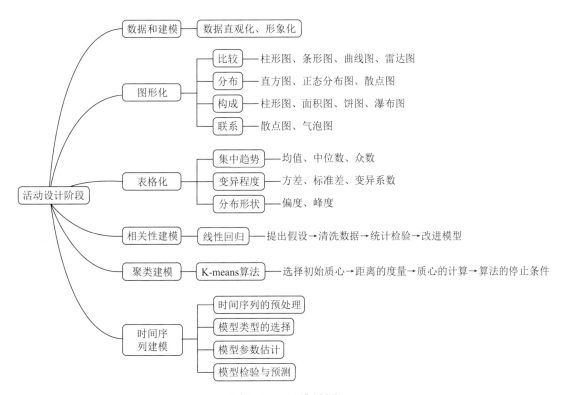

图 3-25 思维导图

自主活动：智能化的教学工具如何与教学有效结合

请学习者在学习完本章内容后，进行自我反思，并记录个人学习心得。

小组活动：如何预测学校师资的需求

请学习者围绕本章的学习主题进行组内交流，并做好小组学习记录。

评价活动：评价本章知识与能力学习水平

一、名词解释

相关性分析（知识检查点 3-3）

线性回归分析（知识检查点 3-3）

聚类分析（知识检查点 3-3）

时间序列分析（知识检查点 3-3）

二、简述题

1. 根据自身的经验说一说数据和算法之间的关系，常用的算法有哪些，两者如何促进决策，请举例说明（知识检查点 3-1、知识检查点 3-2）。

2. 根据自己的理解说一说应用时间序列做数据建模时应当注意哪些问题（知识检查点 3-3）。

3. 请结合自己的经验，选择一种合适的算法对自己已有的一组数据进行简单的建模（能力里程碑 3-1）。

三、实践项目

选择自己目前所经历的某一个需要决策的项目，先设计相关活动，进行数据的采集，然后利用合适的算法对收集到的数据进行建模，并根据建模分析结果做出恰当的决策（能力里程碑 3-1、能力里程碑 3-2）。

第四章 科学分析，因情制宜——决策实施阶段

本章学习目标

在本章的学习中，要努力达到如下目标：
◆ 能够概述决策类型（知识检查点4-1）。
◆ 能够联系实际，有效实施决策（能力里程碑4-1）。
◆ 能够举例说明如何提升校长的决策能力（能力里程碑4-2）。

本章核心问题

在选择决策方案时，通常要遵循哪些原则？校长怎样进行决策的实施？如何提高校长的决策力？

本章内容结构

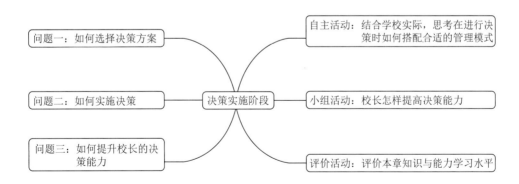

引　言

通过第三章的学习，我们了解到，图形可以将数据中的信息直观地反映出来，生动形象地揭示数据的内在特征和数据与数据之间的关系；数据表格化，可以通过对数据进行整理、分析，呈现数据的集中趋势、离散趋势和分布形态，从而归纳数据的特征；相关性分

析能够衡量两个或多个变量之间的相关程度；通过聚类算法对数据进行建模，能够针对不同类型的数据做出精准的决策；时间序列模型能够有序地反映事物的内部联系与变化规律。

作为校长，拿到对数据进行建模分析后形成的决策方案时，该如何对决策方案进行选择呢？

问题一：如何选择决策方案？

决策的选择是一个动态的过程，这个过程中需要校长调动已有认知，结合办学理念，遵循一定的决策原则，从诸多方案中选出最优解决方案。

一、决策的类型

按照不同的分类标准，可以将决策分成不同的类型，如图4-1所示。

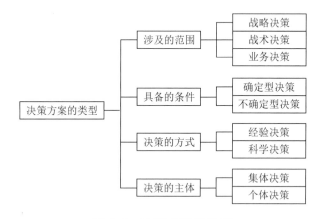

图4-1 决策方案的类型

按照决策所涉及的范围进行划分，可将决策分为战略决策、战术决策和业务决策。

战略决策又被称为宏观决策或高层决策，是指对全局有重大、长远影响的决策。战略决策所涉及的范围较广，并且带有明显的整体性、长期性、稳定性，主要体现在路线、方针、政策、规划的制订上。战略决策一般是由高层的决策者做出的，是管理决策成败的关键，它关系到学校的生存和发展方向，如培养目标、办学理念、学校相关机构的改革、校园建设，都属于战略决策。举个例子，对于一所涵盖小学部、初中部、高中部的学校来说，虽然资源很多，但是花钱的地方也多，这时候就需要校长指明学校的发展方向，是每个学部雨露均沾，还是集中资源优先提升高中学部，然后再以高中学部的优势带动其他学部共同发展。

战术决策被称为微观决策，是与战略决策相对的一种决策，主要是以战略决策所规定的目标为决策的前提和标准，是宏观决策的延伸和具体化，具有单向性、具体性、定量化的特点。比如学校的人员招聘与工资水平或者智慧校园项目建设与管理等涉及的决策就属于战术决策。

业务决策又称为执行性决策，是为了在日常工作中提高工作效率而进行的决策，所涉及的范围较窄，只对学校产生局部的影响，如学校教师值班制的制订与执行、学校图书馆的库存与管理等决策都属于业务决策。

从决策对象上看，战略决策针对学校的活动方向和内容，解决"干什么"的问题，是根本性决策；战术决策通过既定方向和内容下的活动方式，解决"如何干"的问题，是执行性决策。

从时间范围来看，战略决策的对象是未来较长一段时期内的活动，可能是5年、10年、20年……而战术决策则是学校具体部门在未来较短时期内的行动方案。战略决策是战术决策的依据，战术决策是在其指导下制订的，是战略决策的落实。

从作用和影响上来看，战略决策的实施效果影响学校的发展，战术决策的实施效果则主要影响学校具体部门的工作效率。

按照决策所具备的条件进行划分，又可以将决策分为确定型决策和不确定型决策。

确定型决策一般称为常规性决策，是指在自然情况下，先确定不同决策方案，再根据要解决的问题选择决策方案。这类决策看似比较简单，但如果可供选择的方案较多，找出最佳方案其实是一件麻烦的事情，往往需要使用线性规划、排队论、库存论等数学方法。一个确定型决策案需要具备以下条件：首先，在一个明确的自然状态下，有一个明确的决策目标；其次，可以提供给决策者多个行动方案；最后，明确各个方案在这种自然状态下的损益值。

不确定型决策通常称为非常规性决策，是指决策者所面临的可能出现的情况有多种，面对各种情况出现的可能性，无法做出主观性的分析和估计。由于情况的不确定性，校长在决策的过程中对其发展条件、影响因素等不能够完全控制，只能对其发展的可能性进行概率性统计。这时，校长需要把注意力集中在信息反馈上。

常用的处理不确定型决策的方法有等可能性法、保守法、冒险法、乐观法、最小最大后悔值法等。

等可能性法也称拉普拉斯决策准则，采用这种方法时，要假定自然状态中任何一种方案发生的可能性都是相同的，通过比较每个方案的损益平均值来进行方案的选择。在效益最大化的目标下，选取平均效益最大的方案，在成本最小化的目标下，选取平均成本最小的方案。

保守法也称瓦尔德决策准则，即小中取大准则。校长不知道各种自然状态中每一种方案发生的概率，决策目标是避免最坏的结果，力求风险最小。运用保守法进行决策时，首先确定每一种可选方案的最小收益值，然后从这些方案的最小收益值中选出一个最大值，与该最大值相对应的方案就是要选择的决策方案。

冒险法也称赫威斯决策准则，即大中取大准则。决策者不知道各种自然状态中任一种方案可能发生的概率，决策目标是在最好的自然状态下获得最大可能的效益。采用冒险法进行决策时，首先确定每一种可选方案的最大效益值；然后在这些方案的最大效益值中选出一个最大值，与该最大值相对应的那个可选方案便是所选择的决策方案。由于根据这种准则进行决策也可能会产生最大的亏损，因而这一准则也称为冒险投机准则。

乐观法也称折衷决策法，决策者确定一个乐观系数 ε（0.5，1），运用乐观系数计算出各方案的期望值，并选择期望值最大的方案。

最小最大后悔值法也称萨凡奇决策准则，决策者不知道各种自然状态中任一种方案可能发生的概率，决策目标是避免较大的机会损失。运用最小最大后悔值法时，首先要将决策矩阵从利润矩阵转变为机会损失矩阵；然后确定每一可选方案的最大机会损失；再次，在这些方案的最大机会损失中，选出一个最小值，与该最小值对应的可选方案便是所选择的决策方案。

按照决策的方式进行划分，可把决策分为经验决策和科学决策。

经验决策是校长依靠个人的经验、智慧和胆略做出的决策。经验决策是历史发展的产物，并且伴随着校长决策经验的积累而逐渐丰富和完善。

科学决策是校长在先进科学理论和知识的指导下，联合相关专家和学校教职工等人员，采用现代科学技术进行的决策。伴随着社会化生产的产生，可以使用各种决策技术进行科学决策。现代系统理论、大数据、人工智能、各种便携式的智能化设备的出现和广泛应用，为科学决策提供了技术手段。

科学决策的主要特点是：① 有科学的决策体制和运动机制，决策系统中各子系统既具有相对独立性，又能够密切联系、有机配合；② 遵循科学的决策程序，一般包括发现问题、确定目标、调查研究、拟订方案、分析评估、选优决断、试验反馈、修正追踪等步骤；③ 特别重视"智囊团"在决策中的作用；④ 运用现代科学技术和科学方法。

按照决策的主体进行划分，可以将决策分为集体决策和个体决策。

集体决策是指校长带领学校的领导班子集体制订的决策。集体决策的优点在于能够集思广益，尽可能减少决策方案的纰漏，同时也能有效防止个人专断。但集体决策的局限性在于其沟通、协调的过程耗时较久，有时意见不一致，可能会失去实施决策方案的最佳时机。

个体决策是由校长一人来做出决策。个体决策的优势在于校长能够迅速、灵活、敏锐地针对问题做出决策，在贯彻实施过程中便于集中职权、统一指挥，从而提高决策实施的效率。个体决策对校长的个人素质有较高的要求，毕竟校长的个人决策决定着决策方案的质量，若缺乏相关的必要的制度，或者校长独裁专断，就有可能导致家长制、"一言堂"。

因此，可采用集体领导和个人分工负责制，将两种决策类型结合起来，形成制订决策的最佳方式。遇到方向性、立法性、战略性、协调性、规划性等重大问题，校长可选择集体决策的方式；而日常工作中出现的随机性、应急性、具体性、执行性等问题，校长可自己决策，或由相关教职工实施个体决策。

二、选择决策方案的原则

选择决策方案的原则有 5 个，具体如下。

1. 准确性原则

校长做决策时所使用的信息越准确、真实、可靠、全面，决策方案就越科学。这就需要信息采集者采集到全面、准确的数据，以方便学校针对具体问题挑选、整理有效数据，从而帮助校长进行精准决策。

2. 客观性原则

客观性原则要求校长在选择决策方案时坚持实事求是，从实际出发，结合客观情况进行决策。客观性原则包括真实性和可靠性两方面的含义。在数据采集时保证数据的真实性，对采集到的数据进行预处理时，怀着客观的态度，相关工作人员不可根据自己的主观意志随意篡改数据。

3. 系统性原则

任何事物都是相互联系的复杂系统。如果孤立、静止、片面地看待事物，而不能系统、全面地去认识和把握事物，就可能会造成决策失误。因此，校长做决策时必须做到系统、全面、严谨、规范。

4. 预测性原则

在决策过程中，校长需要进行科学预测，以便为决策提供科学依据。在学校数据的支持下，校长可以凭借数据的力量进行科学决策，如时间序列，可根据客观事物在一段时间内的实际情况，预测其未来的发展趋势，帮助校长全面分析决策方案。

5. 可行性原则

任何一项决策都是为了实施，因而必须是可行的。要保证决策的可行性，必须分析现有的人力、物力、财力、科学技术水平等主客观条件，分析事物发展过程中可能发生的各种变化，分析决策实施后可能产生的各种影响，经过慎重、全面、科学的论证、审定、评估，在预测其发展趋势的基础上，做出可行性分析，确定可行性的程度。

三、学校的管理模式

学校现有的管理模式有多种，最常见的是金字塔型管理模式、职能型管理模式、科层—职能型管理模式、多学段型管理模式、扁平型管理模式。

金字塔型管理模式从上至下依次是校长—副校长—教研组、班主任、共青团、后勤等（见图 4-2），在这种管理模式中，虽然有校长统揽全局，但由于层级过多，一般会导致效率低下，管理决策效能低下，并且容易忽略教师和学生的个性化需求。

图 4-2　金字塔型管理模式

职能型管理模式按照职能进行划分，由三层结构组成，顶层为校长，中层为各处室，底层为各教研组及年级组，如图 4-3 所示。在该管理模式中，上下级关系简单、明确，便于统一指挥，职能分工专业化，管理决策效率较高，但各个职能部门之间的联系比较弱，不太利于信息共享，且容易产生职能冲突。

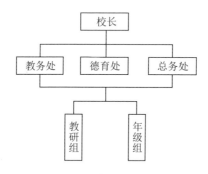

图 4-3　职能型管理模式

科层—职能型管理模式是在职能型管理模式下拓展而来的，即在学校相关职能部门下再设置相应的部门或组织，如设立教研室，对学校的教学、科研进行有效督促，建立德育处，对班主任队伍建设进行有效研究，也方便对学生进行有效管理（见图 4-4）。在这种管理模式下，可实行统一的管理和指挥，但结构有些复杂，职能部门之间容易产生矛盾。

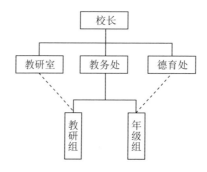

图 4-4　科层—职能型管理模式

多学段型管理模式是在学校总组织下设小学部、初中部、高中部等学段,学校总组织保留财务预算、人事管理和重大问题的决策权(见图4-5)。这种组织形式有利于调动办学积极性,为各学段培养全面的学校管理人才。但是,这一模式存在重复设置管理机构和人员的情况,导致学校管理成本增加,容易忽视学校的整体利益。显然这种管理模式未能发挥整体办学优势,有时也会影响各学段的特殊发展。

图4-5 多学段型管理模式

扁平型管理模式相对于科层—职能型管理模式来说,管理层级较少,管理重心下移,管理幅度和职能权限增大,管理也变得相对复杂。一般而言,扁平化的层级结构分为三层,即决策层(校长团队)、协调层(主任及组长)和执行层(教师和学生),如图4-6所示。

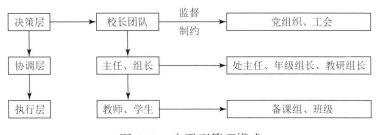

图4-6 扁平型管理模式

从图4-6中可以看出,扁平型学校管理模式将原来的5~6个层级压缩到3~4个层级,将原来集中在上层管理的部分决策权下放到年级这一管理基层,从而实现管理重心下移,使得信息能够快速、准确地上下传递,减少决策与行动之间的时间延滞和信息失真,加快对各种情况和问题的实时动态反应,提高学校的管理效能。

在以上几个管理模式中,扁平型管理模式更能够帮助学校解决实际问题,将局部力量合理地排列组合在一起,做到协同决策。

问题二:如何实施决策?

确定决策方案后,校长还需根据决策方案组织人员、设备等,进行全面的贯彻实施,使其程序化、规范化,执行起来比较顺利。

没有经过实践的决策是毫无意义的。决策实施是决策者将选择的最佳方案付诸实践的过程，实践是检验真理的唯一标准，只有通过实践，才能检验决策的正确性、合理性、科学性及有效性，同时根据实施过程中出现的一些问题不断进行调整与修正。

为保证决策实施过程中的科学性和严谨性，必须做好以下几项工作。

一、决策实施的全面组织和准备

在决策实施的过程中，如何充分调动人力、物力、财力以更好地支持决策的实施是令诸多校长头疼的问题。因此，决策实施的组织准备，就是要在充分考虑人力、物力、财力等诸多因素的基础上，明确决策实施过程中各个阶段的具体步骤、要求、原则等。

在学校的管理决策中，校长需要充分发挥学校集体中各个成员的智慧和力量，全面主持和协调学校各方面的力量，不仅要组织人员制订和实施学校的发展规划，还要建设和管理师资队伍，组织好学校的经营管理工作。

校长将任务分配给具备相应职权的人员，由这些专门的人员细化任务，帮助校长处理数据信息，从而进行更好的决策。

组织准备包括预算、制订行动目标、绘制组织图表、使用基于网络的管理技能，以及其他一些分配权力和资源的方法。问题越多、越复杂，决策方案也就越复杂。如学校制订发展规划，首先需要确立学校的办学思想、定位、发展主题，然后根据教师队伍建设、校园文化建设等制订具体的指导思想、实施策略、操作步骤等，每个环节都要有一个完整的行动计划。

再比如，一位刚上任的校长，往往会在调查研究学校的情况、与教职工等沟通交流后，烧"三把火"，而这"三把火"怎么烧？烧的进程及火候如何？校长往往需要制订详细的计划，为学校的有序发展奠定基础。可以说，决策过程中是否制订详细的计划，能够有效地反映出校长的领导决策是否有序、有条理，同时也反映了校长领导水平的高低。

决策方案制订完成后，校长要对备选方案的结果进行预测（无论结果是积极的还是消极的），以便为下一步的评估工作奠定基础，对每种可能结果的估计通常是在确定条件下和不确定条件下。在实际工作中，一些和决策问题有关的事实和因素都是事先明确的，即确定型决策，这时比较容易把握和预测决策结果。而很多情况下，会有很多不确定因素直接影响着决策，即不确定型决策。

比如，一个资金比较匮乏的学校，要决定是否给学校每个楼层加固防护栏。该校已有的防护栏非常坚固，但年限有些长，可能会出现安全事故。学校学生的安全意识比较强，教师也会经常对学生进行安全教育，而且平时的课间经常会有教师巡视。加固防护栏需要的资金占学校开支的一定比率，若不加固防护栏，一旦发生危及学生生命安全的事情，学校也应担负相应责任。在这种不确定的条件下，进行结果预测往往会出现多种情况。在此过程中，由于校长自身情况的限制，可能无法对全部方案充分地加以评估，一旦哪种可能的结果没有想到，将会直接导致校长决策的失误。

此时，校长需要帮助，需要集思广益，参考学校教师和其他职工的经验和想法，以便将解决问题的决策方案具体化，并提高预测的准确性。

二、决策方案的传达和贯彻

校长不能也无须仅凭一己之力去实践。在社会主体体系内，整体决策目标的实现应该由具有实施职能、实践职能的组织与成员有组织、有计划地实施。这种职能分工决定了由决策者的决策向实施者的具体实施方案转移的过程。

举一个例子，李校长是一位很有能力的年轻校长，平时对自己要求严格，能够以身作则。担任校长一职以来，他保持一贯的工作作风——兢兢业业、真抓实干。有一次，李校长在检查教师备课笔记时，发现有些教师的笔记写得过于简略，因此专门开会提出建议，明确备课要统一要求和标准。但就在李校长上任之前，主管教学的副校长刚刚讲过，经验丰富的教师记备课笔记时可以从简，年轻的教师则需要详细记录，目的是希望教师能够将精力用在提高教学质量上。

还有一次，李校长觉得学校车棚的位置选得不好，直接自己决定改址，重建车棚。一个学期下来，学校领导班子的工作积极性明显下降，该自己做主的事情也不愿做主了，发生任何问题都直接向李校长请示，结果李校长忙得焦头烂额。

案例中李校长的"独裁"让学校其他领导无事可做，因此在决策选择的过程中，李校长应做到分工明确，组织好相关专业人员，协同决策。

校长管理学校需要充分发挥领导班子集体的智慧和力量，增进沟通、分工明确、专人专用、适当放权等都是有助于提高指令传达效率和管理效率的方法。

明确的分工会使决策的执行和实施更加有效。

决策思想、决策意图在校长的头脑之中，需要由专人负责实施，但校长与实施者的认知会存在差异，这是决策实施的思想障碍。如何取得实施者与校长在决策思想上的一致性，是决策实施过程中必须首先解决的难题。

决策方案的传达，是指决策者在决策实施的过程中对相关人员的解释、说明、宣传和鼓励，是为了更好地让实施者实施决策方案。决策方案的实施者应明确决策方案的目的、意义、要求、重点、难点、相关措施、可能出现的问题等。决策方案的准确传达，关键在于能够使决策的实施者全面、清晰、准确地理解决策方案的真正意图。

让所有的实施者都清楚他们的职责是至关重要的，这有利于计划的有效实施，同时可以避免重复劳动、非建设性劳动或无效劳动。沟通对于启动行动计划和提高合作是非常重要的。因此，召开学校大会是传达决策实施方案的下一步。

学校大会的召开在很多情况下是必要的，也是保持学校组织良好运转的润滑剂。

学校大会能够助力教职工理解决策的执行计划，同时有利于提高决策实施方案的可接受程度。校长需要注意的是，尽管一些参与者不会直接受到决策的影响，但在实施决策之前与他们沟通可以使决策方案的实施更顺利。决策获得广泛的支持，决策计划才能顺利执行。同时由于进行了很好的沟通，消除了彼此之间的误会，也让他人感受到了尊重，增进了对彼此的了解，提高了对彼此的接受度。

三、决策方案实施的监督和控制

实施决策方案时，还需要对实施过程进行严格的监督和科学的管理。这样不仅能够及时发现实施现状与实施方案之间的差别，进行及时的调整，还能及早发现方案在下一步实施时可能存在的问题，防患于未然。

在方案实施过程中，监控整个方案的进展情况对于决策的成功与否起着至关重要的作用。即使是认真制订和实施的决策也有可能失败。通过了解方案的进展情况，校长可以随时调整决策，以便使决策更具有可行性和实效性。校长还需根据具体情况做出后续决策，甚至追踪决策。所谓后续决策，是指伴随着初始决策的一系列具有补充性质的决策；所谓追踪决策，是指校长在实施过程中，发现执行结果偏离决策目标时，对方案或决策目标所进行的修正。一个科学的决策，离不开后续决策和追踪决策的补充和修正。

需要提醒的是，校长们往往忽略了做出后续决策和追踪决策的重要性，认为做出决策后就万事大吉了，因此没有采取相应的实施行动，这和没有做出决策没什么两样。所谓决策就是解决问题的同时又在制造问题是一个不断变化、循环往复的过程。校长要有开放的心态，接受教职工和学生、家长及社区的监督和建议，及时根据情况对原有决策进行调整。同时，为了确保方案得到有效实施，校长需要赋予学校的中层领导做出后续决策的权利，使中层领导承担起应有的责任。

四、决策方案的修正

决策过程是动态的，在每一个阶段都存在着许多的反馈回路。有许多问题都可以导致反馈回路的产生，如时间问题、政治问题等，这是大多数有经验的校长都会经历的决策过程。

在决策方案的实施阶段，由于实施过程出现偏差，或者决策本身的可实施性不强，导致方案无法实施时，需要校长根据新情况对原决策方案做出修正或者重新执行新的决策方案。

在修正决策方案之前，最重要的一步是对决策方案的实施结果进行评估。

高效的管理者总是会对以往的经验和教训进行反思、总结，不断地从过去的经验中进行分析、反思、学习，不断提高决策质量和决策水平，促使其决策更加科学化。不会对决策结果进行评估、分析的管理者就不会从经验教训中得到提高。

校长往往事务繁忙，对决策结果的评估、反思可能不够深入，或者仅仅关注结果而忽略了对结果的分析。为了避免此种情况，校长可以建立一定的评估反馈程序：将实际结果和预期目标进行比较；分析产生偏差的原因；总结成功经验和失败教训；制订出有助于未来决策的方针、政策。

在这个阶段，决策评估方案的制订者和实施者的选择是一个难题。评估小组最好是独立工作，这样比较客观，受原来决策因素影响的程度会比较低。假如是校长对决策结果进行评估，他们就比较倾向于展示正面的结果，因为决策方案是他们自己的"孩子"，他们很难自愿地去做自我否定。因此，在对决策结果进行评估时，校长需要发动全校的教职员工，以做到客观、公正。

完成决策方案的评估后，需要根据评估结果和反馈意见对原决策方案进行修正、补充和调整。

决策的修正需要实现"三个统一"。

1. 旧方案与新方案的统一

决策修正是建立在原决策方案的实践基础上的，因此，修正决策前需要找出原决策方案失误的原因，并做出准确判断。为此，校长需要从整个决策方案的第一步开始，一步一步地按顺序进行排查，这样才有可能准确找出失误的源头，分析出失误的原因。决策修正后面对的是新的问题情境，这就要求修正后的决策能够适用于新的问题情境，并对新的问题情境做出客观的判断。

2. 主观与客观的统一

修正决策方案需要突破旧的思想与过时的观念，树立新的决策观，从而对旧方案与新方案做出实事求是的分析、研究与判断。

3. 理论与实践的统一

决策方案的修正不是最终目的，最终目的是用修正后的决策方案指导实践，并使新的决策方案在实践中得到检验，在理论与实践的统一中不断完善，从而使决策目标得以顺利实现。

作为学校的领导核心，校长在决策过程中一定要做好前期的调查工作，把决策建立在扎实、细致的功夫之上，这样才会杜绝"决策拍脑袋、执行拍胸脯、结果拍屁股"现象的出现。同时还要充分关注细节，不能因小失大。

问题三：如何提升校长的决策能力？

在教育信息化的进程中，校长是学校信息化建设的决策者，同时也是学校信息化建设的带头人。校长在进行决策时应慎之又慎,因为这关乎整个学校的建设。

很多因素都会影响到校长对决策方案的选择,如校长的价值观、文化环境、学校的压力以及目标的重要性等。所以理性的决策通常是综合衡量多种因素而产生的。

校长在进行决策时,通常会考虑两个问题:想要解决的问题是什么?有哪些现有资源可以用来解决这个问题?在做决策前,校长们会考虑所有可行的选项以及各种未知的后果,以确保自己能够从不同的立场思考问题,做出科学的决策。

领导力是校长应具备的基本能力,也是校长在进行决策时应具备的内部条件。要提升校长的决策能力,最为核心的就是提高校长的领导力。校长领导力是一种综合素质,从构成角度来说,校长领导力包括三个方面,即科学教育价值观、业务水平和知识素养,如图4-7所示。其中,科学教育价值观是校长管理学校的核心,决定着学校的整体发展。

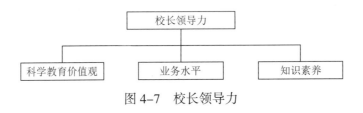

图 4-7 校长领导力

一、科学教育价值观

校长需要树立科学教育价值观,既符合和满足社会发展的需要,又符合和满足个人发展的需要,这才是真正有意义、有价值的教育。

科学教育价值观需要校长从大局出发,以学生和教师的权益衡量决策活动,永远将学生和教职工的利益放在第一位,协调好学校其他组织和成员的关系。科学的教育价值观还需要校长更新教学思想,终身学习,与时俱进,及时把握国内外教育改革与发展的趋势。

科学教育价值观包括良好的思想和伦理道德品质,它决定着校长进行决策时的方向。《义务教育学校校长专业标准》中"基本理念"第一条提到"以德为先",强调的就是校长的思想和伦理道德品质。具体内容有:"坚持社会主义办学方向,贯彻党和国家的教育方针政策,将社会主义核心价值体系融入学校教育全过程,依法履行法律赋予的权利和义务;热爱教育事业和学校管理工作,具有服务国家、服务人民的社会责任感和使命感;履行职业道德规范,立德树人,为人师表,公正廉洁,关爱师生,尊重师生人格"。由此可见,思想和伦理道德品质就是帮助校长把握科学教育价值观的舵手。

当然,必要的时候,校长可以允许思想和伦理道德品质主导决策。校长在决策时考虑的是为每个学生争取最大权益,但想要做出正确、科学的决定,不能只满足于贪图便宜的权宜之计,或只为获得他人的支持和忠心。

先进的教育思想是科学教育价值观的主要组成部分,也是做决策时应具备的前提。教育思想包括办学理念和教育信念。先进的办学理念主要有办学宗旨、办学培养目标、校风、学风、校训、办学策略、治校方略、办学特色等一系列治校思想。校长能够结合教育发展的形式和学校的实际情况，预测未来教育发展的大方向，在政策和需求不断更新变化的外部环境下，不断吸收、借鉴学校的发展历史和传统，紧跟学校特色，丰富学校的办学理念，将这些理念转化为学生和教师的行动和价值追求，形成学校师生的共同愿景。

教育信念是一所学校的精粹。校长的教育信念坚定与否，不仅影响校长的自身发展，也影响学生和教师的发展。校长要与学校其他成员一起确定学校的办学宗旨、办学目标、培养目标等，厘清学校发展和学生培养的思路，形成完整的体系，这样，在发展和完善的过程中，校长的教育信念就会转化为教师、学生和家长的教育理念与共同愿景，最终达成促进学生个性发展的目标，这是一名优秀的校长需要去完成的任务。

二、业务水平

业务水平是校长领导力的最直接表现，也是决定校长领导效果的关键因素。

在进行决策前，校长应明确决策目的，然后对决策的必要性和可行性进行衡量。在开始进行决策时，校长还需要考虑决策的制订是否在学校的实施能力范围内，是否在自身能力的可控范围内，而校长的业务水平往往决定着学校建设的理想程度。

决策过程是一个不断修正的过程，而科学有效的决策依赖于决策者的思维方式。一般来说，校长的思维应具有独立性、敏锐性、预见性、深刻性、系统性、开放性、创造性等特点。

校长应具备多方面的才能，特别是较高的业务能力水平，才能在实际决策时统筹兼顾、灵活运用知识、协调各方面的力量、形成高效可行的决策方案，发挥校长决策的优势，解决实际问题。

校长决策的选择依赖于对多种理论的融会贯通和多方面的实践能力，主要包括对事物发展趋势的判断能力、透视复杂问题的分析能力、独特视角的敏锐观察能力、临危不乱的决断能力、善于沟通并掌控全局的协调能力、扬弃历史和改变现状的创新能力。

在决策过程中，校长做出各种决策都需要巨大的勇气。校长需要深思熟虑，从长远的角度考虑学生的惩治问题。而对于突发事件，需要校长随机应变，妥善处理，既要照顾学生和教师的情绪，还要安抚家长的不安，同时，也要给政府和社会一个交代。因此，校长的每一个决策都需要依赖其高超的业务水平。

优秀的校长会在教育理念、教育意识等的基础上形成自己的教育智慧，在教育过程中随机应变，尤其是在大家都束手无措的情况下能表现出超人的智慧。优秀校长的教育智慧具有灵活性、独特性。

校长的心理素质和身体素质也属于校长能力的一种表现。心理素质在人的活动中占有极其重要的作用，同时，心理素质也影响着人的生理活动，调节和控制着人的生理机制，而人本身所拥有的各种科学知识、道德认知、审美情趣、生活常识、身体机能等各个方面的能力都需要经过人的心理加工，才可以内化为稳定、扎实、持久的心理素质。此外，校长决策的成功离不开充沛的精力、健康的身体以及敏捷的反应。"身体是革命的本钱"，因此校长应保持健康、规律的生活习惯，平时多注意劳逸结合。

校长的决策环境是一种复杂多变的情境，在处理各种事情时有稳健成熟的心态、较强的心理抗压能力、自我调节能力、稳定的心理状态、镇定的表现、坚强的意志力等，才能在决策时表现得胸有成竹、镇定自若。

人格魅力其实也是校长业务水平的一部分。人格魅力是指校长具备吸引人的性格、气质、能力和个人道德品质等特征总和的一种力量。一个品德、修养、知识技能较好的校长，能够自然地吸引全体员工的注意，形成强大的凝聚力，使各项工作都能够沿着校长的办学思路顺利开展。强烈的热爱教育、献身教育的教育情怀能够增加校长的人格魅力。爱是教育的灵魂，优秀的校长情怀体现在三个方面：一是能坚守住心中的理想信念，从内心深深地认识到每个人存在的独特性，真心尊重、关心和爱护每一个人；二是能面对现实起引领作用，践行自己的理想，创造性地开展帮助学生实现人生价值的实践；三是尊重和热爱师生，把对教育的爱体现在对师生的热爱中，善待每一位教师和学生。

三、知识素养

校长决策的过程离不开科学文化知识的支撑，没有知识做基础的管理是盲目的、不科学的，校长作为管理决策的核心人物，更是需要丰富的科学文化知识储备。

面对复杂多变的形势，校长需要具有一定的知识储备。或许你会问，大数据时代，各种数据和资源都能够在网络上搜索到，为什么一定要有知识储备呢？的确，现在通过动动手指和鼠标就能够找到更全面、更丰富的信息资源，然而面对丰富的信息资源，校长该如何选择呢？这就需要校长不仅具有一定的知识储备，还要具有有效检索信息的能力。知识储备是校长进行管理决策的基础，校长的知识面越广，做决策时的可信度就越高，越有助于推动决策的实施。校长是整个学校教学方向的带头人，了解和掌握的知识越丰富，越能够在数据繁杂的信息时代摒除冗余，把握好大数据时代的大方向，做到精准决策、科学决策。

本章内容小结

本章介绍决策实施阶段，主要包括三个问题。

学校在进行决策选择时，根据不同的分类标准，可以将校长决策方案分成不同的类型：按照决策方案所涉及的范围，可将决策分为战略决策、战术决策和业务决策；按照决策方案所具备的条件划分，又可以将决策分为确定型决策和不确定型决策，常用的处理不确定型决策的方法有等可能性法、保守法、冒险法、乐观法（大中取大准则）、最小最大后悔值法等;按照决策方案的方式划分,可把决策分为经验决策和科学决策;按照决策方案的主体划分,可以将决策分为集体决策和个体决策。

当然,决策的选择也需要按照一定的原则进行,即信息性原则、客观性原则、系统性原则、预测性原则、可行性原则。

学校的管理模式包括金字塔型管理模式、职能型管理模式、科层—职能型管理模式、多学段型管理模式、扁平型管理模式(知识检查点4-1)。

校长决策的具体实施过程包括决策实施的全面组织准备、决策计划的贯彻、决策计划实施的监督和控制,以及决策计划的修正(能力里程碑4-1)。

校长提高决策力,需要端正科学教育价值观,提高业务水平和增强知识素养(能力里程碑4-2)。

本章内容的思维导图如图4-8所示。

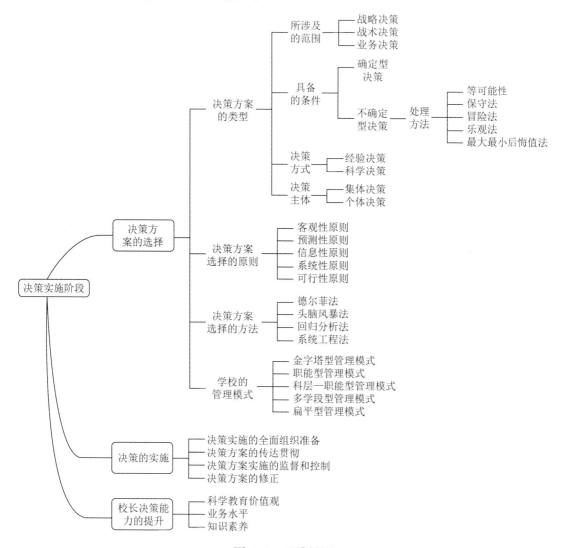

图4-8 思维导图

自主活动：结合学校实际，思考在进行决策时如何搭配合适的管理模式

请学习者在学习完本章内容后，进行自我反思，并记录个人学习心得。

小组活动：校长怎样提高决策能力

请学习者围绕本章的学习主题进行组内交流，并做好小组学习记录。

评价活动：评价本章知识与能力学习水平

一、名词解释

战略决策（知识检查点4-1）

不确定型决策（知识检查点4-1）

科学决策（知识检查点4-1）

二、简述题

1. 你觉得影响校长进行决策选择的因素有哪些？请说一说你对学校决策选择的理解（知识检查点4-1）。

2. 学校的管理模式有多种类型，作为校长，你觉得日常决策中的哪种决策管理类型适合自己的学校（知识检查点4-1）？

3. 决策实施的过程中，作为校长，你需要做哪些准备（能力里程碑4-1）？

三、实践项目

选择当前学校决策中的一个问题，按照决策方案选择的原则，厘清决策方案选择的方法，开展决策方案的实施（知识检查点4-1；能力里程碑4-1；能力里程碑4-2）。

第五章　追本溯源、灵活应变——评价修正阶段

本章学习目标

在本章的学习中，要努力达到如下目标：
- ◆ 能够概述决策评价的过程和评价标准（知识检查点5-1）。
- ◆ 能够举例说明决策修正的过程和修正标准（知识检查点5-2）。
- ◆ 联系实际，对决策进行合理评价和修正（能力里程碑5-1）。

本章核心问题

如何对决策进行正确评价？如何合理运用评价标准？修正的目的是什么？

本章内容结构

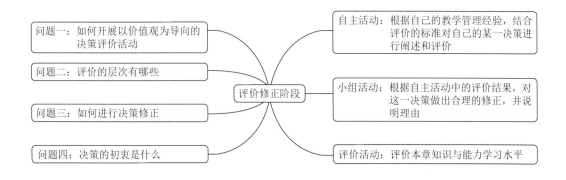

引　言

决策产生时，决策的目标与方案都只是人们所预期的结果与过程，而不是实际的结果与过程。预期与实际之间是有差别的。合理决策的制订是不断评价和不断修正的过程，包括评价、实施、修正、再评价、再实施、再修正，循环往复。每一次的循环过程都是决策

优化的过程。决策的评价对决策来说有着重要的决定意义。在学校管理中，合理运用学校数据进行管理决策，有助于学校的内涵发展和品质提升，而在决策过程中，评价与修正是十分重要的步骤。没有完全正确的决策，只有不断地评价、修正才可以将决策中的问题最小化，所以如何有效地对决策进行评价，以及如何完成决策的修正是学校管理者的必修课程。决策效果评价是以决策措施实施后的实际资料为依据分析决策措施的实际效果。这也会产生双重作用：一方面有助于减少风险事故的发生，提高决策水平；另一方面可以根据决策措施中存在的问题提出一些建设性意见，修正决策措施，提高决策效益。

评价决策效果时，主要看实施决策的过程中是否实现了预期的目标，是否降低了可能产生的负面影响，这是评价决策效果的首要任务。如果已经采取的决策对于避免或减少损失发挥了很大的作用，则决策是可行的；反之，则是不可行的。如果学校采取的决策有助于实现决策目标，实现教育价值，如增设一门课程有助于学生能力素养的提升，而且可以和主修学科相互促进，则说明增设一门课程这个决策是有效的。决策的执行情况直接影响决策的效果。决策实施中的任何偏差都有可能导致决策的失败。因此，评价决策的实施情况，不仅有助于决策的实施，而且有助于改进决策执行中的失误，强化决策的执行。

问题一：如何开展以价值观为导向的决策评价活动？

价值的创造是每一个大数据战略的最终目标，无论是管理的决策支持，还是教学活动的改进，抑或是学校数据平台，都是在为学校创造价值，而价值的创造离不开价值观的塑造，一群价值观正确并相似的人，做出的评价必然是中肯的。若要有效地开展以价值观为导向的决策评价活动，需要遵循以下原则。

1. 打破部门本位主义。以发展的眼光看待眼前的问题，不能自扫门前雪，只从本部门利益出发开展工作，要避免不考虑全局利益的局部优化现象。

2. 走出办公室。做评价的中层干部不能只是坐在办公室里打打电话，听听汇报，看看"奏折"，而要将指挥所建在听得见"炮声"的地方，要亲赴一线指挥作战。作为校长，也需要经常下一线体察民情，巡回督战。

3. 眼中要有教师和学生。做评价的中层干部，不能眼里只有校长，天天揣摩"圣意"，对教师和学生不理不睬。要始终坚持以学生为中心，以一线教师为中心，快速响应一线教师和学生的合理需求。

要评价决策，首先要确定评价标准。决策的评价标准不应该是最优标准，而应该是最适合的标准。一般情况下，首先要把决策目标作为评价标准的核心内容，即目标的指标化，对影响目标的各个指标系数进行评价。例如：当学校在对是否增加新课程这一问题进行决策时，学校管理者可以从以下两个方面建立标准，对可能的决策进行评价。一方面是新课程是否有助于提高学生的能力水平和核心素养;另一方面是新课程对主修课程是否会产生影响。其次是选择评价方法,从系统观点出发,考虑全局利益,既要考虑决策要实现的直接利益,又要考虑所涉及的相关利益。

与决策的制订和决策的实施相比,目前学校决策的评价环节依旧是整个学校决策研究过程中相对薄弱的环节,夯实学校决策的检测和评价工作,推进决策的科学化,提高学校管理的现代化水平是现代化教育建设的必经之路。表5-1是根据价值观导向制作的评价细则表,当针对学校数据的相关决策进行评价时,可以评价学校数据相关指标的实现程度。例如,可以根据学校数据是否提高了学校的管理水平、教学质量等来评价这一决策是否实现了学校的价值,是否可以继续实施修正;当评价教师数据的相关决策时,可以从教师研修、教学特征等方面来评价这一决策是否可行;对学生数据的相关决策进行评价时,就需要考虑学生自我认知、精准学习、情感状态等方面的发展情况。在评价一个小的决策措施时,也要厘清该决策措施所归属的上级分类,学会站在高处去思考问题,提高决策措施的质量和执行效果,推进决策措施的精准落地。

表 5-1 评价细则表

价值主体	价值分类	细则	评分(1~10分)	评分人
学校	管理水平	决策是否可以提高学校的管理水平		
	教学质量	决策是否可以提高学校的教学质量		
	教学评价	决策是否有助于教学评价的客观性		
教师	教师研修	决策是否有助于促进教师的研修		
	教学特征	决策是否有助于分析教学特征		
	资源优化	决策是否有助于教学资源的优化		
学生	自我认知	决策是否可以促进学生的自我认知		
	精准学习	决策是否可以实现学生的精准学习		
	情感状态	决策是否可以促进学生积极情感的发展		

要进行科学、合理的决策评价,除了详细的评价细则外,还离不开完善的评价制度、专业的评价队伍,以及有效的评价反馈机制。

1. 完善的评价制度。决策评价制度可以确定评价组织的权责体系,既保证评价活动的权威性,又防止评价过程的随意性;可以实现决策评价工作的程序化,使评价结论与决策改进密切联系起来。决策评价制度的建立包括对决策评价主体、评价类型、评价程序、评价结果的使用和公开等内容做出明确、详细的规定,为决策评价提供有力保障。

2. 专业的评价队伍。加强决策评价人才的培养。决策评价工作刚刚起步,相关的理论研究和相关专业人才的培养还有待加强。目前还没有出台决策评价相关的专业资格标准,学校也没有开设决策评价的相关专业,决策评价人员整体专业化程度并不高。决策评价工作的顺利开展，需要具备一定的理论素养、实践经验的人才队伍做基础。加大评价专业人才的培养力度，可以从以下几个方面着手，一是从高校引入相关专业的优秀毕业生；二是开展专门的决策评价培训工作，提高评价人员的专业化水平；三是实施决策评价的资格认证。

3. 有效的评价反馈机制。评价反馈机制就是要在学校行政部门、广大的一线教师和学生群体之间建立可以及时沟通的桥梁。在评价过程中可以公开征集一线教师或学生的意见，设置多种渠道，使公众可以随时发表对学校相关决策的意见和建议，给校长提供反馈，这样不仅可以完善评价结果，还可以对决策的贯彻和落实起到有效的监督作用。此外，建立追踪反馈机制。一方面，有关部门要对评价建议的落实情况进行追踪检查；另一方面，评价具有实时性的特点，基于某一时段的评价结果会有一定局限性，对评价揭示出来的问题和建议，要跟踪相关部门的应对举措，对采取的后续措施进行"再评价"。这也是对评价阶段的一个评价过程，可以让评价更加合理化，便于实施。

学校也可以建立决策评价数据信息系统。拥有充分而准确的数据信息，是做好决策评价的前提。决策评价是依赖于客观的数据信息基础上的循证研究，在真实、准确的信息基础上能做出更科学的决策评价。

问题二：评价的层次有哪些？

决策评价有一定的层次，它分为时间层次和人员层次。

一、决策评价的时间层次

决策评价的时间层次指的是可以针对决策实施的前、中、后三个阶段进行评价。

1. 决策实施前的评价

这里需要明确的是该决策预期在多大程度上有多大可能性与现实系统相符，决策方案实施的潜在问题有哪些，会对决策实施产生什么影响，等等。在决策实施前以一定的理论为依据，对决策进行评价，将发生问题或错误的可能性降到最低。

2. 决策实施中的评价

这里评价的是决策预期与实际情况的符合程度，以作为决策修正或追踪决策的依据。也可以称为决策中的动态评价，主要指决策实施过程中由于主客观因素或外力影响，造成决策实施过程中实施方法或实施程序的改变等，需要用动态的评价机制进行评价，提高决策执行度。在进行决策实施中的评价时，先进行甄别式评价，确定哪些需要进行评价，哪些不需要进行评价，因为有的决策实施起来较为简单、涉及范围小，不需要进行评价。

3. 决策实施后的评价

决策实施后的评价包括对决策实施效果的评价和实际效果与预期效果符合程度的分析、判断。

二、决策评价的人员层次

决策评价除了有时间层次外，还要有人员层次的区分，如图 5-1 所示。决策的评价首先要从数据分析师这一级开始，这一级主要是对数据进行评价，包括数据的采集、存储、数据的建模和可视化处理等，保证数据的可靠性和价值性。其次是中级管理领导的评价，主要根据实施难度和收益程度对不同的决策方案进行打分。最后是校长的决策评价，从国家政策、当地教委支持程度、学校价值观等宏观层面，以及执行人的选择、实施进度的安排、多部门协调配合，是否需要建立工作小组等微观层面对已选方案进行整体评价，保障决策的可靠性和方向性。不同层次的人员选择不同层次的决策评价标准和评价方法，才能够更有针对性地实施评价。

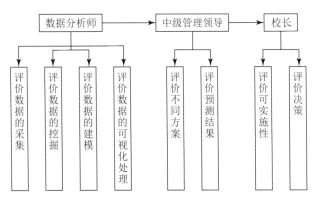

图 5-1　分级决策

问题三：如何进行决策修正？

决策修正也称改正性决策，指决策实施（试验）过程中，决策者根据反馈信息及时对原有决策方案进行修改、补充或调整。决策修正的目的是使决策方案更加切合实际情况，能够按照实施进度的安排顺利执行。决策修正是自下（灵活性）而上（原则性）的过程，首先依据评价结果看每个环节的问题出在哪里，然后针对出现的问题进行修正，形成符合理论原则的决策修正结果。

决策系统是由一系列环节构成的，其中每一个环节都存在着发生错误的可能性，如果决策在实施中出现问题而失败，说明决策是错误的。但是错在何处？哪个环节出现了错误？

这需要通过反馈信息对决策进行再认识，分析错误究竟出现在什么地方，是内部原因造成的还是外部原因造成的，是不可避免的错误还是可以避免的错误，等等。只有找到了决策失误的真正原因，才能做到对决策的有效修正，才能避免以后出现类似的决策失误。

进行决策修正必须实现"三个统一"。

1. 计划与现实的统一。决策修正建立在原有决策的实践基础上，因此，必须找出原有决策计划失误的原因，并做出准确的判断。决策修正面对的是实际情况，修正后的决策需要适用于新的情况，为此就要对目前的实际情况做出客观的评价。

2. 主观与客观的统一。进行决策修正，必须突破旧的思想与过时的观念的框框，树立新的观念，重新认识客观对象，这样才能对决策做出客观的、实事求是的分析、研究与判断。

3. 理论与实践的统一。修正决策并非目的，目的是用修正后的新决策指导实践，并使新决策在实践中得到进一步检验，使决策修正在理论与实践的统一中不断完善，使决策目标得以顺利实现。

那怎样优化学校管理决策呢？

首先，加强学习，提升决策能力。正确的认识是成功决策和修正决策的前提。因此，要结合学校教育工作的需要，学习经济、政治、文化、科技、法律、管理、历史乃至文学艺术等各方面的知识，以加深对教育现象的认识，认清教育与社会、教师与学生、知识教育与能力培养等各种关系，避免因认识的模糊而带来实际行动的偏差。

其次，因地制宜，协同修正决策。决策是学校管理的一项基本能力，是其他各项管理活动的基础。决策成效是学校发展成败的关键。在决策过程中，除了保障个人决策，还要积极推进集体决策，并让教师、家庭、社区参与决策。秉承管理的人文化、科学化精神，在以身作则的同时积极听取各年级教师的意见。

最后，理性思维，规范程序，学会运用技术手段进行科学的决策修正。在学校管理决策中，并非都是理性决策，还有一些是借助经验、直觉而做出的非理性决策。决策的程序化有利于提高决策的科学性，减少随意性。学校管理决策的成效影响着一所学校的办学方向和发展水平。学校管理者不仅要把决策作为一门科学，还要把决策视为一门艺术。只有正视学校管理决策的弊端，并对这些弊端进行对策研究，提出卓有成效的措施，才能成功决策。

问题四：决策的初衷是什么？

决策的最终目的是教育价值，决策过程中的每一个阶段都是为了更好地创造教育价值而实施的。

数据收集阶段是将学校数据中可以帮助实现教育价值的数据筛选出来，并加以分析，使其充分发挥作用，为决策的制订打下坚实的基础；活动设计阶段就是对不同类别的数据运用不同的算法进行适当的建模处理，挖掘数据的价值，帮助设计决策方案，促进教育价值的实现；决策实施阶段就是对不同的决策方案进行选择，选择的标准为是否在全局上实现了最大化的教育价值；评价与修正阶段就是依据预期的教育价值对决策方案进行评价，从而修正决策，以实现决策目标。纵观整个决策的实施过程，都是以创造教育价值为目标进行的，这也说明在学校里规范决策的流程，一步一步制订详细的实施策略就是为了挖掘学校潜力，创造教育价值。

创造教育价值永远是我们的初衷。

本章内容小结

本章介绍了决策的评价是以价值观为导向的并且是有层次的，价值观体现为打破部门本位主义；走出办公室；眼中要有教师和学生。校长委员会在正确的价值观面前，围绕学校、教师和学生制订适宜本校的评价细则（知识检查点 5-1）。评价的层次分为时间层次和人员层次。时间层次指决策前评价，决策中评价，决策后评价；人员层次指决策分为数据分析师、中层管理领导、校长这三个层级，每个层级关注点和关注角度略有不同。其次，本章明确了决策的修正是为了更好地执行，因此决策修正需要实现三个统一：计划与现实的统一；主观与客观的统一；理论与实践的统一（知识检查点 5-2，能力里程碑 5-1）。最后，本章阐述了在学校里规范化决策的流程，一步一步制订详细的实施策略为的就是挖掘学校潜力，创造教育价值。

本章内容的思维导图如图 5-2 所示。

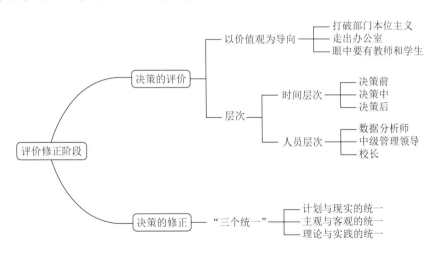

图 5-2　思维导图

自主活动：根据自己的教学管理经验，结合评价的标准对自己的某一决策进行阐述和评价

请学习者在学习完本章内容后，进行自我反思，并记录个人学习心得。

小组活动：根据自主活动中的评价结果，对这一决策做出合理的修正，并说明理由

请学习者围绕本章的学习主题进行组内交流，并做好小组学习记录。

评价活动：评价本章知识与能力学习水平

一、简述题

1. 你所理解的决策评价是什么？简述如何对决策进行有效的评价（知识检查点 5-1）。
2. 结合第三章中的案例，谈谈自己对决策过程修正的理解，并举例说明（知识检查点 5-2）。

二、实践项目

请你回顾，在实际教学工作中涉及决策环节的时候，你是否进行了正确的评价？回想自己的评价是否合理和可靠，并对决策进行修正（能力里程碑 5-1）。

第六章 远瞻未来，前行不辍——智能引领决策

本章学习目标

在本章的学习中，要努力达到如下目标：
- 能够阐明学校数据对未来教育产生的影响（知识检查点6-1）。
- 能够运用适当的方式，迎接未来教育的挑战（能力里程碑6-1）。
- 能够举例说明如何通过聚焦应用，做到智能决策支持（能力里程碑6-2）。

本章核心问题

学校数据对教育未来的影响究竟有多大？能否采取适当的方法来迎接未来教育的挑战？在教学实践中，如何通过聚焦落地应用，做到智能决策支持？

本章内容结构

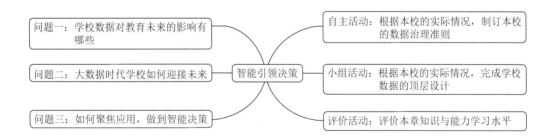

引 言

我国的教育大数据研究与实践整体还处于探索阶段，学校数据的智能决策支持之路还需要有很多人为之奋斗，过程虽然艰辛，但对于教育来说，这是一场变革，是一场持久的战役，自然要面对很多困难、很多挫折。因此，需要我们具有敢于创新、勇于创新、乐于创新的精神。不害怕风险，并正视风险，通过合理的方式对它进行管控和规避。无论是技

术的瓶颈，还是人才的缺失，抑或是隐私安全的隐患，都能找到相应的解决策略。

问题一：学校数据对教育未来的影响有哪些？

学校作为社会子系统的重要组成部分，正在面临着大数据带来的深刻影响。基于学校数据的学情分析、精准教学和智能决策支持，大大提升了学校的服务质量，对促进教育公平、提升学校品质、优化学校治理具有重要作用，已成为实现教育现代化必不可少的重要力量。学校数据对教育未来的影响主要体现在以下几个方面。

1. 促进学生的个性化学习

大数据时代教师的教学思维需要从群体教育转向个体教育，在教学过程中，真正做到因材施教。传统教育也提倡因材施教，但是由于学生数量、教师精力、教育任务等因素的制约，因材施教总是不能落到实处。大数据技术将给教师提供最真实、最个性化的学生画像，帮助教师在教学过程中进行因材施教。通过对学习者学习背景和过程的相关数据进行测量、收集和分析，从海量数据中总结每位学生的学习风格和学习行为，进而为学生提供个性化的学习支持。比如，在课堂学习中，哪些（或哪位）同学注重基础部分的学习，哪些同学注重实践内容的操作，哪些同学完成了某一练习，哪些同学比较喜欢阅读，等等。这和网络购物有些相似，基于用户过去的购买记录，网站就能分析出用户的购物特点，从而有针对性地为用户推送广告信息。

2. 重新构建教学评价方式

长期以来，教学评价活动主要是以学校及上级主管部门听课和在学生考试成绩的基础上对任课教师进行评价的方式进行的，而教师对学生的评价基于考试成绩、作业成绩及课堂表现来开展。尽管教学评价活动促进了教师的教学和学生的学习，但是在细节方面还有待提高，比如在教学过程中，哪些教学方式最容易为学生接受；在学习过程中，使用什么样的学习方式最容易掌握知识……这些细节可能需要大量的实践经验才能总结出来，短期的教学评价是难以实现的。

大数据的到来，使得我们可以从技术层面来评价、分析教学活动，进而提升教学质量。

第一，教学评价的方式不再是经验式的，而是可以通过对大量数据的统计得出，从而找出教学活动的规律。比如课堂观察分析系统，可以记录教师和学生的动作、语言及行为。通过这些数据，可以分析学生在课堂上的状态、情绪变化，以及教师与学生的交互次数等。

第二，对学生进行多元评价，而不仅仅从知识掌握的单一维度进行评价。对学生的评价应该是多元的，通过数据分析，可以发现学生思想、心态与行为的变化情况。比如，同一寝室的两位学生互相删除了联系方式，或者两人之间没有任何数据产生，说明这两位同学之间的关系出现了问题。通过数据分析，教师能在学生心理与行为方面进行关照。如果通过文本、信息抓取分析出学生的近期情绪状态，很多悲剧可能就可以避免。通过大数据技术，可以分析每个学生的特点，从而发现其优点，规避其缺点，矫正其不良思想或行为。

第三，实现真正的过程性评价。传统教学评价多是评价教师教得好不好，学生学得好不好，注重的是结果；而大数据时代可以通过技术手段记录教育的过程。现在一些学校实行了电子课本，如果能记录学生的作业情况、课堂言行、师生互动、同学交往的数据，并将这些数据汇集起来，不仅可以发现学生的特点，而且不用为如何写期末评价而犯愁。

3. 实现教学精细化管理

传统教育环境下，教育管理部门或决策制订者依据的数据是受限的，一般是静态的、局部的、零散的、滞后的数据，或是逐级申报、过滤加工后的数据。很多时候只能凭经验做管理或决策。大数据根据各方面的数据来源，可以实现实时观察和分析，对于推进教育管理从经验型、粗放型、封闭型向精细化、智能化、可视化转变具有重要意义。在传统模式下，学校各年级组安排学生的课程，尤其是选修课程时，学生是比较被动的，选修课程的人数不好预估，很容易出现有的课开不了，有的课抢不上的现象。将大数据技术应用于选课系统中，可以改进选课管理模式，实现精准选课。同时通过系统化的数据平台的使用，帮助授课教师精准判断学生兴趣，对学生进行分类，解决开课与选课的双向难题。此外，该系统还能通过智能分析为教师和课程设计者提供反馈，使教师在改进课程安排时有据可依。

4. 提供智能化教育服务

大数据技术可以采集与分析管理者、家长、教师、学生的各方面行为，全面提升服务质量，为学生、教师、家长提供更好的服务。对教育大数据进行全面收集、准确分析、合理利用，已成为学校提升服务能力，形成用数据说话、用数据决策、用数据管理、用数据开展精准服务的驱动力。如在择校服务方面，运用大数据分析技术可助力破解择校感性化难题，推进理性择校。例如，美国教育科学院推出的"高校导航（College Navigator）"项目，该项目通过对全美7000多所高校各类资源指标（如所在地区、学费、奖学金资助、入学率和毕业率等）进行大数据分析，并对所有大学进行排序和筛选，进而帮助家长和学生找到理想中的大学。

理论导学：教育大数据的动态监测与智能决策技术

教育大数据的动态监测与智能决策技术主要包括教育评估指标体系、教育动态监测机制、教育评估与决策建模技术、教育决策模拟预演技术和教育动态监管预警机制等。

1. 教育评估指标体系

根据教育当前的以及所需要测量的指标进行推断，面向不同场景和主题构建教育评估体系和监测指标，主要包括学生成长、教育质量和教育发展等三类评估指标。

2. 教育动态监测机制

构建大规模的教育系统化监测机制，监测各级教育基础数据库、教育业务平台和教育应用系统的教育管理数据，以及来源于学生的成长数据和教学活动中的过程数据，实现对师生发展、教学过程、教学资源、学校治理和区域教育投入及效益等全方位持续性监测；面向教育动态发展要求，重点突破基于大数据的教育动态监测技术，实现监测模式智能匹配和监测指标自动筛选，支持教育评估模型动态演化，形成全面的、可持续的系统化监测机制。

3. 教育评估与决策建模技术

基于教育大数据存储与计算中心获取的数据，运用聚类分析、规则推理、时间序列分析、神经网络等技术，构建支持智能优化和动态演进的教育评估模型和教育决策模型，构建评估模型动态演化方法和评估方法，实现评估模型智能化，促进科学评估与智能决策。

4. 教育决策模拟预演技术

在教育宏观政策决策模型和教育管理业务决策模型的基础上，针对宏观层面的国家、区域教育政策和微观层面的教育管理业务，构建动态演化的模拟预演模型，模拟教育政策实施和教育管理业务的演变过程；实施预演过程监控和效果评估研究，结合相关决策支持理论，预测并推断实际决策可能产生的结果和影响，为教育管理各层面的决策提供数据依据。

5. 教育动态监管预警机制

基于教育大数据存储与计算中心所获取的教育管理数据，构建动态监管机制，实时掌控教育动态；研究基于关键指标的预警模型，实现对各种教育管理业务和教育专项工程的智能预警，确保各项教育指标按需实现，为区域均衡发展、教育信息化建设与应用水平、教育资源分配等方面提供管理决策支持。

问题二：大数据时代学校如何迎接未来？

一、对校长的建议

1. 成立学校数据相关研究部门。汇聚各个学科、各个年级、各个部门的优秀教师，通过推荐制组成一个跨部门、跨学科、跨年级的研究团队，破解学校数据发展过程中存在的热点、难点问题，同时结合学校发展方向的战略需求，开展前瞻性研究。

2. 制订促进学校数据发展的相关条例。从科研资金和薪资待遇上加强对数据研究部门的扶持力度，吸引更多企业、高校等参与教育数据运营管理，激发教育数据活力。

3. 召开全校教职工大会。从政策、效果、规划方面加大数据科学重要性的宣传力度，提升教师对数据科学的普遍认知。

4. 参考教育部"管办评"的制度设计，成立提供专业级的数据质量与安全价值评估服务的第三方社会机构，为学校提供客观、准确、高质量的数据服务。

二、对学校中层管理者的建议

1. 提升自身数据素养，深刻理解数据在提升教育管理水平上的重要性。掌握必要的数据处理工具，具备较强的解读和分析教育数据的能力，积极利用教育数据实现标准化、精细化、智能化的教育管理。

2. 进一步完善各级教育数据网络建设及教育数据的采集与更新机制。采用行政收集、网络获取等多种方式，建立动态更新、横纵联通的教育主题数据库，并向全社会适度开放。

3. 制订基础教育数据采集和质量管理标准。形成清晰的数据采集与质量管理办法，明确教育数据集的归档和长期保存的机制，制订学校数据的应用指南，提出清晰的大数据应用思路，建立长效的大数据应用推进机制，不断激发管理人员和一线教师创新应用教育数据的动力和智慧。

4. 加强各级教育行政机构及各类教育机构的教育大数据人才队伍建设。开展专题培训，有针对性地提升管理人员及一线教师的大数据应用意识和能力。采用跨校合作、校企联合等方式，培养大数据技术和创新型应用人才。

三、对教师的建议

1. 培养自己使用数据改善教学决策的习惯。知道从哪里可以获取学生数据，哪些数据对改善教学有帮助，以及如何利用数据分析工具分析数据，辅助教学决策。能够正确解读教与学相关的各种数据报告，开展及时、精准、个性化的评价反馈和教学干预。

2. 充分意识到数据分析绝不仅仅关注学生的分数及考试通过率，还应重点关注学生的综合素质发展及个性化成长。能够与家长就学生的各项学习数据进行沟通、交流，帮助家长理解数据的来源和用途，共同促进学生的健康成长。

3. 积极利用大数据技术优化课堂教学。与数据研究部门的教师一起探索大数据与学科教学深度融合的模式、方法与策略，在提升教学质量的同时注意对学生隐私数据的保护。

4. 注重培养学生的数据素养。将数据科学、数据思维的基本理念、技术与方法渗透到学科教学中。

四、对学生的建议

1. 具备数据安全与隐私保护意识，知道在应用学习平台与工具的过程中会产生哪些数据，了解这些数据的用途。

2. 掌握常用的数据分析工具的基本操作，能够正确解读数据分析报告，能对自己的学习过程与学习结果进行客观的分析与评价，正确认识自己的优势与薄弱点。

3. 养成积累学习成果数据的良好习惯，不断丰富自己的成长档案，为考评、升学、就业提供数字依据。

问题三：如何聚焦应用，做到智能决策？

近几年来，已经有许多学校和机构在利用数据进行智能决策，在此过程中，他们积累了许多经验，在这里供读者参考。

1. 正确使用准确的数据，不准确的数据会导致决策者的决策失败。

2. 明确决策的目标和数据指标。学校作为一个庞大的教育服务机构，职能多样，数据种类丰富，不同的决策目标有不同的数据指标相对应。因此，需要明确自身的决策需求，然后根据需求建立自己的数据指标体系。

3. 消除信息孤岛，整合平台数据。如今学校中有各种各样的平台，但平台与平台之间是封闭的，数据之间无法交换，信息孤岛现象颇为严重。要想打破信息孤岛、整合平台数据需要时间和执行策略，需要学校的 CIO 具备一定的顶层设计理念、前瞻性的思维模式和实践经验，能够根据学校实际情况设计出适合自身学校发展的道路。

4. 需要一定的基础设备支持。在今天的教育环境下，数据量的增长是非常迅速的，如果没有一定的基础设备和良好的规划设计，是无法统筹全局的。

5. 重视学生数据的隐私安全问题。制定有关规定，在安全的环境下共享学生的数据，为学生服务、为教师服务、为学校服务。

6. 制定数据治理准则。数据治理是守江山，顶层设计与规划实施是打江山，二者是双胞胎"兄弟"，谁也离不开谁。数据治理除了包含对数据管理和数据使用的规定，还包括学校行为、学校文化、学校价值观，这是一个生态的建立。

理论导学：大数据助力学校教育品质

大数据对于学校教育品质的价值并不在于数据本身，而在于以什么样的思维方式去深入挖掘数据背后的价值，解决具体问题，进而提升学校的教育品质。

大数据是用来解决问题的。目前每个人都在被各种机构收集像运营商信息、银行信息、医院病历等数据，这些数据被收集后并没有得到充分利用。例如，每次去医院看病，都要按常规程序进行，为什么不能推行电子病历的共享呢？学校经常要求教师们填这样那样的表格并上交，里面的基础信息很多都是重复的，为什么不能推行教师电子档案的共享呢？因此，现在真正用大数据解决问题的并不多，即使是拥有大量数据的学校也很少用这些数据去解决问题。

当今社会，领导者需要把以前的因果关系的串联思维转变为相关关系的并联思维。大数据让相关性的研究体现出更大的价值，也让提升教育品质的思路与方法发生了改变。对教育而言，了解学生的需求和喜好，能够有效地帮助学校解决实际问题。当学生登录学习平台或学校网站时，他的每一个行为都会被互联网记录下来，包括使用的时长、使用的频次、浏览、测试、发帖等，同时随着时间的积累，学生的数据越来越丰富，学生的行为特征越来越明显，学生的数据质量也越来越高。毫无疑问，大数据让学校、教师、家长更加了解学生。

本章内容小结

本章阐述了面向未来教育，教育工作者应该想清楚的三个问题。首先，学校数据对未来教育的影响体现在促进学生个性化学习、重新构建教学评价方式、教学精细化管理以及智能化教育服务等方面（知识检查点6-1）；其次，学校在迎接未来教育时，应考虑到校长、中层干部、教师和学生的理念都要有所转变（能力里程碑6-1）；最后，介绍了几种方法帮助学校聚焦应用，做到智能决策，比如正确使用数据、消除信息孤岛、具有明确的决策目标、建立标准化的数据仓库、具有一定的数据基础设施建设等（能力里程碑6-2）。

本章内容的思维导图如图6-1所示。

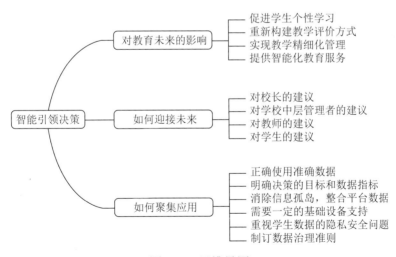

图6-1 思维导图

自主活动：根据本校的实际情况，制订本校的数据治理准则

请学习者在学习完本章内容后，进行自我反思，并记录个人学习心得。

小组活动：根据本校的实际情况，完成学校数据的顶层设计

请学习者围绕本章的学习主题进行组内交流，并做好小组学习记录。

评价活动：评价本章知识与能力学习水平

一、名词解释

个性化学习（知识检查点6-1）

精准教学（知识检查点6-1）

二、简述题

1. 你觉得个性化学习在课堂教学中如何体现（知识检查点6-1）？
2. 你觉得精准教学对于实际教学的帮助体现在哪些方面（知识检查点6-1）？
3. 对于未来的智能教育，我们将如何面对（能力里程碑6-1）？

三、实践项目

根据学校的实际情况，思考如何聚焦应用，产生有价值的数据，辅助科学决策，提升学校的管理品质（能力里程碑6-2）。

参 考 资 料

[1] 曾鸣. 智能商业 [M]. 北京：中信出版集团，2018.

[2] 孟薇薇. 信息爆炸时代的新概念 -- 大数据 [J]. 商品与质量，2012（9）：9.

[3] 方海光. 教育大数据 [M]. 北京：机械工业出版社，2016.

[4] 顾明远. 教育领域综合改革的宏观视野 [J]. 教育研究，2014（6）：4-9.

[5] 江青. 数字中国：大数据与政府管理决策 [M]. 北京：中国人民大学出版社，2018.

[6] 杨现民，王榴卉，唐斯斯. 教育大数据的应用模式与政策建议 [J]. 电化教育研究，2015，36（09）：54-61+69.

[7] 楚云海，方海光，陈俊达等. 中小学数字校园应用系统的集成研究 [J]. 现代教育技术，2016，26（05）：89-94.

[8] Pistilli, M.D., Arnold, K.E.. In Practice：Purdue Signals： Mining Real-Time Academic Data to Enhance Student Success[J].About Campus, 2010, 15（3）：22-24.

[9] 翟博. 教育均衡发展：理论、指标及测算方法 [J]. 教育研究，2006，（3）：16-28.

[10] 邢蓓蓓，杨现民，李勤生. 教育大数据的来源与采集技术 [J]. 现代教育技术，2016，26（08）：14-21.

[11] 李静. 数据仓库中的数据粒度确定原则 [J]. 计算机与现代化，2007，（2）：57-58、61.

[12] 刘陈，景兴红，董钢. 浅谈物联网的技术特点及其广泛应用 [J]. 科学咨询，2011（9）：86.

[13] 赵力，黄程韦. 实用语音情感识别中的若干关键技术 [J]. 数据采集与处理，2014（2）：157-170.

[14] 杨现民，唐斯斯，李冀红. 发展教育大数据：内涵、价值和挑战 [J]. 现代远程教育研究，2016（01）：50-61.

[15] 周英，卓金武，卞月青. 大数据挖掘系统方法与实例分析 [M]. 北京：机械工业出版社，2016.

[16] 王运武. 协同学视野下的数字校园建设——数字校园建设中的战略协同与团队协同 [J]. 中国电化教育，2012，（7）：38-48.

[17] 杨现民. 区域智慧教育综合服务平台建设及关键问题探讨 [J]. 现代远程教育研究，2015，（1）：72-81.

[18] 胡夏川. 数据化运营速成手册 [M]. 北京：电子工业出版社，2017.

[19] 蒲阔，邵朋. 精通 Excel 数据统计与分析 [M]. 北京：人民邮电出版社，2013.

[20] 李沁，杨慧莎，杨荣娟等. 基于 spss 聚类的本科专业就业率分析 [J]. 数学学习与研究，2019，（07）：21+23.

[21] 邵长安，关欣. 网络舆情数据驱动的决策模式分析 [J]. 情报理论与实践，2018，41（05）：32-38.

[22] 马晓亚. 智慧校园之决策支持系统理论与应用研究 [D]. 中央民族大学，2017.

[23] 陈国平. 高中生数学课堂学习需要及其满足情况调查研究 [D]. 山东师范大学，2012.

[24] 苟斌娥. 时间序列分析法在教育研究中的应用 [D]. 四川师范大学，2012.

[25] 王玉民，颜基义，潘建均等. 决策实施程序的研究 [J]. 中国软学，2018（08）：125-136.

[26] 樊丹丹. 中小学校长决策过程研究 [D]. 华东师范大学，2006.

反侵权盗版声明

电子工业出版社依法对本作品享有专有出版权。任何未经权利人书面许可，复制、销售或通过信息网络传播本作品的行为；歪曲、篡改、剽窃本作品的行为，均违反《中华人民共和国著作权法》，其行为人应承担相应的民事责任和行政责任，构成犯罪的，将被依法追究刑事责任。

为了维护市场秩序，保护权利人的合法权益，我社将依法查处和打击侵权盗版的单位和个人。欢迎社会各界人士积极举报侵权盗版行为，本社将奖励举报有功人员，并保证举报人的信息不被泄露。

举报电话：（010）88254396；（010）88258888

传　　真：（010）88254397

E-mail：　dbqq@phei.com.cn

通信地址：北京市万寿路173信箱

电子工业出版社总编办公室

邮　　编：100036

提炼数据内涵.
回归数学精髓.
提升教学质量.

张景中 2019年10月

丛书主编　方海光

中小学教育大数据分析师系列培训教材
数据驱动的智慧教育

数据驱动的教育研究

中小学调查问卷设计与分析方法

张鸽 | 主编　汪时冲　徐玉红 | 编

电子工业出版社
Publishing House of Electronics Industry
北京·BEIJING

未经许可，不得以任何方式复制或抄袭本书之部分或全部内容。
版权所有，侵权必究。

图书在版编目（CIP）数据

数据驱动的教育研究．中小学调查问卷设计与分析方法／张鸽主编；汪时冲，徐玉红编．—北京：电子工业出版社，2020.9
中小学教育大数据分析师系列培训教材
ISBN 978-7-121-39460-7

Ⅰ．①数… Ⅱ．①张…②汪…③徐… Ⅲ．①数据处理－中小学－师资培训－教材 Ⅳ．① TP274

中国版本图书馆 CIP 数据核字（2020）第 158312 号

责任编辑：张贵芹　文字编辑：仝赛赛
印　　刷：北京天宇星印刷厂
装　　订：北京天宇星印刷厂
出版发行：电子工业出版社
　　　　　北京市海淀区万寿路 173 信箱　　邮编 100036
开　　本：787×1092　1/16　　印张：31.75　　字数：660.4 千字
版　　次：2020 年 9 月第 1 版
印　　次：2020 年 9 月第 1 次印刷
定　　价：140.00 元（全 4 册）

凡所购买电子工业出版社图书有缺损问题，请向购买书店调换。若书店售缺，请与本社发行部联系，联系及邮购电话：(010) 88254888，88258888。
质量投诉请发邮件至 zlts@phei.com.cn，盗版侵权举报请发邮件至 dbqq@phei.com.cn。
本书咨询联系方式：(010) 88254510，tongss@phei.com.cn。

丛书主编：方海光

本书主编：张　鸽

本书编写者：汪时冲　徐玉红

指导专家委员会

指导专家委员会成员：

黄荣怀	北京师范大学	荆永君	沈阳师范大学
李建聪	教育部教育管理信息中心	赵慧勤	山西大同大学
王珠珠	中央电教馆	杨俊锋	杭州师范大学
李　龙	内蒙古师范大学	李　童	北京工业大学
王　素	中国教育科学研究院	纪　方	北京教育学院
余胜泉	北京师范大学	郭君红	北京教育学院
刘三女牙	华中师范大学	徐　峰	江西省教育管理信息中心
顾小清	华东师范大学	高淑印	天津市中小学教育教学研究室
尚俊杰	北京大学	陈　平	南京电教馆
魏顺平	国家开放大学	黄　艳	沈阳教育科学研究院
曹培杰	中国教育科学研究院	罗清红	成都市教育科学研究院
胡小勇	华南师范大学	杨　楠	北京教育科学研究院
李　艳	浙江大学	李万峰	北京市通州区教师研修中心
张文兰	陕西师范大学	马　涛	北京市海淀区教育科学研究院
蔡　春	首都师范大学	石群雄	北京教育学院丰台分院
方海光	首都师范大学	卢冬梅	天津市和平区教育信息中心
张　鸽	首都师范大学	陕昌群	成都市教育科学研究院
鲍建樟	北京师范大学	李俊杰	北京教育学院丰台分院
陈　梅	内蒙古师范大学	管　杰	北京市第十八中学
梁林梅	河南大学	顾国齐	OKAY智慧教育研究院
杨现民	江苏师范大学	楚云海	伴学互联网教育大数据研究院
肖广德	河北大学		

序 一

近年来，大数据、人工智能等技术在教育管理变革、学习模式变革、教育评价体系变革、教育科学研究变革等方面的作用日益凸显。国家高度重视教育大数据的发展，鼓励教师主动适应信息化时代变革。2018年1月，《中共中央国务院关于全面深化新时代教师队伍建设改革的意见》明确提出，"教师要主动适应信息化、人工智能等新技术变革，积极有效开展教育教学"。2018年4月，教育部印发《教育信息化2.0行动计划》，指出要深化教育大数据应用，大力提升教师信息素养。2018年8月，教育部办公厅印发通知，启动人工智能助推教师队伍建设行动试点，将探索应用大数据支持教师工作决策、优化教师管理作为重要试点内容。2019年3月，教育部印发《关于实施全国中小学教师信息技术应用能力提升工程2.0的意见》，强调大数据、人工智能等新技术的变革对教师信息素养提出了新要求，教师需要主动适应新技术变革。

当前，随着新技术的不断涌现与发展，很多原有的教育理论都迸发出了新的火花，大数据、人工智能等技术与教育的深度融合，将促进我们加快发展伴随每个人一生的教育、平等面向每个人的教育、适合每个人的教育、更加开放灵活的教育。教育大数据可以让教师读懂学生，让教育教学更加智慧，让教育研究更加科学。教育大数据可以让管理者读懂学校，由"经验式"决策变为"数据辅助式"决策，推动教育、教学、教研、管理、评价等领域的创新发展。

我认识方海光教授好多年了，启动丛书的策划工作时，海光还提出，希望请重量级人物来担纲主编，但我不这么认为。我觉得像他这样的中青年学者已经成长为学科发展的一线主力，理应主动承担起更大的责任。这套丛书的出版确实也让我有眼前一亮的感觉。丛书内容丰富、形式新颖，根据学校的不同角色分成了五个系列：数据思维系列、数据驱动的技术基础系列、数据驱动的智慧学校系列、数据驱动的智慧课堂系列和数据驱动的教育研究系列。丛书符合中小学教师信息技术应用能力提升工程2.0的要求，相信将在各级单位信息化领导力培训、信息化教学创新培训、数据能力素养培训等工作中发挥重要作用，能够为教育管理者的数据智能决策提供帮助，为教师教育的研究者提供参考，更值得广大的学校管理者、教师阅读和学习。

希望这套丛书的出版能够促使教育大数据更好地助推教育教学改革和培训教研改革，引领中小学教育的整体变革，进而推动教育的跨越式发展。

华东师范大学教授　任友群

序 二

国家教育现代化和智慧教育示范区的建设都强调了教育大数据的应用方向,教育大数据中心建设和区域数据互联互通成为当前教育信息化的发展重点。

从我国教育信息化的发展趋势来看,基础环境和资源建设与应用快速推进,师生信息化应用能力和水平显著提升。信息化不断发展带来知识获取方式和传授方式、教与学关系的革命性变化,很多学校面临知识的体系化建设阶段。在大数据和人工智能的环境下,我们面临很多新的问题:如何建设学校的知识体系?如何指导学生的学习过程?学习过程的数字化带来了更多的大数据,人工智能的数据处理引擎带来了更复杂、更精准的应用场景,更自然、更贴近人们日常生活的人机交互带来更直观的体验。各种教育大数据和人工智能应用层出不穷,学校的选择空间很大,但是在此之前,我们必须对学校的定位和自身需求有一个明确的认识:学校为什么需要教育大数据?教育大数据能帮学校做什么?学校是否需要转变应用数据的思维方式?

实际上,教育大数据并不神秘,它一直伴随着数字校园、智慧教室学习环境的建设,学习空间的应用,在线教育的发展等。教育大数据具体可以应用于精准教学、学情分析、精准管理、科学决策、学生生涯成长过程记录、学校数据统一优化。未来学校和智慧教育示范区的建设离不开教育大数据,教育大数据的应用也离不开管理者和师生对它的认识和理解,这些都是产生信息化价值的重要基础。

为了服务新时代大数据、人工智能等技术带来的教育变革需求,促进广大教育工作者深入理解和学习有关教育大数据应用的价值和知识,这套丛书应运而生。这套丛书内容全面、新颖,案例丰富且适合实践,可供关注教育大数据和教师培训的研究者和实践者使用,更值得关注未来学校发展和教师队伍建设的学校使用,也期待丛书能根据使用情况和技术的发展,愈加完善。

北京师范大学教授 黄荣怀

序 三

以人工智能为代表的新一代信息技术对教育的发展具有重要影响，国家高度重视智慧教育的发展，希望加快人工智能在教育领域的创新应用。利用智能技术支撑人才培养模式的创新、教学方法的改革、教育治理能力的提升，构建智能化、网络化、个性化、终身化的教育体系，是推进教育均衡发展、促进教育公平、提高教育质量的重要手段，这也是实现我国教育现代化的重要动力和有力支撑手段。

对于学校，数据将会成为学校最重要的资产，这是教育大数据生态的基石。学校将是一个教育大数据中心，能够实现多层面数据价值的共享。对于课堂，数据的核心价值是形成闭环，并通过这种闭环迭代，使学生的学习效果越来越接近预期目标。如何迎接新时代教育大数据的挑战是学校面临的问题，本套丛书旨在帮助学校应用教育大数据，探索基于数据的思维转变过程，掌握应用教育大数据进行教育创新的方法。

本套丛书采用了新颖的内容组织形式，各册均采用扁平化组织，只有章的结构，没有节的结构。各章的结构要素包括知识检查点、能力里程碑、核心问题、问题串、活动。其中，知识检查点是知识检查的基本单元，能力里程碑是任务完成的标志性能力。各章通过核心问题引发学习者思考，以系列问题串组织内容，引导学习者通过评估性问题和反思性活动进行探究，实现知识学习和能力提升的演化过程。活动包括自主活动、小组活动和评价活动。在自主活动中，学习者首先对本章内容进行反思，反思在平时的教育实践中是否出现过类似的问题或现象等，然后写个人心得，结合本章内容阐述在以后的教学实践中可以有怎样的举措。在小组活动中，集体讨论本章所学内容，然后各抒己见，思考如何改善教学质量，属于小组层面的交流。评价活动用于评价和检测，不仅适用于参加教师培训的教师、教育管理者，还适用于不参加培训的广大学习者。这三个活动的设置符合研修的典型特征，每个活动都有一个聚焦的主题，不限定具体的活动内容，有利于组织者安排工作，根据实际的需要展开活动，也适合学习者的自主学习、反思。

本套丛书共分为五个系列，它们分别是：数据思维系列（全1册）、数据驱动的技术基础系列（全4册）、数据驱动的智慧学校系列（全4册）、数据驱动的智慧课堂系列（全

4册)、数据驱动的教育研究系列(全4册),共计17册。本套丛书的任何一册都可以单独组成8～12学时的培训课程,又可以以系列教材为主题组成培训主题单元模块。本套丛书既适用于国家层面、各省、各市、各区县级、各级各类学校进行有组织的教师教育和培训活动,又支持一线教师、教研员、管理者、研究者及教育服务人员的自主学习,还适合大学、研究生及高校教师进行参考和学习。本套丛书难免存在各种问题和不足,恳请各位同仁不吝赐教!

方海光

首都师范大学

前 言

在教育教学工作中，作为中小学教师，你是否经常被要求去做一项研究？一提到"研究"二字，你是否有些束手无策？不妨从你熟悉的教学入手，从发现教学中的问题出发，开启你的研究之旅。你是否遇到过这样的问题：你尝试使用新的教学方法、资料和教材，你想知道这些新教法、新工具是否有助于提高教学效果，你想了解学生对你的教学教法有什么看法，你想知道个性化阅读是否对提高学生的写作能力有帮助，你认为学生在小学六年级的数学成绩与其初中的数学成绩可能有很大的相关性，等等。教学中的很多问题，都是值得研究的。教学中的研究，实际上就是我们在教学过程中发现问题、提炼问题、寻找一些可行的工具和办法去解决问题或形成结论，从而促进教学的过程。

在中小学教师进行教育研究的过程中，问卷调查法是经常被使用的一种数据搜集和分析方法。本书面向中小学教师，从初学者的视角，介绍问卷调查法的一般过程和实施要点，目的在于帮助中小学教师从教学中提炼问题，形成选题，进而能够进行问卷的设计、修改、发布，以及问卷数据的收集和录入，并对问卷数据进行统计与分析，形成最终的结论和研究报告。

本书分为八章，第一章对问卷调查法进行了总体的介绍；第二章介绍如何形成选题、提出研究假设；第三章和第四章讲述如何进行问卷的设计；第五章介绍如何发放和收集问卷数据；第六章谈到了问卷的信度和效度问题；第七章介绍了问卷数据统计与分析的基本方法；第八章介绍撰写问卷调查报告的要点。进行问卷调查的统计和分析，需要大量的调查数据作为基础，因此，本书配有一些练习数据集，供教师练习使用（练习数据集的获取方式：在华信教育资源网（www.hxedu.com.cn）上搜索本书，即可在本书的配套资源中获取练习数据集）希望本书能够为中小学教师开展问卷调查研究提供一些思路、方法和帮助。

需要说明的是，由于本人撰写经验的不足、资料的限制、时间的紧迫等问题，书中难免存在一些不成熟、不全面、不准确之处，欢迎广大读者批评、指正。

在本书出版之际，要感谢丛书主编方海光教授，在本书写作和出版过程中所给予的支持和帮助！还要特别感谢我的学生汪时冲，和我一起完成了这本书的编写和修改工作。还要谢谢李欢同学、薛树树同学在本书编写过程中的协助。也向出版社的编辑仝赛赛表示谢意！也谢谢我的家人在写书过程中给予的理解和支持！

张鸽
首都师范大学

目 录

第一章　来龙去脉，追根溯源——问卷调查的本质 / 001

- 002　问题一：定量研究、定性研究和混合研究分别是什么？
- 003　问题二：定量研究和定性研究的常用方法和特征是什么？
- 006　问题三：定量研究与定性研究的区别是什么？
- 007　问题四：问卷调查的基本流程是什么？

第二章　析毫剖厘，权衡利弊——问卷调查的选题与假设 / 012

- 013　问题一：调查的目的是什么？
- 014　问题二：解释性调查和预测性调查中，常用的研究方法有哪些？
- 015　问题三：什么样的问题可以使用调查问卷进行研究？
- 016　问题四：什么样的问题是好的研究问题？
- 018　问题五：研究关系、变量和假设分别是什么？

第三章　抽丝剥茧，层层细化——问卷调查的概念操作化 / 025

- 026　问题一：什么是概念的操作化？
- 027　问题二：调查问卷的概念如何操作化为具体的问题？
- 028　问题三：量表在概念操作化的过程中有什么作用？

第四章 章决句断，精益求精——调查问卷的结构 / 040

- 041 问题一：一份完整的调查问卷应当包括哪几部分？
- 041 问题二：调查问卷的开头如何撰写？
- 045 问题三：调查问卷中的问题包括哪些类型和形式？
- 051 问题四：如何让问卷的问题更容易让被调查者接受和理解？
- 054 问题五：撰写答案时应注意哪些问题？

第五章 工善其事，必利其器——调查问卷的发放和数据录入 / 058

- 059 问题一：总体和样本是什么关系？
- 063 问题二：样本量多大合适？
- 063 问题三：问卷如何发放？
- 069 问题四：什么是编码？如何编码？
- 071 问题五：使用 Excel 与 SPSS 录入数据时需要注意什么？

第六章 言而有信，卓有成效——调查问卷的信效度分析 / 079

- 080 问题一：什么是信度？什么是效度？
- 081 问题二：问卷调查中，信度和效度如何测量？
- 083 问题三：在问卷调查的各个阶段，如何保证信度和效度？
- 085 问题四：在 SPSS 中应该怎样分析信效度？

第七章 明白易晓，审思明辨——调查问卷常用的统计与分析方法 / 094

- 095 问题一：如何对数据进行描述性统计和分析？
- 102 问题二：差异分析是什么？如何用 SPSS 进行差异分析？

109　问题三：相关分析是什么？如何用SPSS进行相关分析？

110　问题四：回归分析是什么？如何用SPSS进行回归分析？

第八章　井井有条，方言矩行——问卷调查报告的撰写 / 114

115　问题一：什么是调查报告？

116　问题二：调查报告的撰写步骤是什么？

117　问题三：调查报告的一般性结构是什么？

参考资料 / 121

第一章 来龙去脉,追根溯源——问卷调查的本质

本章学习目标

在本章的学习中,要努力达到如下目标:
- ◆ 了解教育研究的三种范式:定量研究,定性研究,混合研究(知识检查点1-1)。
- ◆ 了解定量研究与定性研究的常用方法(知识检查点1-2)。
- ◆ 能够说出定量研究与定性研究的几个不同之处(能力里程碑1-1)。
- ◆ 能够说出问卷调查法的基本流程(能力里程碑1-2)。

本章核心问题

问卷调查属于哪一种教育科学研究方法?它的特征是什么?在什么情况下需要使用问卷调查法?

本章内容结构

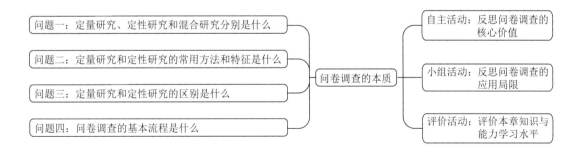

引言

随着教育信息化的发展,学校数据也在快速增长。数据产生于中小学的方方面面,问卷调查法就是一种收集和获取研究对象的数据或资料的方法。

中小学教师在进行教育研究或调查的过程中，问卷调查法是经常被使用的一种数据搜集和分析方法。请你回忆一下，曾经填写过哪些调查问卷？在学生时期，你可能填写过学校管理情况的调查问卷、教师满意度的调查问卷；在教师时期，你可能填写过职业归属感和满意度的调查问卷、对学生进行评价的调查问卷、对教师教学进行评价的调查问卷等。

你可能会问：为什么我要系统学习问卷调查这样的方法呢？从实践的层面上，了解和运用问卷调查法可以帮助你更好地进行教学或科研，比如当你进行一项教学实验时，你很有可能需要通过问卷调查的方式来了解学生的课程学习情况或满意度。也许有一天，你被要求申请一个课题或是开展一项研究，那么你可以通过设计和开展问卷调查来搜集相关数据，进而对所获得的数据进行分析，了解相关情况，验证研究假设，或者从中发现问题，为进一步的研究提供资料或新的起点。

在系统地介绍问卷调查法之前，我们首先需要追根溯源，了解什么情况下可以使用问卷调查法，我们将从教育研究的三种研究范式讲起。在学习完本章内容之后，你将对问卷调查法的来龙去脉有一个清晰的了解。

问题一：定量研究、定性研究和混合研究分别是什么？

一、定量研究

定量研究（Quantitative Research），也称量化研究，主要指运用数据和量度来描述研究内容的特征或者变化的研究，它较多注重对客观事物产生或变化的原因和事物之间的关系进行考察。换句话说，如果我们要考察和研究某一事物，就要用数学的工具和方法对该事物的相关信息进行数量上的收集与分析，这就叫定量研究，它是社会科学领域的一种基本研究范式，也是教育研究中经常用到的方法之一。定量研究注重将问题与现象用数量来表示，进而去分析、检验、解释，从而获得有意义的研究，例如测定对象的特征数值或求出某些因素间的量的变化规律。

定量研究是一种聚焦的研究，类似于我们在拍照时对局部进行对焦；定量研究类似于长焦镜头，它只关注一个或多个因素。定量研究者认为人类的选择和行为是由一个或多个因素或者说变量所影响的，他们试图找到这些变量的基本特征或因果关系，所以定量研究者从局部的角度来研究某一现象，试图理解事物中最关键的点。

二、定性研究

定性研究（Qualitative Research），也称质性研究，主要以现有的文献资料或调查资料为依据，运用演绎、归纳、比较、分类、矛盾分析等方法研究某一社会现象，以判断事物性质为目的的社会调查研究。定性研究注重在自然环境中，从当事人的视角理解他们行为的意义和对事物的看法，从中提取出研究假设，并对假设进行检验。这种定义问题或者处理问题的方法，目的是深入研究对象的具体特征或行为，进一步探讨其产生的原因。定性研究更强调意义、经验、描述等。

定性研究是一种发散的研究，类似于在拍照时拍摄全貌；定性研究类似于广角镜头，力图能观察到事物的整体。定性研究者认为人类的选择和行为是自然发生在平时的所有细节中的，他们不想干涉自然行为的发生，所以定性研究者从整体的角度来研究某一现象，他们试图理解事物的多个维度和层次。

三、混合研究

顾名思义，混合研究方法既包括定量研究方法，又包括定性研究方法。即研究者在同一项研究中，综合调配或混合定量和定性研究的技术、方法、手段、概念或者语言。它是一种包容、多源、交叉的研究方法，使得研究问题的手段更加多样化、更具创造性。

混合研究类似于在拍照时运用变焦镜头，既可以观察整体特征，又能够聚焦局部特点，力图达到整体最优化。混合研究者认为在一个研究中使用两种方法，可以用一种方法的优点去克服另一种方法的弱点，形成交叉性的优势，比如通过定量研究的演绎和定性研究的归纳可以为研究结论提供更有力的证据。

问题二：定量研究和定性研究的常用方法和特征是什么？

一、定量研究的常用方法及特征

定量研究的主要方法有调查法、相关法和实验法。

调查法是一种古老的研究方法，是指为了达到设想的目的，全面地收集研究对象在某一方面的数据和资料，并做出分析、综合，得到某一结论的研究方法。

相关法是指通过测量来探求事物（变量）之间关系的研究方法。相关研究的主要目的是确定变量之间关系的程度与方向。变量之间关系的程度有完全相关、高相关、中等相关、低相关或零相关等；而变量关系的方向有正相关和负相关等。

实验法是指操纵一个或一个以上的变量，并控制研究环境，借此衡量自变量与因变量间的因果关系的研究方法。实验法有两种：一种是自然实验法，另一种是实验室实验法。

本书介绍的问卷调查法是调查法中的一种。下面我们将对教育调查法（即以教育问题为研究对象的调查法）进行详细的阐述，让你对教育调查法有一个更全面的认识。

理论导学：教育研究方法之教育调查法

定量研究中的调查法，是在教育理论的指导下，通过运用列表、问卷及测验等方式，收集教育问题的资料，进而对教育的现状做出科学的分析，并提出具体工作建议的一整套实践活动。

在研究对象上，它以现实存在的教育问题或者教育现状为研究对象；在研究目的上，它是就事论事地通过问卷、测量等方式，获得关于研究对象的教育科学事实。

按照对象的选择范围来分，教育调查研究可以分为普遍调查、抽样调查和个案调查。

1. 普遍调查也叫全面调查，是对某一范围内的所有研究对象进行调查。例如，教师对全班所有学生进行调查。

2. 抽样调查是从调查对象的全体范围（总体）中，抽取一部分单位（样本）进行调查，并以样本特征来说明总体特征。例如，教师对班级里学号为奇数的学生进行调查。

3. 个案调查是在对教育现象或教育对象进行具体分析的基础上，有意识地从中选取某个教育现象或教育对象进行调查与描述，研究者可根据调查目的选择调查对象，进行典型调查或者重点调查。例如，教师对班级中考试成绩第一名的学生进行调查。

按照调查的目的来分，教育调查研究可以分为现状调查、相关调查、发展调查和预测调查。

1. 现状调查是为了研究教育现象目前的状况或基本特征而进行的调查，其目的是了解教育现象的一般情况，获取基本信息和数据资料。例如，教师对学生月消费现状的调查、对学生使用某手机 APP 学习现状的调查。

2. 相关调查主要研究两种或者两种以上教育现象的性质与程度，分析和考察它们是否存在相关关系，是否互为变量，寻找解决问题的因素，探索解决问题的办法。相关调查往往与相关法共同使用。例如，语文成绩好与阅读时间多是两种现象，但教师可以假设，阅读时间多的学生往往语文成绩好。这个假设是否成立，两者之间是否存在相关关系，可以用相关调查法进行研究。

3. 发展调查是对教育现象在一段较长时间内的特征变化进行调查，以找出其前后变化与差异。例如，对不同社会历史时期教育课标的变化发展展开的调查、对从三维目标到核心素养的变化发展进行的调查等。

4. 预测调查主要是调查某一教育现象随着时间变化而表现出的特征和规律，从而推断未来某一时期的教育发展趋势与动向。例如，对某学校近几年的高考情况进行调查，并通过一些分析工具对未来的高考情况进行预测。

按照调查的方式方法来分，教育调查研究可以分为问卷调查、访谈调查、测量调查和调查表法。

1. 问卷调查是指研究者将所要研究的问题编制成问题表格，用严格设计的统一问卷，通过书面语言与被调查者进行交流，收集教育现象或教育问题的信息和资料。问卷调查是教育研究中最常用的资料收集方法，在教育调查研究中使用最为普遍，这也是本书所要介绍的方法。

2. 访谈调查是指研究者根据课题研究的需要设计问题，与研究对象进行面对面交谈，以口头问答的形式来了解研究对象对教育现象和教育问题的观点与态度，通过对收集的资料加以记录、整理和分析，从而认识教育现象，为解决教育问题提供信息资料。

3. 测量调查是指研究者根据某种规则或尺度，运用测试题或调查量表收集有关调查对象的数据资料，将调查对象的属性加以量化。

4. 调查表法是指向调查对象发放设计好的各种调查量表来收集有关事实或数据资料，这个方法往往也用于问卷调查。

定量研究有如下五个特征：

1. 定量研究者常常在实验室条件下进行研究，以尽可能地避免研究目标以外的种种影响。这个特征在自然科学领域得到了充分体现，物理、化学、生物等自然科学领域的研究者通常在实验室中进行科学研究。

2. 定量研究常常采用量化的方法。定量研究通过量表、问卷或实验的方法收集资料，资料是可测量、可统计的。研究得出的结论是概括性、普适性、不受背景约束的。

3. 定量研究只关注事前与事后的测量。

4. 定量研究主要运用演绎法，自上而下地形成理论。在定量研究中，研究一开始就具有明确的问题和假设，研究计划是结构性的、预先设计好的、阶段明确的。

5. 定量研究中研究者与研究对象相互独立。

二、定性研究的常用方法及特征

定性研究大多采用观察和深度访谈来获得第一手资料，具体方法有以下八种：①个案研究；②民族志；③现象学、常人方法学；④扎根理论；⑤生活史、证据学；⑥历史方法；⑦行动研究与应用研究；⑧文本分析。关于这些方法本书不再一一赘述。

罗伯特和比克伦描述了定性研究的五个基本特征。

1. 在定性研究中，自然环境是数据的直接来源，研究者是获取数据的关键"工具"。定性研究的研究者会直接去他们感兴趣的特定环境中观察，并收集数据。比如，研究学校教育的研究者会将更多的时间花费在学校的各个区域，在会议、课堂等地点观察教师的行为，并在日常生活中直接观察和访谈对象。

2. 定性研究所收集的数据是以文字、图片、音视频为载体，而不是数字。在定性研究中，收集到的数据包含访谈记录、现场记录、照片、音频、视频、日记、个人评论、备忘录和其他可以表达人们的实际语言和行动的任何东西。

3. 定性研究的研究者既关注结果，也关注过程。他们对于事情是如何发生的特别感兴趣，因此，会花时间观察人们如何与他人交往，如何回答特定类型的问题，以及学生是如何被教师的行为、语言所影响的。

4. 定性研究的研究者倾向于对数据进行归纳与分析。一般来说，定性研究的研究者不会在研究之前提出假设，然后再去检验，他们一般都倾向于"顺其自然"。研究者在决定所需要考虑的主要问题究竟是什么之前，他们要花费相当长的时间去收集数据（主要是通过观察和访谈的方式）。

5. 人们如何赋予其生活以意义，这是定性研究者所研究的主要问题。定性研究者特别重视访谈对象的观点和看法。一个研究者可能会展示他记录的一个访谈对象的完整视频或者其他内容，用以验证自己解释的准确性。

问题三：定量研究与定性研究的区别是什么？

通过对上面内容的学习，你应该已经对定量研究和定性研究有了一个基本的认识。笔者从不同的角度整理了定量研究与定性研究的区别，以帮助你对两者的区别有一个更加清晰的了解，如表1-1所示。

表1-1 定量研究与定性研究的区别

维度	定量研究	定性研究
理论依据	实证主义	建构主义、解释学、现象学
方法论	验证性，"自上而下"，属于"演绎"的逻辑方法。 研究者用数据来检验假设和理论	探究性，"自下而上"，属于"归纳"的逻辑方法。 研究者基于实地研究所得数据来生成或构建知识、假设和理论
对于行为的观点	有规律的，可预见的	环境的、社会的、情境的、个人的、不可预见的
常见研究目的	定量的、数值上的描述，因果解释，预测	定性的、主观上的描述，探究，理解并评价特殊群体及个体；体现地方政策
价值	识别普遍的科学法则，了解科学现状	理解并评价特殊的群体及个体
观察的本质	在可控条件下研究行为；孤立单一变量的因果	研究自然条件下的群体和个人；试图理解局内人的观点和视角

续表

维度	定量研究	定性研究
收集数据的方式	使用结构化、经验证的数据收集工具进行精准测量，基于此收集定量数据	使用深度访谈、参与式观察、田野记录、开放式问题进行研究，研究者是首要的数据收集工具
数据的类型	变量、数值	文字、图像
数据分析	描述变量，识别变量间的数据关系	归纳、寻找模式、主题和整体特征，评价差异、变化
结果	可推广的发现，代表了总体的、客观的、局外人的观点	独特的发现提供局内人的观点
报告形式	正式的统计报告（相关变量、方法的对比以及对研究结论的统计意义的报告）	非正式的陈述性报告，有对情境的描述和研究参与者的直接引语

问题四：问卷调查的基本流程是什么？

问卷调查一般分为前期、中期、后期三个阶段，共八个步骤。前期是问卷的形成和设计阶段；中期为问卷的实施阶段；后期为问卷的分析和结论形成阶段。

一、前期

前期包括三个步骤：明确问卷选题、形成基本假设、设计问卷。

1. 明确问卷选题

作为教育研究，问卷调查法首先要明确"研究的目标是什么""研究的问题是什么""调查的对象是谁""需要获取哪些方面的信息"等。这些问题不理清楚、弄明白，就无法进行后续的调查研究。这些问题的答案直接关系到抽样方法的确定、问卷的设计和调查方式（实地调查、网络调查）的选择。

研究问题从哪里来？可能来自于你在教学实践中发现的问题或现象，例如，你可能会注意到物理成绩好的学生往往数学成绩也好，于是你就可以假定这两者存在一定的相关关系，进而开展研究；也可能来自于教学者在工作中遇到的问题，例如，某大学的系主任想知道研究生对培养计划的看法，于是使用用调查问卷的形式来获得第一手资料；还可能来自教师在阅读文献过程中提炼出的一些可以进一步研究的问题。在教育研究中，如何选择一个好的研究问题，我们将在第二章进行详细阐述。

2. 形成基本假设

调查研究是一种实证研究，在研究之前要形成一系列假设，根据这些假设设计调查问卷并分析调查数据——对假设进行证实或证伪。所谓假设，就是一个有可能对也有可能错的结论，有待通过研究来证实或证伪；假设是研究者预期的结论，是肯定句，不是疑问句；假设不是假定的情况、情境（例如"我有一个飞毯"）这些是假想，而不是我们此处指的研究假设，研究假设是我们对研究问题的合乎逻辑的预判（例如，平时读课外书较多的学生作文成绩会比较好）；研究假设是有层级的、有类属关系的。假设是符合演绎逻辑的（例如，根据某个理论推演出几种情况，分别提出研究假设），这样形成的研究假设的层级、类属关系要好一些。

研究假设是问卷的骨架，问卷中的具体题目是在研究假设的基础上推演出来的。我们看到的最终问卷通常是身体，看不到后面的骨架（研究假设），但是没有骨架（研究假设），身体（问卷）就是一堆肉，是站不起来的。

3. 设计问卷

如何设计一个好的问卷，设计问卷要遵循哪些原则，我们将在第三章进行详细阐述。

二、中期

中期有两个步骤：前期测试和正式调研。

1. 前期测试

前期测试主要指实施调查问卷前进行的小规模的测试，用于检验问卷或实验研究的有效性，测试结果用于修订问卷、完善研究设计。前期测试环节很重要，但是在实践工作中又经常被忽视。一方面，前期测试可以检验问卷设计的质量（题目表述是否清楚，选项设置是否完备等）；另一方面则是分析采集到的数据是否足以验证假设。如果研究时间非常紧张、研究经费十分有限，我们可以进行简化版的前测——请身边的教师、教研员（最好是那些具备相关专业知识的人）帮忙检查问卷，提出修改意见。（前期测试发现问题是好事，我们应当根据发现的问题，重新设计或修改问卷再进行前期测试。）

2. 正式调研

正式调研包括一系列实施细节，例如问卷的印制、调研人员的培训、调研时间的确定、调研地点的选择等。如果是基于网络的调研，则还涉及网页设计或表单设计等其他一些具体工作。

问卷星等在线问卷工具可提供快速采集数据、录入数据的功能，可以降低调研成本、加大地理覆盖范围。但是这种在线调研的样本代表性和有效性值得讨论，同时加重了数据真伪的甄别任务。

三、后期

后期有三个步骤：数据收集与录入、数据分析以及报告。

1. 数据收集与录入

如果发放的是纸质问卷，获取的数据需要录入计算机。数据录入是一个经常被人们所忽视但是在实际工作中却非常重要的环节。如果数据量不大，可以通过 Excel 软件录入数据；如果数据量很大，建议用专业的数据录入软件，例如 epidata 软件、Access 软件等。如果发放的是线上调查问卷，在线表单的后台一般都支持数据的导出，这就简单多了，但也不可避免地会有一些数据整理的小问题。有关数据收集与录入的内容，我们将在第四章进行详细阐述。

2. 数据分析

数据分析需要依据研究假设进行，这样做针对性强、效率高。如果没有研究假设，那么漫无目的的数据分析是非常不明智的。虽然数据挖掘技术已经取得了长足的进步，但是由于研究思路混乱和问卷设计存在瑕疵造成的数据质量问题仍然是无法弥补的。实际上，一个假设清晰、设计合理的问卷是数据分析的重要保障。对于一份调查问卷来说，信效度分析是必要的，问卷的描述性分析以及推断性分析也是常见的数据分析形式。有关数据分析的内容，我们将在第五、六、七章进行详细阐述。

3. 报告写作

问卷报告的写作也是值得讨论的内容，"数字从来不说谎，但是说谎者使用数字"。数据的滥用和数据的堆砌现象随处可见。报告应该是有重点、有线索、有结构的报告，而不是数据和图表的简单罗列。如果是课题报告，更不能容忍松散的罗列、堆砌，如果分析出的结论很多，未必呈现在一篇文章里。报告的线索和结构直接来源于研究假设，问卷调查是一个环环相扣的流程，报告的写作用语和相关规范将在第八章进行详细阐述。

本章内容小结

本章我们学习了什么是定量研究、定性研究和混合研究（知识检查点 1-1），以及定量研究与定性研究的常用方法和特征（知识检查点 1-2），并掌握了定性研究与定量研究的不同之处（能力里程碑 1-1），在了解了问卷调查法属于定量研究的一种方法之后，掌握了问卷调查法的基本流程（能力里程碑 1-2）。

本章内容的思维导图如图 1-1 所示。

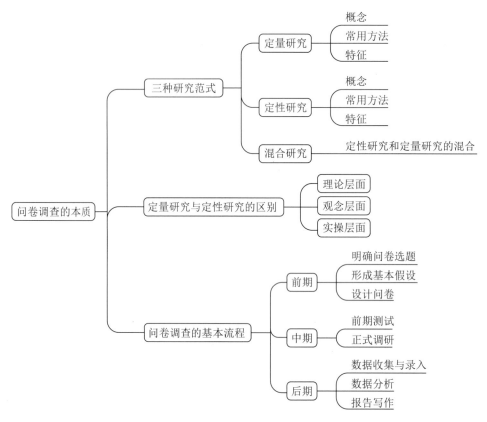

图 1-1 思维导图

自主活动：反思问卷调查的核心价值

请学习者在学习完本章内容后，进行自我反思，并记录个人学习心得。

小组活动：反思问卷调查的应用局限

请学习者围绕本章的学习主题进行组内交流，并做好小组学习记录。

评价活动：评价本章知识与能力学习水平

一、名词解释

定性研究（知识检查点 1-1）

定量研究（知识检查点 1-1）

二、简述题

1. 你觉得教育研究中哪些情况适合采用定量研究方法？请举例说明（知识检查点1-1、知识检查点1-2）。

2. 在教学中，对于学生可以开展怎样的问卷调查？问卷调查的目的是什么（能力里程碑1-2）？

三、实践项目

回顾你在教育教学过程中有意或者无意运用的研究方法，将其中属于定量研究的写在一个文档中，属于定性研究的写在另一个文档中。在定量研究中，如果有开展过问卷调查，就将其标注出来；如果没有，思考哪些研究过程可以使用问卷调查法（能力里程碑1-1、能力里程碑1-2）。

第二章 析毫剖厘，权衡利弊——问卷调查的选题与假设

本章学习目标

在本章的学习中，要努力达到如下目标：
- ◆ 了解问卷调查的目的是什么，明确什么样的问题是可以研究的（知识检查点2-1）。
- ◆ 了解研究问题中的研究关系、变量和假设分别是什么（知识检查点2-2）。
- ◆ 能够分析什么样的问题是好的研究问题（能力里程碑2-1）。
- ◆ 能够说出一个研究问题中的自变量和因变量，并能由此提出基本假设（能力里程碑2-2）。

本章核心问题

教育和教学中，什么样的问题是可以研究的？研究关系、变量和假设是什么？

本章内容结构

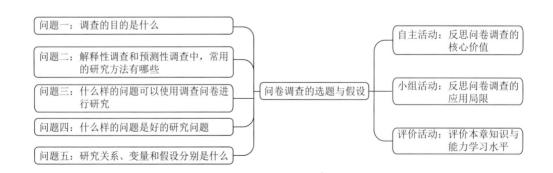

引 言

之前，我们已经了解了教育研究中三种主要的研究范式——定量研究、定性研究、混合研究，本书将问卷调查法归到定量研究的范畴中，这意味着本书中问卷调查的题项都是封闭式的问题，且能转化为数值。我们必须明确：所谓研究，一定是因为研究者想要解决特定的问题，或者想要了解特定的情况，基于问卷调查的教育研究也是如此。

在教育和教学中，教师可能每天都面临着大量需要解决的问题。我们处于教育体系当中，经历了从学生到教师的角色，我们观察并讨论着当前教育体系的现状以及存在的问题，也接触过很多新的教育技术和新的教学方法。那么，值得研究的问题都有哪些呢？

你可能会思考某些新型的教学模式，如利用智能终端辅助教学、利用智能系统平台精准教学，是否会促进学习，从哪些方面促进了学习；你也会质疑一些教育形态的价值，如创客教育、STEAM 教育，这些教育是否真的有利于发展学生的创新思维、设计思维等。

从研究的角度来说，以上问题可能代表着一个或几个合理的研究问题，那么如何开始一项有价值的、有意义的问卷调查呢？本章的主要内容就是帮助确定一个可研究的、值得研究的问卷调查选题。

问题一：调查的目的是什么？

无论你是否要将研究目的写在报告当中，你都得对自己开展问卷调查的目的了然于心。在调查之初，研究目的表述得越详细，越有利于开展后续调查工作。

在教育和教学中设计和实施问卷调查时，可以从以下三个角度来明确自己的调查目的。

一、描述性调查

对教师来讲，我们所进行的调查研究，研究总体一般是某学生群体或者教师群体。当调查对象是特定学生群体时，调查通常围绕学生的性格特征、文化基础、学习状况、自主发展、社会参与等方面展开；当调查对象是特定教师群体时，调查通常围绕教师的教育能力、教学能力、教育情怀、个人修养等方面展开。

对于大部分实施问卷调查的研究者来说，他们可能只是想了解某个群体的特征或状况，对这群人所属总体的某些特征（能力、观点、态度、知识等）进行简单的描述，这类调查叫作描述性调查。例如，教师对学生的兴趣爱好进行调查，仅仅是想了解班上学生的课外活动以及生活习惯，进而更好地对学生进行针对性的教育和管理。

描述性调查的主要目的是了解调查对象的一些特征、状况、行为、感受和想法，了解调查对象在一个或者多个变量上的分布状况。

描述性调查的结果通常以柱状图、折线图、饼状图等图表的方式来呈现，表明调查对象在某方面的百分比分布状况。

描述性调查是最基本和最常用的调查方式，但是如果你想做更有意义、更有深度的研究，问卷调查还能带给你什么呢？纯粹的描述性调查容易受到二次提问：为什么那些现象会呈现那些特征？为什么在某个特定时间要使用某种特定的教学策略？等等。我们可以了解学生或教师的行为，某现象在哪里或在什么时候发生了，教师或学生对它持什么态度，这些都是可以知道的。但是局限性在于我们不知道它为什么发生，结果导致我们对某种情景、群体或现象的理解就受到了局限。这也就是我们常说的"知其然，还要知其所以然"。

二、解释性调查

如果说描述性调查回答的是"是什么"的问题，那么解释性调查回答的就是"为什么"的问题。在教育研究中，解释性调查用于发现和说明教育现象或教育问题的原因，揭示教育现象或特征之间的关系。例如，某教师想知道学生对学科教师的喜爱程度与该学科学业成绩之间有没有关系，因此展开了调查，这种调查就属于解释性调查。

三、预测性调查

除了对教育现象进行解释外，教育调查还可以对教育现象的发展趋势做出一定的预测。当然，这种预测要以对现象的准确描述和正确解释为前提。例如，研究者发现，高中成绩与大学成绩之间有很高的相关性，那么，就可以预测，在高中GPA分数高的学生在大学也将会有较高的GPA成绩。

问题二：解释性调查和预测性调查中，常用的研究方法有哪些？

一、相关研究

在解释性调查和预测性调查中，使用较多的研究方法是相关研究。相关研究描述的是变量间存在的关系，是两个或多个数量型变量相关的程度，通常使用相关系数来进行这种描述。相关研究在教育研究中应用的主要目的是，通过确认变量间的关系来帮助我们理解一些教育现象，或者对可能的结果进行预测。例如，某研究发现，在与阅读技能有关的变量中，听觉记忆与阅读能力之间存在明显的相关，这一点扩展了我们对复杂阅读现象的理解。

相关研究中主要有三方面的问题：

1. 变量A与变量Y是否相关？

2. 变量 X 能否预测变量 C？

3. 一个问卷中可能存在大量变量，这些变量间的相互关系是什么？在这个基础上可以做出什么样的预测？

大部分相关研究都是围绕上面的一个或多个问题而展开的。例如，教师表达的清晰性与学生成绩之间的关系，学生能力及小群体互动与学生成绩之间的关系，学生的数学成绩和物理成绩之间的关系，学生对学科教师喜爱程度与该学科成绩之间的关系等。

二、比较研究

比较研究也是问卷调查中支持的一种研究范畴。教育中的比较研究根据一定的标准，对两个或两个以上有联系的事物进行考察，发现教育的一般现象或者特殊现象。问卷调查中的比较研究，往往研究的是某个特定变量上不同群组之间的差异，例如，男生和女生对于数学学习的态度的差异。

在做问卷调查之前，如果已经观察到了内在的明显差异，那么我们要寻找的是造成这些差异的原因或者结果，这是因果比较研究中的一种。如果我们不知道调查对象在某些变量上会呈现怎样的差异分布情况，那么比较研究就是一个很好的出发点。例如，不同年级的学生对于课堂上使用智能终端教学的态度是否会存在差异。

问题三：什么样的问题可以使用调查问卷进行研究？

教育调查研究中的课题涉及研究者自身的学科领域、想改变的教学模式、想解决的教学问题、想了解的师生现状等。一个研究课题往往是由教育实践中想要解决的一个问题而展开的。

下面，我们列举一些教育问卷调查可能涉及的研究问题。

例1：以学习者为中心的教学方法是否比以教师为中心的教学方法更能提高学生的学习积极性？

例2：教师对待不同成绩的学生的方式是否不同？

例3：教育大数据平台的应用是否对教师教学、学生学习有所帮助？

例4：使用智能移动终端进行教学是否能促进师生之间的课堂互动？

这些问题的共同点是，我们能够通过设计问卷，收集一些资料来回答它们（至少是部分回答）。这里需要明确的是，一个好的问题首先是可以研究的。那么，什么样的问题是可以通过问卷调查来研究的呢？关键点就是可以通过问卷收集某种信息来回答这个问题。

那么，什么样的问题是不可以通过调查问卷来研究的呢？我们看下面的例子。

例5：高中课程中应该包括STEAM课程吗？

例 6：学习的意义是什么？

例 7：教授英语语法最好的方法是什么？

为什么这些问题无法通过调查问卷来研究呢？因为我们无法收集到回答其中任何一个问题的信息。例 6 和例 7 的问题涉及价值，它隐含着正确与错误、合适与不合适的概念，它没有任何可以参考或观察的对象，与此同时，它的导向是排他性的。

以例 5 的问题为例，这个问题的导向是"是"或者"否"，存在着要么包括，要么不包括的关系。从经验上来说，我们无法研究"应该"这个词。怎样根据经验来决定学校决策什么是"应该"做，什么是"不应该"做的呢？换句话说，我们能够收集什么信息呢？但是，如果这个问题换一种说法，就是可以研究的了。例如，"教师是否认为高中课程中可以加入一门 STEM 课程"，这样我们就能够从收集到的问卷中获取信息来回答这个问题，至少可以从收集到的信息中获取教师对于 STEM 课程的态度。

例 6 的问题本质上是形而上学的，也就是超自然的、先验的，这种问题的答案是无法通过问卷收集信息来得到的。

问题四：什么样的问题是好的研究问题？

一个好的问卷调查研究问题包括但不仅限于以下四个基本特征。

一、研究问题是切实可行的

切实可行，指在有限的时间、精力和财力下是可以完成的。一个切实可行的问题首先是可以利用现有的资源进行研究的问题。下面两个问卷调查的研究问题，一个是切实可行的，一个是不可行的。

例 8：在北京某高中，学生对新学期开始使用的基于大数据平台的精准教学有何感受？

例 9：在一个学期，给每个学生一个可管控的移动终端辅助其学习，会对其成绩有什么影响？

例 8 的问题，调查的是学生的态度，对于这个问题，通过调查问卷可以在短时间内及不耗费很多精力和财力的情况下收集到相关信息，因此是切实可行的问题。对例 9 的问题，虽然可以从学校教务系统中获取一些信息，但是在利用问卷调查进行研究的过程中，通过调查问卷是不足以获取这个问题的信息的，因此是不可行的问题。

二、研究问题是清楚的

研究问题是整个研究调查的焦点，所以把研究问题说清楚就显得特别重要。准确地说，到底要研究什么？我们来看一个不清楚的问题案例。

"建构主义取向的课堂是否有效？"尽管"建构主义取向的课堂"这个短语看起来十分容易理解，教师也都知道建构主义是什么，但我们依然无法弄清它的确切含义。如果问教师"什么是建构主义取向的课堂"，我们就会发现，描述该课堂的本质特征并不像教师想得那样容易。这种课堂所发生的教学活动与传统课堂上所发生的教学活动有什么区别？教师是否使用了某些特别的教学策略？学生的课堂参与度提升了吗？这种课堂看起来是什么样子的？是否会有更多的小组活动？使用的教材和数字化环境是否发生了变化？这个问题当中，还有一个术语也是模糊的。"有效"这个词的含义是什么？它是否意味着"导致学习进步""导致学生快乐""促进学生的学习积极性"？也许它包含了上面所有的意思，也有可能包含了更多的意思。

当我们开始仔细思考研究问题时，可能会发现那些看起来很容易理解的词汇其实是很复杂的，定义它们远远比我们想象得要困难。如果足够严谨，应该对研究问题中的术语进行解释，用某些词汇来阐明术语的意义，以刚才的"建构主义课堂"为例，我们可以这样解释。

建构主义课堂是这样的一种课堂，在这种课堂当中：
（1）课堂氛围民主、活跃，课堂互动较多；
（2）以学生为中心，自主学习、合作学习的学习模式应用较多；
（3）教师提供信息减少，激发和支持学生独立思考和意义生成方面的能力加强。

加上这三点描述之后，"建构主义课堂"的概念似乎清晰了很多，但是这种方式仍然会出现一些问题。因为用来解释"建构主义"这个专业术语的词本身就是模糊的。比如说"课堂氛围民主、活跃"是什么意思，什么样的程度能算课堂活跃，多少课堂互动时间能算较多，这些描述都不够确切，可能都需要进一步阐明。当然，给出这三条解释比不解释好一些。这里我们要强调的并不是要将某个术语讲得多么明确，而是要尽量避免这些模糊词语的出现，尽可能地减少歧义。

三、研究问题是有意义的

从本质上来说，我们需要考虑的是，一个问题是否值得花时间和精力来得到答案。在开始研究之前，我们也需要问自己：研究这个问题有什么价值？对我的教育教学有什么贡献？对学生有什么帮助？

首先，你要对自己的研究课题有足够的兴趣和热情。因为大多数的研究项目都会耗费相当多的时间、精力和资源，三分钟热度可能会导致你在研究这条"长征"路上才走了一小步就倒下了。

另外，在开展问卷调查之前，要思考这项研究所耗费的成本和能够取得的收益。可以通过以下三个问题来思考这项研究是否有价值：

（1）问卷调查的结果是否能让我增进对学生的理解？
（2）问卷调查的结果是否能让我增进对自身的理解？
（3）问卷调查的结果是否能让我改善教育实践？

一般来说，课题中的研究问题通常都是有研究价值和意义的。但是我们不能夸大某项研究的意义，例如，某种特定教学方法有效，并不意味着这种方法就一定放之四海而皆准，也不意味着学生的学习成绩就会因为使用了这种教学方法一定会提高。它可能仅仅意味着：在教育或教学的实践中，我们可以在合适的情况下更多地使用这种方法。

四、研究问题是聚焦的

研究问题是聚焦的，意指通过分析收集的数据，我们能够快速地获取自己需要的信息。由于做一次问卷调查可能会耗费大量的时间和人力，所以很多研究者在做研究时，总想将研究问题设计得多而广，这样效果可能会适得其反。实际上，研究问题越聚焦问卷的设计就越容易。我们来看下面的例子。

某研究问题为"人工智能技术是否对教育有促进作用"。暂且不考虑这个问题所引起的歧义，首先，人工智能这个范畴是一个很大的概念。人工智能到底在哪些方面与教育相结合？例如，智能教育环境、智能教师助理、智能教育评价、教育智能管理与服务，每一方面都可以独自成为一个调查问题的核心。将这个问题拆分成四个问题，会变成什么样呢？

（1）智能教育环境是否给学生带来了更好的学习体验？
（2）智能教师助理是否能减少教师的重复性劳动？
（3）智能教育评价是否能更加多元地评价学生？
（4）教育智能管理与服务是否能让学校管理更加高效？

与其感慨知易行难，不如转换一种思路，化整为零，将研究问题聚焦，再聚焦。

问题五：研究关系、变量和假设分别是什么？

一、研究关系

前文提到，相关研究是一种很重要的解释性和预测性研究方法。事实上很多研究问题具有的一个重要特征就是，提出了某种我们想探讨的关系。因为这些关系很可能会揭示现象背后的原因，或者给出某种预测结果，这是我们想要的有意义的研究。想要知道是否存在这种关系，或者想知道这种关系如何发展，就需要找出自变量和因变量。

二、变量

什么是变量？变量是一个概念，它是指某特定群体中单个成员的变化特征或性质，比如身高、体重、学业成绩、学习动机等，甚至学习风格、学习的积极性也是变量。需要注意的是，这一类群体的单个成员必须是不同的。如果一类群体中的所有单个成员都是一样的，这种特征量叫作常量，它是恒定不变的量。在研究中，有些特征是变量，而有些特征是常量。我们用一个例子来说明这种特征。

假设教师想要研究强化对学生学习成绩的影响，研究者先把一群高一的学生系统地划分到三个小组，然后训练这些小组的学生，当他们完成任务时给以不同的强化（第一组给以口头表扬，第二组给以金钱奖励，第三组给以额外分数）。在这一研究中，"强化"是一个变量——它包含三种不同的取值，而学生的年级是常量（都是高一学生）。

在教育教学实践中有很多可以研究的变量，研究者之所以选择某些变量，是因为他们怀疑这些变量之间存在某种程度的关联。揭示这些联系的内在本质，就有助于增进我们对教育教学的理解。下面介绍变量的两种分类方式。

1. 数字变量与类别变量

数字变量（Quantitative Variables）是可以用数字来表示事物在程度或水平上的变化的量。例如，一个同学的身高是××米，体重是××kg，数学成绩是××分。这里的几个量都是数字变量。又如，学生对某一科目"兴趣"的大小，可以用非常有兴趣、比较有兴趣、有一些兴趣、不太感兴趣、非常不感兴趣来表述。以这种方法分派数字，我们就可以人为地得到"兴趣"这个变量了。

还有一种变量，叫类别变量（Categorical Variables）。类别变量往往表现为质的不同，它通常只是在种类上变化，如性别、种族、宗教信仰、学习的科目等。再比如，如果某教师想研究两组不同的学生在某些态度上的差异，其中一组学生是科学兴趣小组的成员，另一组是文学兴趣小组的成员，且同一个学生不能同时属于两个兴趣小组。那么，兴趣小组就是这里的一个变量，它是数字变量还是类别变量呢？当然是类别变量。

教育中的大多数研究都探讨了以下几种关系中的一种：

（1）两个或两个以上数字变量之间的关系；

（2）一个类别变量与一个数字变量的关系；

（3）两个或两个以上类别变量之间的关系。

我们来举例说明。

（1）两个数字变量：

① 年龄和学习兴趣；

② 语文成绩与数学成绩；

③ 课堂的互动氛围与学生的学习动机。

（2）一个类别变量与一个数字变量：

① 阅读教学的方法与学生的阅读成绩；

② 学生性别与得到教师表扬的次数。

（3）两个类别变量：

① 教师的性别与其所教科目；

② 管理的风格与大学所学专业。

有时候一个变量既可以用数字变量来表示，也可以用类别变量来表示。例如，教师想研究焦虑程度对学习成绩的影响。其中，焦虑程度就是一个变量。如果教师将焦虑程度划分为"高焦虑"和"低焦虑"两类，那么，焦虑程度可以认为是类别变量。当然，焦虑程度也可以用数字变量来表示，我们可以用非常焦虑、比较焦虑、一般焦虑、不太焦虑、不焦虑来表述。

2. 自变量、因变量

顾名思义，自变量（Independent Variables）是被假设会影响其他变量的变量，因变量（Dependent Variables）是被假设受到一个或多个自变量影响的变量。

以下通过例子来说明自变量和因变量是什么。

例1：教师想研究焦虑程度对学习成绩的影响。焦虑程度是自变量，学习成绩是因变量。

例2：研究者想探究学生小学时期的数学成绩与高中时期文理科的兴趣偏好之间的关系时，会把前者当作自变量，把后面的文理科兴趣偏好当作因变量。

例3：三个数学教师组成团队共同教学是否比一个数学教师单独教学能使学生学习到更多的数学知识？这个问题中的自变量和因变量是什么呢？显然，自变量是一个类别变量，即"教师团队教学"与"一位教师单独教学"。因变量并不是"数学知识的学习"，而是"学习数学知识的数量"。

3. 假设

描述性调查研究中往往没有假设（hypothesis），但对于解释性或预测性调查研究来说，在研究前提出假设是必要的。

什么是研究假设呢？简单来说，研究假设就是在研究开始之前，对于可能结果的一种预期。例如，某教师的研究问题是"焦虑程度是否会对学业成绩造成影响"，他提出的假设是"学生越焦虑，他的学业成绩越差"。这个假设是他根据经验形成的主观判断。假设是否能够成立，还需要在后续的研究中通过数据的收集和统计来证实或证伪。

一般来说，一个好的教育研究假设应有以下特点。

（1）科学性。假设要有一定的科学依据，建立在明确的概念、已有的科学理论和科学事实的基础上，并且得到了一定的科学论证，与早先的正确研究结论是一致的，而不是毫无事实依据的推测和主观臆断。

（2）预测性。假设是在不完全或不充分的经验事实上推导出来的，是有待实践验证的，因而与正确的理论不同，它对一定的行为、现象或事件的出现做试验性的、合理的解释，因而有一定的预测性。假设本身正是科学性和预测性的统一、确定性和不确定性的统一。

（3）表述的明确性。研究假设要以叙述的方式说明两个或更多量之间可能存在的关系。概念要简单，表述要清晰、简明、准确，逻辑上无矛盾。例如，"以学生为学习主体，利用根据'从小步逐渐过渡到大步'的原则编写的教材进行由学生自定学习步骤的学习，可以提高学生自学能力和自学的记忆效率。"这一假设以叙述方式清晰地表明了对自变量、因变量间所期望的相关关系。

（4）可检验性。假设的准确性和可靠性必须是可检验的。一个原则上不可检验的陈述是没有科学价值的，因而也就不是一个科学假设。

理论导学：陈述假设的优缺点

在研究前提出研究假设既有优点也有缺点。

一、陈述假设的优点

首先，陈述假设迫使我们在做研究时更深刻、具体地思考可能出现的研究结果。用假设来详细地描述所研究的问题，能够使我们更完整地理解所研究问题的意义和其中所涉及的变量。这样可以让我们更仔细地思考我们到底想研究什么，发现什么。

其次，科学哲学的基本原理是：如果一个人想在回答某个具体的问题之外建立一种知识体系，那么，陈述假设就是一种很好的策略，因为这样做能使人们基于先前的经验或理论观点来对某种现象做出具体的预测。如果这些预测被后来的调查所证实，那么，这个过程就既有说服力，又具有效率。

我们来看以下一些研究假设：

1. 初学语言的学生在听和说上花的时间越多，他就学得越好。
2. 学生在小学阶段自己动手计算会取得更好的数学成绩。
3. 教师语言越幽默，课堂氛围就越活跃。

这些假设使得我们的研究目的更加明确，研究范围更加具体。因为对于同一研究问题，往往可以提出多个研究假设，因此，假设的提出可以使一项研究的探索目标更加明确。

二、陈述假设的缺点

陈述假设的缺点有三个方面。

第一个方面，从心理学的角度上来说，陈述假设可能会使研究者产生有意或无意的偏向。一旦研究者陈述了某种假设，他们就会试图以带来期望结果的方式来安排问卷调查或处理操作数据。这也就是我们所说的"数字从来不说谎，但是说谎者使用数字"。

第二个方面，在问卷调查的研究中，这样做有时是不必要的，甚至是不合适的。在某些研究中，预测调查结果不仅过于武断，而且没有什么意义。例如，在调查"中小学教师使用投影仪的现状及偏好"这一问题时，假设"教师更喜欢通过投影仪呈现文字内容"，这个假设就没有太大意义，因为这就是一个简单的现状调查，假设的对错并不足以带来很大的教育价值。

第三个方面，将注意力集中于假设可能会使研究者忽略了其他对研究很重要的一些现象，这些现象可能是日常生活中难以发现的。例如，当研究者想研究"STEAM"课堂对学生学习积极性的影响时，他可能会忽略学生性别对学习的影响，而一个不单纯关注动机的教师可能就注意到男生女生之间的影响不同。

我们可以思考这样的一个研究问题，"教师觉得为学习成绩在年级前多少名的学生设置实验班合适"，那么这个问题导出的假设可能会有两种：

1. 教师们相信，那些因成绩卓越而进入实验班的学生将因此被贴上优等生的标签；
2. 教师们相信，为成绩卓越的学生设实验班有助于这些学生进一步优化学习。

这两个假设都暗示了要将为成绩在年级排名靠前的学生设计的实验班与其他班级进行比较，因此，所要研究的关系就成了教师的想法与班级的类型之间的关系。不知道你是否注意到，最重要的是将教师对于实验班的想法与他们对于其他类型的班级的想法进行比较，如果研究者只考虑教师对实验班的意见而没有同时了解他们对其他班级的观点，那么，他们无法知道教师对于实验班的看法有什么特别之处。

本章内容小结

本章我们学习了调查目的，明确了什么样的问题是可以研究的（知识检查点2-1），分析了什么样的问题是好的研究问题（能力里程碑2-1），对研究中的关系、变量、假设进行了陈述（知识检查点2-2），并且对于如何选择变量和做出基本假设进行了阐述（能力里程碑2-2）。

本章内容的思维导图如图2-1所示。

第二章 析毫剖厘，权衡利弊——问卷调查的选题与假设

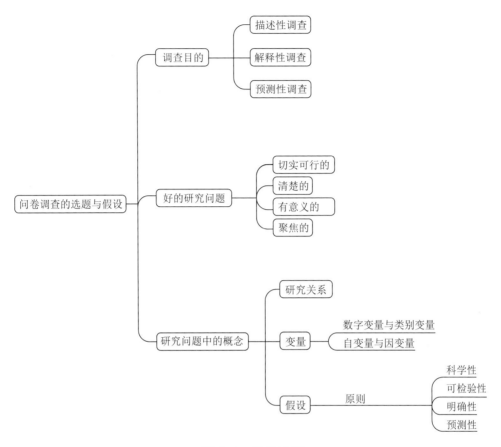

图 2-1 思维导图

自主活动：反思问卷调查的核心价值

请学习者在学习完本章内容后，进行自我反思，并记录个人学习心得。

小组活动：反思问卷调查的应用局限

请学习者围绕本章的学习主题进行组内交流，并做好小组学习记录。

评价活动：评价本章知识与能力学习水平

一、名词解释

相关研究（知识检查点 2-1）

比较研究（知识检查点 2-1）

变量（知识检查点 2-2）.

假设（知识检查点 2-2）

二、简答题

1.下面列出了许多变量，请说出哪些是数字变量，哪些是类别变量（知识检查点 2-2）。

宗教信仰、性别、眼睛的颜色、身高、英语的流利程度、好奇心、学习成绩、年级。

2. 以下的问题或表述中，哪些可以提炼出可行的存在某种关系的研究问题（能力里程碑 2-1）？请提炼出其中的研究问题，写出该研究问题的研究假设、自变量和因变量（能力里程碑 2-2）。

（1）2018 年，我校物理系新注册的本科生有多少人？

（2）我认为，教师语言表达的清晰度会影响学生上课的积极性。

（3）对手机过度依赖的大学生，通常成绩都不好。

（4）你认为你们班谁最聪明？

（5）你对人工智能教育有什么看法？

（6）一个孩子的小学数学成绩是否会影响他在高中的文理科选择？

（7）我认为，学生对某学科的教师越喜欢，学生在该学科的成绩就会越好。

三、实践项目

结合你的教学实践，你有什么想要研究的有意义的问题吗？请写出一个研究问题，并详细写出该研究问题的研究目的、研究假设及自变量和因变量（能力里程碑 2-1、能力里程碑 2-2）。

第三章 抽丝剥茧，层层细化——问卷调查的概念操作化

本章学习目标

在本章的学习中，要努力达到如下目标：
- ◆ 了解什么是概念的操作化（知识检查点3-1）。
- ◆ 了解测量的四个要素、四个层次，以及量表的四种分类（知识检查点3-2）。
- ◆ 了解量表在问卷调查中的作用（知识检查点3-3）。
- ◆ 能够对研究问题进行概念界定，并将概念发展为可测量的指标（能力里程碑3-1）。
- ◆ 能够在研究问题中找到一个编制量表的点，并编制李克特量表（能力里程碑3-2）。

本章核心问题

在教育和教学中进行基于问卷调查的研究时，如何基于我们的调查目标和调查问题来建立调查的指标体系，进而形成可操作的具体问题？如何将抽象的变量或指标操作化？量表在问卷的概念操作化中如何应用？

本章内容结构

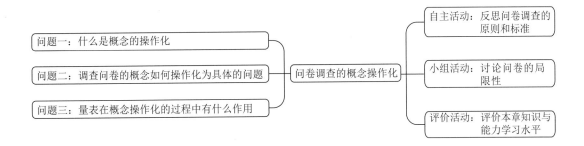

引 言

通过第二章的介绍，我们对问卷调查的调查目的、研究问题和研究假设已经有了基本的了解，在确定了研究问题之后，如何设计问卷，是很多教师在开始做调查研究时遇到的难题。设计调查问卷的主要工作就是确定问卷中要求被调查者回答的问题。这些具体问题是我们随意想出来的吗？一些抽象的概念或者变量如何变成具体的问题呢？本章将主要介绍概念的操作化方法，帮助我们更科学地设计问卷中的具体问题。

问题一：什么是概念的操作化？

问卷调查中要测量的目标或变量有些是具体的，有些是抽象的。宗教信仰、性别、眼睛的颜色、身高、学习成绩、年级等，都是具体的变量。但是，在某些行为问题和大多数态度类问题中，许多要测量的变量可能会比较抽象，难以用一两个问题的答案来衡量，比如"喜欢""认同""理解""满意""语言的流利程度""好奇心""地位""积极性""师生交互程度"等。这些抽象的概念必须将其操作化，才能成为问卷中被调查者能够回答的具体问题。

比如，我们的研究假设是"女性教师比男性教师更受学生欢迎"。在这个研究假设中，性别是一个容易测量的变量。"受欢迎程度"就是一个抽象的概念。要测量"受欢迎程度"，不能简单通过向学生提出一个问题来获得测量结果，我们必须将这个抽象的概念操作化。

所谓概念的操作化，就是将抽象的概念转化为可观察的具体指标的过程。例如，上例中"受欢迎程度"这个抽象的概念，就可以转化为一组具体的测量指标，比如：学生对教师的评分值、教师上课时学生的缺勤率、学生在规定时间内作业的完成度、学生在某教学平台上为教师的点赞数等。

下面我们举几个例子来说明概念的操作化。

例1：某调查研究的主题是"中小学生沉迷手机现状调查"。这里的"沉迷"是一个抽象的概念，这个概念如何变成可测量和可操作的指标和问题呢？试想，哪些具体的现象、行为或态度会让你认为一个人沉迷于手机呢？从这个角度去思考，我们就可以得到以下的指标，比如：你的父母曾因为你长时间使用手机而抱怨；有人说过你在手机上花了太多时间；你的流量总是不够用；你从没觉得自己在手机上花了很多时间等。

例2：某研究的问题是"某学科课堂的互动氛围越浓厚，该学科学生成绩就越好"。这里的"互动氛围浓厚"是一个抽象的概念，我们怎样把它变得可操作化呢？哪些具体的现象、行为或态度能反映互动氛围浓厚呢？比如，学生听课时点头或积极回应的次数，教师提问、学生主动回答的次数，学生小组合作交流的次数等。

抽象概念的操作化过程，就是从理论到实际、从抽象到具体的过程，是从定性思考到定量分析的桥梁。

问题二：调查问卷的概念如何操作化为具体的问题？

一份合格的问卷，问题必须少而精，必须符合研究的目标及被调查者的认知水平。那么，如何将研究问题和概念操作化，然后形成一系列具体的问题呢？

一、界定和澄清概念

首先要对概念进行界定和澄清，给出明确的定义和范围。在采用或给出某个具体的定义之前，可以先看看其他研究者是如何定义这个概念的。查阅相关的权威性资料、书籍等，可以帮助我们更好地澄清概念。

二、运用层次化方法，建立测量指标

要明确的是，每个问题都要与研究目标相关。定义和产生问题通常的策略是层次化方法。首先，列出与目标概念相关的主维度，并逐层列出其子维度；然后，建立测量指标，再逐步细化成问题。

例如，某调查主题是"某学校教育现状调查"。在这个问题中，"教育现状"是一个很大的概念，我们可以将它细化成若干个主维度来考量，比如教师队伍建设、教育教学质量、设施设备水平等。这个主维度是如何确定的呢？我们通常需要参考相关的文献、资料，并结合本校实际情况，由相关教师共同讨论和决策而定。

通常确定的主维度都是相对抽象的概念或特征，我们需要进一步建立具体的测量指标。对于上述的三个维度来说，可以从哪些指标去测量呢？

维度1：教师队伍建设

（1）教师队伍稳定，教师流失率低；

（2）各科教师齐全，教师资源充足；

（3）不存在教师超编现象；

（4）教师的学历均达到规定标准；

（5）教师的工资均按时发放。

维度2：教育教学质量

（1）采取启发式、探究式、合作式等多种教学方式；

（2）考试后会进行数据和试卷分析；

（3）经常参加集体备课、听课、说课、评课等活动；

（4）在教育教学中灵活运用信息技术；

（5）实施了综合素质评价，考察学生综合素养的发展情况。

维度3：设施设备水平

（1）每间教室都配备了多媒体设备，如电子白板、投影仪等；

（2）学校设有专门的图书馆；

（3）学校设置了专门的计算机教室、艺术教室、卫生室等；

（4）学校的体育场地和设施器材能够满足几个班的学生同时上课需要；

（5）学校的各种设施设备每周都会使用，利用率高。

在上述的例子中，我们针对每个维度列举了5个指标。实际上，根据不同学校的不同情况，你可能还会列出更多的指标。

在调查问卷的设计中，我们在确定维度和指标时，往往需要先查阅相关文献或资料，再参考专家或相关人员的意见，并充分考虑自己学校的实际情况。

这些操作化后的指标，实际上就已经和我们在问卷中要提的具体问题有比较好的对应关系了。

问题三：量表在概念操作化的过程中有什么作用？

你是否听说过李克特量表？你知道它的作用吗？你是否作为被调查者做过一些量表类问卷，比如抑郁自评量表、手机成瘾量表、智力评测量表等？

量表，是测量的一种常见工具。在社会和心理研究中，量表一般用来测量人们的态度、看法、意见、风格等主观性较强的内容，或者说一些抽象层次比较高的概念。在问卷调查中，对于一些主观性较强的测量，如学习态度、学习风格、积极程度等概念，用一些简单的指标或问题不能有效地得到测量数据，这时，我们通常可以借助量表这种相对成熟的心理学和社会学工具进行测量。

理论导学：什么是测量

一、测量的概念

日常生活中，我们对测量并不陌生。比如，人自身的各种器官可以对外界进行测量：眼睛在测量物体的大小、颜色、形状、距离，耳朵在测量声音的音色、音量、方向，鼻子在测量味道，皮肤在测量周围的温度。由于人体器官只是感觉，所以人们发明了很多专门的测量仪器，比如尺子、磅秤这种测量工具，温度计、望远镜、显微镜等更全方位的工具。

在社会调查中，我们也进行着一些形式的测量，比如，用人口登记的方式测量一个国家的人口数量和人口结构，用问卷调查的方式测量大学生的择业倾向，等等。虽然会有各种各样的测量在内容和形式上不同，但是最本质的方面就是测量的科学内涵。美国学者史蒂文斯认为："测量就是依据某种法则给物体安排数字"。这一定义被许多社会科学研究人员采用。实际上，问卷的测量就是依据问卷设计的原则，将人们的特征、行为、态度所具有的属性用数字或符号表现出来的过程。

接下来我们从测量的要素和层次上来了解测量，如图3-1所示。

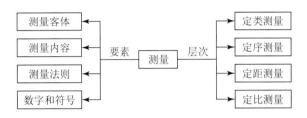

图3-1 测量的要素与层次

二、测量的四个要素

测量的四个要素是测量客体、测量内容、测量法则、数字和符号。

测量客体，即测量的对象。

测量内容，即测量客体的某种属性。

测量法则，即用数字和符号表达事物各种属性或特征的操作规则。

数字和符号，即用来表示测量的工具。

三、测量的层次

目前国际上被广泛采用的测量层次分类是史蒂文斯在1951年创立的，他将测量层次分为四种：定类测量、定序测量、定距测量和定比测量。

1. 定类测量

定类测量也称为类别测量或定名测量，它属于测量层次中最低的一种。定类测量的主要作用就是分类。将测量对象的不同属性或特征加以区分，标以不同的名称或符号，确定其类别。比如在教育调查当中，对学生的性别、年龄、年级、学区等特征的测量，都是常见的定类测量。它们将被调查者划分为"男生、女生""7岁、8岁、9岁、10岁……""小学、初中、高中"等不同的群体或类别。而每一位被研究者则分别属于或者不属于其中某一类别。

定类测量作为一种分类体系，必须满足穷尽性和互斥性原则。所谓穷尽性，意思是选项中必须列举出被调查对象对于这个测量指标的所有答案，不能有遗漏；所谓互斥性，意思是两个类别之间不能有交叉或重叠的地方。

在社会测量中，大部分的变量都是定类变量，分类是最基本的操作。所以，运用好定类变量，将被调查者合理地分类，是我们的一项重要任务。

2. 定序测量

定序测量也称为等级测量或顺序测量。定序测量可以按照某种逻辑顺序将调查对象排序，确定其等级或次序。比如，测量人们的文化程度，可以划分为"文盲、半文盲、小学、初中、高中、大专、大学及以上"等，这是一种由低到高的等级排列；又如城市的水平，可以将它们分为"一线城市、二线城市、三线城市"等，这也是一种等级排列。

需要注意的是，通常研究者为了统计分析的需要，总是将这种高低、大小、强弱不同的序列转化成大小不等的数字。比如，将"文盲与半文盲""初中毕业""高中或中专毕业""大专毕业及以上"等类别，分别用数字"1""2""3""4""5"来表示。但是，要特别注意的是，这种数字并非真正意义上的"数字"，不具有数学内涵和功能，不能用来进行数字的加减乘除运算或比较，而只是单纯地表示不同的类别或序列。

3. 定距测量

定距测量也称为等距测量或区间测量。它不仅能够将社会现象或事物区分为不同的类别、不同的等级，而且可以确定它们相互之间不同等级的间隔距离和数量距离。定距测量的结果相互之间可以进行加减运算。比如说，北京的温度为20℃，天津的温度为30℃，从这一测量中，我们可以了解到北京和天津的气温不同（定类测量的测量结果），了解到天津的气温比北京的气温高（定序测量的测量结果），还可以了解到天津的气温比北京的气温高出10℃（定距测量的测量结果）。

需要注意的是，定距测量的值虽然可以是0，但这个0并不是绝对零点。例如，北京的气温为0℃，但它表示的不是没有的概念，我们不能说北京"没有温度"，只是代表了北京的气温达到了水的"冰点温度"。从测量的角度来看，此时的0只不过是一个代表温度的特定数字而已，在另一种温度量表中（华氏温度），0℉是冰点下32℉。

4. 定比测量

定比测量也称为等比测量或比例测量。定比测量除了具有上述三种测量的全部性质之外，还有一个有实际意义的零点（绝对零点）。这是什么意思呢？其意思是定比测量得到的数据既能进行加减运算，也能进行乘除运算。比如，人们的收入、人口的出生率、性别比、城市的人口密度等所进行的测量都是定比测量的例子，它们测量的结果都能进行乘除计算。如测得张三的收入为10000元，李四的收入为5000元，那么10000/5000=2，由此可以说，张三的收入是李四的2倍。是否具有实际意义上的零点（绝对零点），是定比测量与定距测量的唯一区别。

四、四种测量层次的区别

上述四种测量的层次由低到高，逐渐上升。高层次测量有低层次测量的功能，既可以测量低层次测量可以测量的内容，也可以测量低层次测量无法测量的内容；同时，高层次测量还可以作为低层次测量处理。比如，定序测量具有定类测量的分类功能，且可以作为定类测量使用。同样，定距测量具有定序测量的排序功能和定类测量的分类功能，反过来则不行。为了进一步清楚地说明这四种测量的区别，我们将它们各自的数学特性总结在表3-1中。

表3-1　四种测量层次的数学特性总结

数学性质	定类测量	定序测量	定距测量	定比测量
类别区分（=,≠）	有	有	有	有
次序区分（>,<）		有	有	有
距离区分（+,−）			有	有
比例区分（*,/）				有

明确不同的测量层次所具有的不同数学性质，这一点很重要。因为在问卷调查结束后的数据整理和统计分析中，需要根据不同测量层次所具有的数学特性采用不同的统计方法。另外，进行问卷调查时，在条件允许的情况下，要尽可能对它们进行高层次的测量，凡是能够用定比测量或定距测量的，就一定不要用定序测量和定类测量。因为高层次测量所包含的信息更多，且高层次测量的结果很容易转化为低层次测量的结果，反之则不行。

实际上，量表作为一种测量工具，也往往被分为四个层次：命名量表、顺序量表、等距量表和等比量表，这几种量表对应的就是定类测量、定序测量、定距测量和定比测量。

前面提到，量表一般用来测量人们的态度、看法、意见、学习风格等主观性较强的内容，或者说一些抽象层次比较高的概念。抽象概念和这些主观性的内容一方面具有潜在性的特征，一方面其构成也往往比较复杂，所以它们一般很难用单一的指标来测量。所以，在很多调查问卷中都有用量表形式呈现的复合测量，这种复合测量可以将多项指标概括为一个数值，有效地区分出人们在这些概念或态度上的程度及差别。

例如，表3-2给出了学习风格量表（本书中选取了所罗门学习风格自测量表中的部分题项），这张量表中有a和b两种选项，实际上代表了两种不同的学习态度。

表3-2　学习风格自测量表

题目	a	b
1. 为了较好地理解事物，我首先	试试看	深思熟虑
2. 在学习某些东西时，我不禁会	谈论它	思考它

续表

题目	a	b
3. 在学习小组遇到难题时，我通常会	挺身而出，畅所欲言	往后退让、倾听意见
4. 在我的班级中	我通常结识许多同学	我认识的同学寥寥无几
5. 当我做家庭作业时，我比较喜欢	一开始就立即解答	首先设法理解题意
6. 我喜欢	在小组中学习	独自学习
7. 我办事时喜欢	试试看	想好再做
8. 我最容易记住	我做过的事	我想过的许多事
9. 当我必须参加小组合作课题时，我要	大家首先"集思广益"，人人贡献主意	个人分头思考，然后集中起来比较各种想法
10. 我通常被他人认为是	外向的	内向的
11. 我认为只给合作的群体打一个分数的想法	吸引我	不吸引我

书中节选的"所罗门学习风格自测问卷表"，测的是学生在知识加工方面是属于活跃型还是沉思型。一种极端的情况是，某个同学在 11 个量表问题中都选择了 a，那么说明这是一个极端活跃型同学（11a）。如果某学生的选项为 baabbaaaaaa，选项中有 8 个 a 和 3 个 b，这种情况会被记为 5a（较大数 – 较小数 + 较大数的字母）。字母代表的是学习风格，数字代表程度。5a 代表着学生属于活跃型的学习风格，但程度一般。这样的量表属于定距量表的一种，它有一种潜在的假设和前提：每一个选项的陈述具有同等的效果。只有这样，我们才能说 9a 的学生比 5a 的学生在学习风格上更加活跃。

在实际应用中，测量量表根据答题项的级别不同，有四级量表、五级量表、七级量表和九级量表等，有的心理研究还将非常不满意到非常满意设置成十一个点。

李克特量表（Likert scale）是评分加总式量表中最常用的一种，它是由美国社会心理学家李克特于 1932 年在原有的总加量表基础上改进而成的。该量表由一组陈述组成，每一组陈述有"非常同意""同意""不一定""不同意""非常不同意"五种回答，分别记为 5、4、3、2、1，每个被调查者的态度总分就是他对每道题的回答所得分数的总和，这一总分可以说明他的态度强弱或他在这一问题上的不同状态。

我们举一个简单的李克特量表，如表 3-3 所示，该量表的被调查对象为某一门课的学生，调查目的是评价教师对学生的反馈情况。

请针对以下看法，按照同意程度进行选择（在每一行选一个方框打√）。

表 3-3 李克特量表举例

题项	非常不同意	不太同意	无所谓	比较同意	非常同意
××教师对于你们提交的作业，在课程进行期间及时给予评价、反馈或指导					
××教师愿意通过听取你们的反馈意见来调整教学方法和内容					
××教师对你们在课堂上的展示和发言进行点评和反馈（包含书面反馈）					
××教师对于你们的提问有充分响应，当堂不能回应的有后续跟进					
××教师根据班级情况，灵活调整课堂节奏和方法					

我们可以按下列方式计分：1=非常不同意，2=不太同意，3=无所谓，4=比较同意，5=非常同意。按上述方式赋值，则每一个被调查的学生在该量表上的得分越高，表明他对教师的评价越高，对教师的态度倾向越好。

相关案例

该案例是研究者为了了解当前中小学班主任的工作现状，依据教育部颁布的《中小学班主任工作规定》，从班主任的任职意愿、工作量、津贴、研修培训、考核评价、支持系统（校内、校外）、压力源等方面，设计了"中小学班主任工作现状调查（班主任版）"。

中小学班主任工作现状调查

问卷编号：_____

尊敬的班主任老师：

感谢您在繁忙的工作之余参加本次调查。本问卷调查旨在了解目前中小学班主任的工作现状。本问卷为匿名填写，所有信息只用作学术研究，请根据您的实际情况放心填写，不要有任何顾虑。

本问卷共有四大部分，共 5 页，填完本问卷大概需要 10~15 分钟。

第一部分：基本信息（请根据您的实际情况填答，或在相应选项的方框后打"√"）

1. 性别：男□　女□

2. 年龄：25 岁以下□　25～35 岁□　35～45 岁□　45～55 岁□　55 岁以上□

3. 参加工作时的年龄：25 岁以下□　25～30 岁□　30～35 岁□　35～40 岁□
　　　　　　　　　　40 岁以上□

4. 任班主任年限：【　　】（请根据自己任班主任的实际年限填写）

5. 所处学段：高中□　初中□　小学□

6. 任教学科：语文□　数学□　英语□　物理□　化学□　生物□　地理□　历史□
　　　　　　信息技术□　通用技术□　劳动□　思品□　科学□　音乐□　美术□
　　　　　　体育□　其他□

7. 最高学历：本科以下□　本科□　硕士□　博士及以上□

8. 职　　称：正高级□　高级□　一级□　二级□　三级□　其他□

9. 每月班主任津贴：200 元以下□　200～400 元□　400～600 元□
　　　　　　　　　600～800 元□　800 元以上□

10. 学校所在地：【　　】省【　　】市

第二部分：态度（下面共有 30 个陈述句，请您仔细阅读，结合自己的实际感受选择符合您的选项）（A——非常同意；B——同意；C——无法确定；D——不同意；E——非常不同意）

1. 我非常乐意当班主任，作为一名班主任，我感到自豪和骄傲。

2. 我喜欢同行及别人经常讨论我现在和曾经带过的班级。

3. 我对班级管理及班主任研究领域里的事情非常关心。

4. 我知道很多优秀班主任的成长经历和故事。

5. 我觉得现在的学生越来越难管了，班级也越来越难带了。

6. 我对我的学生和所带的班级有很浓厚的感情。

7. 我对自己现在的班主任工作感到不满意。

8. 我没有强烈的意识：自己一定要当班主任。

9. 如果我放弃现在的班主任工作，我不会觉得有什么遗憾。

10. 我觉得自己是一个被其他老师和学生认可的好班主任。

11. 如果我不当班主任，我的事业将会发展得更好。

12. 对我来说，当班主任促进了我自身的成长。

13. 我能够与学生、家长和学校各层领导和谐相处。

14. 我经常参加班主任培训、进修以提升专业技能。

15. 当班主任增加的津贴和获得的相关晋升机会对我来说很重要。

16. 我会通过网络、读书等方式来提高自己管理班级的技巧。

17. 我每天付出大量的时间和精力管理班级，但我认为是值得的。

18. 如果不是领导安排或迫于职称要求,我不会主动选择当班主任。

19. 当班主任可以实现我的教育理想。

20. 我会用多元方式来评价学生,让班里的每个学生找到自己的价值。

21. 如果我晋升了,只要还在学校,我就不会放弃当班主任。

22. 我会想尽办法让学生自主管理,让自己尽量轻松一些。

23. 如果管理班级的技能提升了,管理班级并不是一件十分烦琐的事情。

24. 繁重的班级管理劳动让我觉得疲惫和厌烦。

25. 我非常想成为一名管理技能娴熟的班主任。

26. 当班主任可以有更多机会展示自己,我非常乐意当班主任。

27. 我渴望在班级管理方面获得更多的鼓励和支持。

28. 我经常总结班级管理的经验,并且与别人分享自己的管理技巧。

29. 我对学生怀有强烈的感情,在他们的身上我能够找到自己的价值。

30. 我常常有挫折感,感觉自己越来越不会管理班级了。

第三部分:满意度(A——非常满意;B——满意;C——无法确定;D——不满意;E——非常不满意)

1. 学校对班主任的管理方式。

2. 学校对班级的评价方式。

3. 班主任的发展前景和晋级通道。

4. 学生家长的配合。

5. 自己的班级管理手段。

6. 自己对学生心理发展的把握和掌控。

7. 学校为班主任提供的专业培训和辅导。

8. 专业图书资料。

9. 学校提供的同行交流机会。

10. 自己的专业成长和专业技能提升。

11. 学校对班主任心理压力的关注。

12. 学校为班主任提供的各种福利。

13. 社会对班主任工作的认可和尊重。

14. 学生对班主任工作的认可和尊重。

15. 班主任的总付出与实际总所得。

第四部分:事实调查(请您结合自己的具体情况完成下列问题)

1. 您在遇到班级管理问题时通常用什么方式寻求帮助?(最多只能选三项)

　　A. 解决不了就搁下,能拖过去就拖过去

B. 向同校有经验的教师请教

C. 上网发帖，寻求同行的帮助

D. 上网搜索，看看别人是如何解决的

E. 从班级管理书籍中寻找相关问题的解决方法

F. 自己想办法

G. 其他方法（请注明）_____

2. 您阅读过教育部颁布的《中小学班主任工作条例》吗？

A. 不知道

B. 知道，但没有阅读

C. 知道，也阅读过（选C还需做完下一题）

↓

> 您认为这一工作条例会对班主任工作带来实质性的影响吗？
> A. 不知道　B. 应该有，但需要时间　C. 一纸文件而已

3. 您是如何理解条例中的班主任要成为"主业"这一说法的？（最多只能选三项）

A. 只当班主任，不再任教其他学科了

B. 就工作量而言班主任应该算半个学科老师

C. 班主任要成为专业技术人员　　　　D. 不知道

E. 其他（请说明）_____

4. 您认为自己在班级管理中还有哪些方面的技能需要提升？请结合自身实际情况选择（最多只能选三项）。

A. 表达和演讲能力

B. 组织课外活动的能力

C. 举办班会的能力

D. 组建班委会及带领班委会管理班级的能力

E. 与学生沟通的能力

F. 了解学生心理发展动向的能力

G. 与家长交流的能力

H. 其他能力（请注明）_____

5. 您感觉学校对班主任的重视程度如何？

A. 非常重视　　　　B. 一般　　　　C. 表面上重视，实质并不重视

6. 您原有的知识和技能能否应对新的班级管理？一般您通过什么方法来提高和拓展自己的班级管理能力？（最多选三项）

A. 阅读专业书籍 　　　　　　　　B. 通过网络查找专业资料

C. 自己主动听专家的讲座 　　　　D. 与同行交流

E. 学校提供培训 　　　　　　　　F. 其他_____

7. 下面几种做法，您经历过几种？

　　A. 建班级博客 　　　　　　　　　B. 经常写班级管理日记

　　C. 经常写班级管理日记，并上传至个人博客

　　D. 参加网络班主任成长共同体

　　E. 以上都没有参加过

　　F. 其他（请注明）_____。

8. 学校在评优、晋级、晋升方面对班主任有优惠政策吗？

　　A. 有，且执行得很好 　　　　　　B. 有，但没有执行

　　C. 没有 　　　　　　　　　　　　D. 不清楚

9. 您认为现在当班主任最难的问题是什么？（最多可选三项）

　　A. 学生越来越难管 　　　　　　　B. 家长越来越不配合

　　C. 自己的教育理念跟不上 　　　　D. 学校分配的任务越来越多了

　　E. 工作任务太重了，工作时间太长了

　　F. 其他（请注明）_____。

10. 请您用三个词描述一下现在当班主任的心情：_____，_____，_____。

11. 您每年有阅读计划吗？　A. 有　　　B. 没有

12. 请写下您最近阅读过的关于班级管理或者学生工作的书籍：_____。

13. 您最喜欢的一本班级管理书籍是：_____。

14. 您觉得应该为班主任设立专门的技术职称吗？

　　A. 应该 　　　　　　　　　　　　B. 没有必要

　　C. 想法很好，但没有可操作性 　　D. 不知道

本章内容小结

本章我们学习了什么是概念的操作化（知识检查点 3-1）、如何将研究的抽象概念进行操作化（能力里程碑 3-1）。同时，我们了解了测量的四个要素、四个层次以及量表的四种分类（知识检查点 3-2），还了解了量表在问卷调查中的作用（知识检查点 3-3），以及量表在调查问卷中的应用（能力里程碑 3-2）。

本章内容的思维导图如图 3-2 所示。

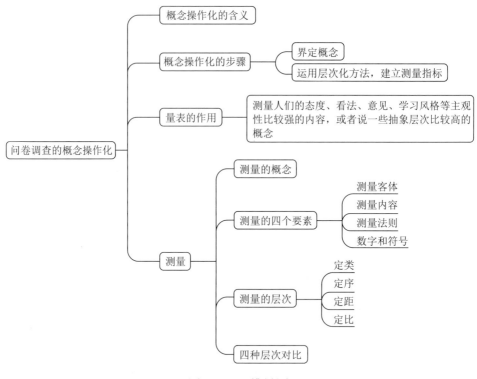

图 3-2　思维导图

自主活动：反思问卷调查的原则和标准

请学习者在学习完本章内容后，进行自我反思，并记录个人学习心得。

小组活动：讨论问卷的局限性

请学习者围绕本章的学习主题进行组内交流，并做好小组学习记录。

评价活动：评价本章知识与能力学习水平

一、名词解释

概念的操作化（知识检查点3-1）

定比测量（知识检查点3-2）

李克特量表（知识检查点3-3）

二、简答题

根据本章最后的案例,将问卷中的问题归于各个维度当中,每个维度至少列出三个问卷中的具体问题(能力里程碑3-1)。

任职意愿

工作量

津贴

研修培训

考核评价

支持系统(校内、校外)

压力源

三、实践项目

请你根据第二章确定的一个研究问题,将相应的概念操作化,写出你的问卷的主维度和对应的指标,并对这些指标操作化。

要求:至少列出三个维度,每个维度至少两个指标,尝试写出相应的具体问题。如果有些指标可以用量表,可以尝试使用李克特量表的形式对其进行操作化(能力里程碑3-1、能力里程碑3-2)。

第四章 章决句断，精益求精——调查问卷的结构

本章学习目标

在本章的学习中，要努力达到如下目标：
- ◆ 了解一份完整的调查问卷应当包括哪几部分（知识检查点4-1）。
- ◆ 了解调查问卷的问题包括哪些类型和形式（知识检查点4-2）。
- ◆ 了解问题题项设计和措辞的基本原则（知识检查点4-3）。
- ◆ 了解问卷答案设计中存在的基本问题（知识检查点4-4）。
- ◆ 能够科学撰写调查问卷的开头（标题、前言和指导语）（能力里程碑4-1）。
- ◆ 能够科学合理地书写调查问卷中的问题和答案（能力里程碑4-2）。

本章核心问题

调查问卷中的问题包括哪些形式？应当如何科学合理地书写？设计答案时应当注意哪些问题？

本章内容结构

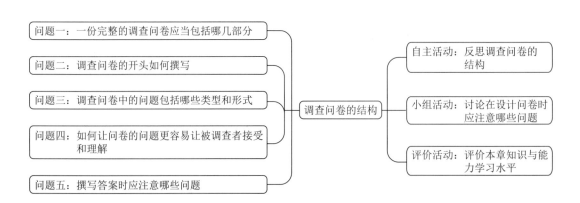

第四章 章决句断,精益求精——调查问卷的结构

引 言

通过前几章的学习,我们已经知道应当如何将研究目的和研究问题转化为能够操作的指标和问题。那么,如何形成一张完整的问卷呢?在科学研究和社会调查中,慢慢形成了一套较为固定的问卷结构。本章将向你详细介绍问卷的完整结构,以及每个部分应当如何正确、合理地书写。

问题一:一份完整的调查问卷应当包括哪几部分?

如图 4-1 所示,一份完整的调查问卷一般由开头、正文、结尾三个部分组成。

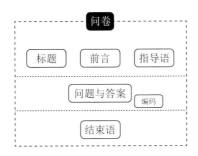

图 4-1 调查问卷的结构

其中,开头通常包括标题、前言、指导语三个部分。正文包括问题与答案(编码),这是调查问卷最核心的部分。调查问卷的目的,就是得到人们的特征、行为和态度的测量数据,这些数据就来源于被调查者对问题的回答。问卷中的其他部分,如前言、指导语等,都是为了让被调查者能够真实有效地作答而进行的。结束语通常是表示感谢的话语,例如"答题完毕,再次感谢您的大力支持",在此不做过多介绍。

以下我们将重点介绍问卷的开头(标题、前言、指导语)和正文部分(问题与答案)。

问题二:调查问卷的开头如何撰写?

调查问卷的开头包括标题、前言、指导语三个部分。

一、标题

通常问卷的标题中应该包含要调查的问题或者主题,但是不可以直接将"课题名称"加"调查问卷"这样的形式作为自己的标题。例如,你的课题名称是:"北京市中小学教师教育科研现状问题与对策分析研究",如果你将问卷标题直接命名为"北京市中小学教

师教育科研现状问题与对策分析研究调查问卷"，这是不可取的。首先你并不是一个人做一整个课题，其次这个课题也没法通过一张调查问卷完整地研究清楚。假设你负责的主题是做现状调查，那么将"调查对象""调查主题（内容）"加上"调查问卷"，即可提炼出标题，如"北京市中小学教师教育科研现状调查问卷"。

二、前言

前言，也称卷首语、封面信、说明词、引言等，它需要对调查目的、意义和内容等进行说明。

问卷中为什么要有前言？对于被调查者来说，调查单位和调查人员往往都是陌生人，因此，调查者发放到被调查者手中的问卷，实际上就代表着调查者对被调查者的"登门拜访"，如果不做自我介绍，很可能被"拒之门外"。如何让被调查者愿意参加调查，并且能够如实地填写问卷，这取决于你在前言中是否能够清晰而又真诚地说明自己的调查内容、调查目的和调查意义。

我们来看一个完整的调查问卷的前言，你能总结出它应当包含哪几个部分吗？

我们是××学校的高中教师，正在进行一项中小学教师科研现状的调查。这次调查的目的是要了解我市高中教师教育科研成果、存在问题、态度等各方面的情况，为教科院制定有关教育科研政策提供科学的依据和合理的建议。我们从全市三十所高中抽取了一部分教师作为调查对象。作为中小学的一线教师，您对调查所涉及的各项问题都有很大的发言权。您的意见和建议将对中小学教育科研的发展和决策提供重要的参考。本调查采用不记名方式，能倾听您的想法，我们感到非常荣幸。谢谢！

在前言中，一般需要说明以下内容：我是谁；我要调查什么；我为什么要进行这项调查；我为什么找你做调查；我的调查有什么用；我的调查不会损害被调查者的利益。

1. 我是谁

要向被调查者如实地告知你的身份（学科教师、科研组长）或调查的主办单位（例如你的学校）等，比如"我们是××学校的高中教师，我们正在进行一项中小学教师科研现状的调查"。也可以通过落款来说明，比如落款为"××学校高中教师科研现状调查组"等。用落款做自我介绍时，一定要有明确的单位名称，不能只写"高中教师调查组""科研现状调查组"这样的署名。

在向被调查者介绍你自己时，越清楚越好，如果能附上单位的地址、电话号码、联系人姓名会更好，这样能体现出你的诚意以及调查的正式性。这种真实又有诚意的自我介绍，可以给被调查者留下良好的印象，得到被调查者的信任和配合。

2. 我要调查什么

通常用一两句话来概括调查的主要内容，比如，"这次调查主要是想了解广大高中教师在教育科研方面的成果和对其的看法、认识和态度"等。要注意的是，一定不能"挂羊头卖狗肉"，比如，在前言中说的是要调查教育科研现状，但在问卷中却问一些解决策略，这样会引起被调查者的反感和质疑。

3. 我为什么要进行这项调查

要明确地告知被调查者调查目的是什么。这是前言中的一项重要内容，我们不能笼统地说是"为了进行科学研究"或者说"为了进行教育研究"，要对调查的主要目的做出明确的说明。比如，"这次调查的目的是要通过了解我市高中教师教育科研成果、存在问题、态度等各方面的情况，为教科院制定有关教育科研政策提供科学的依据和合理的建议。"又如，"为了探索既节省教师时间又能高效地做教育科研的对策，帮助广大教师在教学之余还能有序地进行教育科研，我们进行了这项调查。"目的叙述得当，可让人感到你的调查是正当的、有价值的，从而能够调动被调查者的责任心和积极性。

4. 我为什么找你做调查

要向被调查者说明我们是根据什么标准，用什么方法来选择调查对象的，并说明调查对象与整个调查总体之间的关系。要用简明扼要的话语向调查对象说明选择他（她）是随机的，并且说明他（她）只是全部调查对象中的一个，而他代表着更多与他（她）相似的人们。比如，"我们根据科学的方法选定了一部分高中教师作为全市教师的代表，您是其中的一位。"又如，"我们从全市三十所高中抽取了一部分教师作为调查对象"，等等，再加上不记名的说明与对回答保密处理的许诺，就会减轻甚至消除被调查者心理上的压力。

5. 我的调查有什么用

要对调查的意义和价值给出合理的解释。如果能指出该调查与调查对象的利益密切相关，或指出被调查者的合作所具有的价值和意义就更好了。如"作为中小学的一线教师，您对调查所涉及的各项问题都有很大的发言权。您的意见和建议将对中小学教育科研的发展和决策提供重要的参考"。又如，"教育科研的规范化，不仅关系到科研课题的全局，也影响到中小学教师的日常科研和每个人的切身利益。我们进行这项现状调查就是为了了解教师日常科研的现状，为教科院制定相关政策提供参考，使得教育科研的对策改变可以符合广大教师的意愿及需求"。

6. 我的调查不会损害被调查者的利益

很多被调查者在填写问卷时，担心自己会被认出，如果选择一些负面的答案，就会对自己有影响。所以，我们在调查问卷的前言部分，要清楚地告诉被调查者：不用填写姓名，不需要知道被调查者的信息，只需要回答结果；同时，我们关心的不是某一位被调查者的结果，而是所有人的结果。所以只有当被调查者真正明白自己不会被认出时，才有可能做到畅所欲言、说真话。这种对匿名的说明和对个人资料严格保密的保证是非常重要的。

最后，在前言的结尾部分，要真诚地感谢被调查者的帮助。整个前言的文笔要亲切，语气要诚恳、礼貌，不要太随便。要把各方面的内容说清楚，又不能太啰唆。

当然，问卷的前言也不一定必须包括上述所有内容。最关键的有三点：一是调查的目的和大致的内容；二是请求合作并感谢支持；三是匿名回答和资料保密。同时，要根据每一项具体调查在规模、对象、内容、目的和方式等方面的特点，来设计出最合适的前言。

三、指导语

指导语，也就是填写说明，通常是告知或提示被调查者如何正确地填答问卷。指导语一般包括对被调查者如何填写问卷、如何回答问题的说明，对问卷中某些问题含义的进一步解释，对某些特殊的或复杂的填答形式的举例，等等。

指导语中包含的内容主要有以下4点。

（1）限定回答的范围。比如"单选题只能选择一个答案""多选题至少选择三个答案"等。

（2）指导回答方法。比如"请按重要程度排序""请在符合您情况的答案后的方框中打√""每一个问题都需要回答"等。

（3）指导回答过程。比如"若本题选择了'A'，则跳到第10题进行作答"等。

（4）规定或解释概念和问题的含义。比如"2019年到2010年您主持过课题研究吗"，对于这个问题，答案中有不同的选项，比如"主持过国家级课题"，那么在这里可能就需要对"国家级课题"进行说明。总之，问卷中一切有可能使被调查者不清楚、不明白、有歧义、难理解的点，都需要给予某种解释。

指导语对于问卷调查的作用，就相当于说明书对于电子产品的作用。关于指导语的写作，最重要的就是简明易懂。就像说明书，如果写得过于复杂，那么人们在使用新产品时就会不顺利。如果被调查者看不懂指导语，那可能就难以填好问卷，产生难以预估的误差。

指导语的形式、内容等随问卷本身的复杂程度、填写方式的难易程度以及调查对象的文化水平等的不同而不尽相同。如果你调查的对象是教师，你问卷中的问题形式对他们来说十分简单、容易理解，也方便填答，再加上教师可能对你的问题也比较了解，那么指导语可能很少，甚至在前言中稍作介绍即可。但如果你调查的对象是学生，随着问题形式、问题结构的复杂化，学生理解的难度较大，同时学生的文化程度相差也较大的时候，指导语就要相应增多。

指导语的一种常见形式是在前言的下面专门设计出"填表说明"一项，对填表的要求、方法、注意事项等做一个总的说明。

例如：

填表说明

（1）凡符合您的情况和想法的项目，请在答案选项前画圈（打勾）或在题号前写下对应的字母。希望您每一题都填写，不要遗漏。

（2）单项选择题只能选择一个答案，多项选择题至少选择三个答案。

（3）本问卷三分钟即可填完，请您根据自己的理解独立作答，不要与他人探讨。

同时，在一些特殊的可能有歧义或难以理解的问题中，可以给予专门的说明，有些甚至还得进行举例示范。在指导语的设计方面，一个基本假设就是：被调查者可能从没有见过问卷调查，更没有填写过问卷。以此为基本出发点，我们就能明白为什么在问卷设计中要认真仔细地写指导语了。

问题三：调查问卷中的问题包括哪些类型和形式？

从内容上看，问卷中的问题可以归纳成特征问题、行为问题和态度问题三大类。从形式上看，问卷中的问题可以分为开放式问题和封闭式问题两大类。问卷中的主要问题是封闭式问题，封闭式问题从形式上又可以分为填空式、多项单选式、多项任选式、多项排序式、列表式等。

一、特征问题、行为问题和态度问题

在内容上，调查问卷中的问题可以分为特征问题、行为问题和态度问题三大类。特征问题和行为问题更加偏向于客观性问题；而态度问题更加偏向于主观性问题。

1. 特征问题

特征问题，是指那些用来测量被调查者基本情况的问题，如年龄、性别、职业、文化程度、婚姻状况、收入、家庭规模、政治面貌等。这些问题也成了"背景资料"或"静态资料"，即反映一个人的社会特征的资料。这类问题在各种调查中都是不可缺少的。因为在一项调查研究中，人们常常需要以这些特征作为基本的自变量来描述和分析总体的各个部分在某一方面的分布情况，或解释某一现象的原因。

下面我们举一个例子来说明。假设在一次调查中，我们得到下列结果，见表4-1。

表 4-1 教师对于某政策的态度统计表

	赞成	反对	不表态	合计
频数（n）	450	450	100	1000
百分比（%）	45	45	10	100

根据调查结果，我们容易得到结论："持赞成态度和持反对态度的教师人数大致相同"。

但是，针对同样的数据，当我们按照不同教学阶段来作为划分依据，并对此结果进行交叉分类统计时（见表 4-2），能得到什么不一样的结论吗？

表 4-2 不同教学阶段的教师对于某政策的态度统计表

态度	小学教师	初中教师	高中教师
赞成	10%	60%	60%
反对	80%	30%	30%
不表态	10%	10%	10%
合计（N）	300	300	400

如表 4-1 和表 4-2 所示，这一结果表明：不同教学阶段的教师对这一政策的态度有很大的差别，小学教师基本上倾向于反对，而初中教师和高中教师大部分倾向于赞成。应该说，这一结果更深入、科学地反映了现实情况。类似地，针对教师，我们还可以做出教龄与态度、学科与态度、学历与态度等多种特征的交叉分类统计表，以分别研究不同背景的教师对这一政策的态度有何不同。

2. 行为问题

行为问题，是指那些用来测量被调查者过去发生的或现在进行的某些实际行为和有关事实的问题，例如：

（1）这学期，您一周有几节课？

（2）这学期，你们班订了多少份报纸？

（3）您从中级教师到高级教师经历了几年？

通过这类问题，我们可以掌握某一事物或某一行为的现状、历史、程度、范围和特征等多方面的情况。有的书中将行为问题和特征问题统称为事实问题，即指它们是有关被调查者的客观事实。

3. 态度问题

态度问题，是指那些测量被调查者对某一事物的看法、意愿、态度、情感、认识等主观因素的问题。例如：

（1）您认为要改变教育科研难做的问题，关键要抓好哪几项工作？

（2）您对您现在的教师工作是否满意？

（3）如果您的孩子将来想在美术、音乐方面发展，您是否同意？

（4）您对这节课的教学效果是否满意？

态度问题是问卷中极为重要的一部分。因为我们进行问卷调查的目的，不只是描述某种教育教学的现象或情况，更重要的是解释和说明这一现象产生的原因或者预测该现象在今后某一时期可能产生的结果。我们知道，各种教育教学现象都是教师、学生、家长、环境相互作用的产物，而人们的行为是在思维观念、主观动机的支配下做出的。因此，了解人们的思想、观念、认识、态度、动机等，既是说明某一现象的直接原因的重要因素，又是揭示更深刻的内在原因的关键一环。

由于态度问题往往涉及个人内心深处的东西，而任何人都具有一种本能的自我防卫心理，很少在这些问题上吐真言，甚至不愿发表意见，所以，在社会调查中了解态度比了解事实要困难得多。在长期的社会调查实践中，社会学家从心理学中借鉴了一种科学的工具，以克服测量态度中遇到的困难。这个工具就是量表，关于量表的形式和类别，我们已经在第三章中介绍过。

二、开放式问题与封闭式问题

所谓开放式问题，就是不给被调查者提供具体答案，而由被调查者自由填答的问题。开放式问题举例如下。

（1）您喜欢看哪类书籍？

（2）在培养和教育孩子方面，您目前最大的困难是什么？

（3）您觉得自己对手机的依赖程度如何？

（4）您认为采取哪些策略可以有效减轻小组合作学习过程中的"搭便车"现象？

所谓封闭式问题，就是在提出问题的同时，还给出若干个特定的答案选项，让被调查者根据自己的实际情况从答案选项中选择回答的问题。比如，把上述前三个开放式问题变为封闭式问题，就可以是下面这样。

（1）您喜欢看哪类书籍？（限选一个答案）

A. 哲学书　　　　B. 社会科学书　　　　C. 自然科学书　　　　D. 综合性图书

（2）在培养和教育孩子方面，您目前最大的困难是什么？

A. 缺乏正确的方法　　　　　　B. 文化水平不够

C. 没有时间和精力　　　　　　D. 其他_____（请写明）

（3）关于您使用手机的情况，您是否同意以下说法？（请在每一种说法的5个程度中选择一个打√）

选项	从不	偶尔	有时	经常	总是
有人说您花了太多时间在手机上					
如果手机不在身边，您会心神不宁					
当感到沮丧时，您会用手机舒缓情绪					
如果一段时间不去看微信或其他信息，您会觉得很焦虑					
您发现自己使用手机的时间比预想的要长					

开放式问题的优点是允许被调查者用自己的方式、充分自由地做出回答。这种自由发挥可以自然地反映出被调查者不同的特征、行为和态度，但是开放式问题的缺点也比较明显。

第一，要求被调查者有较高的知识水平和语言表达能力。如果你是一名教师，正在使用问卷调查学生，那么对于学生来说，看懂问题并且把自己的情况、特征、看法、态度用书面语言写出来，这要因人而异，答案会良莠不齐。

第二，对被调查者说，回答开放式问题需要花费太多的时间和精力。这往往导致被调查者不会认真地书写答案。

第三，对调查者来说，统计和处理开放式问题的答案比统计和处理封闭式问题的答案要困难得多，甚至不太可能。因为这可能涉及自然语言处理、文本语义分析的工作，对于调查者来说分类、统计工作难度过大。

第四，开放式问题往往产生很多与研究无关的资料，由于人们在回答问题时很少注意所使用的语言的准确性和对问题的针对性，所以常常写下许多对研究并无用处的，或不太相关的话。

封闭式问题的优点与开放式问题的缺点恰恰相反。

封闭式问题的一个最明显的优点就是被调查者填写问卷、回答问题十分方便、容易，不会消耗被调查者大量的时间和精力。如果问卷设计得好，被调查者很容易就能读懂问题，就更有利于他们如实、正确地作答了。

封闭式问题的另一个主要的优点是答案可以通过编码转变为简单的数字，有利于后期对于问卷的统计分析和定量分析。这对于做教育课题研究时生成最后的报告是很有帮助的。无论是在小规模的调查中人工统计、计算，还是在大型调查中用计算机中的专业软件进行统计分析，所需要的只是数字，而不是具体的文字答案。因此，在设计调查问卷的问题时，封闭式问题应当占大多数。特别是对于定量研究来说，封闭式问题是我们所提倡的。

封闭式问题的缺点也是很明显的。首先，封闭式问题给被调查者提供了可选择的答案的同时，实际上也限制了被调查者回答的范围。这一特点对于一些简单的和明确的问题来说没有差别。例如，问题为"您的性别"时，答案只有两种可能，设为开放式问题和封闭式问题没有区别。但是，如同我们前面所列举的"找对象的条件"的问题，封闭式问题可能就无法提供最贴合被调查答案的选项，这是封闭式问题的主要缺点之一。封闭式问题的另一个缺点是回答中的偏差难以被发现。问卷中的回答，有些也许是被调查者对问题不理解的情况下随便答上的，有些可能是被调查者为了隐瞒自己的实际情况而故意答错的，有些可能是完全乱答的……

常见的调查问卷，通常以封闭式问题为主，往往也会包含几个开放式问题。开放式问题通常放在问卷的末尾，用来收集那些未能列入问卷的某些方面的情况。比如"我们的调查结束了，再次感谢您的帮助！如果您对教育科研的问题还有其他的想法和意见，欢迎您写在这里"。

三、封闭式问题的常见形式

由于开放式问题不需要列出答案，形式比较简单，只需要在问题下面留出空白答题区即可。封闭式问题及答案的形式就比较多了，下面我们针对几种常用的封闭式问题形式做介绍。

1. 填空式

填空式问题，通常在问题后面画上短线，让被调查者在线上空白处填写即可。举例如下。

例1：请问您工作多少年了？_____年

例2：您这学期每周大约有几节课？_____节

例3：您家有几个孩子？_____个

填空式问题属于定比测量，后期统计分析十分方便。

2. 二项选择式

问题的答案只有"是"或者"不是"，"有"或者"没有"，"同意"或者"不同意"等。举例如下。

例4：您家有孩子吗？　　有□　　没有□

例5：您是否认为孩子必须上课外辅导班？　　是□　　不是□

例6：您对学校的教学质量是否满意？　　满意□　　不满意□

二项式问题比较直接地了解被调查者的某一客观事实，或者他们对于某一现象的主观看法，简单易答。缺点是这种非黑即白的回答，不能很好地测量被调查者在态度上的程度差异。

3. 多项单选式

多项单选式是调查问卷中最常见的一种问题形式。这种问题的答案比较适合于进行频数统计和交互分析。在设计上，这类问题一定要保证答案的穷尽性和互斥性。

例7：您的最高学历是？（请在合适的答案后的括号内打√）

A.博士（   ）　　　　B.硕士（   ）　　　　C.本科（   ）　　　　D.专科（   ）

E.其他（请写明）＿＿＿＿＿＿＿＿＿＿＿＿＿＿

例8：您的年薪大概是多少元？（请在合适的答案后的括号内打√）

A.5万以下（   ）　　　　　　　　　　B.5万～10万（   ）

C.10万～20万（   ）　　　　　　　　D.20万～30万（   ）

E.30万～50万（   ）　　　　　　　　F.50万以上（   ）

例9：除了打电话和拍照之外，您经常使用的手机功能是什么？（请在合适的答案后的括号内打√）

A.手机支付（   ）　　　　　　　　　B.阅读资讯或文章（   ）

C.浏览视频（   ）　　　　　　　　　D.社交聊天（   ）

E.网上购物（   ）　　　　　　　　　F.外卖订餐（   ）

G.修图（   ）　　　　　　　　　　　H.手机学习（   ）

I.其他（请写明）＿＿＿＿＿＿＿＿＿＿＿＿＿＿

4. 多项多选式

多项多选式问题，允许被调查者在问题给出的答案中选择指定数量的答案。对于某些问题来说，用多选更能反映被调查者的实际情况。例如，例9中的问题，被调查者可能难以从中选择一个答案，若改成勾选其中的三项，对于被调查者来说更容易些，也更符合实际。

5. 多项任选式

多项任选式问题允许被调查者在问题给出的答案中选择任意数量的答案。例如，例9中的问题若变为多项任选式，可以将题干改为：除了打电话和拍照之外，您经常使用的手机功能有哪些？（请在合适的答案后的括号内打√，勾选的答案数量不限）

6. 多项排序式

有时研究者希望了解被调查者对于某现象的重视程度，可以使用多项排序式问题。举例如下。

例10：您认为作为一名教师，最重要的三项要素是什么？（请将答案的编号填入下表中）

第一重要	第二重要	第三重要

A. 扎实的学识	B. 对学生有爱心	C. 有道德修养	D. 对学生有耐心
E. 表达能力强	F. 语言幽默风趣	G. 有人格魅力	H. 科研能力强
I. 形象好、气质佳	J. 政治觉悟高	K. 声音迷人	

多项排序式的结果统计，一般需要对不同重要程度的结果进行不同分值的加权。例如，第一重要的选项的权重是 3，第二重要的选项的权重是 2，第三重要的选项的权重是 1。假如选择 A 为第一重要的人占了所有被调查者的 30%，选择 A 为第二重要的人占了 20%，选择 A 为第三重要的人占了 10%；选择 B 为第一重要的人占了 15%，选择 B 为第二重要的人占了 10%，选择 B 为第三重要的人占了 25%。那么，这两个答案的相对频率得分分别是：

$P_A=(30\%×3+20\%×2+10\%×1)/6×100\%=23.3\%$；

$P_B=(15\%×3+10\%×2+25\%×1)/6×100\%=15\%$

7. 列表式

列表式问题将同一类型的若干个问题集中在一个表格中进行，这样不仅节省篇幅，还节省了被调查者阅读和填写问卷的时间。通常的量表类问题、评价类问题采用这种列表式的比较多。

例 11：您认为这学期 ×× 老师在课程和教学反馈方面做得怎么样？（请在每一行的适当位置打√）

题项	非常好	比较好	一般	比较差	非常差
对于提交的作业，她（他）能在课程进行期间及时给予评价、反馈或指导					
她（他）愿意通过听取你们的反馈意见来调整教学方法和内容					
她（他）会对你们在课堂上的展示和发言进行点评和反馈（包含书面反馈）					
她（他）对于你们的提问有充分回应和回复，对于当堂不能回应的内容，有后续跟进					
她（他）会根据班级课程进展情况，灵活调整课堂节奏和方法					

问题四：如何让问卷的问题更容易让被调查者接受和理解？

作为问卷的核心部分，问题题项的设计和措辞方式会大大影响问卷数据收集的效率和效果。

一、问题题项设计和措辞的基本原则

要想让您的调查问卷中的问题更科学、合理，更容易让被调查者理解和接受，在问题的设计和措辞上，需要遵循一些基本的原则和标准。在此列举十条简单的原则，如表 4-3 所示。

表 4-3 问卷的问题题项设计和措辞的基本原则

原则 1	确保问卷题项与被调查者是匹配的
原则 2	换位思考，理解您的被调查者
原则 3	使用自然且被调查者熟悉的语言
原则 4	撰写题项要清晰、准确，并且相对简短
原则 5	不要使用"诱导性问题"或者"暗示性问题"
原则 6	不要在同一个问题中问两件事
原则 7	避免双重否定的问题
原则 8	事先确定是以开放式问题为主还是封闭式问题为主
原则 9	封闭式问题的答案要相互排斥且尽可能涵盖所有可能性
原则 10	使用多个题项来测量态度这种抽象的概念

问题措辞的基本原则是简短明确、通俗易懂，尽量不要使用太书面化的语言或者专业术语。

陈述问题，最好不要使用长句子，短一些的问题总比长一些的问题好，简单一点的问题总比复杂一点的问题好。

一个问题中，只能对一种事实、行为或态度进行提问，要避免问题内容的多重含义。例如，"有人认为，应该提高工资收入，降低福利待遇，您同意吗"这个问题就包含了"提高工资收入"和"降低福利待遇"两个问题，应该放到两个问题中来提问。

问题应当不带政治色彩和倾向性。例如，"××电影引起了很大轰动，很多人都看过，您看过吗"这个问题就有一定的倾向性，给人的感觉是，这个电影我不看就显得我水平很低了。因此，这个问题可以修改为："你看过××电影吗？"

问题要明确，避免含糊不清。比如"您的孩子几岁了"。这个问题之所以不明确，是因为若是您家有不止一个孩子，这个问题就无法回答了。

二、问题题项设计中的主要问题

问卷问题设计最重要的原则就是为被调查者着想。合适的问卷会让被调查者愿意且容易回答，低劣的问卷可能使被调查者难以回答甚至拒绝回答。因此，要达到我们的调查目的，就必须从被调查者的角度出发。在现实的社会调查中，许多研究者对这个原则注意不够，因而出现各种只站在研究者自己的角度出发，或者从某种政治需求、课题需求出发的问题，往往会导致调查失败。

以下几种情况，在设计调查问卷的问题时应当尽量避免。

1. 问卷长、问题多、填答量大

例如，原国家经济体制改革研究所于1987年10月设计的《社会分层调查问卷》，长20页（16开），共37个问题，供选择的答案多达2300个，其中被调查者需要填写529项。又如，《××地区基础教育现状教师调查问卷》，总共79道问题，其中11道基础信息题，53道量表类题项，15道综合性问题（包括开放式问题）。

从调查者的角度来说，肯定是问题越多越好，问题越多意味着调查者可以收集到越多的资料。但是对被调查者来说，回答如此多的问题是一件痛苦的事情，造成的结果往往是为了尽快完成问卷，被调查者不仔细去看题项就随意勾选，这样势必难以保证答案的客观性和准确性。

2. 要求回忆和计算的难度大

例如，某问卷中有这样两个问题。第一个问题是：孩子上小学时，平均每月抚养费大概花多少钱？（抚养费指一切花在孩子身上的钱，包括衣食住行以及零花钱、课外辅导钱等）。第二个问题是：这个孩子从小到大，在补课或者兴趣班上共花费了多少钱？

表面看来，问卷的设计者只是要求被调查者回忆一些过去的情况，做一些简单的加减乘除运算，但是忽略了这种回忆和计算的复杂性。试想，让我们自己去回忆几个月前甚至几年前的家庭开支，能回忆到什么程度？仅回答这一个问题就会花费被调查者很多的时间和精力。

3. 调查问题过于复杂

例如，"在题目所示的26种职业中，您对从事各种职业的人感到亲近还是疏远？（请在表中填入相应标号，每一格都要填写）。"

由于篇幅限制，在此就不一一列举这26种职业了。这是前面所说的《社会分层调查问卷》中的一个小问题，它包含了420个具体的问题，问题的答案多达1600个。

出现以上各种现象的原因在于，问卷设计者在设计问题时没有考虑被调查者填写这些问题是否困难和方便。实际上，只要问卷设计者时刻考虑到被调查者，从被调查者的角度出发来设计问题，这些现象都可以改善。比如说，对于问卷的长度，作为一名教师，在调查其他教师时，我们想到被调查的教师是在个人工作、备课、科研或娱乐时间被占用且无报酬的条件下来填写问卷时，我们就不会无限制地提问题，并且会尽可能地使问题更简单、易答。

三、问题的数量和排列规则

一份问卷应当包括多少个问题，通常要依据调查的内容、样本的性质、分析的方法以及人力、物力、时间等各项因素来决定。但一般来说，问题不宜过多，问卷不宜过长。通常应该保证被调查者在 20 分钟内完成问卷，最多不超过 30 分钟。否则，往往会引起被调查者的厌倦和畏难情绪，进而影响填答的质量和回收率。若是研究经费充足，可以适当地给出报酬或小礼品作为奖励。

从问题排列的顺序上来说，我们可以遵循以下规则：

1. 把简单易答的问题放在前面，把复杂难答的问题放在后面；
2. 把能引起被调查者兴趣的问题放在前面；
3. 把被调查者相对熟悉的问题放在前面；
4. 一般先问特征问题，再问行为问题，最后问态度、看法、意见方面的问题；
5. 开放式问题通常放在问卷的最后。

问题五：撰写答案时应注意哪些问题？

调查问卷中的大部分问题属于封闭式问题，是有答案选项的。答案设计的好坏，直接关系到被调查者是否能够回答，是否容易回答，以及是否愿意回答。

在答案的设计中，我们应注意以下问题。

一、穷尽性和互斥性

答案必须满足分类系统的两个基本特征，即穷尽性和互斥性。

所谓穷尽性，是指答案必须包括所有可能的情况。例如，在问题三的例子中已经列出了很多设计者能够想出的可能性，但这并不完全，为了保证答案的穷尽性，需要在后面加上一个其他，以免有所遗漏。

所谓互斥性，是指答案之间不要互相交叉、重叠或者包含。

例 12：在您家孩子的生活（衣食住行）上，谁管得比较多？

A. 父母　　　　　　B. 公婆　　　　　　C. 爸爸　　　　　　D. 妈妈

E. 爷爷奶奶　　　　F. 外公外婆

例 12 中的答案有什么问题，符合互斥性吗？符合穷尽性吗？请你找一找。

二、一致性和协调性

答案要与所提的问题互相呼应,内容上应协调一致。既不能出现答非所问的情况,也不能出现答案不全或者互相包含的情况。

比如下面的例子,如何修改让答案和内容更加协调一致呢?

例 13:您认为近期(现在或者几年后)是否有失业的可能?

A. 不可能　　　　　B. 比较困难　　　　C. 不太确定　　　　D. 很困难

例 13 中问是否有面临失业的可能,回答应该是"很有可能""有一定可能""说不好""没有太大可能""没有可能",等等。而本例答案中的"困难""比较困难"与问题不匹配,让人很难回答。

例 13 的问题措辞也存在一定问题,即问题的括号部分存在"双重问题"的问题,改为"一年内或者半年内"更为稳妥。

三、根据研究的需要来确定答案的测量层次和答案的形式

在设计问题的答案时,先要看问题所要测量的变量属于哪个层次,是定类的、定序的,还是定比的。然后根据研究的需求和变量的层次来确定答案的形式。

例如,研究者想要了解被调查者的工资情况,可以使用填空的形式,如例 14 所示。

例 14:您的年收入是多少元?　_____元。

如果这样出题,就是定比层次的测量。也可以使用多项单选题的形式,如例 15 所示。

例 15:您的年收入大概是多少元?

A. 5 万元以下　　　　B. 5~10 万元　　　C. 10~20 万元　　　D. 20~30 万元

E. 30~50 万元　　　　F. 50 万元以上

这个问题就将对于工资收入的测量变为定序测量。

本章内容小结

本章我们学习了问卷的完整结构包括哪几个部分(知识检查点 4-1)、问卷中问题的类型和形式(知识检查点 4-2)、问题题项设计和措辞的基本原则(知识检查点 4-3)、问卷答案设计中存在的基本问题(知识检查点 4-4);掌握了问卷开头的撰写(能力里程碑 4-1)以及如何科学合理地书写问题和答案(能力里程碑 4-2)。

本章内容的思维导图如图 4-2 所示。

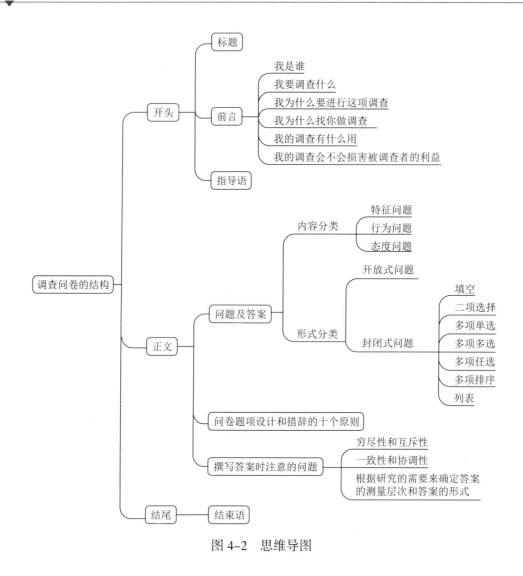

图 4-2 思维导图

自主活动：反思调查问卷的结构

请学习者在学习完本章内容后，进行自我反思，并记录个人学习心得。

小组活动：讨论在设计问卷时应注意哪些问题

请学习者围绕本章的学习主题进行组内交流，并做好小组学习记录。

第四章 章决句断，精益求精——调查问卷的结构

评价活动：评价本章知识与能力学习水平

一、名词解释

前言（知识检查点 4-1）

指导语（知识检查点 4-1）

特征问题（知识检查点 4-2）

开放式问题（知识检查点 4-2）

列表式问题（知识检查点 4-2）

答案的穷尽性（知识检查点 4-4）

二、简答题

1. 一份完整的调查问卷应当包括哪几部分（知识检查点 4-1）。
2. 问题题项设计的基本原则有哪些（至少说出 5 个）（知识检查点 4-3）？
3. 根据第三章最后的案例，回答下列问题。

（1）指出问卷的标题、前言、指导语、问题与答案等各部分内容（能力里程碑 4-1）。

（2）挑选出其中的开放性问题和封闭性问题（知识检查点 4-2）。

（3）挑选出你觉得设计得不够好的问题及答案，说明原因并提出改进意见（能力里程碑 4-2）。

三、实践项目

请你在第三章确定的指标和问题维度的基础上，写出相应的具体问题和答案，并按照本章问卷的结构，设计一份完整的调查问卷。

第五章 工善其事，必利其器——调查问卷的发放和数据录入

本章学习目标

在本章的学习中，要努力达到如下目标：
◆ 了解总体和样本的概念（知识检查点 5-1）。
◆ 了解不同的抽样方法（知识检查点 5-2）。
◆ 了解样本量的概念（知识检查点 5-3）。
◆ 了解预编码和后编码的概念（知识检查点 5-4）。
◆ 能够对封闭性问题进行编码（能力里程碑 5-1）。
◆ 能够使用问卷星编辑问卷和发放问卷（能力里程碑 5-2）。
◆ 能够使用 Excel 进行问卷数据的录入（能力里程碑 5-3）。
◆ 能够使用 SPSS 进行问卷变量的添加、数据的录入或导入（能力里程碑 5-4）。

本章核心问题

在设计完调查问卷的初稿之后，我们是否就可以直接发放问卷了？应该怎样发放问卷呢？发放给多少人合适？我们以什么样的方式发放问卷？发放完回收后，我们如何进行数据的编码、处理和录入？

本章内容结构

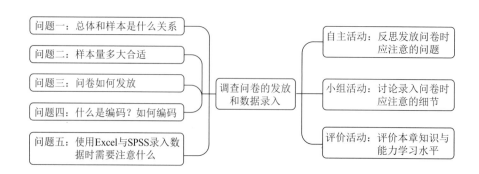

第五章　工善其事，必利其器——调查问卷的发放和数据录入

引　言

设计好问卷的初稿之后，是不是就可以直接发放问卷了呢？需要注意的是，此时的问卷只是初稿。在实际工作中，由于我们可能陷入某种思维定式，在一些维度、指标、问题题项或答案的设计上存在一些问题，因此，在问卷用于正式调查之前，必须对其进行试用和修改，这是保证问卷信度和效度的重要环节。关于信度和效度的问题，我们将在第六章中详细介绍。

在修改完问卷之后，就可以进行问卷的正式发放了。可是，要调查的群体（总体）有可能是非常庞大的，我们不可能把问卷发放给总体中的每一个人。事实上，我们只需要根据一些方法，抽样发放到总体中的一些样本就可以了。那么总体和样本是什么关系呢？如何抽样呢？这正是我们本章问题一和问题二要学习的内容。

如何发放问卷？是采用纸质问卷线下发放，还是使用电子问卷线上开展？是集中发放还是邮寄发放？这主要看我们的需求。无论是纸质问卷还是线上问卷，都可以完成问卷发放和数据收集的工作。一般来说，纸质问卷填写的回收率和信效度相对更高一些，但线上平台发放的人群更广、数据发放和收集更方便。

在问卷的发放和回收完成后，我们需要对数据进行编码和录入，以便进行后期的数据分析和统计工作。

本章介绍的就是问卷调查的中期阶段，即问卷的发放及数据录入。

问题一：总体和样本是什么关系？

什么是总体？什么是样本？

做研究时，研究对象的全体就是总体（Population）。理论上来说，在调查研究中，将问卷发放给所有被调查者（总体）一定是最好的，在一些小范围的研究中也是可以实现的。比如，某教师的调查主题是"某学校五（二）班学生每周阅读情况调查"。那么，该调查的总体就是五（二）班全体学生。在这种情况下，让所有的五（二）班学生（总体）填问卷是可行的。但是，研究者往往希望把研究结果应用于一个更大的群体当中。比如说，一个研究者想要研究北京市小学生每周的阅读情况，那这个总体数量就太大了，我们不太可能将问卷发放到每一个北京市的小学生手中。因此，大多数情况下，我们需要从总体中按照一定方式抽取一部分个体来发放问卷或进行研究，这部分抽取出来的个体就是样本（Sample）。

具体而言，选择样本的第一项任务是确定要调查的总体，也就是研究对象。从以下研究题目中，你可以看出调查的总体是谁吗？

1.北京市高中校长信息技术应用情况调查。

2. 北京市海淀区某小学一年级新生体质健康状况调查。

3. 北京市丰台区某中学初三年级二班学生英语水平调查。

上面的研究题目中，已经非常清楚地写明了调查的总体。总体的规模可大可小，对于总体的定义越具体，就越可以节省更多的时间和精力，但与此同时，研究结果的代表性也会降低。

在实际情况中，我们要调查的总体数量可能是庞大的，无法全部获得的。所以，更多情况下，需要从总体中抽取一部分样本来进行调查。我们通过以下两个例子来说明总体和样本的关系。

例1

研究问题：××外语软件辅助英语教学对北京市三年级和四年级学生口语成绩的影响。

目标总体：北京市所有三年级和四年级的学生。

可获得总体：北京市海淀区某3个小学的三年级和四年级学生。

样本：从海淀区某3个小学中选取10%的三年级和四年级学生。

例2

研究问题：参加北京市教师培训的新手教师（五年内）对其教学经历的态度。

目标总体：北京市参加教师培训的所有新手教师。

可获得总体：海淀区参加教师培训的所有新手教师。

样本：从海淀区参加教师培训的所有新手教师中抽样100名。

在调查研究的过程中，我们常常听到"抽样"这个词语。抽样（Sampling）就是从调查对象的总体中按照一定方式抽取一部分个体（样本）的过程。在社会调查中，抽样是一个非常普遍的应用，下面我们介绍常用的抽样方法。

理论导学：抽样方法

抽样方法主要分为两大类：随机抽样法和非随机抽样法。

一、随机抽样法

随机抽样法（Random Sampling）是以概率理论为基础，即整体中的每一个抽样单元被抽中的机会相同（类似于掷骰子）。因此，随机抽样所得到的样本能够在一定的误差范围内较好地反映总体的情况。随机抽样法通常包括简单随机抽样、系统抽样、分层抽样以及整群抽样等。

1. 简单随机抽样法

简单随机抽样（Simple Random Sampling），类似于我们生活中的"抽签"或者"抽奖"。它可以保证总体中的每个单元被抽样的机会相同，能使分配相对公平。

简单随机抽样法常用于总体中单位数量较少的情况，通常可以使用"票箱模式"进行。例如，要从一个有240名学生的年级中随机抽取20名学生进行调查，您可以给这240名学生编号（1～240），放入票箱中，从中依次抽取20个号码。

当整体数量很大时，常采用下列方法代替"票箱模式"，因为在实际应用中它们的效率更高，也更完善。

（1）乱数表抽样。例如用两只骰子掷数字，可得下列数字：13、45、65、36、22、24、31、43、61、52、55、16、23、14、25。每隔两个数字取一个数，即可得到65、24、61、16、25。从整体中抽出的这些数字就是所取得的子样。在教育中我们可以抽取学生的学号作为样本。

（2）尾数抽样（根据最后一个数字抽样）。将整体中的每一个单元都按顺序编号，然后将每一个单元的最后一个数字抽出，作为子样。

（3）字母抽样。例如，将整体中所有姓名的第一个字母为"L"的人抽出来作为样本，但条件是必须在整体中所有姓的第一个字母均匀分布的情况下得到"L"。

简单随机抽样的优点是它有可能产生代表性样本，但是由于总体中的每个成员都要被编号，所以操作起来相对比较麻烦。

2. 系统抽样法

系统抽样法又叫作等距抽样法。它的具体做法是：先根据总体和抽样的比例，计算出抽样的间距，将总体分成若干个队列，然后按照简单随机抽样法从每一个队列中抽取一个对象。

例如，要从1000名学生中抽取100名进行调查，则可以算出抽样的间距是10，也就是每隔10名同学就要抽取1名同学。在实际操作时，可以给学生编号，从每个队列的1～10号中随机抽取一个号码。比如抽到的号码是2，那么2，12，22，32，…，992就构成了我们调查的样本。

3. 分层随机抽样法

分层随机抽样法是将混合着多种主要调查特征的综合性整体，分成不同类型的小组（层次），要求小组成员具有尽可能一致的特征，然后再从这些特征比较一致的小组（层次）中用简单随机抽样法抽出所需的样本。

例如，要从一个年级的所有学生中抽样10%进行调查。如果这个年级有10个班，那么，每个班就可以认为是一个抽样的小组（层次），从每个班中均随机抽样10%，最终构成我们要抽取的样本。我们也可以使用另外的分类法，比如将10个班的学生分成男生和女生两个小组（层次），从男生和女生中各抽取10%。

这种的抽样方法特别适用于整体的特征表现为非均匀性的调查总体，它能减少因采用简单随机抽样的方法而产生的偏差。分层方法有：① 按比例的分层抽样，每一层中样本的比例在整体中各层次所占的比例完全一样；② 不按比例的分层抽样，如果相对较小的层次（小组）对调查结果具有更为重要的意义，则可以不按各层次在整体中的比例来抽取样本。

4. 整群抽样法

在整群抽样时，不是从整体中直接抽取样本单元，而是先从基本整体中抽取一个完整的组来作为下一步抽样的基础。最常见的例子就是，某年级有10个班，我们随机抽取2个班的学生来进行调查。又如，某城市共有17个学区，从该城市的17个学区中随机抽出3个区作为调查的实施对象。

按照这种抽样方法可使一些规模较大的调查项目在较低的费用情况下获得有代表性的、可靠的调查结果。整群抽样法的优点是无须排列出基本整体的序列（如排列卡片那样），也不必先了解整体的具体结构。

5. 多段抽样法

值得注意的是，在实践中，往往将几种方法组合起来运用。在不同的阶段运用不同的抽样方法。例如：第一阶段把一个国家分成省和地区；第二阶段根据整群随机抽样法抽取城市或地区；第三阶段用分层随机抽样法来抽取区域；第四阶段用预定方案随机抽样法抽取调查对象。

二、非随机抽样法

非随机抽样（Nonrandom Sampling），即不遵循随机原则，而是按照研究人员的专业知识、主观经验或其他条件来抽取样本。

1. 方便抽样法

方便抽样也叫作"偶遇抽样"。有时候我们在图书馆、街头或者食堂门口，会遇到这样的抽样方式。在这种抽样调查中会选择他们先遇到的人或者愿意参与调查的人作为抽样对象。方便抽样对总体的代表性不强，因此应尽可能避免使用这种抽样方法。但如果这是研究者的唯一选择，需要对抽样结果进行反复验证，以减少研究结果的获得是偶然事件的可能性。

2. 判断抽样法

判断抽样也叫作"目的抽样"。研究者有时会根据对总体的已有认识和特定的研究目的的需要，根据个人的判断来选择样本。类似于我们通常所说的重点调查、典型调查。这类抽样方法带有一定的主观色彩。

3. 配额抽样法

配额抽样也叫作"定额抽样"，是指调查人员将调查总体样本按一定标志分类或分层，确定各类（层）单位的样本数额，再在配额内进行主观判断，选定样本。

一般来说，非随机抽样比较方便，通常用于大型调查前的小规模试用阶段；而在大规模的正式调查中，一般采用随机抽样的方法。

问题二：样本量多大合适？

从总体中抽出多少样本，才能够有效地代表总体呢？从理论上说，肯定是样本量越大越好。样本量越大，抽样误差会越低。但调查的时间、精力和成本是有限的，我们又希望所选的样本量尽可能小。那么，样本量多大才合适呢？针对这个问题，分享一组行业内常用的经验值，如表5-1所示。

表5-1 样本量及其效果的经验值

样本量	效果
30	可粗略得出差异性统计结果（高、中、低），建议作为定量研究中一个细分配额的最低样本数
50	精确度比30的样本量要高一些
100	抽样误差约为10%，调查结果可反映大体情况，数据排名有一定的误差；建议用于项目调查研究的最低样本数
150	抽样误差比100的样本量略佳，调查结果更接近现实，不过差别不会太大
200	抽样误差缩小至7%，结果很接近真实值，但多次抽样结果显示不稳定。建议用于描述性和诊断性研究项目
300	抽样误差约为5.4%，调查结果基本上与现实一致，数据准确度和稳定性都很好

事实上，样本量的大小在统计上并没有统一标准。一般来说，如果问卷中有量表的话，最好是量表题项10倍以上的样本量。比如，量表内有20道题，那么样本量应该是200个以上。如果问卷中没有量表的话，最好有200个以上的样本。还有一种判断容量的方式，即在描述性为主的问卷调查中，我们认为样本量必须不少于100人。如果想做一些推断性统计，50的样本量是建立可能存在的关系所必要的。总而言之，在进行问卷调查的时候，如果是采取随机抽样的方法，样本量越大越好。

问题三：问卷如何发放？

最常用的问卷发放方式有两种：一种是线下发放，另一种是线上发放。

线下发放，通常需要我们把问卷印出来，将其发放到被调查者手中。发放和填答的形式包括个别发送法、邮寄填答法、集中填答法等。如果条件允许的话，可使用集中填答法，将被调查者集中在一起统一填答，统一回收，以保证问卷填答的质量和回收率。

线上发放也是现在常用的一种问卷发放方式。线上发放具有方便快捷，节省和录入时间等优点；但在问卷的回收率和填答质量上难以得到有效保证。

目前比较常用的在线问卷工具是问卷星。接下来我们对使用问卷星发放问卷的流程进行简单梳理,以第三章最后的"中小学班主任工作现状调查"为例,来说明如何使用问卷星创建问卷。

1. 登录问卷星网站,创建"调查"类问卷

首先,登录问卷星（https://www.wjx.cn/login.aspx）,可以选择 QQ 登录、微信登录或者利用手机号注册一个账号进行登录,如图 5-1 所示。在登录完毕后,点击页面左上方的"创建问卷"按钮,如图 5-2 所示。页面中会出现 6 个选项,如图 5-3 所示,选择第一项"调查"。

图 5-1　问卷星登录界面

图 5-2　问卷星创建问卷界面

图 5-3　六种问卷类型

点击调查中的"创建"按钮,可以选择引用他人问卷、导入文本或者人工协助录入服务。

2. 创建问卷题项和答案

在此，选择自己创建一份调查问卷，输入调查名称：中小学班主任工作现状调查，如图 5-4 所示。

图 5-4 输入调查名称

点击"立即创建"按钮后进入下一个界面，可以看到左侧界面有选择题、填空题、分页说明、矩阵题、评分题、高级题型、个人信息。我们可以根据之前设计好的问卷内容来依次创建每一道题目。

例如，添加一道填空题，如图 5-5 所示。如果有指导语说明，要将指导语写上。以问卷中的"4、任班主任年限：【　　】（请根据自己任班主任的实际年限填写）"这道题为例。选择"填空题"中的"单项填空"，标题为"任班主任年限"，在提示里写"请根据自己任班主任的实际年限填写"。

图 5-5 添加填空题

接下来演示如何添加量表类题项。我们可以在矩阵题里面选择矩阵量表,也可以直接选择评分题当中的量表题进行插入。以第二部分态度调查的前五道题为例,将题项输入到行标题的编辑界面当中,将选项文字设置为从"非常不同意"到"非常同意"的五级态度,如图5-6所示。这样态度量表就形成了,如图5-7所示。

图 5-6　添加量表类题项

图 5-7　态度量表

如果不选择矩阵量表的话,选择量表题也是可以的,不过需要将每个题项单独输入,工作量较大。事实上,量表也是一种特殊的单选题,如果你只想用一两道题去调查别人的态度的话,可以直接选择单选题进行录入,如图5-8所示。

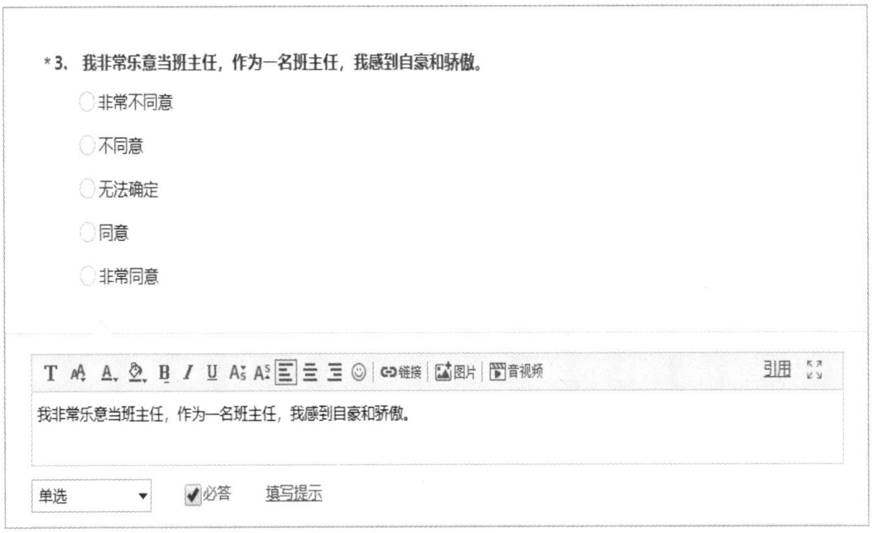

第五章　工善其事，必利其器——调查问卷的发放和数据录入

图 5-8　单选题

问卷的最后部分是事实调查，以第一道多选题为例，如图 5-9 所示。填写完标题和编辑提示，将选项文字输入完成后，注意在需要填空的题项后面的"允许填空"上打"√"。在选项的条件上选择最多选 3 项，以防止有被调查者未看清填写提示造成多选的情况。

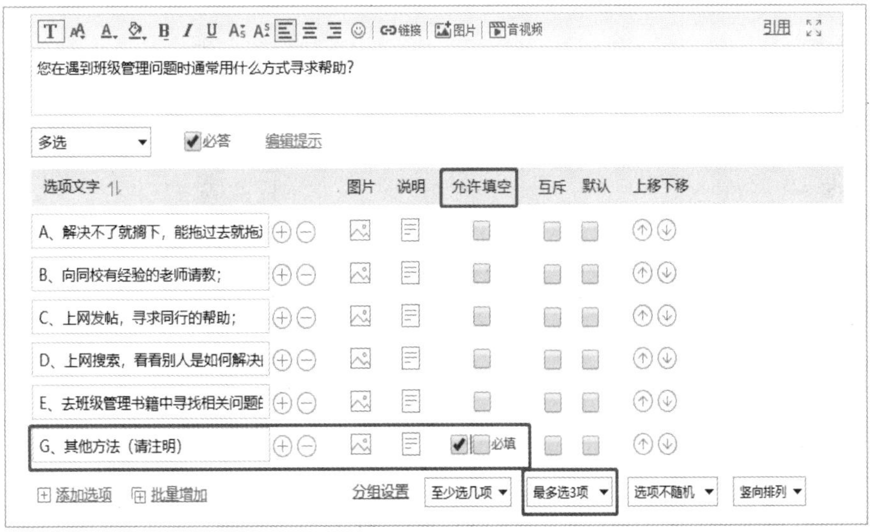

图 5-9　多选题

值得注意的是，第四部分的第 2 题是一道关联题——将某两道题关联起来，在选择第 1 道题的某一选项后，会跳转到另一道题。这种情况需要我们先插入两个单选题。在第五题中选择"选项关联"选项，将选项 C 与下一道题进行关联，如图 5-10 所示。实际上，选项 C 上已经有说明，加上"选项关联"选项，在线上填写问卷的时候会强行跳转，避免有被调查者遗忘或者误填。

图 5-10　关联题型

最后，我们再来看问卷调查中的填空题，如图 5-11 所示。填空题包括单项填空与多项填空。单项填空题只需要将标题填写完即可，多项填空题也仅需在单项填空题的基础上添加填空符即可。

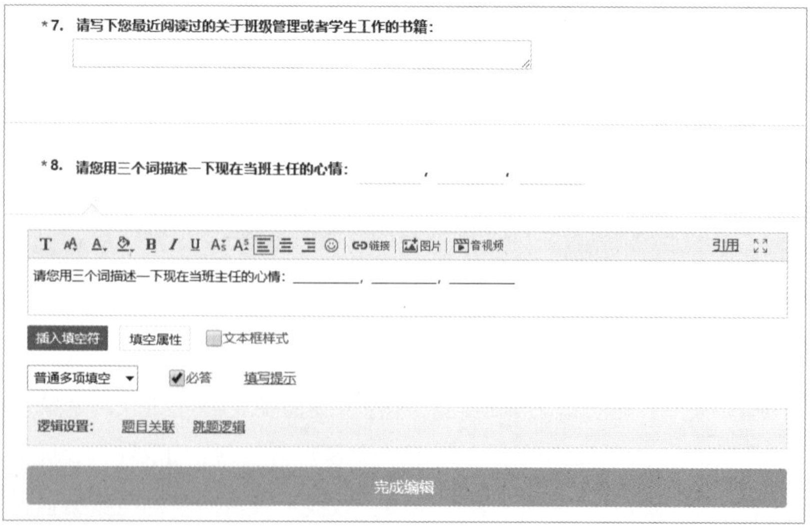

图 5-11　填空题

第五章　工善其事，必利其器——调查问卷的发放和数据录入

你可以自己尝试利用问卷星生成一份问卷，在这个过程中你会发现这个工具操作起来还是比较便捷的。网上也有很多视频或资料介绍问卷星怎样使用，在此不再赘述。

如果你的问卷已经用 word 编辑好了，你也可以选择创建问卷，导入文本，如图 5-12 所示。这种方式相对比较方便，但需要事先将选项的格式编辑好，这样在导入问卷的时候才不会出现大的偏差。

图 5-12　通过 Word 文档在问卷星中创建问卷

问题四：什么是编码？如何编码？

不管是线上问卷还是线下问卷，回收后都要对所获得的资料进行编码，以进行后期处理。

所谓编码，简单来说，就是要用特定代码或记号来代表问卷中的特定问题和特定答案。之所以需要编码，是因为只有把问题和答案都转化成对应的代码之后，才方便在计算机中用程序进行统计和处理。编码中使用的代码，可以用数字、字母或特殊的符号，或者它们的组合来表示。

编码工作既可以在设计问卷时进行（预编码），也可以在问卷收回后进行（后编码）。一般来说，在以封闭式问题为主的问卷中，往往采用预编码的方式；在以开放式问题为主的问卷中，由于答案形式不能提前预知，所以往往采用后编码的方式。

下面我们针对不同的问题类型列出相应的编码方法，供大家参考。

一、封闭式问题的编码方法

封闭式问题的答案是事先设计好的。一般来说，一个封闭式问题至少有两个或两个以

上的答案，被调查者只能选择答案中的特定选项。

例1：您的教龄[单选题]

A. 2年以下　　　　　B. 3～5年　　　　　C. 6～10年　　　　　D. 11～15年

E. 16～20年　　　　F. 21～25年　　　　G. 26年及以上

对于这类单选题，建议大家直接将A对应为1，B对应为2，C对应为3……以此类推，进行编码。不论在Excel中还是SPSS中，用数字进行编码，处理起来相对容易。

我们以第三章《全国中小学班主任工作现状调查问卷》中第一部分基本信息题的前4题为例，来介绍编码的方式，如表5-2所示。

表5-2　编码方式举例

原始题项	变量名称	变量标记	数值范围	对应编码与答案
第一部分：基本信息				
1	性别	V1	1～2	1—男；2—女
2	年龄	V2	1～5	1—答案1（25岁以下） 2—答案2（25～30岁） 3—答案3（30～35岁） 4—答案4（35～40岁） 5—答案5（40岁以上）
3	参加工作时的年龄	V3	1～5	编码1到5分别对应答案1～5
4	任班主任的年限	V4		后编码

同样地，对于量表类题项，一般来说，所有测量等级、程序内容的项目答案，都按从小到大的原则分派编码。比如："1"表示非常不喜欢，"2"表示不太喜欢，"3"表示一般，"4"表示比较喜欢，"5"表示非常喜欢，以此类推。

封闭式问题的调查问卷，在问卷回收后就可以直接录入电脑，这对调查来说是非常便捷、有效的。在调查问卷的设计中，尽可能多地使用封闭式问题，对于编码和统计来说是有利的。即便是那些事先不容易知道答案的问题，如购买某商品的地点类型、使用某商品的主要原因等，也可采用此类形式，如果对答案选项的完整性不太确定，可以在封闭式问题的答案中增加一个"其他"选项，保证被访者在没有答案可以选择的情况下，能够对答案进行补充。例如，第三章的问卷案例中第一部分基本信息题的第6题和第8题。

这里，我们再回头看第三章的问卷案例，第一部分基本信息题第4题是填空题，由于选项数字并不确定，所以无法进行预编码，只能进行后编码。但如果我们将这个填空题转化为选择题，那么录入和统计就更加方便了。

原题

4.任班主任年限：【　　】（请根据自己任班主任的实际年限填写）

修改后的题目

4. 任班主任年限：5 年以内□　5～10 年□　10～20 年□

　　　　　　　20 年以上□

二、开放式问题的编码方法

有一些问题，比如填空题或简答题，没有备选答案。这种开放性的答案，只能由统计者根据答案内容进行识别和分类，再进行编码，这种编码方式叫作"后编码"或者"再编码"。

例如，"请写下您最近阅读过的关于班级管理或者学生工作的书籍：＿＿＿＿＿＿。"这种开放性问题，被调查者需要用文字来叙述自己的回答。如果出现的书籍较少，种类在 10 种以内的话，我们可以将其分为 1～10，进行编码。例如：《A 书》——1；《B 书》——2；《C 书》——3……但如果出现 100 种以上的话，我们对其进行编码为 1～100 就不太合适了。这时候就需要对其进行事先分类，归类的标准需要自己判断，但是总的原则是编码不宜太多，否则在录入的过程中会有很大的麻烦。对于问卷调查来说，开放性问题建议少出现。从功能来看，开放性问题是对封闭性问题的补充，如果用封闭性问题已经能够完成我们的调查目标，我们就没有必要使用开放性问题。

问题五：使用 Excel 与 SPSS 录入数据时需要注意什么？

一、剔除无效问卷

无论用 Excel 还是 SPSS 进行数据录入之前，首先，我们需要剔除那些无效问卷，做到宁缺毋滥。

无效问卷有两类：一类是空白问卷或缺项问卷，如果有 20% 以上的问题没有作答，可以视为废卷处理，将这份问卷直接剔除，不予统计。

还有一种无效问卷，需要用"测伪题"来验证。测伪题，简单地说，就是问卷中的某两道题或几道题，如果第 1 道题选择 A 答案，第二道题就不可能选择 B 答案。但是如果发现被调查者第一道题选择了 A，第二道题却选择了 B，则我们认为被调查者没有认真作答，问卷可视为无效。

下面我们举例说明。

例如，调查问卷上有一个题目是：课堂上，老师让你们使用手机进行学习吗？（选择 A 选项的，2、3 题不用回答）。如果在录入的时候，你发现有同学第一道题选择了 A，但还继续回答了下面两道题，那么被调查者可能是没有看清题目就随意勾选的，这样的问卷应视为无效问卷。

二、在 Excel 中录入数据

我们以 Excel 为例来说明如何录入数据。假设现在有三道基本信息单选题，一道量表题，一道多选题，问卷如下。

1. 你的性别 [单选题] *

  A. 男   B. 女

2. 你所在的年级属于 [单选题] *

  A. 1 至 3 年级   B. 4 至 6 年级   C. 7 至 9 年级   D. 高一至高三

3. 你的成绩在班级属于以下哪个区间 [单选题] *

  A. 前 20%   B. 前 20%~40%   C. 前 40%~60%   D. 其他

4. 关于你日常使用手机的习惯，请在每一行中符合你实际情况的地方打"√"。

	从不	很少	有时	经常	总是
朋友或家人因为你玩手机而抱怨					
有人说你花了太多时间在手机上					
你试图向他人隐瞒你使用手机的时间					
你的手机费用超支					
你发现自己使用手机的时间比预想的要长					
你尝试想减少玩手机的时间，但做不到					
你觉得你玩手机的时间再多也不够					
当在信号不好的地方，你会担心错过了别人的电话					
你觉得关机对你来说很困难					
如果一段时间不去看微信或其他信息，你会觉得很焦虑					
如果手机不在身边，你会心神不宁					
如果没有手机，朋友们很难联系到你					
当感觉孤立无助时，你会用手机去排解					
当感到孤单时，你会玩手机去打发时间					
当感到沮丧时，你会用手机舒缓情绪					
你曾因为沉迷于手机而耽误了正事					
你因为玩手机而整日昏昏沉沉，无法自拔					

5. 在课堂上，你使用智能移动终端进行学习时，都使用过以下哪些功能？（多选）

  A. 签到   B. 查资料   C. 看学习视频   D. 听学习音频

  E. 抢答   F. 实时反馈   G. 学生讨论   H. 实时调查

  I. 上传资料   J. 投票   K. 实时互动答题   L. 课堂测试

  M. 其他（　　）

首先，在 Excel 中录入数据时，一般遵循一些基本规则，下面结合图 5-13 来进行具体说明。

1. 对每张问卷进行编号，并保证每张问卷的数据对应于 Excel 中的一行数据。

2. 第 1 列数据，通常是问卷的编号，可以用数字或者字母加数字的形式表示。在图 5-13 的问卷中可以看到，每一张问卷的编号分别是 S1，S2，S3……

3. 第 1 行，对应于一张问卷的每一道题的题项信息。例如，第 1 题调查的是性别，我们可以写上"1（性别）"，第 2 题调查的是年级，我们可以写上"2（年级）"，以此类推。第 4 题是量表题，该量表一共有 17 道题，那么每道题的编号可以记为"4（1）~ 4（17）"。在录入答案的时候，可用字母录入；对于单选题和多选题，直接将选项录入到表格中，量表类题项则按编码规则"从不 ~ 总是"对应"1 ~ 5"录入。最后的效果如图 5-13 所示。

4. 从第 2 行开始，每一行数据都对应着该编号的问卷中所有的答案数据。录入者将问卷的每道题依次录入即可。

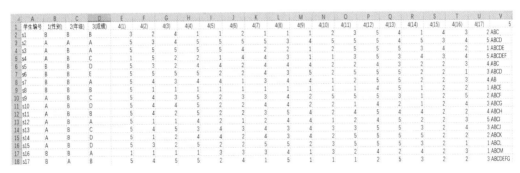

图 5-13　在 Excel 中录入的问卷

三、用 SPSS 如何录入

如果你只是想进行简单的描述性统计，用 Excel 就可以直接生成一些情况描述类图表。但是，如果你想做更深层次的解释性或者预测性研究的话，还需要将这些数据导入到 SPSS 或其他统计类软件中进行统计、分析。

SPSS（Statistical Product and Service Solutions），"统计产品与服务解决方案"软件。它是一款功能很强大的分析软件，广泛应用于自然科学、技术科学、社会科学、医学等各个领域。SPSS 的基本功能包括数据管理、统计分析、图表分析、输出管理等。SPSS 统计分析过程包括描述性统计、均值比较、一般线性模型、相关分析、回归分析、对数线性模型、聚类分析、数据简化、生存分析、时间序列分析、多重响应等。每一类分析又可以根据研究者的需要，使用不同的分析方法和过程。例如，回归分析中又分线性回归分析、曲线估计、Logistic 回归、Probit 回归、加权估计、两阶段最小二乘法、非线性回归等多个统计过程，而且每个过程中都允许用户选择不同的方法及参数。SPSS 还有专门的绘图系统，可以根据数据绘制各种图形。要熟练地掌握和应用 SPSS，需要有一定的统计学基础。

本书中，我们结合教育研究中最常用到的 SPSS 功能，进行简要介绍。

以 SPSS 20.0 为例，打开 SPSS 之后，可以看到两个视图，即数据视图和变量视图，如图 5-14 和图 5-15 所示。数据视图用于录入问卷数据，每一行对应一张问卷的数据，有多少张问卷，就应该录入多少行，与使用 Excel 录入数据的方法类似。录入完成的问卷如图 5-16 所示。

图 5-14　数据视图

图 5-15　变量视图

	V1	V2	V3	V4_1	V4_2	V4_3	V4_4	V4_5	V4_6	V4_7	V4_8	V4_9	V4_10	V4_11	V4_12	V4_13	V4_14	V4_15	V4_16	V4_17	V5
1	B	B	B	3	2	4	1	1	2	1	1	1	2	3	5	4	1	4	3	2	ABC
2	A	A	A	5	3	4	5	5	5	5	3	4	5	5	5	4	5	3	4	5	ABCD
3	A	B	A	5	5	5	5	5	4	2	2	1	2	5	5	5	3	4	2	1	ABCDE
4	A	B	C	1	5	2	2	1	4	4	3	1	1	3	5	3	4	3	4	5	ABCDEF
5	B	B	D	5	3	2	4	4	2	4	4	4	2	2	4	3	2	2	3	4	ABC
6	B	B	E	5	5	5	5	2	2	4	3	5	2	5	5	5	2	2	1	3	ABCD
7	B	C	A	5	4	3	4	4	1	3	4	4	1	2	5	5	2	2	3	4	AB
8	B	B	B	5	1	1	1	1	1	1	1	1	1	1	4	5	1	2	2	1	ABCE
9	A	B	C	5	4	3	5	2	3	3	4	2	5	5	5	3	1	2	5	2	ABCF
10	A	C	D	5	4	4	5	2	2	4	4	2	2	1	4	2	1	2	4	3	ABCG
11	A	B	B	5	4	2	5	2	2	3	5	4	2	4	5	4	4	2	2	4	ABCH
12	A	C	A	5	1	1	4	2	1	2	4	4	1	2	4	5	2	2	3	5	ABCI
13	A	B	C	5	4	5	3	4	3	4	3	4	3	3	5	5	3	2	4	3	ABCJ
14	A	B	D	5	1	2	4	4	2	4	3	4	2	5	5	5	5	2	2	2	ABCK
15	A	B	D	5	3	2	5	2	2	5	5	2	3	5	5	5	3	2	1	1	ABCL
16	B	B	A	1	1	1	1	3	3	3	4	1	3	2	4	2	4	2	3	1	ABCM
17	B	A	B	5	4	5	5	2	4	1	5	1	1	1	2	5	3	2	2	3	ABCDEFG

图 5-16　录入完成的 17 份问卷的数据截图

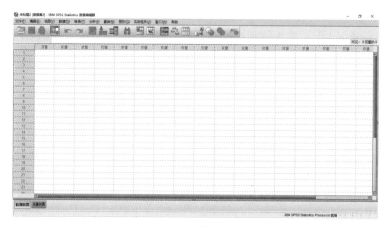

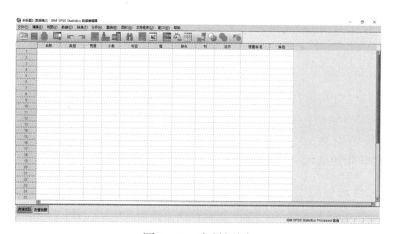

第五章 工善其事，必利其器——调查问卷的发放和数据录入

变量视图用于设置变量的名称和属性。在 SPSS 中，通常应该首先编辑变量视图，添加问卷中的变量，如图 5-17 所示。这里的变量，类似于 Excel 中的第一行数据，对应到每一道题的题项。一般我们会将多选题的每个选项作为一个独立的变量，比如一道多选题有 8 个选项，那么我们将这 8 个选项分别录入，如 8_A~8H，选中的值设为 1，没选中的设为 0。

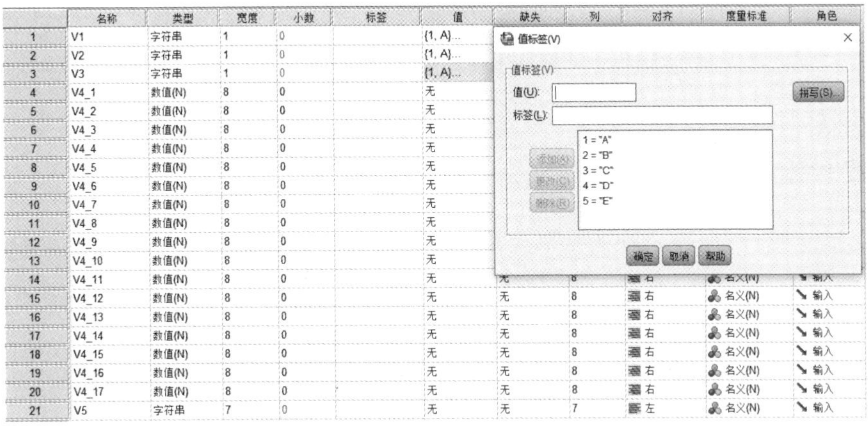

图 5-17 在变量视图中添加变量

需要注意的是，SPSS 当中的变量名称不可以有中文和括号等非法字符，我们不能像之前在 Excel 中那样，用"1（性别）"进行标注。为方便起见，可以采用 V1（Variable1）、V2、V3、V4_1~V4_17、V5 的形式进行变量命名，可以参考表 5-2 的编码设置。如果想对选项中的字母进行编码的话，可以在变量视图的"值"一列中进行操作，在值一栏中输入"1"，在标签栏中输入"A"，即完成将字母赋予"值"的编码过程。

在纸质问卷回收后，问卷的录入是一个非常辛苦的过程，这个过程不仅耗费时间和精力，还可能会出错。录入完毕后，需要他人再按照问卷依次核对。

如果使用问卷星发放问卷，我们可以将普通的默认报告直接下载到 Word 当中，在"分析 & 下载"页面下载答卷数据，下载到 SPSS（.sav），如图 5-18 所示。

图 5-18 用问卷星下载问卷数据到 SPSS

图 5-18　用问卷星下载问卷数据到 SPSS（续）

本章内容小结

本章我们了解了问卷的总体与样本的关系（知识检查点 5-1）、抽样的基本方法（知识检查点 5-2）、如何选择合适的样本量（知识检查点 5-3）、预编码和后编码的概念（知识检查点 5-4）；掌握了封闭性问题和开放性问题的编码（能力里程碑 5-1）、问卷星的基本操作（能力里程碑 5-2）、用 Excel 进行问卷数据录入（能力里程碑 5-3）、用 SPSS 进行问卷数据导入和录入（能力里程碑 5-4）。

本章内容的思维导图如图 5-19 所示。

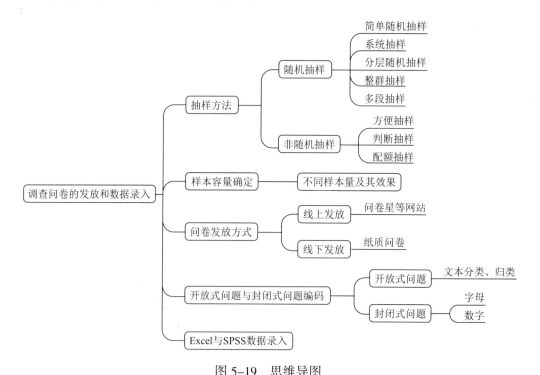

图 5-19　思维导图

自主活动：反思发放问卷时应注意的问题

请学习者在学习完本章内容后，进行自我反思，并记录个人学习心得。

小组活动：讨论录入问卷时应注意的细节

请学习者围绕本章的学习主题进行组内交流，并做好小组学习记录。

评价活动：评价本章知识与能力学习水平

一、名词解释

样本（知识检查点 5-1）

总体（知识检查点 5-1）

随机抽样（知识检查点 5-2）

非随机抽样（知识检查点 5-2）

预编码（知识检查点 5-4）

二、简述题

下面列出了 4 个抽样的例子，分别是方便抽样、简单随机抽样、整群抽样和系统抽样。请分别说出它们用的是哪种抽样方法（知识检查点 5-2）。

（1）将全年级 200 名学生的学号写成纸条，放入黑箱中，从中随机抽取 20 名同学作为调查对象。

（2）从五年级的 10 个班中，抽出 2 个班的同学进行体质健康情况调查。

（3）对学生论文进行抽样盲审时，调查者从编号为 1～9 的黑箱中抽取一个号码（例如 2），学号以该号码结尾的同学的论文被抽样盲审。

（4）调查者站在学校食堂门口，拦住路过的前 10 名同学，对他们进行关于食堂用餐问题的调查。

三、实践项目

根据前几章你所设计的问卷（指标、维度、题项和量表等），完成以下任务（能力里程碑 5-1、能力里程碑 5-2）。

（1）将问卷在 Word 中进行编辑，用于线下发放。

（2）用问卷星创建一份问卷，用于线上发放。

（3）将问卷（纸质版和电子版）发放给被调查者（可以先让你的同事或者朋友填写）。

（4）如果是纸质问卷，分别用 Excel 和 SPSS 进行数据录入工作。

（5）如果是问卷星平台的问卷，将数据下载到 SPSS 中。

第六章 言而有信，卓有成效——调查问卷的信效度分析

本章学习目标

在本章的学习中，要努力达到如下目标：
- 了解信度和效度的基本概念（知识检查点6-1）。
- 了解信度和效度有哪几种测量方法（知识检查点6-2）。
- 掌握在问卷的前、中、后期提高效度的方法（能力里程碑6-1）。
- 能够用SPSS分析调查问卷数据的信度和效度（能力里程碑6-2）。

本章核心问题

怎样测量调查问卷的信度和效度？如何在问卷调查的前、中、后期保证信度和效度？在SPSS中如何进行信度和效度的分析？

本章内容结构

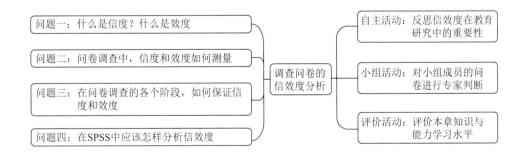

引言

关于问卷，经常会有人问，你设计的问卷可信吗？你的问卷结果靠谱吗？

作为研究者，如何让我们的问卷调查更加可信和有效呢？如何向别人证明我们的问卷结果可信、可靠呢？

事实上，误差是不可避免的。在问卷调查的过程中一定会有误差，在任何其他科学实验和研究中也一定会有误差。但研究者要做的是，尽可能把误差减小到我们可以控制和容忍的范围内，让研究结果尽可能地接近事实真相。

就问卷测量而言，误差主要来自两个方面：一是问卷实施过程中有关因素微小的随机波动而形成的具有相互抵偿性的误差，这是偶然误差，称为随机误差。二是由问卷的结构质量造成的误差，称为系统误差。随机误差没有固定的倾向，但是系统误差会使结果往一个方向偏离，这就需要我们去校正和消除。如何降低这些误差，才能使我们的问卷看起来更加可信、更加有效呢？这就需要我们在问卷调查的前期、中期和后期都注重信度和效度，并通过一些办法来尽可能地提高信度和效度。通过学习本章内容，能够使你的问卷更加地"言而有信""卓有成效"。

问题一：什么是信度？什么是效度？

在社会研究和教育研究中，保证研究的信度和效度是十分重要的。那么，什么是信度？什么是效度？

信度（Reliability），指测量结果的可信程度或者可靠度。试想，一个什么样的人是没有信度的，是不可靠的？一个不可信的人通常表现为见人说人话，见鬼说鬼话，两面三刀。也就是说，他所说的话前后不一致，相互矛盾。所以，信度通常体现为测量结果的一致性和稳定性。如果多次统计的测量结果没有太大的偏差，集中在一个区域，说明这个测量具有一致性和稳定性，也就是说具有较高的信度。

效度（Validity），指测量结果或结论的恰当性、价值性或者有效性。效度这个指标代表的是某个测量结果能够反映所要测量的特性的程度。测量结果要接近于实际结果才算有效。

举个例子来解释信度和效度的概念。你从商店里买了一个新的体重秤回家。假设你的真实体重在100斤左右。当你踏上这个体重秤，显示为130斤的，你觉得有点不可思议；你又称了一遍，显示为160斤；你称第三遍时，显示的是80斤。那这个体重秤的信度和效度如何？首先，从信度上来讲，这三次的结果出现了很大的偏差，完全不一致，说明这个体重秤是没有信度的，是不可靠的。那么，这个体重秤有效度吗？显然，这几个数值和真实的数值差得很多，所以是不准确的、无效的。

还拿这个体重秤举例，假设同一个人用这个体重秤称了3次体重，显示的重量分别是109斤、110斤、111斤。从这个结果看，还是比较一致的，所以这个体重秤的信度没有问题。但是和真实的体重相比，这个数值又往一个方向偏移了一些，和真实的体重有些差距，因而是无效的。

简而言之，有信不一定有效，但有效一定有信。图6-1形象地给出了信度和效度的关系。图6-1中，每个靶的靶心代表所期望的值（理论真实值），每个点代表了一个独立测量的分数或结果。

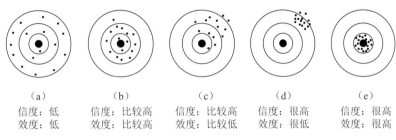

图6-1 信度和效度的关系

信度和效度是评价任何一种测量工具的主要指标。一份好的问卷，不仅要保证在多次使用的情况下得到稳定一致的结果，即可靠性（信度）；还应保证它所测量的结果能够反映它想测量的客观结果，即有效性（效度）。

问题二：问卷调查中，信度和效度如何测量？

要想知道一份问卷设计得是否合理，我们可以采用问卷的信度和效度来进行评估。在问卷的试测阶段，可以通过信效度检验，及时发现问卷中的问题，对问卷进行改进。

一、调查问卷的信度检验

信度是反映问卷测量结果的可靠性与稳定性的指标。测量信度的指标多以相关系数来表示，大致可分为三类：稳定系数（跨时间的一致性）、等值系数（跨形式的一致性）和内在一致性系数（跨项目的一致性）。

1. 重测信度法

重测信度法是用同样的问卷对同一组被调查者间隔一定时间重复施测，计算两次测量结果的相关系数。两次测量结果的相关性越大，则信度越好。重测信度法既适用于事实性问卷，也适用于态度类问卷。但这种测量也存在局限性，如果间隔时间长，会受环境影响；如果间隔时间短，会受记忆影响。

2. 复本信度法

复本信度法是让同一组被调查者一次填答两份问卷复本，计算两个复本的相关系数。复本信度系数也叫等值性系数（Coefficient of Equivalence）。所谓复本，通常是根据相同的设计说明分别独立编制的两个平行问卷,即题目不同但是内容相似的两份问卷。

复本信度法的局限性在于,被调查者填写问卷时会由于题目相似,出现顺序效应,会受到"练习"的影响;复本信度只能反映问卷内容所造成的误差,无法反映答卷者本身所造成的误差。复本信度法要求两个复本除表述方式不同外,在内容、格式、难度和对应题项的提问方向等方面要完全一致,而在实际调查中,很难使调查问卷达到这种要求,因此这种方法较少采用。

3. 分半信度法

分半信度也叫折半信度,其计算方法是将问卷的题目分成对等的两部分,分别求出两部分题目的总分,再计算总分的相关系数。分半的方法很多,一般是将奇数题和偶数题各作为一半,而非前后分半,目的是避免顺序效应。使用分半信度时要注意两点:一是问卷题目所测的应是同一种特质;二是两半题目应是等值的。

分半信度属于内在一致性系数,测量的是两半题项得分间的一致性。这种方法一般不适用于事实性问卷(如年龄与性别无法相比),常用于态度、意见类问卷的信度分析。在问卷调查中,态度测量最常见的形式是5级李克特(Likert)量表。

4. 克隆巴赫信度系数法

克隆巴赫信度系数法是对分半信度法的改进,是最常用的信度检验方法。克隆巴赫信度系数(Cronbach's α 系数),简称 α 系数,是 Cronbach 于1951年创立的,用于评价问卷的内部一致性。α 系数的取值在 0 到 1 之间,α 系数越高,信度越高,问卷的内部一致性越好。α 系数不仅适用于两级记分的问卷,还适用于多级计分的问卷。关于 α 系数的测量,我们将在本章问题四中介绍。

二、问卷调查的效度检验

对于一份问卷来说,效度比信度更加重要。所谓问卷的效度检验,是指问卷测量结果的有效性分析。通过效度检验,能够计算出测量结果能够反映客观现实的程度。效度检验的方法和分类有很多种,目前被广泛采用的是弗兰士(J. W. French)和米希尔(B. Michel)提出的分类方法,他们将效度分为内容效度、结构效度和效标效度。

1. 内容效度

问卷的内容效度是指问卷内容的贴切性和代表性,即问卷内容能否反映所要测量的特征,能否达到测验目的。内容效度常以题目分布的合理性来判断,属于逻辑分析,所以,内容效度也称为"逻辑效度""内在效度"。

内容效度的评价主要通过经验判断来进行,通常考虑以下三方面的问题:

（1）问卷所调查的内容是否贴合研究的主题；
（2）问卷所包含的项目是否符合之前设定的维度；
（3）问卷题目的构成比例是否恰当。

内容效度的检验方法通常有两种：逻辑分析法和统计分析法。

逻辑分析法，也就是专家法，即请研究者或有关专家对问卷题目与原来的内容范围的符合度进行分析，做出判断，看问卷题目是否较好地代表了原来的内容。

统计分析法通常用在量表题的效度检验上，最常用的是单项与总和相关效度分析法，即计算每个题项的得分与题项总分的相关系数，根据相关性是否显著来判断是否有效。若量表中有反意题项，应将其逆向处理后再计算得分。通过计算某个问题与去掉此问题后总得分的相关性情况，分析该问题是否需要被剔除。

2. 结构效度

结构效度是指测量结果体现出来的某种结构与测值之间的对应程度。

效度分析最理想的方法是利用因子分析测量量表或整个问卷的结构效度。因子分析的主要功能是从量表的全部变量（题项）中提取一些公因子，各公因子分别与某一群特定变量高度关联，这些公因子即代表了量表的基本结构。通过因子分析可以考察问卷是否能够测量出研究者设计问卷时假设的某种结构。在因子分析的结果中，用于评价结构效度的主要指标有累积贡献率、共同度和因子负荷。累积贡献率反映公因子对量表或问卷的累积有效程度，共同度反映由公因子解释原变量的有效程度，因子负荷反映原变量与某个公因子的相关程度。本书将介绍最常用的一种分析方法——探索性因子分析。

3. 效标效度

一般来说，在教育研究中，我们用的最多的就是内容效度和结构效度，效标效度的前提是得有一个有效的外在标准，教育研究中成熟的标准量表很少见，所以一般情况下我们不太会使用效标效度，而是注重内容效度和结构效度。

问题三：在问卷调查的各个阶段，如何保证信度和效度？

要使我们的问卷测量结果在整体上具有比较高的信度和效度，关键在于提高问卷中每一个具体问题的效度和信度，以及问卷操作过程的效度和信度。

下面我们从问卷调查的前期和中后期分别介绍应该如何保证内容效度和结构效度。

一、问卷调查的前期

问卷调查的前期包括选题、问卷设计，在这个阶段，我们通常需要考虑内容效度。

问卷调查前期，对内容效度的评价方法是"专家判断法"。其工作思路是请专家或同行对测验题目与原定内容范围的吻合程度做出判断。首先让专家或同行明确测验目的及测验内容的范围；其次确定每个题目所测的内容，并与测验编制者所列的双向细目表对照；最后考查题目对所定义的内容范围的覆盖率、判断题目难度与能力要求之间的差异等。

总的来说，在问卷调查前期，我们需要在选题和问卷设计时遵循某些标准和原则，这至少能保证我们的问卷在设计完成后本身就是有效的。为什么我们还需要专家或同行做出判断？人与人的知识程度、对题目的理解、逻辑思维是不一样的，我们在设计问卷的时候往往会陷入定式思维，可能有时看再多遍都发现不了问题。正所谓"当局者迷，旁观者清"，专家可以从理论的高度上给出指导，同行则可以从实践的角度提出建议，这样在发放问卷前就可以保证一定的效度了。

二、问卷调查的中后期

问卷调查的中期是指数据发放及数据录入阶段。问卷在正式发放前，建议做一次小范围的前测，比如最后大样本为200个，那么前测的样本为30～50个。在前测的时候我们需要对数据进行信效度分析和项目分析，如果发现不合适的问题，在正式发放前可以即时调整或者删除。在问卷的前测和正式调研之后，都会涉及信效度的分析，前测的信效度分析主要是判断内容是否还需要修改，正式调研后的信效度分析用于进一步验证我们做的这件事是科学、有效的。

在问卷发放的过程中，什么样的因素会影响我们的效度呢？在此列举以下几种供大家参考：

1. 被调查者的特征；
2. 被调查者的态度；
3. 无效问卷；
4. 调查的时间和地点；
5. 问卷的发放形式；
6. 潜意识里面的经验。

可能还有更多因素会影响到问卷的效度，比如说，一般我们填写纸质问卷会比填写在线问卷要认真，那么这就可能导致效度不一样。实际上，在英国等欧洲国家，做教育研究的学者更加偏向于使用纸质问卷去调查，他们认为人们在填写纸质问卷时会更加专注。被调查者的特征也很重要，比如你设计一份问卷给小学生和给教师是不一样的，试想一下，如何让小学生认真、科学、专注地填写问卷，这本身就是一件很有挑战性的事情。调查的时间和地点同样重要，在一个轻松愉快的环境中和在一个紧张压抑的环境中填写问卷是不一样的感受，如果被调查者很忙的时候你丢给他一份调查问卷，并让他两分钟内填完，他会不会好好填呢？还有，潜意识的经验也是很有意思的事情，比如说，大家通常会认为经常玩手机、玩游戏的学生就不是好学生，这种潜在的意识也会影响到问卷的效度。问卷调查都是与人打交道，因此想要获得一份好的问卷，必须"天时地利人和"，也就是好的时机、好的环境加上认真填写的被调查者，做到这一点，那么我们的问卷在发放的过程中，其效度也就有了保障。

问题四：在 SPSS 中应该怎样分析信效度？

以大学生手机使用情况调查问卷中的数据为例，被调查者是教师，截取了 27 道题。这个问卷的量表题项有 17 项，引用的是已经比较成熟的 MAPI 量表（手机成瘾指数量表）。本书中将这个成熟的量表作为例子，你可以感受到问卷前期设计的维度指标与后期数据分析之间的关系，也会更加清楚为什么在设计阶段不要设置过多的题目。

一、信度——Cronbach's α 系数

先从信度说起。信度是比较容易测量的一个指标，一般采用 Cronbach's α 系数。通常来说，这个系数在 0.8 以上，该问卷才具有使用价值。打开 SPSS 20.0 软件，选择"分析"→"度量"→"可靠性分析"，如图 6-2 和图 6-3 所示。

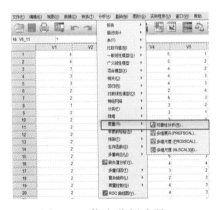

图 6-2　信度分析步骤 1

图 6-3　信度分析步骤 2

将量表的题项添加到"项目"中，注意，这里仅仅是将量表提取出来了，在实际情况中，问卷还有一些基本信息题以及其他题型，需要将量表的题项单独提取出来。

点击"确定"按钮，在输出文档中将会看到两张表：一张是案例处理汇总表，另一张是可靠性统计量表，如图 6-4 所示。案例处理汇总表可以帮助我们排查是否有无效问卷，可靠性统计量表就是我们要测量的信度——Cronbach's α 系数。因此，可以得出结论，问卷信度为 0.905，信度很高。

你可能还会比较好奇,旁边的"统计量"是用来做什么的呢?对我们来说比较有用的是这一项:"描述性"→"如果项已删除则进行度量",如图6-5和图6-6所示。

→ 可靠性

[数据集4] C:\Users\ロロ\Desktop\ロロロロロロ.sav

标度:所有变量

案例处理汇总

		N	%
案例	有效	272	99.6
	已排除a	1	.4
	总计	273	100.0

a. 在此程序中基于所有变量的列表方式删除。

可靠性统计量

Cronbach's Alpha	项数
.905	17

图6-4 信度分析结果

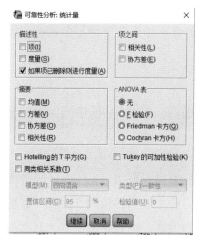

图6-5 更改选项

项总计统计量

	项已删除的刻度均值	项已删除的刻度方差鈜	校正的项总计相关性	项已删除的Cronbach's Alpha值
朋友或家人因为你玩手机而抱怨	44.10	142.339	.519	.901
有人说你花了太多时间在手机上	44.09	138.958	.626	.898
你试图向他人隐瞒你使用手机的时间	44.63	141.013	.501	.902
你的手机费用超支	44.48	139.317	.575	.899
你发现自己使用手机的时间比预想的要长	43.66	140.021	.539	.901
你尝试想减少玩手机的时间,但做不到	43.70	137.940	.592	.899
你觉得你玩手机的时间再多也不够	44.20	135.706	.651	.897
当在信号不好的地方,你会担心错过了别人的电话	43.93	138.819	.539	.901
你觉得关机对你来说很困难	44.03	134.514	.611	.898
如果一段时间不去看微信或其他信息,你会觉得很焦虑	43.90	134.112	.715	.895
如果手机不在身边,你会心神不宁	43.76	137.131	.610	.898
如果没有手机,朋友们很难联系到你	43.24	143.373	.412	.904
当感觉孤立无助时,你会用手机去排解	43.42	139.560	.518	.901
当感到孤单时,你会玩手机去打发时间	43.25	140.019	.521	.901
当感到沮丧时,你会用手机舒缓情绪	43.51	138.817	.558	.900
你因为沉迷于手机而耽误正事	44.25	138.682	.574	.899
你因为玩手机而昏昏沉沉或无法自拔	44.41	137.640	.608	.898

图6-6 更改选项后的结果

看最后一列的值，如果删除了某道题之后发现信度有明显提高，说明该题可能不太合适。可以看到，在这个案例中，删除每个题项，信度都不会有太大变化，说明稳定性很好，也没有题项严重偏离主题。如果在实践中，发现删除某道题之后信度值提高了 0.2 以上，那么就需要考虑这道题设置得是否合理了。

二、效度

效度的检测相比于信度要复杂很多。

手机成瘾指数量表（MPAI）由 17 个项目组成，包括 4 个因子（实际上就是维度）：失控性（指使用者在手机上花费大量时间而不能自控）、戒断性（指无法正常使用手机时出现挫败的情绪反应）、逃避性（指利用手机逃避孤独焦虑等现实问题）和低效性（指因过度使用手机而影响到日常生活和学习）。

假如我们是研究人员，设计了 17 个题项，但是并不知道这些题项属于哪个因子，或者根本不知道题项应该浓缩成几个因子，这时可以采用探索性因子分析，这是一种评价问卷结构效度的方法。这种方法最后会生成题项和因子的对应关系。将软件生成的对应关系与专业预期进行对比，如果两者基本一致，则说明问卷结构效度良好，如图 6-7 和图 6-8 所示。

选择"降维"→"因子分析"，将量表题项添加到变量当中。

图 6-7　效度分析步骤 1

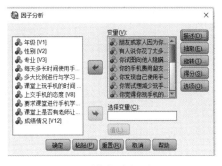

图 6-8　效度分析步骤 2

选择"描述"→"原始分析结果"和"KMO 和 Bartlett 的球形度检验"。选择"抽取"→"主成分分析法""相关性矩阵""未旋转的因子解""碎石图""基本特征值大于'1'"。

选择"旋转"→"最大方差法",输出选择"旋转解",如图 6-9、图 6-10、图 6-11 所示。全部设置完成后点击"确定"按钮。

图 6-9　效度分析步骤 3　　　图 6-10　效度分析步骤 4　　　图 6-11　效度分析步骤 5

下面对本案例的输出结果进行描述。

1. KMO 和 Bartlett 的球形度检验

KMO（Kaiser-Meyer-Olkin）检验统计量是用于比较变量间简单相关系数和偏相关系数的指标。KMO 值越接近于 1,意味着变量间的相关性越强,原有变量越适合做因子分析。如果你看不懂这么专业的术语,没关系,你只需要知道如下几点即可：KMO 值在 0.9 以上表示非常适合做因子分析；0.8 表示适合；0.7 表示一般；0.6 表示不太适合；0.5 以下表示极不适合。以图 6-12 为例,KMO 值为 0.882,表示适合做因子分析。KMO 值是一个前提,只有这个值合适了,才能进入探索性因子分析阶段。本案例的 KMO 值如图 6-12 所示。

KMO和Bartlett的检验

取样足够度的Kaiser-Meyer-Olkin度量		0.882
Bartlett的球形度检验	近似卡方	2349.153
	df	136
	Sig.	.000

图 6-12　KMO 检验值

2. 解释的总方差

方差解释率指因子可以解释题项的信息量的情况,例如,某因子的方差解释率的值为 20%,说明该因子可以解释所有题项 20% 的信息量；累积方差解释率指多个因子方差解释率的累积,如图 6-13 所示。

成分	初始特征值			提取平方和载入			旋转平方和载入		
	合计	方差的 %	累积 %	合计	方差的 %	累积 %	合计	方差的 %	累积 %
1	6.812	40.070	40.070	6.812	40.070	40.070	3.003	17.665	17.665
2	2.033	11.958	52.027	2.033	11.958	52.027	2.827	16.627	34.292
3	1.362	8.014	60.041	1.362	8.014	60.041	2.732	16.072	50.364
4	1.070	6.295	66.336	1.070	6.295	66.336	2.715	15.972	66.336
5	.809	4.758	71.094						
6	.680	4.001	75.095						
7	.643	3.784	78.879						
8	.559	3.286	82.165						
9	.508	2.990	85.155						
10	.463	2.724	87.879						
11	.426	2.505	90.384						
12	.388	2.285	92.669						
13	.299	1.757	94.427						
14	.269	1.582	96.009						
15	.238	1.402	97.411						
16	.233	1.371	98.782						
17	.207	1.218	100.000						

注意：提取方法为主成分分析。

图 6-13 解释的总方差结果示意图

从案例来看，经过数据分析，发现问卷分为 4 个因子比较合适（这是因为我们在之前将特征根值的要求设为大于 1 决定的。特征根值通常使用旋转后，以大于 1 作为标准），累积方差解释率通常使用旋转后，以大于 50% 作为标准。特征根值由旋转平方和载入 4 个因子的方差解释率为 66.336%，各因子方差解释率为 17.665%、16.627%、16.072%、15.972%。

3. 旋转成分矩阵

旋转成分矩阵的输出结果如表 6-1 所示。首先一行一行地看，将每一行中最大的数加粗。然后将大于 0.4 的数也加粗。这个数字代表的是题项与因子的相关性，数字越大，代表题项与某个因子越相关，也就意味着题项应该属于那个因子。一般来说，如果相关大于 0.4，我们就认为是可以选择的。需要注意的是，如果一行中标了两个甚至三个数值，我们称其为"纠缠不清"的现象，暂且都先加粗。

表 6-1　旋转成分矩阵

	成分			
	1	2	3	4
1. 朋友或家人因为你玩手机而抱怨	.252	.820	.048	.012
2. 有人说你花了太多时间在手机上	.202	.786	.126	.240
3. 你试图向他人隐瞒你使用手机的时间	.138	.450	-.094	.605
4. 你的手机费用超支	.347	.489	-.072	.451
5. 你发现自己使用手机的时间比预想的要长	.052	.639	.316	.220
6. 你尝试减少玩手机的时间，但做不到	.038	.501	.352	.449
7. 你觉得你玩手机的时间再多也不够	.319	.451	.144	.485
8. 当在信号不好的地方，你会担心错过了别人的电话	.641	.168	.061	.271
9. 你觉得关机对你来说很困难	.737	.228	.027	.278
10. 如果一段时间不去看微信或其他信息，你会觉得很焦虑	.749	.206	.238	.289
11. 如果手机不在身边，你会心神不宁	.737	.149	.283	.131
12. 如果没有手机，朋友们很难联系到你	.619	.039	.381	-.113
13. 当感觉孤立无助时，你会用手机去排解	.233	.087	.849	.081
14. 当感到孤单时，你会玩手机去打发时间	.188	.196	.843	.027
15. 当感到沮丧时，你会用手机舒缓情绪	.173	.088	.820	.246
16. 你因为沉迷于手机而耽误正事	.163	.118	.206	.796
17. 你因为玩手机而昏昏沉沉或无法自拔	.256	.129	.152	.799

3、4、6、7 题存在"纠缠不清"的现象，从文字上去观察 1～7 题可以发现，其实在问卷设置时它都是在围绕"不能控制手机使用时间"这件事进行描述。所以将 1～7 题都归为一类，现在以题号为顺序重新梳理一下各个因子（1 和 2 调换一下）。

第一个因子是 1～7 题，第二个因子是 8～12 题，第三个因子是 13～15 题，第四个因子是 16、17 题。对这 4 个因子进行归纳，分别对应了我们最开始说的 4 个维度：失控性、戒断性、逃避性和低效性，这就是探索性因子分析的流程。

将这三步汇总成一个表格，然后给出效度分析在话语上的描述，如表 6-2 所示。

表 6-2 旋转成分矩阵整理

因子（维度）	题项	因子载荷系数			
		1	2	3	4
失控性 （Inability to Control Craving）	A1. 朋友或家人因为你玩手机而抱怨	.820	.252	.048	.012
	A2. 有人说你花了太多时间在手机上	.786	.202	.126	.240
	A3. 你试图向他人隐瞒你使用手机的时间	.450	.138	−.094	.605
	A4. 你的手机费用超支	.489	.347	−.072	.451
	A5. 你发现自己使用手机的时间比预想的要长	.639	.052	.316	.220
	A6. 你尝试减少玩手机的时间，但做不到	.501	.038	.352	.449
	A7. 你觉得你玩手机的时间再多也不够	.451	.319	.144	.485
戒断性 （Feeling Anxious & Lost）	B8. 当在信号不好的地方，你会担心错过了别人的电话	.168	.641	.061	.271
	B9. 你觉得关机对你来说很困难	.228	.737	.027	.278
	B10. 如果一段时间不去看微信或其他信息，你会觉得很焦虑	.206	.749	.238	.289
	B11. 如果手机不在身边，你会心神不宁	.149	.737	.283	.131
	B12. 如果没有手机，朋友们很难联系到你	.039	.619	.381	−.113
逃避性 （Withdrawal/Escape）	C13. 当感觉孤立无助时，你会用手机去排解	.087	.233	.849	.081
	C14. 当感到孤单时，你会玩手机去打发时间	.196	.188	.843	.027
	C15. 当感到沮丧时，你会用手机舒缓情绪	.088	.173	.820	.246
低效性 （Productivity Loss）	D16. 你因为沉迷于手机而耽误正事	.118	.163	.206	.796
	D17. 你因为玩手机而昏昏沉沉或无法自拔	.129	.256	.152	.799
方差解释率		16.627%	17.665%	16.072%	15.972%
累积方差解释率		16.627%	34.292%	50.364%	66.336%
KMO 值					0.882

从这张总表可以得知，对手机成瘾量表来说，在使用探索性因子分析进行结构效度验证时，KMO 值为 0.882，大于 0.7，说明量表题项具有良好的结构性，适合做探索性因子分析。探索性因子分析提取出 4 个因子，旋转后的方差解释率为 16.627%、17.665%、16.072%、15.972%，累积方差解释率为 66.336%，因子可以有效地提取研究量表题项信息。另外，各个题项对应的因子载荷系数均高于 0.4，最低值为 0.450，且大部分在 0.6 以上，说明题项与因子之间有良好的对应关系，题项与因子的对应关系符合专业知识情况，因而说明手机成瘾量表具有良好的结构效度，研究数据可用于后期研究使用。

本章内容小结

本章我们学习了什么是信度和效度（知识检查点 6-1）及信度和效度的测量方法（知识检查点 6-2），掌握了在不同阶段提高效度的方法（能力里程碑 6-1），并且学习了在 SPSS 中如何通过数据分析问卷的信效度（能力里程碑 6-2）。

本章内容的思维导图如图 6-14 所示。

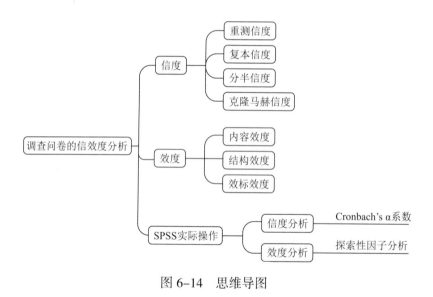

图 6-14　思维导图

自主活动：反思信效度在教育研究中的重要性

请学习者在学习完本章内容后，进行自我反思，并记录个人学习心得。

小组活动：对小组成员的问卷进行"专家判断"

请学习者围绕本章的学习主题进行组内交流，并做好小组学习记录。

评价活动：评价本章知识与能力学习水平

一、名词解释

信度（知识检查点6-1）

效度（知识检查点6-1）

内容效度（知识检查点6-2）

结构效度（知识检查点6-2）

效标效度（知识检查点6-2）

二、简述题

1. 你觉得教育研究中适合用哪种方法去测量信度和效度（知识检查点6-1、知识检查点6-2）？

2. 在设计问卷和发放问卷的不同阶段，你可以怎样做来保证问卷的效度，请举例说明（能力里程碑6-1）。

三、实践项目

用第五章中SPSS录入好的数据，对你的问卷中的量表进行信效度分析，并将结果写在文档中（能力里程碑6-2）。

第七章 明白易晓，审思明辨——调查问卷常用的统计与分析方法

本章学习目标

在本章的学习中，要努力达到如下目标：
- ◆ 了解描述性统计中常用的统计量（知识检查点 7-1）。
- ◆ 了解差异分析的相关概念和基本方法（知识检查点 7-2）。
- ◆ 了解相关分析的概念和基本方法（知识检查点 7-3）。
- ◆ 了解回归分析的概念和基本方法（知识检查点 7-4）。
- ◆ 能够用 SPSS 进行描述性统计和分析（能力里程碑 7-1）。
- ◆ 能够用 SPSS 进行差异分析（能力里程碑 7-2）。
- ◆ 能够用 SPSS 进行相关分析（能力里程碑 7-3）。
- ◆ 能够用 SPSS 进行回归分析（能力里程碑 7-4）。

本章核心问题

问卷调查的统计一般从哪些方面去考虑？问卷的统计分析思路有哪些？

本章内容结构

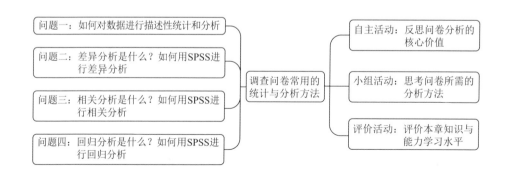

第七章　明白易晓，审思明辨——调查问卷常用的统计与分析方法

引言

通过前面的学习，我们已经完成了问卷的选题、设计、发放和数据收集工作，接下来最重要的任务就是对问卷的数据进行统计和分析，以达到调查目标。应该如何对数据进行统计和分析呢？从调查问卷的目的来看，如果只是想了解一下情况或现状，那么只需要做一般的描述性统计就可以了。本章的问题一将介绍描述性统计的常用方法，并借助 SPSS 来完成描述性统计和分析。如果还想进一步探讨某些特征变量之间的关系，并进行解释性或预测性的研究，那么我们可能需要用到差异分析、相关分析、回归分析等方法，本章将在问题二、问题三、问题四中介绍这几种分析方法。

问题一：如何对数据进行描述性统计和分析？

描述性统计是统计分析中最常用的分析方法，是对数据进一步分析的基础。它对数据的结构和总体情况进行描述，通过描述性统计分析，能够让研究者清晰、直观地掌握和了解样本数据的统计特征和总体分布形态。

常见的描述性统计分析方法包括频数分布分析、集中趋势分析、离散程度分析等。描述性分析的结果通常以图表的形式来呈现，常用的有柱状图、条形图、散点图、雷达图、直方图、交叉表等。

一、频数分布分析

"这次考试，成绩在 90 分以上的同学有 5 个，占班级总人数的 12.5%；不及格的有 4 个，占总人数的 10%"。这是教师分析考试成绩时最常说的话，是教师对考试成绩分布状况的一种频数分布描述。

频数（Frenquency），指变量值落在某个区间或者某个取值点的个数。和频数分不开的概念是频数分布，即某一事件发生的次数除以总的事件数，频数分布情况通常用比例或者百分比表示。在进行频数分析的时候，通常可以采用图形或表格来呈现数据的可视化结果，用 Excel 或 SPSS 这样的数据分析工具都可以。

本书中，我们用 SPSS 来举例。我们使用的数据来自教材练习数据（练习数据的获取方式见前言），本例对第一题的问卷数据进行频数分析，看看各年级的人数占比。打开我们的练习数据，在 SPSS 的菜单中选择"分析"→"描述统计"→"频率"，如图 7-1 所示。将"年级 [V1]"放入"变量"中，点击"确定"按钮，如图 7-2 所示。

图 7-1 频数分析步骤 1

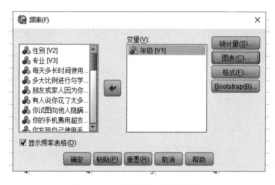

图 7-2 频数分析步骤 2

查看结果,如图 7-3 所示。从图中可以看出,参加调查的一共有 273 人,大一学生有 10 人,占总人数的 3.7%;大二学生有 115 人,占总人数的 42.1%……通过累积百分比,可以得出各年级百分比逐级累加起来的结果。

年级

		频率	百分比	有效百分比	累积百分比
有效	大一	10	3.7	3.7	3.7
	大二	115	42.1	42.1	45.8
	大三	58	21.2	21.2	67.0
	大四	90	33.0	33.0	100.0
	合计	273	100.0	100.0	

图 7-3 频数分析结果示意图

SPSS 也可以直接生成图表,我们回到图 7-2 所示的步骤,点击"图表"按钮,将图表类型中的"条形图""饼图""直方图"分别选中(选择"直方图"时勾选"在直方图上显示正态曲线"),并输出查看效果,如图 7-4、图 7-5、图 7-6 所示。生成图的时候是没有数据标签的,需要双击图形,在"元素"栏中选择"显示数据标签"选项。可以看出,SPSS 生成的图形并不美观。如果想让图形更加美观,可以用 Excel 或者其他做图软件、平台来画图。

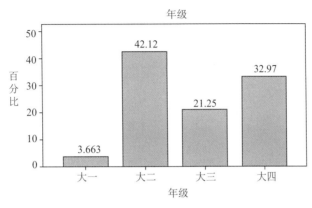

图 7-4 SPSS 条形图

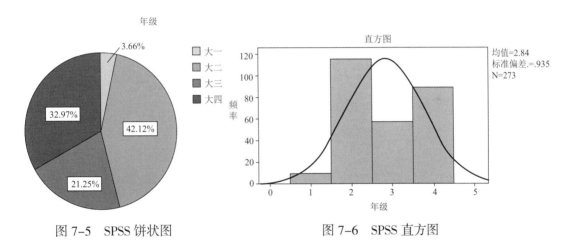

图 7-5 SPSS 饼状图 图 7-6 SPSS 直方图

对多选题进行频数分析的时候,在录入多选题的每个选项之后,首先需要定义变量集,以练习数据中的 V13"你为什么在课堂上玩手机,请在符合你情况的选项前打勾"为例。选择"分析"→"多重响应"→"定义变量集",如图 7-7 所示。将 V13_1 ~ V13_8 这 8 个选项均加入到"集合中的变量"。在"将变量编码中"选择"二分法",计数值为 1,这里是为了对应每个选项的值标签"有 =1, 无 =0"。名称写 V13 即可,标签可以写题项的文字。点击"添加"按钮,右侧的多响应集会出现"$V13"这一新的变量集,如图 7-8 所示。

图 7-7　多选题频数分析步骤 1

图 7-8　多选题频数分析步骤 2

操作完成这一步之后，再回到"分析"→"多重响应"，会发现原来不能点击的"频率"和"交叉表"选项均可点击，如图 7-9 所示。选择"频率"选项，将响应集"$V13"添加到"表格"中，点击"确定"按钮生成结果，如图 7-10 和图 7-11 所示。如果要使生成的图形更加美观，同样可以在 Excel 等其他制图软件中进行优化。

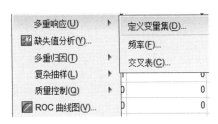

图 7-9 多选题频数分析步骤 3

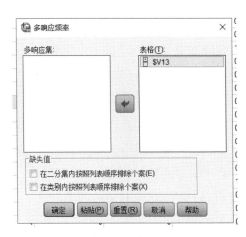

图 7-10 多选题频数分析步骤 4

$V13频率

		响应		个案百分比
		N	百分比	
你为什么在课堂上玩手机，请在符合你情况的选项前打勾？	习惯了，就是要时不时拿起手机看一下	120	15.6%	44.1%
	课程内容太枯燥和无聊了，就玩一会儿手机	172	22.3%	63.2%
	课程太简单了，听不听对最后成绩没啥影响	55	7.1%	20.2%
	需要处理微信、短信或邮件等	120	15.6%	44.1%
	旁边同学在玩，自己也玩一下	167	21.7%	61.4%
	反正也听不明白，就拿手机看别的	96	12.5%	35.3%
	反正老师也不管，玩一会儿没关系	40	5.2%	14.7%
	其他（ ）	1	0.1%	0.4%
总计		771	100.0%	283.5%

图 7-11 多选题频数分析表格

二、集中趋势分析和离散趋势分析

集中趋势的统计量主要有平均数、中位数和众数。

离散趋势的统计量主要有方差、标准差、极差、最小值、最大值和均值标准误差。

关于平均数、中位数和众数的概念，这里不多做介绍，我们着重说一下方差、标准差和均值标准误差的意义。方差是每个样本数与平均值的差的平方和的平均数，标准差是方差的算术平方根。样本的方差和标准差越大，说明各样本的值之间的差异越大，距离均值的离散程度越大。

样本数据是从总体数据中抽取出来的，虽然样本数据在一定程度上可以反映总体数据的特征，但在每一次抽样中所得的样本均值是不同的，并且它们与总体均值间还存在差异。均值标准误差就是描述样本均值与总体均值之间平均差异度的统计量，即样本均值的标准差。在问卷统计分析中，只有定量数据，才可以分析它们的集中趋势和离散趋势。

下面将对练习数据中的一道量表题进行分析，以练习数据中的第一题"朋友或家人因为你玩手机而抱怨"为例。选择"分析"→"描述统计"→"描述"，将V6_1放入变量当中，在选项当中勾选均值和离散的所有统计量，如图7-12所示，点击"确定"按钮，输出结果如图7-13所示。

图7-12　操作过程

描述统计量

	N	全距	极小值	极大值	均值		标准差	方差
	统计量	统计量	统计量	统计量	统计量	标准误	统计量	统计量
朋友或家人因为你玩手机而抱怨	273	4	1	5	2.56	.060	.995	.990
有效的N（列表状态）	273							

图7-13　输出结果

量表的均值能告诉我们什么呢？这里使用的是五级量表，这一题的均值为2.56，是一个居中的情况。一般在分析量表的时候，都会重新计算几个变量。首先计算量表的平均得分变量，以及在效度分析时各维度的平均得分变量。

选择"转换"→"计算变量""目标变量""量表平均得分"，数字表达式可以将每个题目输出、相加，再除以17："（V6_1+V6_2+……+V6_17）/17"，也可以用"（SUM V6_1 to V6_17）/17"表示，如图7-14所示。点击"确定"按钮后，会发现在数据列中多出一列"量表平均得分"。

同样地，我们对各维度进行计算变量的处理，参考第六章最后的 4 个维度：失控性（对应 V6_1 ~ 到 V6_7）、戒断性（对应 V6_8 ~ V6_12）、逃避性（对应 V6_13 ~ V6_15）、低效性（对应 V6_16 ~ V6_17）。采用同样的方法转换这 4 个目标变量，注意各个维度对应的题目数量。

对量表平均得分进行描述统计，同样地，选择"分析"→"描述统计"→"描述"，将"量表平均得分"放入变量中，输出结果如图 7-15 所示。

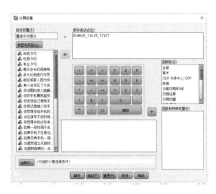

图 7-14 计算变量相关步骤

描述统计量

	N	全距	极小值	极大值	均值	标准差	方差
量表平均得分	273	4.00	1.00	5.00	2.7440	.73427	.539
有效的N（列表状态）	273						

图 7-15 量表平均得分统计结果

在这个结果中，需要关注两个值：一个是均值，一个是标准差。均值 2.7440 说明整体情况居中（也就是说，总体来看，手机成瘾现状不严重）。标准差是 0.73427。通常将均值标记为 M，标准差标记为 S。将大于 M+S（平均数 + 标准差）的情况视为手机成瘾较为严重；在 M-S 到 M+S 之间的情况视为轻度手机成瘾；小于 M-S 的情况视为没有手机成瘾现象。通过计算可以得出 2.01、3.47 这两个临界点。统计发现，小于 2.01 的人数占比为 15.8%，在 2.01 ~ 3.47 之间的人数占比为 67.8%，大于 3.47 的人数占比为 16.5%，这说明大部分人的手机成瘾情况都是轻度甚至一点儿没有。

三、交叉分析

当我们对两个或两个以上变量之间的关系感兴趣的时候，可以使用交叉表进行分析。使用交叉表进行分析时，首先需要根据样本数据做出一个二维或多维交叉列联表，然后在交叉列联表的基础上，分析变量的相关性。

例如，要想分析男生和女生每天使用手机的时间有没有不同的分布特征，就可以用交叉表分析方法。可以使用以下两个变量："性别 V2"和"每天使用手机的时间 V4"。在 SPSS 中选择"分析"→"描述统计"→"交叉表"，将"性别"添加到"行"，"每天使用手机的时间"添加到"列"，点击"确定"按钮，如图 7-16 所示，输出结果如图 7-17 所示。

图 7-16　交叉表的制作

性别*每天使用手机的时间交叉表

计数

		每天使用手机的时间						合计
		1小时以下	1~3小时	3~6小时	6~8小时	8~12小时	12小时以上	
性别	男	13	26	39	25	11	9	123
	女	2	13	50	41	34	10	150
合计		15	39	89	66	45	19	273

图 7-17　交叉列联表的输出结果

从图 7-17 中可以看出，女生每天使用手机的时间要多于男生，那么是否就能得出男生和女生每天在玩手机的时间上有明显差异这个结论呢？我们将在问题二中进行介绍。

问题二：差异分析是什么？如何用 SPSS 进行差异分析？

差异分析的目的在于挖掘出更多有价值的结论，比如上面说的男性和女性样本对于某个变量是否存在显著差异。差异分析通常有三种分析方法：方差分析、t 检验和卡方分析。方差分析和 t 检验方法针对的是分类数据和定量数据关系研究，卡方分析方法针对的是分类数据和分类数据关系研究。

本书中仅介绍单因素方差分析、独立样本 t 检验和卡方分析。对于方差分析以及 t 检验的其他方法，如果读者有兴趣，可以进一步查找相关资料进行了解。

理论导学

在讲解差异分析之前，需要先说一说假设检验的基本原理，它不仅是差异分析的理论基础，也是统计学上用于推断的理论基础。

什么是推断统计？推断统计是一种使研究者能够根据样本数据对总体的情况做出某种推论的程序。在推断性统计中，研究者往往需要先提出一个研究假设，然后通过检验样本统计量的差异来推断总体参数之间是否存在差异。假设检验是以最小概率为标准对总体状况所做出的假设进行判断。而最小概率是指一个发生概率接近于0的事件，是一种不可能出现的事件。

在统计学中，假设检验被划分为原假设与备选假设。在检验之前需要先确定原假设与备选假设。其中，原假设又称为零假设，通常用H0表示。备选假设是与原假设对立的一种假设，通常用H1表示。备选假设是在原假设被否认时可能成立的另外一种假设。

在实际分析中，一般情况是需要将期望出现的结论作为备选假设。确定原假设H0与备选假设H1之后，还需要一个统计量来决定是接受还是拒绝原假设或备选假设。其后，需要利用统计的分布及显著水平来确定检验统计量的拒绝域。在给定的显著水平α下，检验统计量的可能取值范围被分为小概率区域与大概率区域。其中：

小概率区域是原假设的拒绝区域，其概率不超过显著水平α的区域。

大概率区域是原假设的接受区域，其概率为$1-\alpha$的区域。

当样本统计量位于拒绝域内，则拒绝原假设而接受备选假设；当样本统计量位于接受区域内，则接受原假设。一般来说，在教育研究中，α值为0.05，因为统计学领域内公认：概率小于5%的事件属于小概率事件。

举个例子，现在我们需要研究上述的问题：男生和女生每天使用手机的时间是否有显著性差异。原假设H0应该是男生和女生每天使用手机的时间没有显著性差异；H1为男生和女生每天使用手机的时间存在显著性差异。一般在SPSS中，显著性在表格当中的呈现方式为"显著性"或者"Sig."，如果得出的值小于0.05，就会拒绝H0，接受H1，结论就是男生和女生每天使用手机的时间存在显著性差异；如果得出的值大于0.05，就需要接受H0，拒绝H1，结论就是男生和女生每天使用手机的时间没有显著性差异。

在此对显著性进行一个说明，显著性（Significance）的含义是指两个群体的数据之间的差异是由系统因素而不是偶然因素引起的。本书中介绍的检验方法均使用双侧检验，如果想了解单侧检验和双侧检验有什么区别，可以查找相关资料进一步了解。

一、独立样本 t 检验

独立样本 t 检验和单因素方差分析在功能上差不多，但是独立样本 t 检验只能比较两个选项的差异，比如男性和女性，如果想比较不同专业或者不同年级的差异，我们需要使用单因素方差分析。相对而言，独立样本 t 检验在比较试验时使用频率较高，针对问卷研究，如果比较的类别为两组，则独立样本 t 检验和单因素方差分析均可实现，两者在结论上没有什么区别。值得注意的是，做独立样本 t 检验时有两个前提条件：数据为正态分布；总体具有相同的方差。统计学中，在定量数据上，一般认为只要数据量足够大，数据往往是符合正态分布的，但是在数据不符合正态分布时，我们会使用非参数检验中的独立样本检验。

1. 正态分布检验

一般来说，我们对定量数据均可进行正态分布检验，在量表为主的问卷中，我们一般对量表平均得分以及各维度进行正态分布检验，也可以对每道题进行正态分布检验。在此我们对上一个问题中计算的"量表平均得分""失控性""戒断性""逃避性"和"低效性"进行正态分布检验。

选择"分析"→"非参数检验"→"旧对话框"→"样本 K–S"，将这几个变量全部放在"检验变量列表"当中，如图 7–18 所示，结果如图 7–19 所示。

图 7–18　正态分布检验步骤

单样本Kolmogorov-Smirnov检验

		失控性	戒断性	逃避性	低效性	量表平均得分
N		273	273	273	273	273
正态参数a,b	均值	2.5364	2.8864	3.2686	2.3278	2.7440
	标准差	.81296	.93753	1.05500	1.06310	.73427
最极端差别	绝对值	.075	.078	.128	.156	.049
	正	.075	.078	.128	.156	.049
	负	-.048	-.051	-.106	-.106	-.031
Kolmogorov-Smirnov Z		1.248	1.287	2.114	2.576	.810
渐近显著性（双侧）		.089	.073	.000	.000	.528

a.检验分布为正态分布。
b.根据数据计算得到。

图 7–19　正态分布检验结果

这里用到了前面所说的假设检验的原理，当显著性大于 0.05 的时候，我们要接受原假设；当显著性小于 0.05 的时候，我们要拒绝原假设。那么原假设是什么呢？原假设就是量表平均得分、失控性、戒断性、逃避性和低效性这几个变量的数据呈现正态分布。从结果可以看出，失控性、戒断性和量表平均得分的显著性均大于 0.05，说明这三者的数据呈现正态分布，逃避性和低效性小于 0.05，表示这两者的数据不呈现为正态分布。

2. 方差齐性检验

方差齐性检验是方差分析和独立样本 t 检验的重要前提，是方差可加性原则应用的一个条件。方差齐性检验是对两样本方差是否相同进行的检验。其基本原理是先对总体的特征做出某种假设，然后通过抽样研究的统计推理，对此假设应该被拒绝还是被接受做出推断。

我们以"性别""量表平均得分"为例，研究男生和女生在手机成瘾上是否存在显著性差异。原假设为男生和女生在手机成瘾上不存在显著性差异，备选假设为男生和女生在手机成瘾上存在显著性差异。

选择"分析"→"比较均值"→"独立样本 t 检验"，将"量表平均得分"放在检验变量当中，将"性别"放在分组变量当中，在定义组时，将组 1 值定义为 1（男生），组 2 值定义为 2（女生），如图 7-20 所示，输出结果如图 7-21 所示。

图 7-20 独立样本 t 检验步骤

		方差方程的 Levene 检验		均值方程的t检验						
									差分的95%置信区间	
		F	Sig.	t	df	Sig.（双侧）	均值差值	标准误差值	下限	上限
量表平均得分	假设方差相等	1.118	.291	-.786	271	.432	-.07028	.08938	-.24625	.10569
	假设方差不相等			-.781	253.593	.435	-.07028	.08994	-.24741	.10685

图 7-21 独立样本 t 检验的输出结果

图 7-21 有两个检验：一个是方差方程的 Levene 检验，另一个是均值方程的 t 检验。方差方程的 Levene 检验就是方差齐性检验的方式，在下面给出了两个假设：假设方差相

等和假设方差不相等。假设方差相等是我们的原假设,接下来看方差齐性检验中的 *Sig.* 值,大于 0.05,说明我们需要接受方差相等这个原假设,也就是方差是相等的、是齐的。这时我们需要看第一行,均值方程 *t* 检验中的 *Sig.* 值为 0.432,大于 0.05,说明我们需要接受原假设,说明男生和女生在手机成瘾上不存在显著性差异。

3. 非正态分布下的检验

这种检验方法不属于 *t* 检验,之所以在 *t* 检验这里进行介绍,是因为有可能我们会遇到非正态分布的数据情况,比如上面的"逃避性""低效性"这两个变量。在这种情况下,我们称之为非参数检验方法。在此不对所有的非参数检验方法进行说明,我们以案例介绍独立样本在定量数据不是正态分布情况下应该如何得出相关结论。

选择"分析"→"非参数检验"→"独立样本",将"逃避性""低效性"放在检验字段当中,"性别"放在组别当中。设置当中选择自定义检验,一般两个样本我们采用 Mann-Whitney U 算法,如图 7-22 和图 7-23 所示,输出结果如图 7-24 所示。

图 7-22　非参数检验步骤 1

图 7-23　非参数检验步骤 2

假设检验汇总

	原假设	测试	*Sig.*	决策者
1	逃避性的分布在性别类别上相同	独立样本 Mann-Whitney U 检验	.035	拒绝原假设
2	低效性的分布在性别类别上相同	独立样本 Mann-Whitney U 检验	.260	保留原假设

显示渐进显著性。显著性水平是.05。

图 7-24　非参数检验结果

从图 7-24 可以得出结论，男生和女生在逃避性这一变量上有显著性差异，在低效性这一变量上没有显著性差异。

二、方差分析

如果研究者想了解两个以上的组的平均数之间是否存在差异时，可以使用方差分析。简单地说，它是对各个组内方差和各个组间方差进行统计分析，从而得到一个 F 值。和 t 检验一样，我们可以在统计表中去查找这个 F 值，看它是否在统计上显著。F 值越大，存在统计显著性的可能性就越大。在使用单因素方差分析时，需要每个选项的样本量大于 30 个，如果出现某个选项的样本量过少就应该进行合并处理或者直接剔除。

以练习数据为例，研究不同年级人群对于某特定研究变量的差异性态度时，大一学生的样本量仅为 10 个，那么我们可以将大一学生与大二学生合并为一组。选择"转换"→"重新编码为不同变量"。将"年级"添加到数字变量中，输出变量名称为"新的分组"，点击"更改"按钮，选择"旧值与新值"选项，如图 7-25 所示。设置范围 1 到 2 的为新值 2，值 3 还是 3，值 4 还是 4，选择添加，如图 7-26 所示。设置完成后点击"继续"按钮，我们会发现在数据列表中最后出现了新的一列"新的分组"。

图 7-25　转换变量步骤 1

图 7-26　转换变量步骤 2

然后我们进行方差分析，这里我们研究年级在量表平均得分上的差异情况。原假设为不同年级在手机成瘾情况上没有显著性差异，备选假设为不同年级在手机成瘾情况上有显著性差异。

选择"分析"→"比较均值"→"单因素 ANOVA"，将"量表平均得分"添加到因变量列表，将"新的分组"添加到因子当中，点击"确定"按钮，如图 7-27 所示，结果如图 7-28 所示。

方差分析的结果中，显著性为 0.375，大于 0.05，说明我们需要接受原假设，也就是不同年级在手机成瘾情况上不存在显著性差异。

图 7-27 方差分析步骤 1

单因素方差分析

量表平均得分

	平方和	df	平方和	df	显著性
组间	1.060	2	.530	.983	.375
组内	145.591	270	.539		
总数	146.651	272			

图 7-28 方差分析结果

三、卡方分析

卡方分析用于分析分类变量与分类变量之间的差异关系。例如在"性别"与"每天使用手机时长"的差异分析中，这两个变量均为分类数据。之前已经进行了交叉列联表的描述统计，卡方分析是在两个分类数据进行交叉的基础上加上统计的检验值，即卡方值还有其对应的 P 值（显著性）。原假设为，男生和女生每天在使用手机时长上不存在显著性差异，备选假设为男生和女生每天在使用手机时长上存在显著性差异。

由于"每天使用手机时长"存在某一些组样本量过少的问题，我们先进行分组处理，原来是 6 个组：1 小时以下，1~3 小时，3~6 小时，6~8 小时，8~12 小时，12 小时以上。使用前面讲过的"重新编码为不同变量"的方法，输出"手机变量新分组"，分为 4 个组：3 小时以下，3~6 小时，6~8 小时，8 小时以上。该过程不再重复，由读者自行完成。

同样地，选择"分析"→"描述统计"→"交叉表"，将"性别"添加到"行"，"使用手机新分组"添加到"列"，在"统计量"中选择"卡方"选项，点击"确定"按钮，如图 7-29 所示，输出结果如图 7-30 所示。

卡方检验

	值	df	渐进 Sig.（双侧）
Pearson 卡方	22.454[a]	3	.000
似然比	22.879	3	.000
线性和线性组合	18.188	1	.000
有效案例中的 N	273		

a. 0 单元格（0.0%）的期望计数少于 5，最小期望计数为 24.33。

图 7-29 卡方分析步骤 1 　　　　图 7-30 卡方分析结果

该结果告诉我们，Sig. 值小于 0.05，接受备选假设。说明男生和女生在使用手机时长上存在显著性差异，也就是说，男生和女生每天玩手机的时间是不一样的，结合上面的交叉列联表可以得出推论：女生玩手机的时间比男生玩手机的时间要长，且差异显著。

问题三：相关分析是什么？如何用 SPSS 进行相关分析？

"每天玩手机时间越长的，是否成绩越差？"这是教育研究者可能会关心的一个问题。这个问题研究的是每天玩手机的时间与成绩之间的关系，我们可以通过相关分析来研究。

相关研究描述的是两个或多个数量型变量之间的相关程度。相关研究的主要目的有两个：一是帮助解释一些教育行为或现象；二是对可能的结果进行预测。

变量的相关程度一般用相关系数来描述。由于研究对象的不同，相关系数有多种定义方式，较为常用的是皮尔逊（Pearson）相关系数。在分析变量相关关系时，首先分析相关关系数值是否呈现出显著性，如果呈现出显著性则说明两变量之间有相关关系，否则说明两变量之间没有相关关系。在相关系数呈现出显著性时，如果 Pearson 相关系数大于 0，则表示两个变量之间是正相关关系，反之为负相关关系。一般来说，相关系数的绝对值大于 0.7 就表示两个变量之间存在强相关，在 0.4～0.7 之间属于较强相关，小于 0.4 属于弱相关，小于 0.1 则认为没有相关性。还有一种常用的相关系数，即 Spearman 相关系数，其判断标准与 Pearson 一致。在用法上，如果变量呈现出正态性或者近似正态时，我们通常使用 Pearson 相关系数法，否则就使用 Spearman 相关系数法。

下面我们用两个例子来说明如何在 SPSS 中进行相关分析。一个例子是研究我们在练习量表数据中戒断性和失控性的相关性，第二个例子研究逃避性和低效性的相关性。戒断性和失控性的相关性，我们采用 Pearson 相关系数来分析；逃避性和低效性的相关性，我们采用 Spearman 相关系数来分析。

选择"分析"→"相关"→"双变量"，将"戒断性"和"失控性"添加到变量当中。选择 Pearson 相关，如图 7-31 所示，输出结果如图 7-32 所示。

相关性

		戒断性	失控性
戒断性	Pearson 相关性	1	.565**
	显著性（双侧）		.000
	N	273	273
失控性	Pearson 相关性	.565**	1
	显著性（双侧）	.000	
	N	273	273

**.在.01水平（双侧）上显著相关。

图 7-31　相关分析操作步骤　　图 7-32　相关分析输出结果

首先我们看显著性，小于 0.05，说明两者之间存在相关。相关系数为 0.565，说明戒断性和失控性之间的相关程度属于较强相关，也就是说，通常戒断性行为高的同学失控性行为也会比较高。

接下来我们将用"逃避性"和"低效性"两个变量来进行相关分析，这一次我们将勾选两个相关系数，看看Spearman相关系数和Pearson相关系数的分析有什么区别。我们将"逃避性"和"低效性"添加到变量中，相关系数将这两个系数都勾选上，输出结果如图7-33和图7-34所示。

相关系数

			逃避性	低效性
Spearman的rho	逃避性	相关系数	1.000	.344**
		Sig.（双侧）		.000
		N	273	273
	低效性	相关系数	.344**	1.000
		Sig.（双侧）	.000	
		N	273	273

**.在置信度（双侧）为0.01时，相关性是显著的。

图 7-33　Spearman 系数输出结果

相关性

		逃避性	低效性
逃避性	Pearson相关性	1	.344**
	显著性（双侧）		.000
	N	273	273
低效性	Pearson相关性	.344**	1
	显著性（双侧）	.000	
	N	273	273

**.在.01水平（双侧）上显著相关。

图 7-34　Pearson 系数输出结果

首先，可以看到，显著性小于0.05，两者之间存在相关。Spearman 相关系数得出的是0.304，Pearson 相关系数得出的是0.344，均为弱相关。说明逃避性和低效性之间的相关程度属于弱相关，两个相关系数得出的结论基本一致。

问题四：回归分析是什么？如何用 SPSS 进行回归分析？

在大数据分析中，回归分析是一种预测性的建模技术。它是研究自变量和因变量之间数量变化关系的一种分析方法，它主要通过建立因变量 Y 与影响它的自变量 X 之间的回归模型（根据实测数据来求解模型的各个参数），建立 Y 与 X 之间的定量关系式（回归方程），进而预测因变量 Y 的发展趋势。

回归分析按照涉及变量的多少，分为一元回归分析和多元回归分析；按照自变量和因变量之间的关系类型，可分为线性回归分析和非线性回归分析。如果在回归分析中，只包括一个自变量和一个因变量，且两者的关系可用一条直线近似表示，这种回归分析称为一元线性回归分析。如果回归分析中包括两个或两个以上的自变量,且自变量之间存在线性相关,则称为多重线性回归分析。

在回归分析中,一个重要的问题是,对回归关系式的可信程度进行检验,涉及的指标包括 R^2,调整 R^2,F 值,VIF 值,D-W 值,非标准化回归系数和标准化回归系数。

1. R^2 也称拟合优度或决定系数,即相关系数 R 的平方,其值在 0~1 之间,表示拟合得到的模型能解释因变量 X 变化的百分比,R^2 越接近 1,表示回归模型拟合效果越好。

2. F 检验用来判断回归模型的回归效果,即检验因变量与所有自变量之间的线性关系是否显著,用线性模型来描述它们之间的关系是否恰当。如果 F 值对应的显著性指标(P 值)小于 0.05,则说明所有自变量 X 中至少有一个会对因变量 Y 产生影响关系。

3. VIF 值用于判断多重共线性,其判断标准是 5(宽松标准是 10),如果达到标准则说明没有多重共线性,即所有自变量 X 之间没有相互干扰影响关系。

4. D-W 值用于判断自相关性,判断标准是 D-W 值在 2 附近即可(1.8~2.2),如果达标说明没有自相关性,即样本之间没有干扰关系。VIF 值和 D-W 值这两个指标在问卷研究中极少使用,但也要稍加关注。

下面我们针对练习数据进行举例分析,研究"量表平均得分"(就是手机成瘾程度)与"戒断性""失控性""逃避性""低效性"这四个变量之间的关系。自变量 X 是"戒断性""失控性""逃避性""低效性",因变量是"量表平均得分"。

选择"分析"→"回归"→"线性",将"量表平均得分"添加到因变量,"戒断性""失控性""逃避性""低效性"添加到自变量,输出结果如图 7-35 和图 7-36 所示。

模型汇总

模型	R	R^2	调整 R^2	标准估计的误差
1	1.000[a]	1.000	1.000	.00000

a.预测变量:(常量),低效性,逃避性,戒断性,失控性。

图 7-35 R^2 和调整 R^2 值

系数[a]

模型		非标准化系数		标准系数	t	Sig.
		B	标准误差	试用版		
1	(常量)	.000	.000		.000	1.000
	失控性	.412	.000	.456	186691603.5	.000
	戒断性	.294	.000	.376	159819646.0	.000
	逃避性	.176	.000	.254	122229357.1	.000
	低效性	.118	.000	.170	74195004.32	.000

a.因变量,量表平均得分

图 7-36 非标准化系数值

R^2 值为 1,说明所有自变量 X 可以解释因变量 Y 值 100% 的变化原因。各自变量 Sig. 值小于 0.05,说明每个自变量对因变量均存在影响关系。通过非标准化系数可以得出,失控性对于因变量的影响最大，戒断性其次，逃避性第三，低效性最小。可以拟合出一个关系式为：

量表平均得分（手机成瘾程度）= 0.412× 失控性 +0.294× 戒断性 +0.176× 逃避性 + 0.118× 低效性。

本章内容小结

本章我们学习了描述性统计分析、差异分析、相关分析、回归分析以及常用统计量的含义（知识检查点 7-1、知识检查点 7-2、知识检查点 7-3、知识检查点 7-4），掌握了这几种分析方法的基本原理以及这几种方法在 SPSS 中的相关操作（能力里程碑 7-1、能力里程碑 7-2、能力里程碑 7-3、能力里程碑 7-4）。

本章内容的思维导图如图 7-37 所示。

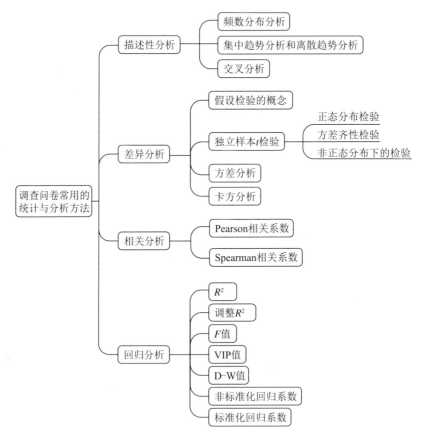

图 7-37　思维导图

自主活动：反思问卷分析的核心价值

请学习者在学习完本章内容后，进行自我反思，并记录个人学习心得。

小组活动：思考问卷所需的分析方法

请学习者围绕本章的学习主题进行组内交流，并做好小组学习记录。

评价活动：评价本章知识与能力学习水平

一、名词解释

频数（知识检查点7-1）

方差（知识检查点7-2）

相关系数（知识检查点7-3）

R^2（知识检查点7-4）

二、简述题

1. 假设一个研究者经过相关研究发现，在一组高二学生中，写作能力测验得分和表达能力测验得分的相关系数是0.23。那么，下面哪一个结论是合理的？

（1）写得好的学生说得也好。

（2）说得不好的学生写得也不好。

（3）写得好和说得好之间关系不大。

2. 什么是回归分析？回归分析的作用是什么？请你查找相关资料，结合自己的教育教学经验，至少举出一个可以用回归分析来进行研究的例子。

三、实践项目

结合你的研究项目，查找相关资料，运用本章学习到的分析方法，用SPSS进行统计和分析，包括描述性统计分析（必做）；根据你的研究假设，进行差异分析、相关分析和回归分析。

第八章 井井有条，方言矩行——问卷调查报告的撰写

本章学习目标

在本章的学习中，要努力达到如下目标：
◆ 了解调查报告的相关概念（知识检查点 8-1）。
◆ 掌握问卷调查报告的撰写步骤和一般结构（能力里程碑 8-1）。
◆ 能够写出一份完整的问卷调查报告（能力里程碑 8-2）。

本章核心问题

问卷调查报告的一般结构是什么？怎样写出一份完整的问卷调查报告？

本章内容结构

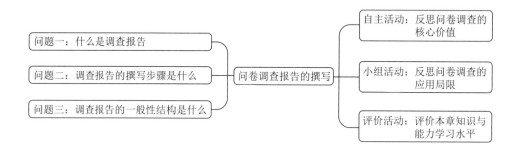

引　言

前七章我们已经完成了从选题到数据分析的一系列工作，最终我们需要形成一份书面的调查报告，将所做的研究在报告中进行阐述。本章内容介绍的就是如何整理并写出一份完整的问卷调查报告。

问题一：什么是调查报告？

作为整个调查研究的最后环节，调查报告的作用就是以文字、图表等恰当的形式将研究的结果传达给他人。调查报告是针对社会生活中的某一情况、某一事件、某一问题，进行深入、细致的调查研究，然后把调查研究得来的情况真实地表述出来，以反映问题，揭露矛盾，揭示事物发展的规律，向人们提供经验教训和改进办法，为有关部门提供决策依据，为科学研究和教学部门提供研究资料和社会信息的书面报告。问卷调查报告属于调查报告的一种，是一种应用文体。

理论导学

一、调查报告的类型

1. 普通调查报告与学术性调查报告

普通调查报告以政策部门领导、实际部门工作人员以及社会中的普通读者为对象，以了解和描述社会现实情况、解决实际社会问题为主要目的。对研究过程的介绍较为简短，根据研究结果所提出的政策建议部分十分突出。

学术性调查报告以专业研究人员为读者对象，分析各种社会现象之间的相互关系和因果关系，以通过对实地调查资料的分析或归纳达到检验理论或建构理论的目的。对研究设计、研究方法需要详细描述，对结果和讨论部分比较谨慎。

2. 描述性调查报告与解释性调查报告

描述性调查报告着重对所调查的现象进行系统、全面的描述，其主要目的是向读者展示某一现象的基本状况、发展过程和主要特点——清晰性、全面性。

解释性调查报告的主要目的是用调查所得资料来解释和说明某类现象产生的原因，或说明不同现象之间的关系——理论性、针对性。

3. 综合性调查报告与专题性调查报告

综合性调查报告多用于反映某一总体各方面的情况或某一现象各方面的内容，以描述性为主，力求全面。

专题性研究报告多用于针对某一专门问题或某一特定现象所进行的分析和研究，以解释性为主，力求鲜明突出，针对性较强。

4. 定量调查报告与定性调查报告

定量调查报告以对数据材料进行统计分析及结果讨论为主，数量化、图表化、逻辑性强是其主要特征，报告的格式规范且固定。

定性调查报告以对文字材料的描述和定性分析为主要特征，既无严格的规范，也无固定的格式。

二、调查报告的特点

1. 真实性

所谓真实性就是尊重客观事实，靠事实说话，反映事实，忠于事实，不带有调查者的主观随意性。真实性是调查报告首要的、最大的特点。

2. 针对性

一项调查研究工作，一般是针对较为迫切的实际情况，为解决某些实际问题而进行的。因此在调查报告的写作上，必须中心突出，明确提出所针对的问题、获得的事实材料，分析问题的症结所在，提出具体、可靠的建议和对策。

3. 实效性

调查报告的论点来源于大量的、完整的、生动的、活泼的、有代表性的调查材料的分析、归纳，所揭示的问题带有一定的普遍性，这就要求调查报告需要对当前发生的事务有比较及时、有效的描述和探索。

4. 评价性

调查报告要抓住事物的本质和主要方面，写出结论性的推理过程，真实、客观、系统地反映调查出来的情况，对所调查的现象和问题发表研究者的思考和见解。

教育中的调查报告，既有普通的调查报告，比如《青少年近视调查报告》，也有学术性强的调查报告。各个官方机构出版的"白皮书"系列都属于学术性调查报告，例如《中国智慧学习环境白皮书》。教育研究的调查报告，一般情况下研究人员既会描述某一现象的基本状况，也会对这一现象进行讨论和解释。

问题二：调查报告的撰写步骤是什么？

一、确立主题

研究报告要表达的中心问题是报告的灵魂、前提。研究报告的主题一般就是研究的主题，比如北京市中小学教师教育科研现状调查，那么主题就是这个"现状"到底怎么样，进而发现了什么问题，得出了什么样的结论，有什么样的建议。

二、拟定提纲——报告的骨架

提纲的主要作用是理清思路，明确内容，安排好总体结构，为实际撰写报告打下基础。这个过程中需要梳理出报告的详细目录，每个部分写什么，怎么写。

三、选择材料——报告的血肉

在前期的工作中，研究人员会生成大量的材料和数据分析结果，如何从这些材料和分析结果中抽取自身想要表达的内容呢？首先应根据提纲选材，其次应遵循精练、典型、全面的原则，做到既不漏掉重要材料，又使所用的材料具有最大的代表性和最强的说服力。

四、撰写报告

根据已有的材料进行写作，要做到语言通俗易懂，格式统一，描述清楚，逻辑清晰。撰写完成之后，可以找两到三人对报告进行阅读，反复审查、推敲和修改。

问题三：调查报告的一般性结构是什么？

从外部形式上看，调查报告由标题、引言、研究设计、结果、结论与建议、参考文献和附录组成。报告的写法往往采用"宽——窄——宽"的形式，从广阔的导言开始，逐渐集中到比较专门化的领域，直到提出研究者自己的研究领域和研究问题——由宽到窄；然后介绍自己的研究方法和研究所得出的主要结果——最窄；当转向讨论研究结果的内涵时起，研究报告又开始逐渐由具体的结论向更一般的领域拓展——由窄到宽。

一、标题

调查报告的标题一般可以采用简单的陈述式表达，直接在标题中陈述调查对象及调查问题即可，例如"北京市中小学教师教育科研现状调查报告"。这种方式和问卷的题目比较类似，将"问卷"改为"报告"，就形成了报告的名称。

二、引言

调查报告的引言一般包括三个部分：研究的背景及动机；研究的问题及内容；研究的目的及意义。这三个部分主要涉及调查问卷的前期工作，我们在第二章至第四章已经对它们进行了介绍，此处需要将其书面化。

在撰写引言时需要注意以下几点：
（1）用相关文献说明背景和现状；
（2）逻辑清晰地把一般性读者引入到对特定问题或理论化的陈述中；
（3）尽可能用常用的语言撰写，少用专业术语；
（4）说明已有的研究角度、方法和成果，这些研究对本次研究的启发，表明本次研究的出发点和可能的创新点。

三、研究设计

常见调查报告的研究设计，一般从时间、地点、人物、调查对象、抽样方法和调查方法等方面去阐述。在教育研究当中，如果我们想做一份很好的调查报告，以下五个方面是必不可少的。

（1）研究方式和研究设计的介绍。

（2）研究的基本概念、变量、假设和理论架构。

（3）研究的总体、样本及抽样方法（包括时间、地点、调查对象等）。

（4）研究的主要方法：资料收集和分析方法。

（5）研究质量的说明：信度和效度。

四、结果

简单来说，结果就是通过问卷调查研究发现了什么。这一部分的撰写，可以参考第七章问卷统计和分析的内容，比如通过描述性统计分析发现了什么，通过相关分析、差异分析发现了什么。这需要研究人员根据自身的研究问题、研究目的去选择相关的内容进行统计和分析。最常见的形式是将问卷的每道题进行描述性统计，通过图表和文字说明基本情况。

在较短小或较简单的研究报告中，结果被表达的同时被讨论；在较复杂的研究报告中，结果部分主要表达分支结论；结论部分表达整体结论和推论。可以从以下几个方面进行阐述：

（1）提示引言中提到的概念性问题；

（2）用数字、图形、表格、材料呈现研究结果，如频数统计、集中量数统计、差异量数统计、交叉统计等；

（3）向读者提示在研究中实际完成的操作或实际测量的行为，如相关分析、差异分析、回归分析等；

（4）在每一个分支结果的末尾部分，都应对该结果所处的位置做简要的小结。

五、结论与建议

在结论与建议部分，需要对调查结果的内容进行概括、升华。常见的写法有以下几种：

（1）概括全文，明确主旨。在结束的时候将全文归结到一个思想的立足点上。

（2）指出问题，启发思考。如果一些存在的问题还没有引起人们的注意，如果限于各种因素的制约，作者还不可能提出解决问题的办法，那么，把问题指出来，引起有关方面的注意，或者启发人们对这一问题的思考，也是很有价值的。

（3）针对问题，提出建议。在揭示有关问题之后，对解决问题提供一些可行的建议。

（4）如果是做了研究假设的报告，还需要说明研究假设是否被证实。另外，还需要讨论研究中存在的问题，以及解决这些问题的研究建议。

六、参考文献

把我们所引用和参考的文献罗列出来,不仅体现了科学的、实事求是的研究态度,也为同一领域的研究者提供一个参考的文献索引。通常,我们采用GB/T 7714《文后参考文献著录规则》,这是一项专门供著者和编辑编撰文后参考文献使用的国家标准。

七、附录

附录部分是将一些可以帮助读者更好地了解研究细节的资料编在一起,作为正文的补充。这些资料主要有:

(1)收集数据资料所使用的问卷;

(2)计算某些指标或数据的公式介绍;某些统计和测量指标的计算方法介绍;

(3)某些调查工具、测量仪器以及计算机软件介绍(SPSS、Excel)等。

本章内容小结

本章我们学习了调查报告的相关概念和基本类型(知识检查点8-1)、调查报告的四个撰写步骤以及调查报告的一般结构(能力里程碑8-1),掌握了基本的问卷调查报告的写法(能力里程碑8-2)。

本章内容的思维导图如图8-1所示。

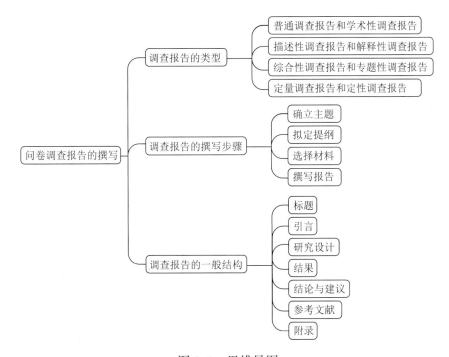

图8-1 思维导图

自主活动：反思问卷调查的核心价值

请学习者在学习完本章内容后，进行自我反思，并记录个人学习心得。

小组活动：反思问卷调查的应用局限

请学习者围绕本章的学习主题进行组内交流，并做好小组学习记录。

评价活动：评价本章知识与能力学习水平

一、名词解释

普通调查报告 （知识检查点8-1）

学术性调查报告（知识检查点8-1）

描述性调查报告（知识检查点8-1）

解释性调查报告（知识检查点8-1）

二、简述题

请列出你的调查报告的提纲（目录）和需要使用的数据及材料，明确报告要表达的中心问题（能力里程碑8-1）。

三、实践项目

请你根据前面所有的实践内容，写出一份完整的问卷调查报告（能力里程碑8-2）。

参 考 资 料

[1] 伯克·约翰逊, 拉里·克里斯滕森. 教育研究定量、定性和混合方法[J]. 马健生, 译. 重庆大学出版社, 2015.

[2] 周俊. 问卷数据分析——破解SPSS的六类分析思路[M]. 北京：电子工业出版社, 2017.

[3] 杰克·R·弗林克尔, 诺曼·E·瓦伦, 弗林克尔, et al. 美国教育研究的设计与评估[M]. 华夏出版社, 2004.

[4] 风笑天. 社会调查中的问卷设计[M]. 北京：中国人民大学出版社, 2014.

[5] kaiwudefe. 信息采集：问卷调研的流程.[EB/OL].

[6] kookworm. 调查报告撰写.[EB/OL].

[7] 赵福江, 刘京翠. 我国中小学班主任工作现状问卷调查与分析[J]. 教育科学研究, 2018, 284（11）：38-43.

提炼数据内涵。
回归数学精髓。
提升教学质量。

张景中 2019年10月

丛书主编 方海光

中小学教育大数据分析师系列培训教材
数据驱动的智慧教育

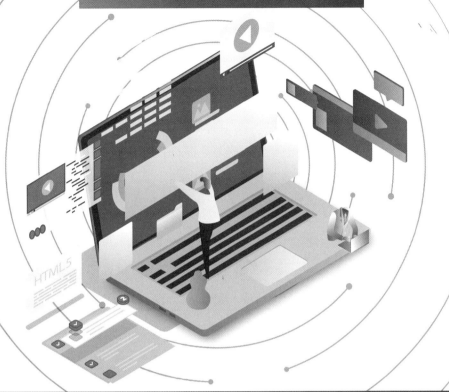

数据驱动的教育研究
数据驱动的课堂观察与分析

陈梅 | 主编　李伟 | 编

电子工业出版社
Publishing House of Electronics Industry

未经许可，不得以任何方式复制或抄袭本书之部分或全部内容。
版权所有，侵权必究。

图书在版编目（CIP）数据

数据驱动的教育研究．数据驱动的课堂观察与分析 / 陈梅主编；李伟编．—北京：电子工业出版社，2020.9

中小学教育大数据分析师系列培训教材

ISBN 978-7-121-39460-7

Ⅰ．①数… Ⅱ．①陈… ②李… Ⅲ．①数据处理－中小学－师资培训－教材 Ⅳ．① TP274

中国版本图书馆 CIP 数据核字（2020）第 158311 号

责任编辑：张贵芹　　文字编辑：仝赛赛
印　　刷：北京天宇星印刷厂
装　　订：北京天宇星印刷厂
出版发行：电子工业出版社
　　　　　北京市海淀区万寿路 173 信箱　　邮编 100036
开　　本：787×1092　1/16　印张：31.75　字数：660.4 千字
版　　次：2020 年 9 月第 1 版
印　　次：2020 年 9 月第 1 次印刷
定　　价：140.00 元（全 4 册）

凡所购买电子工业出版社图书有缺损问题，请向购买书店调换。若书店售缺，请与本社发行部联系，联系及邮购电话：（010）88254888，88258888。

质量投诉请发邮件至 zlts@phei.com.cn，盗版侵权举报请发邮件至 dbqq@phei.com.cn。

本书咨询联系方式：（010）88254510，tongss@phei.com.cn。

丛书主编：方海光

本书主编：陈　梅

本书编写者：李　伟

指导专家委员会

指导专家委员会成员：

黄荣怀	北京师范大学	荆永君	沈阳师范大学
李建聪	教育部教育管理信息中心	赵慧勤	山西大同大学
王珠珠	中央电化教育馆	杨俊锋	杭州师范大学
李　龙	内蒙古师范大学	李　童	北京工业大学
王　素	中国教育科学研究院	纪　方	北京教育学院
余胜泉	北京师范大学	郭君红	北京教育学院
刘三女牙	华中师范大学	徐　峰	江西省教育管理信息中心
顾小清	华东师范大学	高淑印	天津市中小学教育教学研究室
尚俊杰	北京大学	陈　平	南京市电化教育馆
魏顺平	国家开放大学	黄　艳	沈阳市教育科学研究院
曹培杰	中国教育科学研究院	罗清红	成都市教育科学研究院
胡小勇	华南师范大学	杨　楠	北京教育科学研究院
李　艳	浙江大学	李万峰	北京市通州区教师研修中心
张文兰	陕西师范大学	马　涛	北京市海淀区教育科学研究院
蔡　春	首都师范大学	石群雄	北京教育学院丰台分院
方海光	首都师范大学	卢冬梅	天津市和平区教育信息中心
张　鸽	首都师范大学	陕昌群	成都市教育科学研究院
鲍建樟	北京师范大学	李俊杰	北京教育学院丰台分院
陈　梅	内蒙古师范大学	管　杰	北京市第十八中学
梁林梅	河南大学	顾国齐	OKAY智慧教育研究院
杨现民	江苏师范大学	楚云海	伴学互联网教育大数据研究院
肖广德	河北大学		

序 一

近年来，大数据、人工智能等技术在教育管理变革、学习模式变革、教育评价体系变革、教育科学研究变革等方面的作用日益凸显。国家高度重视教育大数据的发展，鼓励教师主动适应信息化时代变革。2018年1月，《中共中央国务院关于全面深化新时代教师队伍建设改革的意见》明确提出，"教师要主动适应信息化、人工智能等新技术变革，积极有效开展教育教学"。2018年4月，教育部印发《教育信息化2.0行动计划》，指出要深化教育大数据应用，大力提升教师信息素养。2018年8月，教育部办公厅印发通知，启动人工智能助推教师队伍建设行动试点，将探索应用大数据支持教师工作决策、优化教师管理作为重要试点内容。2019年3月，教育部印发《关于实施全国中小学教师信息技术应用能力提升工程2.0的意见》，强调大数据、人工智能等新技术的变革对教师信息素养提出了新要求，教师需要主动适应新技术变革。

当前，随着新技术的不断涌现与发展，很多原有的教育理论都迸发出了新的火花，大数据、人工智能等技术与教育的深度融合，将促进我们加快发展伴随每个人一生的教育、平等面向每个人的教育、适合每个人的教育、更加开放灵活的教育。教育大数据可以让教师读懂学生，让教育教学更加智慧，让教育研究更加科学。教育大数据可以让管理者读懂学校，由"经验式"决策变为"数据辅助式"决策，推动教育、教学、教研、管理、评价等领域的创新发展。

我认识方海光教授好多年了，启动丛书的策划工作时，海光还提出，希望请重量级人物来担纲主编，但我不这么认为。我觉得像他这样的中青年学者已经成长为学科发展的一线主力，理应主动承担起更大的责任。这套丛书的出版确实也让我有眼前一亮的感觉。丛书内容丰富、形式新颖，根据学校的不同角色分成了五个系列：数据思维系列、数据驱动的技术基础系列、数据驱动的智慧学校系列、数据驱动的智慧课堂系列和数据驱动的教育研究系列。丛书符合中小学教师信息技术应用能力提升工程2.0的要求，相信将在各级单位信息化领导力培训、信息化教学创新培训、数据能力素养培训等工作中发挥重要作用，能够为教育管理者的数据智能决策提供帮助，为教师教育的研究者提供参考，更值得广大的学校管理者、教师阅读和学习。

希望这套丛书的出版能够促使教育大数据更好地助推教育教学改革和培训教研改革，引领中小学教育的整体变革，进而推动教育的跨越式发展。

华东师范大学教授　任友群

序 二

国家教育现代化和智慧教育示范区的建设都强调了教育大数据的应用方向，教育大数据中心建设和区域数据互联互通成为当前教育信息化的发展重点。

从我国教育信息化的发展趋势来看，基础环境和资源建设与应用快速推进，师生信息化应用能力和水平显著提升。信息化不断发展带来知识获取方式和传授方式、教与学关系的革命性变化，很多学校面临知识的体系化建设阶段。在大数据和人工智能的环境下，我们面临很多新的问题：如何建设学校的知识体系？如何指导学生的学习过程？学习过程的数字化带来了更多的大数据，人工智能的数据处理引擎带来了更复杂、更精准的应用场景，更自然、更贴近人们日常生活的人机交互带来更直观的体验。各种教育大数据和人工智能应用层出不穷，学校的选择空间很大，但是在此之前，我们必须对学校的定位和自身需求有一个明确的认识：学校为什么需要教育大数据？教育大数据能帮学校做什么？学校是否需要转变应用数据的思维方式？

实际上，教育大数据并不神秘，它一直伴随着数字校园、智慧教室学习环境的建设、学习空间的应用，在线教育的发展等。教育大数据具体可以应用于精准教学、学情分析、精准管理、科学决策、学生生涯成长过程记录、学校数据统一优化。未来学校和智慧教育示范区的建设离不开教育大数据，教育大数据的应用也离不开管理者和师生对它的认识和理解，这些都是产生信息化价值的重要基础。

为了服务新时代大数据、人工智能等技术带来的教育变革需求，促进广大教育工作者深入理解和学习有关教育大数据应用的价值和知识，这套丛书应运而生。这套丛书内容全面、新颖，案例丰富且适合实践，可供关注教育大数据和教师培训的研究者和实践者使用，更值得关注未来学校发展和教师队伍建设的学校使用，也期待丛书能根据使用情况和技术的发展，愈加完善。

北京师范大学教授 黄荣怀

序 三

以人工智能为代表的新一代信息技术对教育的发展具有重要影响，国家高度重视智慧教育的发展，希望加快人工智能在教育领域的创新应用。利用智能技术支撑人才培养模式的创新、教学方法的改革、教育治理能力的提升，构建智能化、网络化、个性化、终身化的教育体系，是推进教育均衡发展、促进教育公平、提高教育质量的重要手段，这也是实现我国教育现代化的重要动力和有力支撑手段。

对于学校，数据将会成为学校最重要的资产，这是教育大数据生态的基石。学校将是一个教育大数据中心，能够实现多层面数据价值的共享。对于课堂，数据的核心价值是形成闭环，并通过这种闭环迭代，使学生的学习效果越来越接近预期目标。如何迎接新时代教育大数据的挑战是学校面临的问题，本套丛书旨在帮助学校应用教育大数据，探索基于数据的思维转变过程，掌握应用教育大数据进行教育创新的方法。

本套丛书采用了新颖的内容组织形式，各册均采用扁平化组织，只有章的结构，没有节的结构。各章的结构要素包括知识检查点、能力里程碑、核心问题、问题串、活动。其中，知识检查点是知识检查的基本单元，能力里程碑是任务完成的标志性能力。各章通过核心问题引发学习者思考，以系列问题串组织内容，引导学习者通过评估性问题和反思性活动进行探究，实现知识学习和能力提升的演化过程。活动包括自主活动、小组活动和评价活动。在自主活动中，学习者首先对本章内容进行反思，反思在平时的教育实践中是否出现过类似的问题或现象等，然后写个人心得，结合本章内容阐述在以后的教学实践中可以有怎样的举措。在小组活动中，集体讨论本章所学内容，然后各抒己见，思考如何改善教学质量，属于小组层面的交流。评价活动用于评价和检测，不仅适用于参加教师培训的教师、教育管理者，还适用于不参加培训的广大学习者。这三个活动的设置符合研修的典型特征，每个活动都有一个聚焦的主题，不限定具体的活动内容，有利于组织者安排工作，根据实际的需要展开活动，也适合学习者的自主学习、反思。

本套丛书分为五个系列，它们分别是：数据思维系列（全1册）、数据驱动的技术基础系列（全4册）、数据驱动的智慧学校系列（全4册）、数据驱动的智慧课堂系列

（全4册）、数据驱动的教育研究系列（全4册），共计17册。本套丛书的任何一册都可以单独组成8～12学时的培训课程，又可以以系列教材为主题组成培训主题单元模块。本套丛书既适用于国家层面、各省、各市、各区县级、各级各类学校进行有组织的教师教育和培训活动，又支持一线教师、教研员、管理者、研究者及教育服务人员的自主学习，还适合大学、研究生及高校教师进行参考和学习。本套丛书难免存在各种问题和不足，恳请各位同仁不吝赐教！

方海光

首都师范大学

前 言

课堂观察作为一种研究工具，对教师的专业发展和课堂教学的改进，能够提供比较科学、客观的数据和结论；对提升教师专业素养、实现课堂有效教学有很好的支持作用；是连接教学与研究的桥梁。相较于以教师个人为主的课堂观察，数据驱动的以合作为主的课堂观察更加理性与客观，对教师的课堂教学评价更全面。

在互联网＋教育的时代，教育大数据必将对教育教学起到更加重要的作用，以教学改进为主要目标的课堂观察，也必将在教育大数据的驱动下体现出客观性、智能性、技术丰富性等优势。因此，掌握数据驱动的课堂观察分析方法，对教师专业发展、教育改革、教育教学研究和教育教学决策等有重要的促进作用。

本书是面向教育信息化 2.0 行动计划，促进信息技术与教育教学深度融合应用，培养研究型教师的教材，主要读者对象是中小学教师，也可以作为教师教育类研究生和本科生的参考教材。

本书由内蒙古师范大学陈梅进行总体设计、编写，并统稿。陈梅编写了第一章、第二章、第三章、第四章和第六章，温州大学李伟编写了第五章。在编写过程中，编者参考了大量的专著和相关研究论文，在此向这些文献的作者致以诚挚的谢意！特别感谢华东师范大学崔允漷教授的研究团队、首都师范大学方海光教授的研究团队、苏州电化教育馆金陵团队。在写作过程中，内蒙古师范大学教育技术研究团队中的硕士研究生张敏杰、刘慧、王红蕊的研究为本书提供了完整的案例，鄂尔多斯市准格尔旗沙圪堵第一小学王增荣校长的团队和王燕、贺金凤老师为本书提供了鲜活生动的数字化课堂语文教学案例和课堂记录，温州大学李伟老师团队提供了数据分析的典型案例。

由于编者的学识和水平有限，书中难免有不当之处，欢迎读者提出宝贵意见。

陈梅
内蒙古师范大学

目 录

第一章　走进数据驱动的课堂观察 / 001

002　问题一：什么是课堂观察？

007　问题二：什么是数据驱动的课堂观察？

009　问题三：规范的课堂观察的主要步骤是什么？

第二章　数字化课堂怎样观察 / 012

013　问题一：如何解析数字化课堂的教学结构要素？

017　问题二：如何确定数字化课堂的观察维度和观察项目？

020　问题三：如何确定数字化课堂的观察重点？

第三章　确定数字化课堂的观察要点 / 028

029　问题一：如何确定数字化课堂的观察目的？

031　问题二：如何确定数字化课堂的观察要点？

第四章　数字化课堂观察的实施 / 037

038　问题一：课堂观察前的准备工作如何进行？

042　问题二：课中观察活动如何实施？

051　问题三：课堂观察后的反馈如何进行？

第五章　课堂观察数据的分析与报告撰写 / 060

061　问题一：获取的课堂观察数据如何分析？

070　问题二：常用的数据收集与分析工具有哪些？

073　问题三：课堂观察报告如何撰写？

第六章　数字化课堂观察案例 / 081

082　案例一：交互式电子白板的观察表编制

087　案例二：小学数学翻转课堂观察记录与分析

095　案例三：小学语文数字化课堂观察记录与分析

参考资料 / 101

第一章 走进数据驱动的课堂观察

本章学习目标

在本章的学习中,要努力达到如下目标:
- ◆ 理解课堂观察的内涵及作用(知识检查点1-1)。
- ◆ 了解课堂观察的发展与主要类型(知识检查点1-2)。
- ◆ 了解数据驱动的课堂观察的一般流程(知识检查点1-3)。
- ◆ 掌握课堂观察的主要步骤(能力里程碑1-1)。

本章核心问题

数据驱动的课堂观察的一般流程是什么?

本章内容结构

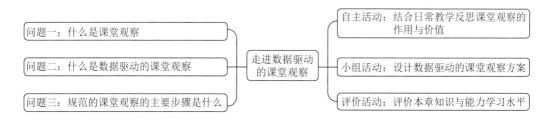

引 言

常规的公开课、专家听评课等教研活动通常采取的是定性的课堂观察方法,主要基于观察者的经验对授课教师的教学情况进行分析与判断,观察者听课后在现场与授课教师(被观察者)进行深入的交流。观察者凭借自己的经验和知识,可以比较准确地把握所观察课的亮点和问题,并提出一些改进建议,这很像中医的诊断方法,即"望、闻、问、切"。

随着信息技术的发展,特别是信息技术在教育科研中的应用,类似"西医式"的课堂诊断方法也日益为教师们熟知。我们可以借助录音、录像设备记录课堂的全过程,然后借助专门的分析软件或平台，对某节课做客观、全面的分析，这叫做定量的课堂观察方法。无论是定量的课堂观察方法，还是定性的课堂观察方法，都各有利弊。像"中西医结合医疗"一样，将两者有机结合，可以更好地进行课堂观察。

问题一：什么是课堂观察？

一、课堂观察的内涵

课堂观察是观察者带着明确的观察目的，凭借自身感官及相关辅助工具，对所观察课堂的整体情况进行记录、分析和研究，以促进教师专业发展、改进教育教学的专业性活动。课堂观察作为一种研究方法，通过科学、客观地分析课堂数据，得出相关结论，从而有针对性地改进课堂教学，提升教师专业素养。

教师在教学过程中会通过反思对自己的教学进行调整，这也属于课堂观察吗？这种自我反思的行为和我们探讨的课堂观察有什么区别呢？

教师个体对自身教学行为的反思，是有意识地对自身教学经验的重新建构和组织。教师进行教学反思时，往往基于个人的经验来探究教与学行为背后的原因，将学生的学习表现和学习结果等因素与教师的教学行为建立关联。教师对这种关联所做的推理和解释是基于个人对环境的主观的思考和评价，这种教学反思依赖于教师自身的评价系统（如价值观、知识水平和教学经验等）。

可以看出，相对于教师的教学反思，课堂观察是更专业、更客观、更全面的研究活动。课堂观察是指合作共同体（即教育同行和研究者）运用相关的工具和技术记录教师的课堂教学行为、学生的课堂表现，结合教师的教学设计方案，收集课堂观察数据，使用分析工具分析课堂观察数据，结合学科教学的培养目标与课堂教学的规律，合理地推理、分析，得出结论，从而对教师的教学过程进行全面、规范、科学的评价，并提出针对性的改进建议。课堂观察结论有了全面的数据支持，能够较好地避免评价的主观性和片面性。

二、课堂观察的发展

观察是科学研究的重要手段之一，早在古希腊时期，亚里士多德认为科学研究是在对事实进行观察的基础上，归纳出事实的一般规律，继而上升到一般原理，再通过演绎、推理去解释事实。在自然科学和社会科学领域中，观察都是公认的必不可少的研究方法之一。

观察法于二十世纪二三十年代开始在其他学科领域中应用，于二十世纪五六十年代在教育领域中大量应用。随着教育研究的系统化、定量化、结构化的发展，基于实证主义和科学主义的定量观察方法日渐盛行，研究者们开始研究各种观察记录体系，开发各种观察工具，并使用这些观察记录体系和观察工具对课堂进行观察研究。比较著名的观察记录体系有英国社会心理学家贝尔思（R.F.Bales）开发于"交互作用分析"的十二类编码、弗兰德斯（Flanders）提出并不断修订的互动分析体系等。同时，录音机、照相机、摄像机等设备也被用作课堂观察的辅助工具。限于技术条件，早期的课堂观察以手工记录和手工统计分析为主，观察重点以教师的教学行为（过程）和学生的学习成绩（结果）为主，观察目的以探究两者间的关系为主。在课堂观察的现场，对教师的教学行为与学生的学习成绩进行系统观察，运用一些合适的观察工具把教师教学行为中的变量与学生的学习结果联系起来，进行相关分析，再通过其他方法进行验证。

二十世纪七十年代中期至今，随着教育教学研究的广度和深度的不断扩展，基于解释主义和自然主义的定性观察方法受到了研究者的关注。定性观察强调对课堂进行全面、客观、真实的文字描述以及对课堂行为意义的解释，但这种解释是建立在对课堂行为的客观描述之上的，与通常认为的"凭经验主观臆断和评价"是不同的。观察重点是师生对话、生生对话、学生参与课堂学习的具体过程等。随着课堂观察的不断发展，定量观察方法与定性观察方法趋于结合，方法越来越丰富，观察记录的结果也越来越趋近于对课堂全貌的还原。

"互联网＋教育"时代，课堂观察走向数字化、智慧化也是时代发展的必然趋势。数字化平台和大数据分析技术在课堂观察中的应用，颠覆了传统的课堂观察模式。课堂观察数字化平台通过嵌入各类课堂观察量表和工具，采用行为编码的方式在听课过程中实时采集和记录教与学的相关数据，对这些数据进行处理与分析后，形成客观的、可视化的观察依据，如图1-1所示，实现科学、全面的课堂观察。

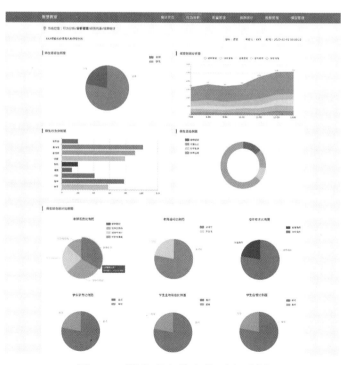

图1-1　课堂观察数字化平台示例

这样的课堂观察能够从经验的、主观的判断走向科学的数据分析，使课堂观察与评价的全过程变得"清晰可见"，从"用经验说话"的描述时代迈向"用数据分析，用数据决策，用数据创新"的云时代。

三、课堂观察的类型

课堂观察类型的划分是相对的，划分标准不同，划分出的类型就不同，比较典型的类型如下。

1. 根据课堂观察的目的划分

根据课堂观察的目的，课堂观察可分为诊断性观察、提炼性观察和专题性观察。诊断性观察是指对课堂中出现的一些现象和问题进行分析、判断，得出结论，并给出建议。提炼性观察是指通过观察提炼出授课教师的教学风格和特色，帮助教师形成独特的教学风格。专题性观察（也称为主题式观察）是指为了研究某个课题而进行的课堂观察，如观察某种信息技术工具或信息化资源在学科课堂教学中的应用情况等。

2. 根据对观察对象的控制情况划分

根据对观察对象的控制情况，课堂观察可分为自然观察和实验观察。自然观察是指对课堂观察的情境和对象不做任何严格的控制，以常态课的形式进行的观察。如果需要对课堂观察的情境和对象进行严格的控制，比如我们要观察某个班级在交互式电子白板环境下的教学，这种情况下开展的就是实验观察，因为我们对课堂情境进行了严格、明确的界定。再如，我们有时只对某类学生群体进行观察，此时其他群体的学生就不纳入观察范围，这也称为实验观察。

3. 根据资料的属性及收集方式划分

根据资料的属性及收集方式，课堂观察可分为定量观察和定性观察。定量观察指观察者运用定量的、结构化的观察方式进行观察，一般要依据一定的分类体系编码量表或具体的观察工具来进行。定量观察所记录的结果一般是比较规范的数据。定性观察指观察者依据观察纲要，收集与课堂教学事件相关的资料。比如某教师通过收集和分析学生学习记录单、课堂问题记录表、学生作品等资料，结合自己对课堂教学情况的回忆，总结学生某节课的学习情况。资料的收集方式是灵活的，是在观察过程中逐渐形成的。观察后需要根据回忆对所收集到的资料加以补充和完善，并使用描述性和评价性的文字来总结观察结果。

实际上，课堂观察的类型往往是相互交叉、重叠的，一项具体的观察活动可以包含多种观察类型，具备多重属性。

四、课堂观察的特点

1. 目的性

课堂观察的目的是指向一定的教育现象和教育问题的，观察者要根据观察目的从事观察活动，无论是观察对象的选择，还是观察场所的选定、观察内容的设定、观察方法与工具的选择等都要围绕着观察目的来开展。

2. 系统性

为实现改进教学的目的，观察者需要系统地规划观察的整个过程，先制订观察计划，计划越周密、细致，就越能达成观察目的。课堂观察比较正式、客观，处于观察者最直接的控制之下，是一种系统而科学的观察。

3. 选择性

课堂观察是有意识、有目的的观察。在进行课堂观察时，观察者需要对所观察的教学问题、观察的对象，观察场景的取样方式，观察工具或方式，观察的步骤、时间、位置等进行选择，选择性贯穿课堂观察的整个过程。因为任何一个课堂观察记录工具都不可能记录课堂教学过程的全貌，需要有重点地进行观察，舍弃与观察目的无关的内容。

4. 情境性

课堂观察是现场进行的研究活动，观察者可以在行为和事件发生的同时就予以记录，获得现场第一手资料，而且可以记录下那些只在现场产生的、与观察主题相关的感受与理解。由于其选择性的特点，课堂观察者必须从全部观察数据中提取有代表性的时间或事件，并对这些数据资料做出解释，而这是建立在理性地考虑课堂观察所处的教育教学背景因素的前提下，对课堂观察的结果进行比较准确的解释，以达到观察研究的目的。因此观察时在空间和时间上对课堂当时的情境都不可过细分割，观察的具体教学事件发生的时间、地点、学校传统、教学模式、班级特点等都有可能决定事件为什么发生和什么时候发生，若观察者在解释课堂观察的事件时不考虑这些因素，将观察与情境分割，可能就会影响课堂观察的效度。

五、课堂观察的作用

1. 促进教师的专业发展

作为一种研究活动，课堂观察在教学实践和教学研究之间架起一座桥梁，为教师的专业发展提供了很好的途径。授课教师与观察者均可在课堂观察中汲取他人的课堂教学经验，弥补自己教学上的不足，探寻课堂教学的内在机理，总结课堂教学的共性与规律，这是授课教师与观察者之间的良性互动。

若要进行全面、客观的课堂观察，就要求观察者及时、准确地收集相关数据，做出准确、客观的分析与评价，这是对观察者专业知识与能力方面的要求，需要观察者具备多种能力。信息技术支持下的课堂观察，拓展了传统听评课活动的内涵，发展为"教—学—评—研—管"的一致性行为，教师在课堂观察共同体中参与课堂观察与研讨，借鉴他人的教学智慧，对自身的教学能力与分析评价课堂教学的能力也有很大的积极影响。

2. 提升教师的教学研究能力

首先，作为一种质性研究和量性研究相结合的研究方法，课堂观察高度契合教师研究的情境性、微型化的特征。运用课堂观察法，既可以用质性手法"深描"课堂中的各种教学情境，体现教学的人文性；也可以适当收集、统计各种量化数据，客观、全面地分析课堂教学，帮助教师改进教学。

其次，作为一种日常的教学研究行为，课堂观察本身具有研究的意蕴，它是课堂教育资源的再开发、再利用，使课堂这一教学现场变为研究现场，是一线教师躬耕课堂的"田野式研究"。课堂观察立足于课堂，其研究目的是改善课堂教学，研究流程围绕课堂教学而展开。教师的课堂观察关注情境性问题的解决、教学实践能力的提升，其目的不仅在于"解释"，更在于"改进"。因此，教师可以通过课堂观察迅速地将研究成果运用到自己的教学实践中，同时也掌握了常用的教学研究方法与数据统计分析工具，全面地提升自己的教学研究能力。

3. 营造学校的合作文化

教师要开展课堂观察，就要改变原来独立作战的工作方式，走向合作。因为完整的课堂观察中不能没有教师的合作。每位教师都要主动向课堂观察合作共同体的成员开放自己的教室，共同探讨课堂教学的各方面的问题。通过课堂观察的持续开展，教师在心理上和行为上会发生一些变化，变得更开放，变得更善于合作、交流，这些变化会感染同伴，影响组织，进而营造良好的合作文化。

互联网时代的课堂观察建立什么样的评估文化，才能真正起到促进人的发展之功能呢？基于数据的课堂观察应该是一个有目的、有组织、有依据的评估活动。因此，我们要有充分的认知与研究行动上的转变。开展课堂观察活动前，组建一个研究共同体，明确观察目的；置身于课堂中进行课堂观察时，每个人均是这个研究共同体的主角。根据研究共同体成员的差异，其观察与评估方式也有所侧重，如专家诊断性评估、同行研究性评估、执教者反思性评估、学生习得性评估等，从而形成多元主体相互协作的良好氛围。

问题二：什么是数据驱动的课堂观察？

随着移动互联网、数据分析技术、人工智能技术在教学中的应用，教与学的过程中，每时每刻都会产生海量的学生学习行为数据。这些数据犹如一座金矿，不仅反映了学生的学习偏好和对知识的掌握程度，还记录了学生的学习轨迹。教师既可以从中提取信息，也可以通过数据挖掘将这些数据转化成更有价值的信息，为教学决策提供重要依据。

一、数据驱动的教学决策

随着教育信息化的不断推进，作为学校教育教学信息化、智慧化变革的关键主体，教师不仅要具备扎实的专业知识和较强的信息化教学应用能力，更要具备数据驱动的教学决策能力。数据驱动的教学决策能力指教师对教育教学过程中产生的数据的理解、定位、收集、解释、交流、评价的能力，以及使用数据分析的结果来支持教学决策的能力。

由于学生的学习行为与表现呈多样化，教师面临着为不同知识和技能水平的学生提供不同教学内容的挑战。而学习环境与资源的智慧化，使得教师可以通过对学生学习行为数据的分析，准确、及时地发现学生在学习过程中出现的问题，以及自身在教学中的不足，从而有针对性地改善教学行为，生成新的教学策略，以满足学生的个性化需求，这就是数据驱动的教学决策能力。

数据驱动的教学决策的过程是不断迭代的，如图1-2所示。第一步是界定问题（现实与目标之间的差距）；第二步是针对界定的问题，识别、收集相关数据；第三步是归类整理数据，确定数据的相关性；第四步是在第三步的基础上将数据转变为具有一定意义的信息，即分析与解读数据，探索其中的相关关系、因果关系和逻辑关系；第五步是综合梳理数据分析的结果，制订科学的决策和下一步的教学策略；第六步是实施决策；第七步是评估决策的实施结果与目标之间的差距。

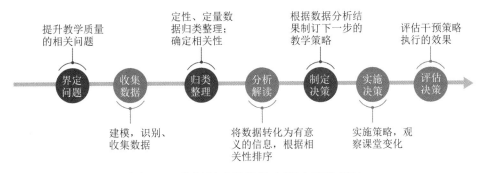

图1-2 数据驱动的教学决策过程示意图

在具体的实践中，每一步的界限都不是特别清楚，中间会有交叉部分，有时进行到后面一步时还会返回前面进行进一步的修订、完善。所以，数据驱动教学决策的过程是一个动态的、不断迭代更新的过程。开始时，基于原始的数据信息，囿于自身的情况和判断教师制订的教学决策可能不是很完美，一旦教师采取了行动，并取得了成果，就可以收集这些成果和新数据，以评估行动的有效性，从而形成一个连续的收集、组织和综合应用数据的循环周期，以支持教学的改进，多次的迭代循环会使效果越来越明显。

二、数据驱动的课堂观察

在课堂观察时，观察共同体作为研究者能够根据需要结合自己在观察共同体中的分工获取和收集相关的数据，整合并分析数据，根据分析结果对所观察的课堂进行客观的评估。结合评估结果，对照相关的标准，通过集体研讨得出改进课堂教学的策略，这也是一种数据驱动的教学决策。

数据驱动的课堂观察是数据驱动的教学决策在教学研究中的一种具体应用，相对于教学决策的一般过程，数据驱动的课堂观察没有明显的迭代过程，观察框架如图1-3所示。

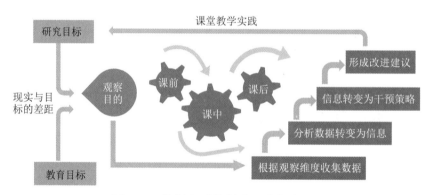

图1-3 数据驱动的课堂观察框架图

第一步是界定问题，以确定观察目的；第二步是针对观察目的确定观察维度和观察要点，在课堂观察中记录、识别、收集数据；第三步是结合课堂教学的结构要素对收集的数据进行归类整理，确定数据的相关性；第四步是在第三步的基础上将数据转变为描述一定的教学行为与学习行为的有意义的信息，探索数据与教学行为、学习行为的相关关系；第五步是综合梳理数据分析的结果，并结合当前的教学内容、学生特点、教学方法等综合考虑，最终提炼出比较科学的教学策略，对照授课教师的教学策略，完成对授课教师的教学评估，并给出相应的评价与改进建议。

问题三：规范的课堂观察的主要步骤是什么？

课堂观察与经验式听评课相比，流程上既有"前伸"也有"后延"："前伸"是指确立课堂观察的目的，回答为什么观察的问题，这是课堂观察活动设计的起点，也是价值引领所在；"后延"则是指课堂观察成果的转化与应用，要追踪教学过程中的优势是否得到发挥，存在的问题是否得到改进，人的素养是否得到提升。

为了比较全面、客观地评估当前信息技术环境下的课堂教学，通常采用连环跟进的课堂观察步骤，分为课前观察准备、课中观察和课后交流评议三个阶段，尽量获取比较完整的教与学行为。

一、课前观察准备

课堂观察前的准备工作是课堂观察的基础，在这个阶段观察者要熟悉观察环境、确定观察目的，明确观察重点，准备课堂观察的观察表、记录工具，了解授课教师的教学设计和实施方案等。

同时，观察者和授课教师在课堂观察前要集中一段时间进行有效的商讨，其目的在于给课堂观察共同体的成员提供沟通、交流的机会，让观察者对授课教师的教学设计与实施方案有所了解，便于观察者明确自己的观察点，为后续的观察奠定基础。

二、课中观察

课中观察指观察者在课堂中依照事先的计划，使用所选择的记录方式，对所需观察的信息进行记录。观察者进入现场之后，按照一定的观察技术要求，根据课前制订的观察要点表，选择恰当的观察位置、观察角度，迅速进入观察状态。课中观察是整个观察系统的主体部分，所采集的数据资料也是课后会议分析的信息基础。课中观察的科学性、可靠性关系到研究的信度和效度，以及针对行动改进的课后分析报告的质量。

三、课后交流评议

课中观察结束后，在初步总结、分析课堂观察所记录的信息与数据的基础上，召开课后会议。观察者和授课教师针对课堂的情况进行探讨、分析、总结，在平等对话的基础上达成共识，并制订后续行动方案。课后会议一般分为三方面内容：授课教师进行自我反思；观察共同体成员与授课教师进行沟通，提出基于教学的改进建议和对策；观察者在对观察收集的数据资料进行分析、整理的基础上形成观察报告。

在课堂观察后的交流评议中，一方面，教师根据评估结论，调整、改进课堂中的偏差性问题，这其实就是对课堂的自我管理；另一方面，课堂观察的评估结论应该基于客观、真实的课堂数据分析,这样定量与定性相结合的分析报告才能够为教学管理者提供决策依据,从而使得管理方案更趋向理性与科学。总而言之,"教—学—评—研—管"一体化理念,应该成为新型课堂观察的文化基因。

课堂观察时需要注意的主要问题有:

1. 课堂观察只能收集可视、可感的客观现象与行为,对于影响这些现象与行为的因素,如教师内隐的教学智慧、设计理念和学生的学习动机等,很难收集到相关信息。

2. 课堂观察要求观察者具备相对专业的观察技能。

3. 课堂观察要求被观察者愿意接受他人的观察,在教学时不受课堂观察活动的影响。

4. 课堂观察需要时间、设备和技术支持,需要理论与实践相结合、教学与研究相结合的合作共同体,以进行分工观察,从而提高课堂观察的效率与质量。

5. 课堂观察是由观察者观察教学活动中人的行为,在观察过程中容易受到观察者个人的教育教学理念、价值取向、教学经验的影响,以及场地和观察设备及工具的制约。个人在进行课堂观察时不易收集比较全面、客观的数据信息,因此不能保证课堂观察的客观、全面。需要理论与实践相结合、教学与研究相结合的观察共同体,如高校教学研究者、基础教育教研者和有丰富经验的学科教师等组成的观察共同体,借助规范的观察工具和数据分析工具,努力将课堂观察结果建立在数据分析的基础上。

本章内容小结

本章我们理解了课堂观察的内涵及作用(知识检查点1-1)和课堂观察的主要类型(知识检查点1-2),了解了数据驱动的课堂观察的一般流程(知识检查点1-3),掌握了规范的课堂观察的主要步骤(能力里程碑1-1)。

本章内容的思维导图如图1-4所示。

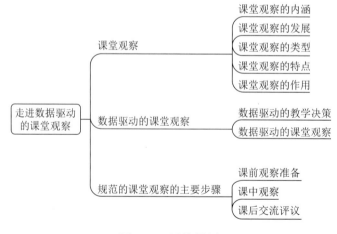

图1-4 思维导图

自主活动：结合日常教学反思课堂观察的作用与价值

请学习者在学习完本章内容后，进行自我反思，并记录个人学习心得。

小组活动：设计数据驱动的课堂观察方案

请学习者围绕本章的学习主题进行组内交流，并做好小组学习记录。

评价活动：评价本章知识与能力学习水平

一、名词解释

课堂观察（知识检查点1-1）

数据驱动的课堂观察（知识检查点1-3）

二、简述题

1.请说一说你对课堂观察的理解，将课堂观察与自己平时参加的听课、评课活动进行比较（知识检查点1-1）。

2.请结合你的教学经验，反思你对于学生的课堂表现评价还存在哪些不足之处，思考参与教研活动时应如何进行客观、全面的课堂观察（能力里程碑1-1）。

三、实践项目

结合课堂教学实际，针对特定的一节课尝试撰写一个数据驱动的课堂观察方案（知识检查点1-3）。

第二章 数字化课堂怎样观察

本章学习目标

在本章的学习中,要努力达到如下目标:
◆ 了解数字化课堂的教学结构要素(知识检查点 2-1)。
◆ 明确数字化课堂的观察维度(知识检查点 2-2)。
◆ 能够结合数据驱动的课堂观察,尝试细化数字化课堂的主要观察项目(能力里程碑 2-1)。

本章核心问题

数字化课堂的教学结构要素是什么?课堂观察维度和观察项目如何确定?

本章内容结构

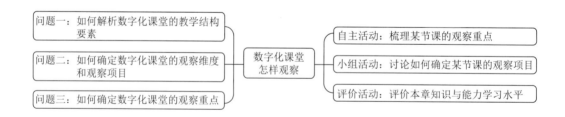

引 言

课堂观察是一种系统的教学研究方法,进行课堂观察时,应该按教学研究的过程进行系统的规划与设计。因此,在进行数据驱动的课堂观察时,要先分解课堂教学,以提取其教学结构要素,然后结合学科教学的培养目标与教学研究目的,确定课堂观察的维度与观察项目,最后将观察项目细化为具体的观察要点,采集相应数据,进行分析。

问题一：如何解析数字化课堂的教学结构要素？

目前中小学教室普遍配备了信息化教学设备，利用这些设备，教师可以即时收集、统计学生的学习数据，开展基于信息技术的互动教学，课堂教学的形式更加灵活、高效，教学更加有针对性。

一、数字化课堂

数字化课堂是指在信息技术环境下，以现代教育理念（包括智慧教育理念）为指导，应用以"学"为主的教学设计和数字化资源进行的课堂教学（学习）活动。以智慧教育理念为主的现代教育理念和以"学"为主的教学设计，是数字化课堂有效开展的重要前提。而信息技术支持的"人机协同"的教学方式，就代表着教师对教学过程的合理设计和对信息技术的恰当应用。正如祝智庭教授所说：智慧教育的根本要义是通过人机协同作用优化教学过程与促进学习者美好发展的未来教育范式。

在学生数量较多的班级授课制下，即使优秀的教师也很难有精力照顾到每一位学生，无法精准地了解每一位学生的学习障碍，给予有针对性的指导。在数字化课堂中，通过对学习过程中产生的数据进行数据挖掘与分析，可以科学、准确地评估学生的现有水平，从而进行定向干预，实现精准教学。数字化课堂还能够解决资源与学情不匹配的问题，从而更好地促进优质教育资源均衡发展，推进教育公平。

二、数字化课堂的主要特征

数字化课堂的主要特征包括以下三个方面。

1. 技术丰富的教学环境

从课前预习、学习单的布置、预习结果的统计与分析，到课中新知识的教学、师生互动与反馈，再到课后批改作业、答疑、学习诊断与分析，信息技术基本能够支持教学的每一个环节，将教师从诸多繁杂的工作中解放出来，使得教师能有更多的时间去关注学生、了解学情，从而更好地促进学生的学习。技术丰富的教学环境，还能打破时间和空间上的限制，将学习扩展到更广阔的领域，如社区、校外机构、博物馆等。同时，在信息技术环境和资源的支持下，线上、线下的混合教学将成为常态。

2. 有效的人机协同

有效的人机协同指的是教师与信息技术之间的有机融合，不仅表现在教师恰当地使用各种信息技术工具与设备，还表现在为学生提供更优质的数字化资源和个性化支持，实现高质量的教学；更重要的是能够充分发挥信息技术环境和数字化资源对学生学习的支持作用。有效的人机协同的核心是教师能够在具体学科教学中设计信息技术与学科教学深度融合的教学活动，选择恰当的教学模式与教学方法，积极开展有效的教学活动，最终促进学生的高阶思维发展。

3. 技术支持的学习评价

在课堂教学中，学习评价是促进学生有效学习、检验学生学习效果和判断学生当前学习问题的重要环节。收集学生的即时学习数据，并进行快捷的统计与分析是教师在课堂上进行即时反馈的基础，这在常规的课堂中很难实现。只有借助信息技术工具与数据分析技术，才能够实时采集课堂教学中的信息与数据，精准地对学生的学习情况进行诊断，提供即时反馈。

三、数字化课堂的教学结构要素

影响课堂教学的因素有很多，在观察时，若没有对课堂教学进行系统、规范的梳理与分解，往往会将各种因素混淆在一起，课堂观察后进行分析研判时就会出现重点不突出，甚至是分析、评价不得要领的情况。因此，在进行课堂观察之前，确定课堂观察的目标时，要明确数字化课堂的教学结构要素。

理论导学

课堂教学结构的要素

教学结构是指在教学活动过程中，各个要素之间通过相互作用、相互依存而形成的稳定形态。传统的教学活动以教师为中心，教学内容通过教师传递给学生。教师是知识的传播者，学生是知识的接收者。教师、学生、教学内容三个要素构成了传统的教学结构，如图 2-1 中的（a）所示。

随着信息技术在教育教学中的广泛应用，教师、学生与教学内容的交互方式发生了前所未有的变化，从而使得学生的学习方式和教师的教学方式发生了根本性的改变，形成了教师、学生、教学内容和教学媒体（资源）四个要素组成的新型教学结构。

由于教师、学生、教学内容、教学媒体（资源）四要素之间交互方式的不同，形成了基于"教"的教学结构和基于"学"的教学结构，如图 2-1 中（b）、（c）所示。

在图 2-1（b）中，学生虽然可以通过与教学媒体（资源）的交互进行学习，但更多的时候是从教师那里得到学习指导。在图 2-1（c）中，学生在数字化学习环境中，直接和学习资源进行交互而完成学习，学生是知识的探索者和意义的建构者，而教师是学生学习的帮助者和引导者。这时的教学资源已经不再是传统意义上的"媒体"，而是支持学生学习的知识库和专家系统，它包括了学生需要的全部学习内容和学习支持服务系统。

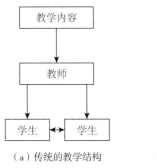 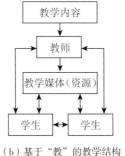 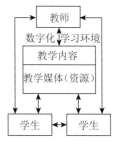

（a）传统的教学结构　　（b）基于"教"的教学结构　　（c）基于"学"的教学结构

图 2-1　教学结构的演变

数字化课堂应该更多地采用图 2-1（c）所示的教学结构，即基于"学"的教学结构。教师在教学前需要依据这一教学结构把握四个要素（教师、学生、教学内容和教学媒体（资源））的特征与关联，运用系统设计的思维、现代教育的理念，恰当地选取或制作以高阶思维培养为导向的信息化资源，对教学进行合理的设计。作为观察者和研究者，依据课堂教学结构要素对被观察者的课堂教学与教学设计方案进行科学的分析、评价，并有针对性地提出合理建议与改进方案，是进行有效课堂观察的基础。

教师的教学行为、学生的学习表现在具体教学活动中不是独立出现的，是围绕着教学目标，以具体教学内容为载体，按照一定的教学方式、方法，以符合教育教学规律的形式展开的。数字化资源是数字化课堂中的重要组成部分，数字化课堂中的信息技术工具与各种教学设备组成数字化环境，为教学活动提供环境支持，数字化资源为教学活动提供辅助，是数字化课堂中不可或缺的重要因素。优质的数字化资源是学生进行数字化学习的必要条件，但不能保证学习的有效性。数字化资源需要与教学目标和内容密切关联，与学习者的身心特征相匹配，这样才能促进有效学习的发生。在课堂观察中，数字化资源的作用、教师对信息技术工具和数字化资源的有效应用是当前教育信息化 2.0 时代数字化课堂中的一个重要观察内容，在细化观察要点时，需要明确数字化资源、学习内容与教学目标之间的关系，便于准确把握数字化课堂中教师对数字化资源的应用。

理论导学

数字化资源、教学目标、学习内容之间的关系

数字化资源为学生的学习提供了很多应用场景，结合内容恰当地使用数字化资源进行教学能起到事半功倍的效果。由于教学过程是复杂的、动态的，随着学习内容、学习者特征、教师教学方法的不同，数字化资源所起的作用也随之变化。为此，我们把数字化资源

在教学中的作用加以概括如下（前半句为使用数字化资源的目标，后半句为数字化资源在教学活动中的作用）：

1. 提供事实，建立经验；
2. 创设情境，引发动机；
3. 举例验证，建立概念；
4. 提供示范，正确操作；
5. 呈现过程，形成表象；
6. 演绎原理，启发思维；
7. 设难置疑，引起思辨；
8. 展示事实，开阔视野；
9. 提升审美，陶冶情操；
10. 归纳总结，复习巩固；
11. 其他（突出教学重点，突破教学难点等）。

教学目标、学习内容和数字化资源三者之间的关系如图 2-2 所示。

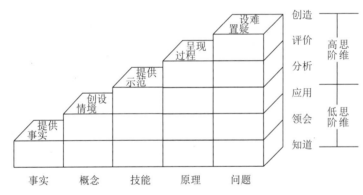

图 2-2　教学目标、学习内容、数字化资源的关系图

如图 2-2 所示，对于不同的学习内容（事实、概念、技能、原理、问题），需要选择不同类型的数字化资源来展示，不同的数字化资源和教学目标层次（知道、领会、应用、分析、评价、创造）又是相互对应的。比如，"展示事实"和"创设情境"类数字化资源，适用于"事实"和"概念"类内容的学习，只需学生达到知道、领会及简单应用的目标层次，旨在培养学生的低阶思维，可作为学生课前自主学习的内容；"提供示范"类数字化资源适用于"技能"类内容的学习，需要学生达到应用至分析的目标层次；"呈现过程"类数字化资源适用于"原理"类内容的学习，需要学生达到分析至评价的目标层次；"设难置疑"类数字化资源适用于基于问题的学习，可以达到评价至创造的目标层次；分析、评价和创造重在培养学生的高阶思维，适合教师指导学生进行深度学习。

问题二：如何确定数字化课堂的观察维度和观察项目？

进行数字化课堂观察时，需要明确的目标，有详细的观察计划和步骤，能收集真实的材料，并能对观察资料进行定量、定性的分析，充分了解观察对象的情况。在把握课堂教学结构要素的基础上，遵循课堂观察框架，运用规范的课堂观察方法进行课堂观察。在教学研究中，结构化观察方法较为常用，下面我们先来了解一下什么是结构化观察方法。

一、结构化观察方法

运用结构化观察方法进行课堂观察，需要先对课堂教学结构的要素进行解构、分类，设计课堂观察要点表，选取观察记录工具。即预先列出可能的课堂行为，对观察对象的行为表现进行记录。结构化观察方法有明确的观察目的和内容、详细的观察要点和观察注意事项、明确的观察记录工具及观察结果。

1. 明确的观察目的和内容。有了明确的观察目的和内容后，在设计课堂观察点时，就有了明确的方向，能够更准确地收集所需要的数据信息。

2. 详细的观察要点和观察注意事项。进行结构化观察时，通常采用合作观察的形式，不同的观察者分工不同，需要提前商定观察要点和观察注意事项，确保每一位观察者能准确地把握观察要点。

3. 观察记录工具。观察记录工具包括观察要点表、观察指标体系等，如果需要收集音频、视频信息，则需要选定相应的观察记录工具和设备。

4. 观察结果。基于观察所收集到的数据、材料，借助数据处理软件和工具进行规范的统计、分析，并进行可视化处理，方便观察者之间进行交流、讨论。

二、确定课堂维度和观察项目

在分解了数字化课堂的结构，明确了课堂的教学结构要素后，我们就可以在此基础上确定课堂观察的维度，结合课堂观察目的，落实到每一个观察项目上。为了方便对实际课堂的观察，简化操作，本书统一使用"观察维度""观察项目"和"观察要点"来表述。观察数字化课堂时，以影响课堂教学的主要因素为基本观察维度，结合课堂教学结构找出其中核心的且可观察的属性，将这些属性确立为观察项目，将观察项目再细化为若干观察要点，观察维度、观察项目和观察要点的关系如图2-3所示。

结合课堂观察研究者的模型框架与建议，综合课堂教学结构要素与教育教学规律，对课堂观察维度与观察项目确定如下。

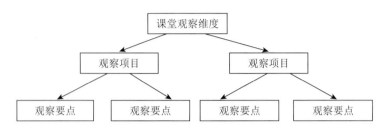

图 2-3　观察维度、观察项目和观察要点的关系

1. 学生学习。这一观察维度主要关注学生怎么学，学得怎么样。在数字化课堂的教学观察中，学生学习这一观察维度可以细化为学习准备、学习表现、课堂互动、自主学习、展示评价等观察项目。

2. 教师教学。这一观察维度主要关注教师怎么教，教得怎么样。在数字化课堂的教学观察中，可将教师教这一维度细化为教学资源的适当性、课堂互动的有效性、教学指导的有效性、教学评价的适切性、技术和数据支持的生成性策略等观察项目。

3. 学习资源。这一观察维度主要关注支持教与学的资源与环境是什么、学习资源如何支持学科核心素养的培养、学习资源如何支持教学评价等。在数字化课堂的观察中，可将学习资源这一维度细化为学习资源与学习目标的一致性、学习资源与学习内容的适切性、学习资源的质量、对学生学习的支持、对教学评价的支持等观察项目。

4. 教学过程。这一观察维度主要关注的是教学理念是否侧重于学生高级认知技能和高阶思维的培养，是否实施了问题驱动教学，教学过程中教师的语言、课堂气氛如何，技术支持下的师生互动是否有效，教学设计、情境创设是否有新意，教师如何处理学生创造性的想法和表达方式，教学过程中有否生成目标和资源、教师的技术伦理等方面。进行课堂观察时，除了对必要的教学环节的相关数据进行记录、统计、分析外，更重要的是挖掘和推理出教师教学设计背后所运用的教学理念、反映出的教育理论、教学思维等。进行课堂观察时可从教学目标的达成度、教学环节的合理性、课堂教学的创新性、技术应用的伦理性等方面进行细化。课堂观察维度、观察项目细化参考表见表 2-1。

表 2-1　课堂观察维度、观察项目细化参考表

观察维度	观察项目	观察要点
学生学习	学习准备	观察共同体根据观察目的确定
	学习表现	
	课堂互动	
	自主学习	
	展示评价	

续表

观察维度	观察项目	观察要点
教师教学	教学资源的适当性	
	课堂互动的有效性	
	教学指导的有效性	
	教学评价的适切性	
	技术和数据支持的生成性策略	
学习资源	学习资源与学习目标的一致性	
	学习资源与学习内容的适切性	
	学习资源的质量	
	对学生学习的支持	
	对教学评价的支持	
教学过程	教学目标的达成度	
	教学环节的合理性	
	课堂教学的创新性	
	技术应用的伦理性	

在实际的课堂观察中，观察目的不同，观察项目和观察要点就不同。在数字化课堂的观察中，通常比较关注的是教师和学生对数字化资源和信息技术工具的有效应用，那么在确定课堂观察项目时，就应侧重于教师和学生与信息技术工具和信息化资源的互动行为，这样才能更准确地把握数字化课堂的观察要点，对数字化课堂进行客观、准确的评价。例如，在教育信息化 2.0 的应用阶段，各学校和教研部门就会有基于不同信息技术环境支持下课堂教学的观察需求，如移动互联网环境下的课堂教学观察、技术支持下的课堂有效互动的观察、基于交互式电子白板的主题式小组学习活动效果观察、基于有效提问的课堂观察，等等。

小贴士

在数字化课堂的观察中，我们还应该关注的是信息技术应用的适切性。数字化课堂中所用到的技术较为丰富，教师和学生在使用信息技术工具与信息化资源时，除关注知识产权、隐私保护等问题之外，还应警惕"技术至上观"。应该避免为了使用技术而使用技术，技术是融于学科课堂教学之中的，是为了支持教学、优化教学效果而存在的。无论是"演示"还是"评价检测"，都应该贴合学情、适时适度，且技术的使用过程中没有出现数字化依赖、评价定势、潜能遮蔽和对学生情感的忽视。尤其是未成年人在使用技术时，应避免过分的技术依赖、情感忽视等问题，辩证地看待技术。

问题三：如何确定数字化课堂的观察重点？

在进行课堂观察时，不应只关注课堂上的几十分钟，也不能将课堂观察简单地理解为在课堂上对教与学行为的观察。完整的课堂观察应从教师和学生的课前准备开始，到课堂教学的课后评价为止，这样才能观察到教师对教学内容设计、实施的全过程。在数字化课堂中，翻转课堂和智慧课堂的模式、线上线下混合学习的模式应用更为普遍，观察者对教师提出的改进建议不只针对教师课堂上的教学表现，更应针对教师的信息化资源应用、教学整体设计、混合学习设计等进行评估。这样的课堂观察对教师的成长更有建设性帮助，也是互联网时代以合作共同体方式进行数据驱动的课堂观察的真正意义所在。

在具体的课堂教学过程中，无论教师使用何种教学方式和方法，整体的课堂教学流程都可以简化为课前、课中和课后三个阶段，图 2-4 所示为数字化课堂典型教学流程。

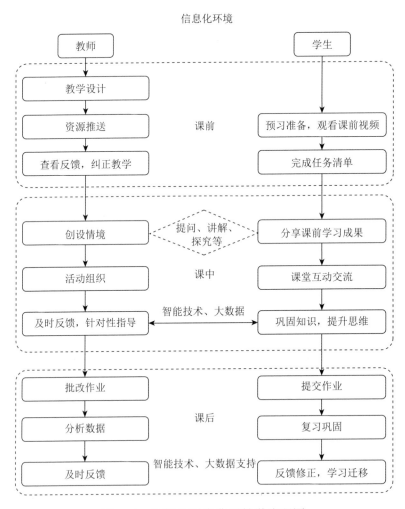

图 2-4　数字化课堂典型教学流程图

观察数字化课堂时，除了观察课堂教学活动外，还要收集授课教师的教学设计与学生的预习数据，即教师与学生的准备数据，还有学生的课后练习与教师的评价，这样才能形成一个相对完整的"课堂观察"闭环。把握好课堂教学流程中的重要节点，在设计课堂观察方案时做到重点突出，才能获取有效的数据和信息。下面从课前、课中、课后三个阶段具体介绍课堂观察的重点内容。

一、课前观察重点

课堂教学前，教师需要运用教学（学习）理论与教学设计方法进行教学设计，并在教学设计方案中明确本节课教学内容的重难点、教学方法的选择、教学环节的安排、信息化资源的选择与运用、学生学习活动及师生互动的设计、学生学习评价等内容。在进行课堂观察前，观察共同体成员要与授课教师提前进行交流，充分了解教师的教学设计理念与方案，以便更准确地把握本节课教师的设计意图、教学环节安排等。同时了解学生的课前准备情况，如收集学生学习任务单或导学案等，了解学生的预习情况。

课前需要观察的内容是教师和学生的课前准备，在当前的数字化课堂教学中，教师会把以知道、领会为主的低阶目标的学习内容，在课前以信息化资源（如微课）的形式进行推送，让学生进行课前预习。使用学习任务单或导学案等引导学生完成自主预习，并附对应的检测题。预习的有效性直接影响课堂教学的进程与安排。

因此，为了更好、更全面地了解课堂教学的全貌，课前观察部分主要侧重于教师的教学设计与预习设计。

1. 教学设计

教学设计方案会比较完整地体现出授课教师的教学整体规划、教学内容与教学目标，所以说它是课堂观察时对教师教学进行评价的重要参考资料（评价样例见第四章问题一）。

进行课堂观察时，重点关注教学设计方案中教学重难点的解决策略、教学环节的设计、信息化资源设计与选择的依据、教学评价等内容。结合教学设计来观察教师的教学实施，能够更准确地把握教师的教学意图。

2. 预习设计

预习设计是教师对学生提出的预习要求，是课堂教学实施的基础。教师指导学生预习时要让学生明确：将要学什么？重点和难点是什么？应用何种技术手段辅助学习？等等。利用信息技术工具进行预习检测，可以方便地获取学生的预习信息及结果。目前有很多信息技术工具能够支持教师布置预习任务，发布预习检测题，收集预习结果。

（1）预习环节的观察重点

对预习环节进行观察时，预习检测题的设计、预习完成情况、预习数据统计方式，以及教师对预习结果的处理等是观察重点。例如，对"预习检测题的设计是否有利于教师获取学情"进行观察时，主要考虑四个方面：①检测题对应的学习目标；②检测题与目标的一致性；③检测题的命题技术，即检测题的质量与数量是否适当；④检测题完成的要求，如限时或独立完成等。对"教师对预习检测结果的处理"这一观察点进行观察时，就应涵盖课前和课中两个环节，主要考虑四个方面的内容：①教师对预习数据的收集和评价方式；②教师在课堂上使用了哪些预习数据；③教师在课堂上怎样使用这些预习数据进行有针对性的教学；④教师使用预习数据进行教学的效果如何。

（2）预习设计观察表样例

预习设计观察表样例如表 2-2 所示。

表 2-2　预习设计观察表样例

观察内容	观察要点	观察结果
预习设计	检测题对应的学习目标	
	检测题与学习目标的一致性	
	检测题的命题技术	
	支持检测题完成的信息化工具	
预习完成情况	预习结果数据的获取	
	学生的典型错误	
	检测题的错误率	
预习结果处理	对预习结果的收集方式	
	对预习结果的处理方式	
	如何使用预习结果调整教学	
	预习数据的收集与使用的技术	

二、课中观察重点

课中观察重点包括教学环节的实施、课堂互动、数字化资源的使用和课堂评价。

1. 教学环节的实施

教学目标是教学活动的依据，教学目标的达成度也是判断教师教学效果的标尺。教学目标的达成需要以各种教学活动为依托，有效的教学活动能够促进学生的有效学习。具体的教学活动分布在每一个教学环节中，所以教学环节的实施是课中观察重点。

（1）设计依据

观察教学环节的实施，可以从两方面展开：①观察每个教学环节与教学目标的适切性，即该教学环节指向的教学内容是什么？该教学环节指向的具体教学目标是什么？该教学环节占用了多长时间？该教学环节的教学过程与结果如何？②观察所有环节与总体目标的适切性。判断教学环节是否围绕教学目标展开，具体观察时，可从学生的观点、作业、表情、演示、支持技术等进行记录与分析，也可从教师的教学设计中教学环节的目标指向、教学内容、时间分配、设计依据等方面展开。

（2）设计样例

课堂教学环节观察表片段如表2-3所示。

表2-3 课堂教学环节观察表片段

教学环节		环节1	……	环节 n
教学目标				
教学内容				
环节设计依据 （教学目标、学生认知水平、数字化资源支持效果）				
时间分配（预设、生成）				
环节过渡				
学习过程	学生观点			
	课堂作业			
	参与人数			
	学生学习结果的演示 （技术支持）			

2. 课堂互动

为了在每一个教学环节取得预期的目标，在课堂教学中，教师往往会采用比较灵活的互动方式，所以，课堂互动也是课中观察的重点。

影响课堂互动效果的因素有很多，比较关键的因素是教师对于互动的设计、指导、组织的水平，及课堂的具体教学环境、学生的认知特点和学习状态等。这些因素的综合作用决定了课堂互动的效果，直接促进或者抑制教学目标的达成。

（1）设计依据

从教师的设计、指导、组织的角度看，影响互动效果的因素包括互动主题、互动内容、互动工具、互动步骤、互动时间等，可整合为互动主题、互动过程、互动小结三个方面。

互动主题是否科学、合理主要取决于它与教学目标是否适切，是否符合学生的认知特点，这需要通过分析教学设计以及现场观察得到验证。

影响互动过程的因素主要有学生在互动中的状态、参与度、学习结果（如学生的观点、作业、动作等）、互动时间等，这些因素在课堂中都是可以观察到的。

互动小结是课堂互动结束时，由教师主导的总体点评或活动小结。在课堂互动中，通常环节较多，信息量很大，学生容易迷失在大量的信息中，抓不住主要问题，使互动教学的效果大打折扣。因此需要特别关注互动环节结束时，教师对互动活动过程中学生的表现是否进行了点评，对互动过程中达到的教学目标是否进行了清晰、明确的总结。

（2）设计样例

课堂互动观察表片段如表 2-4 所示。

表 2-4 课堂互动观察表片段

互动主题	互动主题 1	
互动过程	开始时间	结束时间
	教师如何阐明活动目的（口头呈现、多媒体呈现、导学案、板书……）	
	教师对活动开展的具体指导（讲解、对话、示范）	
	学生参与互动的情况（人数、对象、观点、动作、作品、表情）	
	信息技术支持互动的情况（主题呈现、资源支持、数据的采集与反馈……）	
互动小结	教师对活动所做的点评与总结：	

（3）课堂互动的观察注意事项

观察数字化课堂时，要从互动环节的各个主要节点上设置观察指标、收集数据。具体观察时要关注互动主题在实施过程中的具体情况以及教师的指导情况；技术对互动的支持作用；教师在互动的各个节点是否恰当应用信息技术工具完成互动主题的发布、互动组织与反馈数据的收集与分析等。数字化课堂中互动的信息量较大，最好能够配合座位记录表等一起进行记录。

3. 数字化资源恰当使用的观察

在数字化课堂中，数字化资源能够在一定程度上为教师教学和学生学习起到很好的支持作用。数字化资源的恰当使用是十分重要的，不能为了使用资源而使用资源，所以数字化资源的恰当使用是数字化课堂的观察重点。

课堂观察时，除了要特别关注数字化资源的类型、应用情况外，还要从数字化资源与课程学习内容有效融合的角度，从教学环节的各个主要节点设置相应的观察项目，收集信息化资源有效应用的相关数据。

（1）设计依据

数字化资源的获取与应用要以教学目标为根本，以方便使用为原则，以科学性、教育性、技术性、艺术性为评判标准。课堂观察时要从数字化资源辅助教学目标的达成、数字化资源的呈现形式、呈现时机、呈现时长、支持学生学习的有效性等方面设计观察指标。

（2）设计样例

数字化资源观察表片段如表 2-5 所示。

表 2-5　数字化资源观察表片段

观察内容	数字化资源的应用	观察结果
达成教学目标所使用的教学资源	对应的教学目标	
	数字化资源与教学目标的一致性	
	是否为教学重难点	
数字化资源的呈现	呈现形式（文本、声音、图像、视频、动画）	
	呈现时机	
	呈现时长	
	教师的技术应用情况（熟练与否）	
支持学生学习的有效性	学生对数字化资源的关注程度	
	是否通过数字化资源解决了重难点的学习	
	学生对数字化资源的反应	
学习评价及反馈	是否通过数字化手段评价学生的学习	
	是否及时收集课堂评价信息并进行反馈	

（3）数字化资源观察时的注意事项

在课堂观察时要从教学过程的各个主要节点上设置观察项目、收集数据，以深度融合的理念为指导，全面评价数字化资源的应用。在关注信息化资源的科学性和教学性的基础上，注重使用性和美观性，同时注意维护数字化资源的知识产权。

三、课后观察重点

课后观察重点是课堂评价。课堂评价是促进学生学习的手段，即评价是教与学过程的一部分，评价的价值在于学习增值，数字化课堂的评价不仅仅是在课堂实施后，在课堂教学过程中也要注重对学生学习情况的实时评价。

目前信息技术支持的即时评价反馈系统所能提供的测试评价题型较单一。因此课堂观察关于学生学习情况的评价侧重于课后教师对全体学生提交的学习结果评价。

合理的评价源自学科课程标准中相关内容的要求与目标，准确收集并及时利用这些评价信息，对生成型教学和精准掌握学生学习情况有很大帮助。目前有很多信息技术工具支持教师在这个环节上布置评价内容、发布检测题，收集与统计评价检测情况，如各种学习题库系统、评测系统、学科云计算工具、学习反馈 APP 等。

（1）设计依据

课堂教学评价信息的获取与利用重点关注四个方面：教师如何基于课程标准制订科学、合理的教学目标，如何根据教学目标制订清晰的评价标准，如何根据评价标准收集评价信息，如何利用评价信息设计与调整教学。

（2）设计样例

教学评价观察表片段如表2-6所示。

表2-6 教学评价观察表片段

	评价内容与教学目标的一致性	观察结果
教学目标	教学目标的内容	
	教学目标与课程标准中相应内容的一致性	
	教学目标与评价内容的一致性	
	检测题对应的目标层次	
评价标准	完成人数	
	评价内容与完成的时间	
	典型错误	
	错误率	
评价信息的处理	教师对评价信息的收集（批改、电子、口头）	
	利用的评价信息的情况	
	怎样利用（如围绕典型错误调整教学）	
	利用的效果如何（人数/对象）	

课堂观察的目标不同，观察内容也不同。对于课前的观察，重点放在预习的设计和完成状况；对于课中的观察，重点放在互动、教学环节、教学资源三方面；对于课后的观察，重点放在教学评价方面。对于每一项观察内容，都要按照观察的程序，建立维度→项目→要点的关系表，以便具体实施课堂观察时不出现偏差。

课堂观察各项目下的观察要点是作为还原课堂原貌的整体框架的基本构成，在实际操作时要依据观察合作体对所观察课堂的具体观察目的或者教研组、授课教师对改进教学工作的具体需求，进行有针对性的选择或增减。每次课堂观察时关注观察内容都有不同的侧重点，这是以实现观察目的为取向所选择的观察要点，通常并不是表2-1中示例的观察要点的全部。具体参见第三章、第六章中的课堂观察实例。

本章内容小结

本章我们学习了数字化课堂的教学结构要素（知识检查点2-1），明确了数字化课堂的观察维度（知识检查点2-2），并掌握了如何确定数字化课堂的观察项目（能力里程碑2-1）。

本章内容的思维导图如图2-5所示。

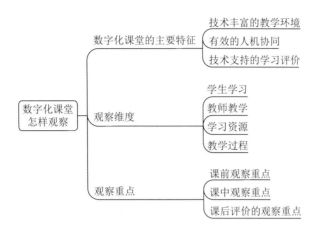

图 2-5 思维导图

自主活动：梳理某节课的观察重点

请学习者在学习完本章内容后，进行自我反思，并记录个人学习心得。

小组活动：讨论如何确定某节课的观察项目

请学习者围绕本章的学习主题进行组内交流，并做好小组学习记录。

评价活动：评价本章知识与能力学习水平

实践项目

请结合你所教的学科，尝试梳理数字化课堂的观察项目（能力里程碑 2-1）。

第三章 确定数字化课堂的观察要点

本章学习目标

在本章的学习中，要努力达到如下目标：
◆ 理解课堂观察目的和观察要点（知识检查点3-1）。
◆ 能够结合学科实例确定某一节数字化课堂的观察目的与观察要点（能力里程碑3-1）。
◆ 能够描述确定的课堂观察要点，设计数字化课堂观察要点表（能力里程碑3-2）。

本章核心问题

数字化课堂的观察目的如何确定？课堂观察要点如何描述？

本章内容结构

引　言

通过对前两章内容的学习，我们了解了数字化课堂观察的主要方法与观察框架。"工欲善其事，必先利其器"。进行课堂观察时，需要先明确课堂观察的目的，从课堂观察的目的出发，结合学科培养目标与课堂教学的实际，选择并细化课堂观察要点。课堂观察要点表是开展课堂观察的基础性工具，依据课堂观察要点表，就可以目标明确地开展分工观察和课堂数据采集。

问题一：如何确定数字化课堂的观察目的？

一、数字化课堂观察的依据

数字化课堂观察作为一种教学研究形式，是用规范的研究方法对课堂教学进行客观的观察与评估，需要以规范的理论与标准为依据，确定观察目的，并选择相应的观察工具。如第一章图1-3所示，数字化课堂观察目的的确定，主要依据所观察学科的教育目标和研究目标。教育目标包括两部分：一是中小学学科课程标准，以所观察学科课程对应学段的单元模块内容为课程教学内容的标准；二是所观察学科的学科核心素养的培养目标。数字化课堂观察的研究目标则以信息技术与学科教学恰当地融合应用为主。进行实际的课堂观察时除了要以教育目标和研究目标为基本依据外，还要参考中小学教师专业能力中信息技术教学应用能力所对应的标准，并以教育信息化2.0行动方案中的相关内容为指导，结合具体的研究项目及教研需要确定数字化课堂的观察目的。

1. 学科课程标准和核心素养

对中小学而言，我国基础教育各学科核心素养的内容，在基础教育的课程标准中都有明确的规定和阐述。我国在2011年颁布了义务教育各学科课程标准，在2017年颁布了最新的高中课程标准。在课程标准中对各学段各学科的教学目标、教材纲要、教学要点、教学建议给出了指导规范。课程标准是基础教育课程的基本规范和质量要求的纲领性文件，教师的教学是在课程标准的指导下有序开展的。

对数字化课堂进行观察时，要结合学科教学内容在课堂中的有效实施与教学目标达成度来把握教师的教学效果。因此，深刻理解与把握课程标准、学科核心素养是进行有效的课堂观察的基础，据此才能对授课教师的教学有效性进行准确的评估。

2. 中小学教师信息技术应用能力相关文件

对数字化课堂中的教师教学和学生学习进行观察，可以参考国家颁布的《中小学教师信息技术应用能力标准（试行）》（后文简称《能力标准》）和《教育信息化2.0行动方案》的相关内容。

《能力标准》是规范与引领中小学教师在教育教学和专业发展中有效应用信息技术的准则，是各地开展教师信息技术应用能力培养、培训和测评等工作的基本依据。其中根据我国中小学校信息技术实际条件的不同、师生信息技术应用情境的差异，对教师提出了基本要求和发展性要求。其中，以教师应用信息技术优化课堂教学的能力为基本要求，主要包括利用信息技术进行讲解、启发、示范、指导、评价等教学活动应具备的能力；利用信息技术支持学生开展自主、合作、探究等学习活动应具备的能力。根据教师教育教学工作与专业发展主线,将信息技术应用能力划分为技术素养、计划与准备、组织与管理、评估与诊断、学习与发展五个维度。

《教育信息化 2.0 行动计划》是推进"互联网 + 教育"的具体实施计划,旨在推动从教育专用资源向教育大资源的转变,从提升师生信息技术应用能力向全面提升其信息素养的转变,从信息技术与教学融合应用向创新应用发展的转变,努力构建"互联网 +"条件下的人才培养新模式。从信息技术教学应用方面来看,该计划旨在持续推动信息技术与教育深度融合,发挥技术优势,变革传统教学模式,真正实现从融合应用阶段迈入创新发展阶段,不仅实现常态化应用,还要达成全方位创新。即促进教育信息化从融合应用向创新发展的高阶演进,信息技术和智能技术深度融入教育教学全过程,改进教学、优化管理、提升绩效。同时全面提升师生信息素养,适应信息社会发展的要求,应用信息技术解决教学、学习、生活中问题的能力成为必备的基本素质。

基于《教育信息化 2.0 行动计划》的指导思想,对数字化课堂进行观察时,要特别注重观察教师的信息技术与学科课程融合应用的能力水平。具体从信息技术与学科课程深度融合的应用范式、培养学生高阶思维的有效方式、符合学生学习规律的教学方法与范式、课堂教学中信息技术与学科教学应用的融合程度等方面来评估教师的教学。通过课堂观察收集与分析授课教师的课堂教学结果数据,参照以上的依据进行对比分析,找出授课教师在信息技术与教学融合应用中存在的差距,从而能够提出有针对性的改进建议,使教师更好地适应当前基础教育信息化的发展。

二、确定课堂观察目的

课堂观察是一个动态的过程,在确定观察目的时,既要了解学科课程标准的相关内容,又要根据所观察课堂的学段、学科性质、信息化环境与师生信息素养综合评判课堂教学的信息技术融合应用程度。

具体进行数字化课堂观察时,观察者与授课教师可以根据需要加强的教学领域或某一方面的素养,有侧重地通过课堂观察进行研究、评估与提升,这样的课堂观察相对比较聚焦和深入,通常以教学研究项目或教研活动的形式进行,观察的侧重点在数字化课堂的某个方面。比如在对数字化课堂进行观察时,可以侧重于以下几个方面:信息技术工具在学科教学中的恰当应用;数字资源在学科教学中的恰当使用;信息技术环境支持下的教学模式或学习方式的转变;数字化课堂中学习活动的设计与实施效果;数字化课堂中师生的有效互动;数字化课堂中教学数据的获取与应用效果,等等。

确定具体的课堂观察目的时,可以参考以上侧重点,结合学科教育目标的具体内容,选取一个或几个作为本次数字化课堂的观察目的。

下面我们以义务教育阶段语文课堂观察为例来说明如何确定课堂观察目的。

义务教育阶段的语文课程应致力于学生语文素养的培养，语文素养是学生学好其他课程的基础，也是学生全面发展和终身发展的基础。义务教育阶段语文学科的培养目标为：初步掌握学习语文的基本方法，养成良好的学习习惯，具有适应实际生活需要的识字写字能力、阅读能力、写作能力、口语交际能力，正确运用祖国的语言文字；通过优秀文化的熏陶与感染，提高思想道德修养和审美情趣，逐步形成良好的个性和健全的人格（具体参考《义务教育阶段语文课程标准》）。

在进行课堂观察时，应重点关注授课教师在确定教学目标与选择教学策略时是否关注了语文核心素养的培养。

同时参考《能力标准》与《教育信息化 2.0 行动计划》的相关内容，观察信息技术在具体学科教学中是如何融入教师的课堂教学与学生的学习全过程的。若以"信息技术环境支持下的语文教学模式或学生的学习方式的转变"为本次课堂观察的研究目标，则可将课堂观察目的确定为：评估授课教师在语文课堂教学中恰当地使用信息技术进行讲解、启发、示范、指导、评价等教学活动的全过程；在数字化环境及相应设备的支持下，教师能够利用信息技术支持学生开展语文识字写字、阅读、写作、口语交际，以及综合实践活动中的自主、合作、探究等学习活动。

作为研究共同体的课堂观察组，根据协商或者教研的需要，通常会在观察前的会议中通过现场讨论确定观察侧重点。课堂观察共同体形成的前提之一就是有共同的目标，就当今最普遍的教研活动形式——学科教研组而言，选择和确定观察目的时首先要思考：本学科教研组对数字化课堂的教学理念与方法的理解是什么？需要确定的具体学科教学改进目标（通过课堂观察评估后进行改进）是什么？然后考虑与所研究主题最密切相关的观察侧重点，在此基础上确定观察目的，进而进行"设计→观察→反思→改进"，从而形成教研活动的跟进链条。

问题二：如何确定数字化课堂的观察要点？

一、数字化课堂观察要点

确定了课堂观察目的后，就要根据所观察的行为或现象明确要观察的内容，确定观察要点，观察要点的确定遵循可观察、可记录、可解释的原则，还必须是观察者和被观察者"想观察"和"能观察"的内容。在确定观察要点时，应将不同的行为归于不同的类别，且类别之间不能重复。可采用"列项"的方式确定观察要点，即先列出与当前确定的观察维度相关的各类可能的行为，然后观察这些行为出现的频度。例如，要观察学生学习维度中的"互动"情况，就要从影响有效互动的主要因素出发，观察互动的主题、互动的方式、互动的内容、教师的指导方式等，在此基础上细化观察要点，生成具体的观察要点表。

二、确定课堂观察要点的一般过程

以小学语文数字化课堂观察为例，说明确定课堂观察要点的一般过程。

小学语文数字化课堂观察要点的确定与课堂观察表的设计

新时代社会需要具备自主学习能力与合作探究能力的创新型人才，这些能力在语文课堂中的培养仍然不能忽视。

在数字化环境下的小学语文课堂中，教师创设的合理情境有助于学生进行探究性学习，有助于落实"以学生为主体"的教学理念。另外，小学生还不具备一定的时间管理能力，所以教师对各个环节的时间把控也是十分重要的。在数字化环境下，对学生的各项学习数据的收集和分析很容易，合理利用信息技术评价工具收集课堂反馈信息和自评、互评等既能帮助教师有针对性地开展指导和教学，又有利于学生语文高阶思维的培养。

1. 课堂观察目的

观察在数字化环境下小学语文教师的信息化教学的情况，重点观察其在信息化环境下的信息化教学应用能力。因此对本节课的观察从教师在课堂教学中信息技术应用的深度融合效果为出发点，对"信息技术与语文学科教学深度融合"进行观察与分析。观察目的具体为：小学语文五个学习领域中的阶段性目标在课堂教学中的达成度，教师与学生使用智能终端支持教与学的有效性、信息化资源的适切性、教学模式的创新应用等。

2. 课堂观察要点的确定

1. 课堂观察项目的选择

根据确定的课堂观察目的，从数字化环境下语文信息化教学应用、信息技术与语文教学的深度融合出发，选取观察要点。

（1）教师教学维度：教师在信息技术支持下的语文教学模式应用，即教师在课堂教学过程中信息化资源的选取与应用、信息技术工具的使用、教学数据的采集与应用。

（2）学生学习维度：观察本节语文课上学生学习的全过程，重点关注学生的课堂表现，技术支持的课堂互动的有效性。

（3）学习资源维度：观察本节语文课教学过程中信息化资源的有效应用，重点关注信息化资源与学习目标的契合度，支持学生学习活动与学习效果的展示。

（4）教学过程维度：观察本节语文课教学过程的完整性与合理性，重点观察教师设计教学过程时是否关注语文高阶思维的培养、小学语文数字化课堂的教学智慧体现，课堂教学过程设计的创新点和特质，课堂教学中的数据应用伦理和技术应用伦理。

2. 课堂观察要点的确定

下面从四个维度来确定观察项目，细化观察要点，如表3-1所示。

表 3-1 观察要点表

观察维度	观察项目	观察要点
教师教学	教学资源的适当性	能恰到好处地运用教学资源促进学生的学习
		所选取的教学资源有很大的必要性
	课堂互动的有效性	能及时、有效地跟进学生思路
		合作任务设计清晰，小组活动组织有序，指导合理
	课堂指导的有效性	能合理创设符合教学目标的情境和主题
		所设计的语文课堂活动与任务有利于促进学生高阶思维的发展
	教学评价的适切性	能够使用信息技术收集教学信息和数据，以提高评价效率
		能有意识地使用评价数据，调整教学策略
	技术和数据支持的生成性策略	能够对学生的预习提供反馈，恰当使用信息技术
		利用信息技术观察和收集学生的课堂反馈，根据反馈信息对教学行为进行有效调整
学生学习	学生准备	独立完成预习题目并能够记录不懂的问题
		熟练使用信息技术进行预习
	学习表现	明确小组合作任务，积极参与小组活动
		始终保持良好的学习状态
	课堂互动	利用技术工具开展阅读、协作、表达、交流、测验、练习等工作
		小组合作中分工明确，合作过程中互动良好
	自主学习	敢于表达，大胆质疑
		能创造性地提出和回答问题
	展示评价	能够利用信息技术工具开展自评与互评
学习资源	学习资源与学习目标的一致性	学习资源的选取以支持学生学习为主
		学习资源有利于学习目标的达成
	学习资源的质量	呈现形式（文本、声音、视频、动画）
		演示时间恰当，内容适切
		资源内容与学习目标的一致性
		能够突破、化解教学的重难点
	支持学生学习的适切性	相关设备与技术资源在课堂学习中正常使用
		课堂中有支持学生小组学习的资源与记录系统
	支持教学评价的适切性	能恰当运用图表、现代技术手段辅助教学评价，反馈效果良好
		能够通过信息化手段评价学生的学习
		及时收集课堂评价信息并进行反馈，生成对应的指导策略

续表

观察维度	观察项目	观察要点
教学过程	教学目标的达成度	完成教学设计中预设的教学目标,学习内容符合学生的认知水平;关注学生高阶认知技能与思维的培养
		教学重难点得到解决
	教学环节的合理性	可在信息技术支持下合理把握课堂时间,教学环节完整,按时完成教学内容
		各教学环节设置合理,时间分配合理,过渡自然
	课堂教学的创新性	将学生的创新学习成果及时保存为生成性资源,并进行评价与反馈
		教学设计、情境创设、资源设置与使用能够体现创新性应用
		能够借助信息技术激发并保护学生的创新思维,支持学生的创新行为
	技术应用伦理	对技术的应用能够体现教师的自身优势,体现班级特色,融技术于课堂,真正促进教学
		教师教学伦理: 在利用信息技术教学时不存在评价定势、潜能遮蔽和对学生情感的忽视,对资源来源有明确标注,不侵权; 对学生的创意进行保护,注重学生审美能力的培养; 基于信息技术的教学演示具备科学性
		教师技术伦理: 能深刻认识技术伦理问题(如不为了用技术而用技术),没有智能依赖; 适时适当运用技术,注意技术使用的合理性
		学生学习伦理: 在使用信息技术及其他设备进行学习时不传播错误、违法的信息; 能合理、适度、适时地在教师的要求下规范运用信息技术进行学习活动

对教学过程这一维度的观察,除了可以从课堂中可观测的教师教学行为入手,还要从教师的教学设计方案中、与教师的交流中观察与把握。比如,教师的技术伦理与价值观的观察,除在课堂上要结合教师的教学目标和学习内容的设定,观察教师信息技术工具与信息化资源的恰当应用外,更应关注教师使用信息技术的态度与信息化资源的选取依据,主要通过与授课教师基于教学设计方案进行深入交流,把握教师对信息化资源的选取目的,

资源的质量与美观程度，在使用他人的课件、图片等资源时是否有标注意识等。

又如：在对课堂教学创新应用、激发保护学生创新思维这两方面进行观察时，除观察记录课堂上师生对话的方式、教师评价学生的语言风格、师生互动时学生的参与度外，还可以通过记录教师与学生的互动次数、学生参与人数等数据，在课后统计相关比例，结合课堂观察的相关记录与教师交流后综合判定。总体而言，教学过程的观察更多地通过课堂观察要点的行为表现逻辑，或者是对课堂观察相关数据分析的基础上，通过观察共同体依据相应的教育理论和现代教学理念等推断、讨论而得出。

进行观察时，我们只能观察到教师和学生的外显表现，比如师生之间的提问与应答、阐释与分辨、指导与练习、教师的信息技术运用情况等，而很难观察学生、教师的头脑中内化的东西，即教育价值取向与教育教学理念、学生的元认知策略等。因此，课堂上可观察的外显教与学行为、收集到的教学与学习材料等要与特定教学理念、教学智慧等进行合理的关联，最终通过数据分析和解释来得出相应结论。这需要通过对课堂观察结果的统计，结合课前收集的教师教学设计、授课教师的说课、观察者课前与授课教师及学生的交流等各种信息，研判、分析后推理得出。对课堂和教学的研究，是建立在一个标准和规律性的评估基础上，需要还原课堂原貌，在各种课堂数据的基础上进行分析、关联，在教学理论的指导下进行推理。

说明

设计课堂观察表时，除要整体考虑观察要点所对应的教与学的行为表现及观察要点的可观察、可测量的特点外，还要注意以下几点：

1. 从观察要点出发，确定观察要点在实际课堂中对应的教与学行为，如观察课堂提问质量，除就"提问的数量"进行定量的观察记录外；还应对"问题对应的认知层次""学生回答情况"及"教师的反馈"进行记录，因此需要采用定性和定量相结合的方式；再如，观察"情境创设的效度"，显然应该采用定性观察记录工具。

2. 从观察者自身的知识经验出发，如观察"教学活动创设与开展的有效性"，若想从参与活动的学生人数和学习态度来判断，那么在界定不同表现行为的基础上，采用定量的记录工具是合适的，但这要求观察者有比较好的视力、良好的反应能力、快速的判断能力。若想从活动的难度系数及教学目标达成情况来判断，那么需要记录教学片段中的一些行为、对话、情境等细节，需要观察者有快速记录能力和较好的记忆能力。

3. 从观察条件出发，如观察"课堂对话的效度"，除了要有快速记录的能力外，还需要一些音像记录设备，否则，对话过程中的语调和神态等对话要素很可能无法记录。

本章内容小结

本章我们学习了什么是数字化课堂的观察目的及观察要点（知识检查点 3-1），能够结合实例确定某节课的观察目的与观察要点（能力里程碑 3-1），能够设计数字化课堂观察表（能力里程碑 3-2）。

本章内容的思维导图如图 3-1 所示。

图 3-1　思维导图

自主活动：反思如何确定课堂观察目的

请学习者在学习完本章内容后，进行自我反思，并记录个人学习心得。

小组活动：讨论如何确定某节课的观察要点

请学习者围绕本章的学习主题进行组内交流，并做好小组学习记录。

评价活动：评价本章知识与能力学习水平

一、简述题

1. 确定课堂观察目的的依据是什么（知识检查点 3-1）？
2. 确定课堂观察要点时应做哪些准备（知识检查点 3-1）？

二、实践项目

设计某节课的课堂观察要点表（能力里程碑 3-2）。

第四章 数字化课堂观察的实施

本章学习目标

在本章的学习中，要努力达到如下目标：
◆ 掌握数字化课堂观察的实施步骤（知识检查点 4-1）。
◆ 能够结合案例理解数字化课堂观察的记录内容（能力里程碑 4-1）。
◆ 掌握规范的课堂观察的实施过程与观察记录方法，尝试解释数字化课堂观察的结果（能力里程碑 4-2）。

本章核心问题

数字化课堂观察的规范实施步骤是什么？如何根据不同的观察目的与观察方法科学、合理地记录数字化课堂中的不同信息和数据？

本章内容结构

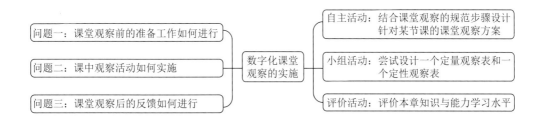

引 言

课堂观察不同于传统的听评课活动，需要观察者、被观察者、学生之间展开合作，才能顺利地完成整个观察活动，是基于课堂观察主体的意愿、可分解的任务、共享的规则、互惠的效益等进行的合作，在此基础上建立专业的观察共同体。因为数字化课堂的教学结构比较复杂，对其进行观察时，仅凭教师个人的力量是难以胜任的，需要群体智慧的参与。以共同体为依托，能够使课堂观察更加专业化，观察结果更加科学、规范。

课堂观察本身是一个行为系统工程，类型多样，观察点多元，需要一定的时间投入，更需要教师的广泛参与，因此一套基本的观察程序对保证课堂观察的规范化，减少观察成本，提高观察效率来说尤为重要。课堂观察的实施主要包括课前会议、课中观察、课后会议等步骤。

问题一：课堂观察前的准备工作如何进行？

课堂观察前的准备工作是开展课堂观察研究的重要基础，在这个阶段要确定观察目的、准备观察要点表、了解被观察者（授课教师）的教学设计和教学实施方案，等等。准备工作通常以课前会议的形式进行，观察者和被观察者集中进行商讨，目的在于给课堂观察的参与人员提供沟通交流的平台，让观察者对授课教师的教学设计与教学实施意图有所了解。课前会议最好在正式观察的前一天开展，会议时间视具体情况而定。

课前会议着重解决三个问题：了解授课教师的教学设计，与授课教师进行交流，商议确定最终观察要点。

一、了解授课教师的教学设计

在课堂观察前，了解授课教师的教学设计，明确授课教师的具体教学意图，主要通过授课教师说课来完成，授课教师说课的主要内容如下：

1.介绍本节课的教学设计情况。本节课的主题是什么？本节课在学科中的地位如何？本节课内容与相关内容之间的关系是什么？本节课所对应的课程标准和学科核心素养是什么？除此之外，授课教师还要说明前后知识之间的关联、知识内容的呈现方式、对教材内容进行了怎样的二次开发与处理、准备使用哪些信息化资源，等等。

2.介绍班级的整体情况，包括学生的思维特征、学习习惯和平时的课堂氛围等。授课教师应提供本班学生座位表，并标明学困生和学优生在教室的分布情况，为观察者确定观察要点和选择观察位置提供帮助。

3.说明本课的大致结构，并说明本节课的创新与不足之处，以便观察者有针对性地进行观察。

4.说明本课的重点、难点。打算如何解决重点和难点？拟采用什么信息技术工具与资源？

5.对学生学习过程的设计、监控、指导方式及时间安排进行介绍,为观察者观察教学目标的达成度等提供帮助。

进行课堂观察时应先请授课教师说课,重点了解教师的教学设计理念与方法、教学环节安排、学习资源设计目标等,观察教师教学环节设计与教学模式选择的一致性,观察教师对信息技术的应用情况时,除关注教师是否熟练使用移动设备与软件外,还应重点关注信息技术环境与资源的选择与设计对教学目标实现的支持作用,教师在教学过程中对学生学习效果的数据收集、评价与反馈,并利用这些数据调整教学策略的教学行为。设计课堂观察方案时,要对教师的教学设计方案进行评价,结合教学设计方案明确教师课堂教学的目标达成度与信息技术应用情况,综合评价课堂教学的效果。

理论导学

课堂教学设计及其步骤

课堂教学设计是针对教学全过程的设计,在对教学内容、学习者进行认真分析的基础上,确定完整的目标体系(包括该课程的知识和能力结构框架、各知识点目标组成的目标体系、各知识点所需教学资源列表,以及对学生自主学习的建议等)。重点是对各节(课)和知识点教学目标的具体描述,教学策略的选择、教学媒体(资源)的选择,课题教学结构和教学评价工具的设计。

要做好某一门课程或某节课的教学设计,可以按照以下几个步骤进行:第一步,熟悉课程标准,进行学习需求的调查分析;第二步,根据课程标准确定课程教学总目标;第三步,对教学内容和学习者进行分析;第四步,编写本节课的教学目标和知识点学习目标,确定教学的重点和难点;第五步,根据教学内容和学习者的特点,选择教学策略,包括教学内容的组织策略、传递策略(教学模式、教学方法、教学组织形式)和管理策略;第六步,选择教学资源,包括教学媒体、资源和教学环境,必要时,还需要对媒体、资源和环境进行设计与开发;第七步,设计课堂教学结构,包括课型、教学环节和教学流程;第八步,设计形成性评价方案,包括检测题、评价量表,以及调查问卷、观测记录表等;第九步,运用上述设计方案进行教学实践,并做出形成性评价。根据反馈意见,对教学和教学设计方案进行修正。当单元教学或整个教学任务完成后,可以进行总结性评价。

通过课堂观察前与授课教师的交流,收集教师的教学设计方案与教学资源,以对授课教师的教学设计能力进行全面的了解、分析和评价,这也是课堂观察的一部分,对教师教学设计的观察主要从教学内容分析、学习者分析、教学目标、教学策略、教学过程设计、教学评价六个方面进行，示例如表4-1所示。

表4-1 对教师教学设计的观察表示例

教学设计要素	数字化课堂环境下小学语文教学观察项目	完全符合（4分）	基本符合（3分）	不确定（2分）	基本不符合（1分）	完全不符合（0分）
教学内容分析	明确知识点的内涵与知识点之间的关联；说明内容所蕴含的文化价值及语文学科的思想方法					
	说明本节课在本学段语文课程中的地位和作用					
	重点、难点提炼得当，内容说明具体					
学习者分析	阐述学生已有的知识技能基础及掌握程度					
	说明学生对数字化课堂中所用技术所持的态度等					
教学目标	目标提炼简明、准确，能够正确使用行为动词					
	目标设置与教学内容、学习者分析紧密结合，表述清晰、简明					
教学策略（包括媒体资源的应用设计）	所选用的教学方法能够发挥教师的主导作用，同时体现学生的主体地位，能够结合具体教学内容有所侧重					
	所选用的教学方法、技术工具能进行优化组合，且符合语文学科的特点和学生的认知规律					
	阐述数字化课堂中的技术应用与当前知识的结合点，明确技术在教学内容中的作用					
	正确认识数字化课堂环境是提升语文教学质量的助力，促进学生对语言文字的感受，引发学生深入思考					
	恰当地运用数字化技术解决重点、突破难点，能够根据学生情况（学习水平、数字化设备使用能力等）调整教学难点					
	能将数字化课堂的特点与实际生活相联系，通过拓展阅读，呈现恰当图像、视频等创设情境，动态演示核心教学内容					
	能够有效地使用信息资源促进学生的学习					

续表

教学设计要素	数字化课堂环境下小学语文教学观察项目	完全符合（4分）	基本符合（3分）	不确定（2分）	基本不符合（1分）	完全不符合（0分）
教学过程设计	情境的创设有助于激发学生的学习兴趣，符合学生的生活经验、认知水平、兴趣爱好等					
	教学内容设置融入数字化资源与可视化表达，能够适当调整教材内容的呈现顺序与呈现方式，帮助学生更好地理解内容与学习要求					
	教学活动设置恰当，为学生创设思维碰撞的空间，鼓励学生独立思考、大胆发言、合作交流，学生学习有热情，课堂参与度高					
	针对教学内容择优选取数字化技术和阅读内容					
	结合教学目标和重难点，综合考虑多媒体技术在使用过程中的原则，如实用性、多样性、平衡性					
	知识的归纳、生成、总结的过程主要由学生完成，教师给予必要的引导					
	教学环节流畅、完整，设计意图表述明确					
	板书设计合理，重点突出，逻辑关系明显					
教学评价	能够借助技术进行教学评价，及时呈现评价内容，并进行实时统计与反馈					
	数字化课堂环境下的语文教学评价，能够促进学生的主动参与，学生在学习过程中的积极性和创造性能够得到进一步加强					
	能够保证教学资源的正常呈现及教学内容的科学性和正确性，师生互动、生生互动的指向性明确，效果良好，突破了教学难点，突出了教学重点					

二、与授课教师进行交流

观察者根据观察目的或自己感兴趣的内容与授课教师进行简短的交流，目的是对本节课有更深入的了解，为确定观察要点和选择观察记录工具提供帮助。同时促进观察者与授课教师之间建立信任，缓解授课教师的紧张情绪，有利于其展示自然、真实的教学水平。

三、商议确定最终观察要点

观察者与授课教师通过商议确定最终观察要点，若需要合作观察，则观察者之间再进行商议，明确合作观察的任务分工，熟悉记录工具的使用。

需要注意的是，课堂观察追求的是自然状态下的教学研究，"磨课"不属于课前会议的范畴。课前会议作为课堂观察的起点，对其的整体规划十分重要，准备越充分，观察者就越能从课堂情境中收集更多有用且详尽的资料。

问题二：课中观察活动如何实施？

课中观察指进入研究情境后，观察者依照事先的计划及分工，使用相应的记录工具对所需观察的信息进行记录。观察者进入现场之后，按照一定的观察技术要求，根据课前会议制订的观察要点表，选择恰当的观察位置、观察角度，迅速进入观察状态，采用录音、摄像、记录平台等技术手段，将定量和定性方法相结合，记录观察的典型行为及自己的思考。课中观察是整个课堂观察活动的主体，所采集的数据也是课后会议分析的基础。课中观察的科学性、可靠性关系到研究的信度和效度及课后分析报告的质量。下面结合实例具体说明课中观察的记录方式与注意事项。

一、进入观察现场

1. 进入观察现场的时间与任务。观察者要在课前进入现场，最好提前五分钟进入现场，同时必须明确观察任务及可用的观察工具。

2. 观察位置。根据观察任务确定观察位置，以确保能收集可靠的信息。若要观察某些学生的课堂参与情况，观察者应选择离他们较近的位置，以便随时记录他们的课堂行为。若要观察教师所创设的学习情境的有效性，观察者应选择便于走动的位置，可及时移动，以此来了解教师展示教学情境后学生的反应情况。观察者的位置在一节课内通常是固定的，应以不分散学生的注意力为宜，尽量避免与教师的走动发生冲突，尽量不干扰课堂教学的正常进行。

3. 记录方式。观察者要如实地记录看到与听到的各种现象，对于一些需要连续记录的教与学行为，一般不宜在现场对其进行分析或判断，更不要进行讨论与交流，以免影响课堂记录的进程，或遗漏一些重要的信息。

4. 观察者行为。观察者在观察过程中的行为表现应以不影响正常的课堂教学为原则。观察者应保持冷静，不应着奇装异服，尤其是观察位置面对或靠近学生时；观察者不应进行不必要的走动；观察者之间不应相互讨论，发出声音。

二、课堂观察的记录方式

课堂观察的记录方式有很多种,应根据具体的观察内容和观察类型选择合适的记录方式进行记录。课堂观察的记录方式通常分为定量的记录方式和定性的记录方式。

1. 定量的记录方式

定量的记录方式是指预先对课堂中的要素进行解构、分类后,对特定的时间段内出现的类目中的行为进行记录,主要包括等级量表记录和分类体系记录等方式。观察者根据观察目的,依据事先编制的观察记录表,在记录表上相应的等级表格中对观察对象的行为表现进行记录。这样的记录方式对观察者的评判能力及其对观察要点分级的熟悉程度有较高的要求,在具体观察前应统一标准,这需要在课前会议中进行,在条件允许的情况下,应有两人以上同时使用一个等级量表进行记录,校验后确定分数,从而较好地提高课堂观察的信效度。

示例 1:当前基础教育阶段,交互式电子白板在课堂中得到了广泛应用,交互式电子白板的课堂应用观察表示例如表 4-2 所示。

表 4-2 交互式电子白板的课堂应用观察表示例

学校				课程名			
教师			学科			年级	
观察内容				符合	使用效果评价		
维度	具体内容				优秀(A)	良好(B)	合格(C)	待改进(D)
教师教学	教学评价	能够使用交互式电子白板(以下简称白板)及其他设备进行及时、适切的评价;能够引导学生使用白板开展自评与互评						
		能够利用白板及其他设备开展测验、练习、师生互动等活动,提供及时反馈						
		能够利用白板及其他设备观察和收集学生的课堂反馈数据,对教学行为进行调整						
	课堂互动	能够使用白板及其他设备的互动功能设计互动活动						
		能够使用白板和相关软件展示互动过程						
		能够通过白板或相关设备的及时反馈功能,鼓励学生自主学习,促使其完成学习任务						
		能够使用白板及其他设备的互动功能评价互动活动的效果						

优秀(A):对应指标中的描述都符合; 良好(B):对应指标中的描述至少符合两项;
合格(C):对应指标中的描述至少符合一项; 待改进(D):对应指标中的描述没有符合的项目。

这类观察表的编制要在确定观察目的后，依据四个观察维度细化而来，最好能够明确各个观察要点的分级行为的外显表现，即明确课堂教学或学生学习行为的主要特征及分级特征，这样观察者能够比较准确地把握教学行为的分级依据，并在观察表中相应地进行评级、记录或打分。

分类体系是指预先列出的可能出现的行为或要观察的目标行为，在观察过程中以合适的时间间隔取样，对行为进行记录。分类体系包括编码体系、记号体系、核查清单等，如美国课堂观察研究专家弗兰德斯的互动分析分类体系，在预设的单位时间内，编码体系对课堂上发生的一切行为都予以记录；记号体系或核查清单只记录不同的行为分类。

理论导学

改进型弗兰德斯互动分析系统

弗兰德斯互动分析系统（Flanders Interaction Analysis System，FIAS），是教学过程中重要的信息反馈工具，是针对传统课堂中师生在课堂上语言互动过程的观察分析工具。

为了使 FIAS 能更好地用于数字化课堂教学的观察与分析，方海光教授团队对 FIAS 的编码系统进行了部分的调整和优化，形成了改进型弗兰德斯互动分析系统(improved Flanders Interaction Analysis System，iFIAS)，iFIAS 将 FIAS 中的 10 个编码行为修改为 14 个编码行为，如表 4-3 所示。

表 4-3　iFIAS 编码行为

教师语言	间接影响	1	教师接受情感	
		2	教师表扬或鼓励	
		3	教师采纳学生观点	
		4	教师提问	4.1 提问开放性问题
				4.2 提问封闭性问题
	直接影响	5	教师讲授	
		6	教师指令	
		7	教师批评或维护教师权威	
学生语言		8	学生被动应答	
		9	学生主动行为	9.1 学生主动应答
				9.2 学生主动提问
		10	学生与同伴讨论	
沉寂		11	无助于教学的混乱	
		12	有益于教学的沉寂	
技术		13	信息技术应用中教师操纵技术比例	
		14	信息技术应用中学生操纵技术比例	

iFIAS 对 FIAS 编码行为的调整与优化具体包括以下四个部分的内容。

（1）FIAS 原编码 4 的 "提问开放性问题" 和原编码 5 的 "提问封闭性问题" 这两个编码都是以教师意见或想法为基础的，因而在转化为分析矩阵时都可归为新编码 4 "教师提问"，且新编码 4 在分析矩阵中的计数为这两类编码的计数和，仅在课堂观察编码时以及统计开放性问题和封闭性问题所占比例时加以区分。

（2）FIAS 原编码 10 的 "应答（主动反应）" 与原编码 11 的 "主动提问" 都强调学生的主动性，因而依照 FIAS 中将第 9 类定义为 "学生主动说话" 的分类方法，这两种行为在转化为分析矩阵时都可以归为新编码 9 的 "学生主动行为"，新编码 9 的计数为这两类编码的计数和，在课堂观察进行编码和统计比例时按应答与提问加以区分。

（3）FIAS 原编码 14 的 "思考问题" 和原编码 15 的 "做练习" 都是有益于教学的沉寂，实际课堂教学中这两种行为在较多情况下是交替进行的，因而归为同一类，不做细分，同时也有助于减轻编码负担。

（4）FIAS 原编码 16 的 "教师操纵技术" 与编码 18 的 "技术作用学生" 在实际课堂教学中大多是同步进行的师生行为，因而归并为新编码 13 的 "教师操纵技术"。

iFIAS 如何编码？

使用 iFIAS 观察记录时，每 3 秒（也可以是其他特定时间间隔）记录一次，对每 3 秒的课堂师生互动行为均按照 iFIAS 的编码系统规定的含义赋予一个相应的编码号。一般一节 40 分钟的课堂，可以产生 800 个左右编码。

特别要说明的是，在实际课堂观察的过程中，针对同一时间同时出现两种或以上师生互动行为的情况，iFIAS 编码助手记录选择最先出现的互动行为进行记录。

如何对这些编码进行处理？

对这些编码进行处理时，将每一个编码分别与其前一个编码和后一个编码结成 "序对"，除了首尾的两个编码各使用一次，其他编码均使用两次，可以得到相应的序对集合。然后统计相同序对出现的频次，将总计的频次填写在统计表相应的单元格中，依次完成对所有序对的统计，并将频次填写在单元格中，从而形成迁移矩阵。

迁移矩阵分析

紫色：积极整合格（表示师生氛围融洽）；粉色：缺陷格（表示师生存在隔阂）；*：稳态格（表示持续做某件事），如图 4-1 所示（扫下方二维码可查看彩图）。

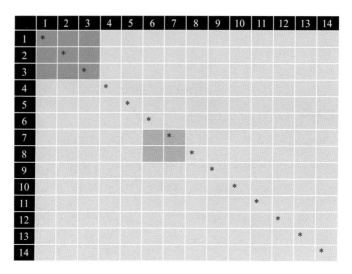

图 4-1　iFIAS 迁移矩阵区域含义

根据迁移矩阵可以得到：

（1）课堂整体结构分布情况：教师语言比例、学生语言比例、课堂沉寂情况、技术应用情况。

（2）课堂师生交互比例情况如表 4-4 所示。

表 4-4　课堂师生交互比例

教师语言比例	教师语言中对学生的间接影响与直接影响比例
	教师语言中对学生的积极强化与消极强化比例
	教师语言中提问所占比例
	教师提问开放性问题占教师提问比例
学生语言比例	学生语言中学生主动说话比例
	学生主动应答占学生主动说话比例
	学生主动提问占学生主动说话比例
	学生主动应答占学生应答比例
有益于教学的沉寂比例	
技术应用比例	信息技术应用中教师操纵技术比例
	信息技术应用中学生操纵技术比例

iFIAS 系统工具

iFIAS 目前有三种系统工具：PC 端 iFIAS 编码分析助手、微信小程序、人工智能支持的移动课堂视频智能分析系统。

PC 端适用于对课堂实录的视频分析，当然也可以对实际课堂进行编码分析。该工具具备成套的编码和数据处理体系，能够形成课堂的时间分析图。

PC 端 iFIAS 编码助手页面包括 4 个维度，共 14 种编码行为，如图 4-2 所示。

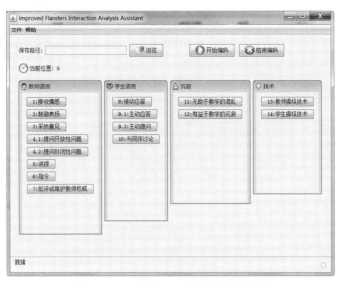

图 4-2　PC 端 iFIAS 编码助手页面

点击浏览按钮，确定编码数据的保存路径，然后点击"开始编码"按钮，开始编码。根据课堂进展情况，使用该编码助手每 3 秒选择一个课堂中的师生行为编码，直到全部录制完毕，点击结束编码按钮。从保存路径的文件夹中可以查看生成的编码表格。

图 4-3　PC 端 iFIAS 分析助手页面

接下来打开 iFIAS 分析助手，如图 4-3 所示。点击浏览，将生成的编码表格导入。填写课堂时间和 14 个编码类别数，勾选"选用 iFIAS"选项，点击确定。选择文件中的导入设置，选择配套的编码和统计项设置文件中 iFIAS 的 14 个编码和 15 个统计项，然后点击浏览按钮，选择保存的路径，点击开始按钮，直接生成分析课堂迁移矩阵和课堂结构以及师生交互频率比例。

完成课堂观察记录后，对照授课教师的教学设计方案中的目标设定、重难点解决策略、教学过程设计等，应用 iFIAS 的统计分析功能对上述课堂记录结果，进行数据统计，就可以对教师的课堂有效互动进行分析和评估了。

2. 定性的记录方式

任何先进的辅助工具都不能替代人。课堂观察时，观察共同体的教师可以结合"观察要点表""观察记录表"进行有针对性的、描述性的定性记录，即使用人工方式（包括人种志等质性课堂观察方法）记录和分析课堂教学行为，这种方法要求观察者通过完整的文字描述呈现课堂全貌，使课堂行为和教学事件回归课堂情境本身。定性记录时尽量不要带有主观色彩、个人喜好及价值判断，忠实而客观地记录观察对象的行为与课堂现象，确保所收集的数据、信息尽可能地反映真实的教学环境和课堂活动。

定性的记录方式是以非数字的形式呈现观察的内容，主要包括描述体系、叙述体系、图式记录、技术记录等。

（1）描述体系，即在一定的分类框架下对观察目标进行的除数字之外的各种形式的描述，是一种准结构的定性观察的记录方法；可以从空间、时间、环境、行动者、事件活动、行动、目标、感情等角度进行描述。

（2）叙述体系，即没有事先预设的分类，对观察到的事件和行动做详细、真实的文字记录，也可进行现场的主观评价。

（3）图式记录，即用位置、环境图等形式直接呈现相关信息。

（4）技术记录，即使用录音、录像等设备对所需研究的行为做现场的永久性记录。

另外，受到观察范围和观察数据采集数量的限制，为了能更精准、细致地观察数字化课堂，可以借助录音笔、摄像机、手机等收集数据，这样可以通过回放分析课堂的对话"原句"及师生互动现场。由于观察者进入课堂，本身也会改变课堂的原生状态。学生在有人听课的情况下，会自觉或不自觉地端正学习态度，那么，所观察到的结果一般会偏好。若希望能切实捕捉到课堂的原生态，建议在录播教室中专门设置一个摄像头观察某一组学生，观察者在后台同步实时观察，这样的观察结果将更为真实，对课堂教学行为的分析将更加科学。

示例2：通过课堂观察了解某小学教师的信息技术教学应用的方式与水平，以问题设计为主要观察点设计课堂观察记录表，需要将课堂中教师设计的问题与课堂教学内容中具体的教学目标层次相对应，这样可以更好地明确教师在教学过程中的提问质量与问题的设计质量，同时关注教师提出问题时所使用的信息化资源的适当性。课堂观察记录表部分内容示例如表4-5所示。为了方便观察者在课堂上准确记录，以及后续使用相应软件进行统计分析，对各记录点进行了编码。

表 4-5　小学数学信息化教学课堂观察记录表示例

学校：　　　　年级：　　　　班级：　　　　教学课题：

资源应用 \ 问题	问题设计					学生反应		其他
	问题表述	提问方式	目标层次	指向明确度	资源的关联度	理解	应答	
信息化资源1								
信息化资源2								
信息化资源3								
其他								

注：提问方式：　　A.预设　　　　B.生成

　　目标层次：　　A.强化基础　　B.培养高阶思维　　C.激发情感

　　指向明确度：　A.很明确　　　B.比较明确　　　　C.不明确

　　资源的关联度：A.紧密　　　　B.不紧密

　　理解：A.明白　　B.比较明白　　C.不明白

　　应答：A.即答　　B.思考后回答　　C.讨论后回答

示例3：课堂观察时记录授课教师在课堂教学中所提出的教学问题与引导学生思考的情况，课堂观察记录表部分内容示例如表4-6所示。

表 4-6　教师课堂教学问题与引导学生思考的情况观察表示例

观察内容 \ 教学环节		环节一	环节二	……	环节N
教师预设的问题	问题的设计				
	问题对应的知识层次与学习目标的关系（复核/解释/简单应用/综合应用/分析评价）				
	问题链的设置（层次型/结构型/发展型）				
教师引导学生思考	讲解（说明型/设问型）				
	辅助性讲解（示范的启发性/板书或资源应用的启发性）				
	理答（说明型/引导型/开放型）				
	评价（解释型/引导型/思辨型）				

续表

观察内容	教学环节	环节一	环节二	……	环节N
生成性问题的处理	生成性问题				
	教师处理生成性问题的方式				

使用定性记录方式，可以在观察前的准备环节对观察记录表中的典型行为与表现特征分级进行编码，方便观察者在观察、判断、记录中节省时间，避免漏掉信息；后续统计分析时也易于使用软件处理与分析。编码与记录方式需要在观察前进行必要的说明和培训，便于统一掌握标准，得到更客观的课堂记录数据。

3. 观察样本的选取

数字化课堂观察某些教学行为或者学生的学习行为时，为了细致、深入地观察这些行为的细节，在班级人数较多时可按时间或空间来选择部分学生为观察样本。如每小时观察10名学生，时间段的选择可通过初筛实验确定；也可按事件选样或完整的行为选样，如学生的小组学习活动行为、师生交互的过程等。可选用的辅助设备有摄像机、录音笔等，以便事后反复观看，捕捉细节。观察样本的选择可以使用事件取样和时间取样的方法。

（1）事件取样

事件取样方法指从被观察者（授课教师或学生）的多种教学或学习行为中，选出与观察目的直接相关的、有代表性的行为进行观察，记录其发展变化的过程。课堂教学中的典型教学事件可以作为事件取样的内容，如以课堂中学生的小组学习活动作为事件进行取样观察时，重点观察学生在小组的具体行为表现。

（2）时间取样

时间取样方法指选定一种课堂教学行为，在特定时间段内对其是否发生、发生频率和持续时间进行观察、记录。比如，对教师课堂教学中使用信息技术展示学习资源的时长、使用信息技术开展评价的次数与持续时间等进行记录，观察表片段如表4-7所示。

表4-7 时间取样表示例

1. 教师通过举例说明为学生释疑和引导（计次）	
2. 教师利用信息技术呈现（展示）学习资料（计时）	
3. 教师利用信息技术开展各种评价（师评、生评、互评）（计次）（含持续时间）	
……	

（3）行为表现取样

行为表现取样方法是指在课堂实际观察或在对录像资料进行分析的过程中，采用等级量表来评判被观察者的行为表现。比如对教师使用交互式电子白板的观察，量表片段如表4-8所示。

表4-8 行为表现取样表示例

维度		具体内容	优秀(A)	良好(B)	合格(C)	待改进(D)
教师教学	资源的应用	能够熟练调用白板的内部资源； 使用的资源与教学内容相关； 使用的资源符合教学目标				
	教学评价	能够使用白板及其他设备提供及时、适切的评价； 能够引导学生使用白板开展自评与互评				
		使用白板及其他设备开展测验、练习、师生互动等活动时，能够进行及时反馈				

问题三：课堂观察后的反馈如何进行？

一、处理记录的信息与数据

观察者要根据观察量表所记录的信息进行初步的统计或整理。在统计数据时，对于一些目的单一的观察量表所收集的数据，如学生的应答方式，可以从记录中推算出一些能说明问题的百分比、频数或排序，呈现在相应的观察量表或者数据平台上，根据这些数据初步进行简要分析和反馈。对于那些较为复杂的数据，如师生语言互动分析，可以通过频率和百分比的计算，绘制可以说明问题的图表，也可以通过数据处理软件来编制数据表。对记录的文字材料要进行整理，按观察记录表的设计意图逐条核对文字，或补充、或删减、或合并，转换成简洁、明了的语言，真实地还原当时的课堂情境。

在此基础上，通过合理的分析与推理提取陈述的问题或观点，依据课堂观察框架中的四个维度构建分析框架，对统计整理的结果按不同的问题进行归类，把具体的事实与数据集合到相应的问题或观点中去，为下一步的解释做好准备。

解释的任务在于对发现的问题或被观察者的教学特色进行剖析，对数据的具体含义与现象背后的原因及意义做出解释，并提供相应的教学建议。但必须要依据课堂实录，必须要针对此人此事此境此课进行分析，不要进行过多的经验推理或假设。

整理课堂观察结果的方式通常有两种：一种是课堂人种志、反思日志、叙事研究为主的质性取向，以解释学的方法论为指导，依靠观察者的教学经验，以描述的方式记录课堂事实，并进行分析、思考；一种是以定量工具和现代科技为代表的量化取向，通过对观察信息、数据进行量化的统计，以数据驱动分析、推断、诊断课堂的问题。

二、教学目标的规范表述与观察结果对照

课堂观察是以教学（学习）目标是否达成为核心开展观察，清晰、具体的教学目标是课堂观察表中记录教学各环节行为的一个基本前提，有利于观察者对课堂中的教学行为或学生学习表现找到具体的判断依据，同时也是对课堂教学效果评估的基础。

理论导学

教学（学习）目标分类体系

我国的教育工作者参照国外的研究成果，结合我国的国情，提出了我国的教育目标分类体系，并已在全国推广使用。我们在教学设计中使用的目标体系也将以此为准。我国使用的认知类教学目标体系分为 5 级。

（1）记忆。能够记住学过的材料。

（2）理解。能够解释所学习的材料，能够将学习材料从一种形式转换成另一种形式，并能对学习材料做简单的判断与分析。

（3）简单应用。能把学过的材料用于新的具体情境中去解决一些简单的问题。

（4）综合应用。能对问题的各组成部分进行辨认；进行部分之间的关系分析；并能识别组成这些部分的原理、法则，综合运用，解决问题。

（5）创见。能突破常规的思维格式，提出独到的见解或解题方法；能按自己的观点对学习材料进行整理；能自己设计方案，解决一些实际问题。

上述国内和国外(布卢姆)认知类教学目标分类体系的对应关系如表 4-9 所示。

表 4-9 认知类教学目标层次对照

国内分类体系	A	B	C	D		E
	记忆	理解	简单应用	综合应用		创见
布卢姆分类体系	1	2	3	4	5	6
	认识	领会	运用	分析	综合	评价

理论导学

表示教学目标的 ABCD 法

一、ABCD 模式

教学目标以具体的、可测量的行为术语来表示学习的结果，一般指的是外显的行为。

教学目标表示学习者通过教学活动以后,他的行为和能力的变化,应使用可以观察或测量的行为术语来描述。

一个规范的教学目标就包含了下面4个要素:

对象——A(Audience),教学对象(学习者);

行为——B(Behaviour),通过学习以后,学习者能够做什么;

条件——C(Condition),上述行为是在什么条件下产生的;

标准——D(Degree),评定上述行为是否合格的最低衡量依据。

为了简便,我们把使用上述4个要素编写的教学目标称为ABCD模式。例如:

<u>学生</u> 能够在 <u>1分钟之内</u> <u>输入60个汉字</u>,<u>错误率不超过2%</u>。
 A   C   B   D

<u>通过本节课的教学</u>,<u>全体学生</u> <u>都能够</u> <u>掌握鸟纲的主要特征</u>。
   C   A   D   B

二、编写方法

1. 对象的表述

明确说明教学对象(学习者)的组成,如"初中一年级学生""小学五年级学生"等。

2. 行为的表述

在编写课程教学目标和单元教学目标时,可使用一些含义较广的动词,如:知道、理解、掌握等。在编写知识点的学习目标时,要用动宾短语比较精确地描述学习者的行为。其中行为动词说明学习的层次,宾语说明学习的内容。例如:了解大气的组成;学会氢的实验室制法;复述中国古代史上重要的历史事件等。对行为的表述,关键是选好行为动词,因为它代表了对学习者行为的要求。

3. 条件的表述

条件表示学习者完成规定行为时所必需的情境,它包括以下各个方面:

(1) 环境因素:空间、地点、温度、湿度等。

(2) 人的因素:个人独立完成、小组集体完成、在教师指导下完成等。

(3) 设备因素:工具、设备、器材等。

(4) 信息因素:图表、资料、书籍、计算机数据库、网络等。

(5) 时间因素:速度、时间间隔等。

(6) 明确性因素:提供什么刺激(条件)来引起行为的产生。

4. 标准的表述

标准是指作为学习者学习结果的行为可接受的最低衡量依据。对行为标准的表述,应使得教学目标具有可检测性。

5. 内外结合的表述

行为目标表述教学目的时，往往只强调了行为的结果，而未注意内在的心理过程。因而可能引导人们只注意学习者外在的行为的变化而忽视其内在的能力和情感的变化。可采用内在心理与外显行为相结合的方法陈述目标，即采用内外结合的表述方法编写教学目标。

例如，对于"理解议论文写作中的类比法"这样的目标可以表述为：

（1）用自己的话解释运用类比的条件。

（2）在课文中找出运用类比法阐明论点的句子。

（3）对提供的含有类比法和喻证法的课文，能指出包含类比法的句子。

三、教学目标的简化表述

在编写具体教学目标时，并不一定把4个要素全部表述出来。有一些约定俗成的，或是大家都能明白的内容，就不必一一列出。

所以，在编写教学目标时，就可用简化的形式来表述。例如，高中地理"海洋环境"单元教学目标可表述为：

学完本单元以后，学生能够：

（1）从气候、交通运输、通信等方面说明海洋环境对人类的影响。

（2）理解洋流的形成及其对地理环境的影响。

（3）运用有关图表说明海洋表层平均盐度及温度的变化规律，并解释世界洋流分布规律。

对课堂观察记录进行整理时，观察者应能掌握教学目标的层次与学生学习行为、教师教学目标达成情况、课堂教学问题类型与知识点的关联程度。在开展课堂观察时，知识点——教学问题类型——教学目标层次，是一个很好的观察要点，同时也是评判教师教学行为有效性的一个重要信息获取点。

示例5：某课堂观察组观察了4节小学数学课，对授课教师在教学过程中提出的问题的类型与教师本节教学目标的层次、对应的知识点内容的对应关系进行观察记录并整理，如表4-10所示。

表4-10 知识点目标层次与问题类型目标层次记录整理示例

序号	问题	问题类型	知识点	教学目标层次	问题类型所达到目标层次
1	以苏州地图为基础，以"东方之门"为观测点，寻找苏州的景点，判断方向，测量角度、距离，描述位置	论证性问题 描述性问题 操作性问题	（1）比例尺 （2）在真实的情境中，能够按照给定的比例将图上距离与实际距离进行转换 （3）根据方向和距离确定位置	理解 简单应用	分析 应用 评价

续表

序号	问题	问题类型	知识点	教学目标层次	问题类型所达到目标层次
2	教师利用七巧板上的图形，让学生找出图形，拼成三角形	操作性问题 论证性问题	（1）三角形 （2）三角形两边之和大于第三边 （3）能从不同角度描述稍微复杂的情境中的图形	理解 记忆 简单应用	应用 分析 创造
3	模拟路线，进行夺宝	操作性问题 论证性问题	（1）参照点 （2）能根据物体相对于参照点的方向和距离确定其位置 （3）比例尺 （4）按给定的比例对图上距离与实际距离进行换算	理解 简单应用	应用 分析

通过课堂问题与目标层次的对应记录，不是单纯地记录教师的教学过程或者单一内容，而是对教学过程中的教学内容、互动方式、问题类型、教学目标、教学情境、学生回答等进行对应的记录。结合教师的教学设计，对应教学环节和主要的问题，可以在课堂观察记录时更有针对性，将定量数据与定性记录信息结合起来，对教学目标达成情况进行较全面的记录与评估。

三、召开课堂观察后的会议

完成课堂观察和记录后，在初步总结、分析课堂记录的信息与数据的基础上，要召开课后会议。课后会议是指在课堂观察结束之后，观察者和授课教师针对上课的情况进行探讨、分析和总结，在平等对话的基础上达成共识，制订后续行动跟进方案的过程。课后会议一般分为自我反思、分析观察结果、思考和对话、提出改进建议。持续时间视情况而定，一般至少需要 30 分钟。授课教师结合课堂教学的具体情况，对课前会议所制订的目标的达成度进行自我反思。每位观察者围绕课前会议确立的观察点，根据自己所采集的课堂观察的信息，提出基于有效教学的改进建议和对策。在课后会议的基础上，授课教师提供一份自我反思报告，观察者对观察资料进行分析、整理，形成观察报告。课后会议旨在使观察者与授课教师进行专业的探讨，多视角、多方位寻找有效教学的策略，实现课堂观察的目的。

课后会议有以下三个议程。

1. 授课教师进行课后反思

授课教师的课后反思，主要围绕下列问题展开：

（1）本节课教学目标的达成度。观察者围绕着本课的每个教学目标，就自己所看到的现象逐一分析教学目标的达成情况。分析时应基于学生的表现，基于证据进行说明。

（2）各种主要教学行为的有效性。课堂教学中教师的主要行为一般有以下几种：活动，如小组合作学习、同伴讨论、动手制作、实验、看视频录像等；讲解；对话，如提问；学习指导，如指导文本的阅读，指导图形的阅读，指导写作和口头表达；资源利用。授课教师最好以教学环节为主线，围绕上述几种主要教学行为逐次说明在每个教学环节采用了哪些教学行为，这些行为对促进教学目标的达成起了什么作用，自己做出判断。

（3）有无偏离自己的教案。如有，请继续说有何不同，为什么？实质上是预设与生成的问题。在教学实施过程中，偏离教学预设，按照课堂生成的资源改变既定的教学程序、教学策略乃至教学内容的现象是常常出现的，授课教师有必要向观察者说明改变的原因。

2. 观察者简要报告观察结果

这个阶段应遵循四个原则。一要简明，观察者的报告应有全景式说明，但应杜绝漫谈式发言，应抓住核心说明几个主要的结论。二要有证据，观察者的发言必须立足于观察到的证据，然后做必要的推论，在推论的基础上与授课教师或者其他观察者进行交流，杜绝即兴式发挥。三要有回应，授课教师与观察者，或观察者与观察者之间就观察结论与相关问题的交流要有必要的回应，以便更客观地了解教师的教学意图。四要避免重复。

3. 形成初步结论和行为改进的具体建议

课堂观察的初步结论主要体现在三个方面：一是成功之处，即本课中值得肯定的做法；二是个人特色，即基于授课教师本人的实际情况，挖掘个人特色，逐步展现授课教师自己的教学风格；三是存在的问题，根据本课的主要问题，基于授课教师的特色和现有的教学资源，提出明确的改进建议。如有可能，再确定是否进行跟踪递进式观察。

比如，就课堂观察中教师提问的类型与学生回答的记录如表4-11所示，通过课堂记录的数据，就这一观察内容的初步结论的反馈见示例6，观察完成后可以基于这一观察记录表与结果，直接进行评估、反馈，并给出建议。

示例6：某课堂观察活动对小学数学课堂中三位教师提问的问题类型与学生回答类型的记录如表4-11所示。

表4-11 师生问答类型记录表

序号	知识点	提问者	教师问题类型					回答者	学生回答类型				
			a	b	c	d	e		a	b	c	d	e
1	认识圆 会用画图工具画圆	教师1				√		学生				√	√
		教师2		√		√		学生			√		
		教师3		√				学生			√		

续表

《圆的认识》													
序号	知识点	提问者	教师问题类型					回答者	学生回答类型				
			a	b	c	d	e		a	b	c	d	e
2	认识圆的组成部分，理解各部分之间的关系	教师1		√				学生				√	
		教师2		√	√		√	学生			√	√	
		教师3			√	√		学生			√		
3	掌握多种画圆的方法	教师1			√		√	学生				√	√
		教师2	√			√		学生					
		教师3						学生					
4	圆形与其他平面图形组合，并能计算出圆的半径和直径是多少	教师1						学生					
		教师2			√			学生				√	
		教师3			√			学生				√	
5	能够联系生活实际解决问题	教师1		√			√	学生				√	√
		教师2					√	学生				√	√
		教师3					√	学生				√	√

备注：

教师问题类型编码：a.描述性问题；b.判断性问题；c.论证性问题；d.归纳性问题；e.操作性问题
学生回答类型编码：a.无答；b.机械性回答；c.认知性回答；d.推理性回答；e.创造性回答

教师对问题的设计是围绕实际生活进行的，学生根据实际理解进行回答，可以提高学生对知识的运用和分析能力，学会举一反三。基于表4-11对师生问答类型进行统计，如图4-4所示（扫下方二维码可查看彩图）。

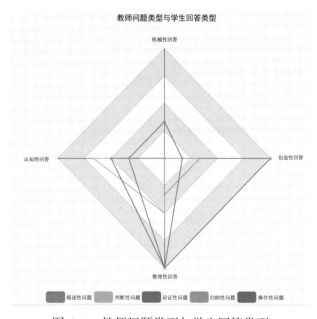

图4-4 教师问题类型与学生回答类型

由此可知：同一个知识点，不同教师提出的问题类型是不同的，学生通过回答所达成的目标层次也不同。如教师提问论证性问题时，多数学生的回答类型是推理性的，少数学生的回答类型是创造性的。因此，通过课堂观察与数据分析，建议授课教师在一节课当中，把握好知识点的类型与目标层次，针对同一知识点设置不同的问题类型，并将其分布于不同的提问环节中，针对教学重难点内容提出的问题类型的层次应提高，这样有利于提升学生解决问题的能力。

本章内容小结

本章我们掌握了课堂观察实施的规范步骤（知识检查点 4-1），掌握了数字化课堂观察的记录内容（能力里程碑 4-1），能够解释数字化课堂的观察结果（能力里程碑 4-2）。

本章内容的思维导图如图 4-3 所示。

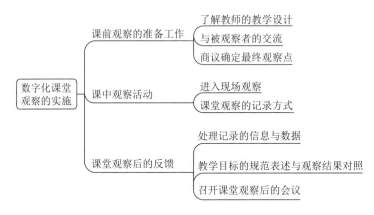

图 4-3　思维导图

自主活动：结合课堂观察的规范步骤设计针对某节课的课堂观察方案

请学习者在学习完本章内容后，进行自我反思，并记录个人学习心得。

小组活动：尝试设计一个定量观察表和一个定性观察表

请学习者围绕本章的学习主题进行组内交流，并做好小组学习记录。

评价活动：评价本章知识与能力学习水平

一、简述题

1.今后在教研组的听课、说课和评课过程中，你将如何以课堂观察共同体的形式开展课堂观察与评课（能力里程碑 4-1）？

2.请结合你的学科,思考怎样运用基于课堂观察的数据与分析结果改进教学(能力里程碑4-2)?

二、实践项目

选择当前某信息技术与学科教学融合的课堂实录,按照课堂观察的过程设计一个观察实施方案,包括完整的观察要点表和观察记录工具(能力里程碑4-2)。

第五章 课堂观察数据的分析与报告撰写

本章学习目标

在本章的学习中，要努力达到如下目标：
- ◆ 能够结合案例掌握量化课堂观察数据的统计分析方法（能力里程碑5-1）。
- ◆ 能够结合案例掌握质性课堂观察数据的统计分析方法（能力里程碑5-2）。
- ◆ 了解课堂观察分析报告的组成部分，尝试初步撰写一个课堂观察分析报告（能力里程碑5-3）。

本章核心问题

如何对获取的课堂观察数据进行统计与分析？课堂观察分析报告如何撰写？

本章内容结构

引 言

基于事实和数据开展听评课，可以对课堂教学中的行为或现象进行科学审视。获取课堂中的数据，可以借助一些工具对所收集的数据进行统计，分析数据背后的意义，发现课堂教学的亮点，针对课堂教学的不足之处提出相应的改进建议，并结合其他信息撰写课堂观察分析报告。

问题一：获取的课堂观察数据如何分析？

要对获取的课堂观察数据进行处理，一般需要经历三个步骤：统计（整理）、归类、解释。第一个步骤就是对观察记录表中所记录的量化数据和质性数据分别使用不同的方法和工具进行统计（整理）。

一、课堂观察量化分析

常用的课堂观察量化分析方法有频次分析法、词频分析法、S-T 分析法、弗兰德斯分析法、改进型弗兰德斯分析法、时序分析法等，下面我们通过案例介绍三种定量分析方法。

1. 频次分析法

对于一些简单的、目的单一的观察表，如学生的应答方式，可以从观察表上推算出一些问题的百分比、频数或排序，并将其呈现在相应的表格中。

示例：笔者想观察 B 教师的课堂提问状况，可以从问题数量、问题类型、学生回答方式等方面进行观察。

步骤 1：统计。针对教师 B 在课堂上提出的问题类型，采用表 5-1 所示的问题类型统计表进行统计，对其他观察点的统计也类似。

表 5-1 问题类型统计表

问题类型	小计	百分比
常规管理性问题	13	31.7%
记忆性问题	22	53.7%
理解性问题	4	9.8%
分析性问题	1	2.4%
综合性问题	0	0%
批判性问题	1	2.4%

步骤 2：分析与解释。数据统计后，可以结合课堂观察的情况做进一步的分析。从统计数据中可以看出教师 B 在本节课中一共提了 41 个问题。和学生的互动较多，但也可以看出所提的问题主要是记忆性问题和常规管理性问题。这是一节小学科学课，由于本节课是新课，涉及较多的背景知识，所以知识性问题较多是可以理解的。引导学生对教材上描述的现象进一步分析和思考，对于学生深入理解现象背后的原因非常重要，但是教师 B 提出的分析性和批判性问题明显过少，对学生的启发性不足。

本案例涉及的数据量较少，通过手工统计即可完成。对于一些较为复杂的数据（如师生互动语言分析）或者较大数据量的观察数据（如 15 节历史课的师生互动），则可以利用 Excel 等进行数据分析，或者直接使用在线数据分析和图表生成工具来分析数据，生成相应的图表。

2. S-T 分析法

S-T 分析法即 Student-Teacher 分析法，适用于对课堂教学过程中的师生互动行为进行分析，S-T 分析法将分析结果用图形表示，使得研究者可以采用可视化的方法对教学过程加以研究，是一种有效的定量分析方法。

下面通过一个示例说明 S-T 分析法的主要步骤。

示例：使用 S-T 分析法观察一节语文阅读课。

步骤 1：对教学行为进行划分

可以将教师的讲解、提问、指导、展示、示范、评价和反馈等行为都归为教师行为（T），将学生回答问题、操作、思考、讨论、自学、做练习等行为归为学生行为（S）。

步骤 2：S-T 数据收集

通过观察实际教学过程或观看录像资料，以一定的时间间隔对观察内容进行采样，并根据样本点的行为类型，以相应的符号 S 或 T 计入，构成 S-T 时序列数据。本案例中以 30 秒为间隔进行数据记录和收集，部分数据见图 5-1。

	1	2	3	4	5	6	7	8	9	10	11	12	13	14
1	T	T	S	S	S	S	S	T	T	T	T	T	T	T
2	S	S	S	S	S	S	T	S	S	S	T	S	S	S
3	T	S	T	S	T	S	S	S	T	T	T	T	S	
4	S	S	S	S	S	S	S	S	S	S	S	S	S	
5	S	S	S	S	S	S	S	S	S	S	S	S	S	
6	T	S	S	T	S	S	T	S	S	T	S	S	S	
7	T	T	T	T	T	S	T	S	T	T	T	S	S	
8	S	S	S	S	S	S	S	S	S	S	S	S	S	
9	T	T	T	T	T	S	S	S	S	T	S	S	S	
10	T	S	T	S	T	S	T	T	T	T	T	S	S	
11	T	T	T	T	S	T	S	T	T	T	S	S	S	
12	S	T	T	T	T	S	S	T	T	S	S	S	S	
13	S	T	T	T	T	T	T	T	T	T	T			

图 5-1　S-T 数据图

步骤 2：建立 S-T 图和 Rt-Ch 图

S-T 图

以原点为教学的起始时刻，纵轴为 S，横轴为 T，分别表示 S 行为、T 行为的时间。将测得的 S、T 数据按顺序在 S 轴、T 轴上加以表示，各轴的长度一般为一节课的时间，如此就得到了完整的 S-T 图，如图 5-2 所示。

通过 S-T 图可以看出教学全过程中教师行为与学生行为是如何随着时间变化的，从而得出整节课的教与学情况。

Rt-Ch 图

Rt 指课堂教学中的教师行为占有率，Ch 指师生行为转化率。Rt=NT/N，其中，NT 表示一节课中 T 行为的次数，N 表示一节课的采样总次数；Ch=（g-1）/N，其中 g 表示相同行为的一个连续，如：TT S T SS T SSS TTT SS，该数据中有 8 个连续，即 g=8，而 Ch=（8-1）/55。计算出 Rt 和 Ch 的值后就可以绘制出 Rt-Ch 图，如图 5-3 所示。

根据 Rt 和 Ch 数据，就可以找到对应的点落在哪个区间，从而得到该课堂教学的类型。

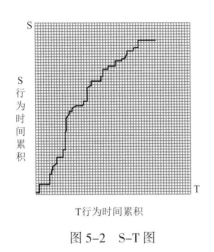
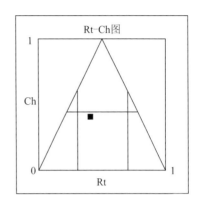

图 5-2　S-T 图　　　　　图 5-3　Rt-Ch 图

步骤 3：根据 S-T 图进行教学过程分析，根据 Rt-Ch 图进行教学模式分析

从 S-T 图可以看出教师行为和学生行为的比例基本相当，略偏向于学生，说明这节课是在教师的指导下，以学生为主体的阅读指导课。

Rt-Ch 图可以区分四种不同的教学模式：①以学生活动为主，且师生活动交换程度较低的练习型教学模式；②以教师活动为主，且师生活动交换程度较低的讲授型教学模式；③师生活动比例相当，且师生活动交互程度较高的对话型教学模式；④师生活动比例相当，但师生活动交互程度较低的混合型教学模式。本节课的 Rt=0.433，Ch=0.355，点（0.433，0.355）落在了混合型区域，因此这节课是混合型教学模式。

3. 基于课堂录像的弗兰德斯分析方法

教学视频案例可通过视频的形式真实地记录完整的课堂教学情境，特别是可以捕捉课堂上发生的师生言语、手势等交互行为事件，通过对教学视频案例的分析可促进教师对自己的课堂教学过程的反思，进而提高其教学实践水平，同时也为其他教师提供了互相学习和借鉴的机会。通过运用一定的技术分析方法，将课堂教学视频所记录的教学情境转化为量化的分析数据，这有助于以较为客观的数据来直观反映课堂教学活动，以便进行更为深入的比较、分析、评价，从而促进教师教学能力水平的提升。

接下来我们通过一个案例简单介绍使用改进型弗兰德斯互动分析系统（iFIAS）对课堂观察数据进行分析的过程。

示例：专家教师与新手教师课堂观察比较

本案例通过视频分析等方法来对比专家教师与新手教师课堂教学行为的差异。选择新手教师和专家教师各两名，选取新手教师和专家教师的课堂录像各 5 节。

步骤 1：抽样记录。采用时间抽样的办法，在指定的一段时间内每隔三秒钟取样一次，对每次取样都按编码系统规定的意义记录相应的编码号。这样，一堂课（45 分钟左右）大约记 800~1000 个编码。部分数据见表 5-2。

表 5-2　编码表

0	3秒	6秒	9秒	12秒	15秒	18秒	21秒	24秒	27秒	30秒	33秒	36秒	39秒	42秒	45秒	48秒	51秒	54秒	57秒	60秒
1 分钟	6	6	6	6	6	6	6	6	16	6	6	6	6	6	6	16	16	16	6	16
2 分钟	6	6	16	16	16	16	16	6	6	6	6	6	6	6	6	6	6	6	6	6
3 分钟	6	6	6	16	16	6	3	16	18	18	18	18	18	5	4	4	4	4	4	6
4 分钟	6	6	6	6	2	9	9	9	3	2	7	7	2	9	2	9	2	9	4	3
5 分钟	3	3	4	4	9	3	3	7	7	7	5	5	5	17	17	17	17	17	17	14
6 分钟	14	14	14	14	16	16	5	14	14	9	14	1	7	7	3	16	5	6	6	6
7 分钟	6	6	6	5	5	5	7	7	9	5	6	6	6	6	6	16	16	16	6	6
8 分钟	6	6	6	6	6	6	6	6	6	6	6	16	16	16	16	16	16	16	16	16
9 分钟	16	16	16	6	6	6	5	5	5	3	5	6	6	6	6	6	6	16	16	16
10 分钟	16	16	16	16	16	16	16	16	16	16	16	16	16	16	16	16	16	16	5	5	5
11 分钟	6	9	2	5	9	6	6	6	6	6	6	6	6	2	6	6	16	5	6	6
12 分钟	6	6	6	6	6	16	16	16	16	6	6	6	6	6	7	7	7	7	7	7
13 分钟	15	15	15	15	15	15	15	2	15	15	15	15	15	15	15	15	15	15	15	15
14 分钟	15	15	15	15	15	15	15	15	15	15	15	15	15	15	6	6	6	6	6	6
15 分钟	6	6	6	6	6	16	16	6	10	10	10	3	3	1	6	6	6	6	5	5
16 分钟	7	7	9	9	9	3	3	3	3	3	3	3	3	3	3	3	3	6	6	6
17 分钟	6	6	6	6	6	6	6	6	6	6	6	6	16	6	6	6	6	18	18	18
18 分钟	18	18	18	18	18	18	18	18	5	6	6	6	6	16	6	6	6	6	6	6
19 分钟	6	6	6	6	6	6	6	6	6	6	6	6	6	6	5	10	7	7	7	7
20 分钟	7	9	3	3	3	3	6	6	6	6	6	6	6	6	16	16	16	16	6	6

步骤 2：频次统计。对数据的显示和分析依旧通过分析矩阵来实现。行和列的意义都由编码系统规定的编码所代表，矩阵的每个单元格中填写一对编码表现课堂行为出现的频次。某环节的数据分析见表 5-3。

表 5-3　课堂行为频次统计表

	1	2	3	4	5	6	7	8	9	10	11	12	13	14	15	16	17	18	合计
1		1									1		1						3
2		4			2	2										1			18
3			6		3	3	2		1				1				2		18
4				6	1	1			1										9
5		2	5		22	9	3		26					3			1		71
6		4		1	28	347	16	1	3		4			1		7	19	2	433
7			1	1	3	10	26	1	2		3		1			1	7	1	57
8							2						1				1		4
9		2	5	1	4	11					1			1		1	5		31
10	1																		1
11	2				11						1								14
12																			0
13					2									4		1			7
14					1	4								3					8
15																			0
16					3	4	3		1							36	2		49
17		5	1		7	22	4	1			4					2	131		177
18						3													3
合计	3	18	18	9	71	429	57	5	33	1	14	0	8	8	0	49	177	3	903

步骤 3：数据统计分析。根据矩阵中各种课堂行为频次之间的比例关系以及它们在矩阵中的分布，可以对课堂教学情况做出进一步的分析。将视频分析所得数据记录于 Excel 中，根据课堂中的几个主要环节，对每一个环节的数据在 Excel 中进行统计和对比。新知讲解环节，专家教师和新手教师数据分析结果见表 5-4。

表 5-4　两组教师在新知讲解环节课堂交互行为平均比例统计比较

变量 \ （平均时间）	专家教师组（1102s）	新手教师组（1182s）
教师语言比例	64.8%	57.4%
学生语言比例	3.2%	2.4%
沉寂比例	1.7%	0.9%
沉寂中学生思考问题比例	92.6%	12.5%
教师提问比例	8.7%	10.7%

续表

变量＼（平均时间）	专家教师组（1102s）	新手教师组（1182s）
提问开放性问题比例	7.0%	2.6%
提问封闭性问题比例	93.0%	97.4%
技术使用比例	30.3%	39.3%
学生使用技术比例	6.8%	0%

透过数据统计及课堂观察，可以看出专家组和新手组在时间分配、教师语言比例、学生语言比例上差异都不大，但是在"沉寂中学生思考问题"这一点上却差异非常大，专家教师组沉寂中学生思考问题的比重为92.6%，而新手教师组则只有12.5%，可以看出专家教师偏向于引导学生自主思考，而新手教师则更偏向于把知识讲授给学生。在"学生使用技术比例上"也有一定的差异，专家组有让学生操作技术去引发认识冲突，进而有进一步学习的需求，而新手教师主要是自己操作技术，学生的主体地位没有得到体现。

（2）iFIAS课堂观察报告示例

使用iFIAS进行课堂观察，在记录课堂互动行为编码后根据分析矩阵和统计分析数据，生成相应的教学互动行为比例图，结合图中数据分布和得出的比例，通过数据之间的关联进行推论。以下是参考首都师范大学方海光教授团队的iFIAS对课堂观察的记录的分析结论。报告示例如表5-5所示。

表5-5 iFIAS课堂观察报告示例表

模块	数据	判断结论
课堂整体交互可视化分析	数学课堂观察的分析图 ©2019首都师范大学数字化学习实验室	课堂整体阶段性判断：四个维度存在明显的阶段性显示，表明课堂学习活动设计明显。 课堂师生语言分布判断：教师和学生语言维度显示显著，并呈现明显的交互波形，表明课堂属于师生共同为中心主导的课堂。 信息技术使用判断：技术维度数据显著且平均频次数高于66.7%，表明课堂中技术使用频率高，属于典型的技术丰富型课堂

续表

模块	数据	判断结论
课堂整体数据分析	1. 教师语言比例 2. 学生语言比例 3. 无助于教学的混乱比例 4. 有益于教学的沉寂比例 5. 技术应用比例	1. 教师和学生的语言差距若小，则教师和学生语言比例均衡，表明教师和学生课堂影响均衡；否则教师语言影响大或学生语言影响大； 2. 技术应用比例若大于20%，则说明课堂技术应用明显；否则说明课堂技术并非明显
教师课堂语言影响数据分析	1. 教师语言中对学生的间接影响与直接影响比例 2. 教师语言中对学生的积极强化与消极强化比例 3. 教师语言中提问所占比例 4. 教师语言中受学生驱动的比例 5. 学生语言中学生主动说话比例	判断教师语言间接影响多还是直接影响多； 判断教师积极强化多还是消极强化多； 做出总结，课堂中是属于教师引导学生认知过程还是学生主动建立认知过程
信息技术使用程度数据分析	1. 信息技术应用中教师操纵技术比例 2. 信息技术应用中学生操纵技术比例	根据比例大小，判断课堂属于教师操作技术讲授为主还是学生操纵技术实验为主，技术是否支持以学生为中心的学习
课堂问题影响数据分析	1. 教师提问频次总计 2. 教师提问开放性问题频次 3. 开放性问题占教师提问比例 4. 教师提问封闭性问题频次 5. 封闭性问题占教师提问比例	根据课堂中开放性问题多还是封闭性问题多，判断课堂是否有助于学生深度学习
学生主动性数据分析	1. 学生主动说话频次总计 2. 学生主动应答频次 3. 主动应答占学生主动说话比例 4. 学生主动提问频次 5. 主动提问占学生主动说话比例	根据课堂中学生主动应答和提问的频次，判断课堂中学生以主动应答为主还是主动提问为主，是否积极主动参与课堂各个活动

二、定性课堂观察数据的整理与分析

1. 对质性数据的定性分析

由于量化数据不能全面地反映课堂的真实情景，而质性数据更具有情境性，通过对质性数据的分析，能够对教学过程进行更加细致的描述和解释。因此，对质性数据的记录和分析也是非常必要的。

定性的课堂观察收集的资料主要以文字的形式体现，因此对质性数据的分析主要是对大量的原始文字资料进行归纳、概括。定性的课堂观察强调对课堂中行为和事件背后的模式和意义加以诠释，有四种主要的记录方式：描述体系、叙述体系、图式记录和工艺学记录（其中后两种可以用于定性的课堂观察，也可用于定量的课堂观察）。其实，定性的课堂观察的记录方式从本质上来看主要就是田野笔记，对田野笔记所记录的大量原始文字资料的分析方法，不同于对量化数据的分析方法，但也有一定的规律可循，其分析的基本步骤可以归纳如下。

（1）从资料中产生编码类别及研究主题

分析大量的原始文字资料，从中发现有价值的研究主题，并从中分析出编码类别。尽管不同的研究有不同的目的和主题，但通常有以下几类：

①场景/脉络编码：关于研究的主题、场所或研究对象的背景资料等，如教室的布局，班级的人数，男女生比例等，可以独立归类。

②情境定义编码：研究对象对特定主题或境况的看法，即研究对象对自己行为的理解以及对他们来说什么是最重要的，例如，某人对学习的看法。

③研究对象所持的观点：指研究对象的一些信念、准则等。可以用观察对象自己的话作为编码的名称，例如，对人要真诚。

④研究对象对周围的人及物的思考方式：研究对象如何看待周围的人和物，即对周围人和物的评价和分类，例如，"学生如何看待教学中信息技术的使用"的编码。

⑤过程编码：按照事件随时间而改变的顺序进行编码，也强调研究对象状态的变化，例如，"课前的学习活动""课中的学习活动"等。

⑥活动编码：按照经常发生的事件行为种类进行编码，如"提问""回答问题""小组讨论"等。

⑦事件编码：主要指发生在课堂环境中的特定活动，往往是不常发生的活动或事件，如"学生动手打架"。

⑧策略编码：研究对象完成各种事情的方法、方式和技巧，例如，教师指导学生自主学习的策略等。

⑨关系和社会结构编码：指研究情境中研究对象的非正式的人际关系，如师生关系。

以上列举的编码类别仅是供观察者参考的方向，并不代表所有的资料编码类别。

在收集资料的过程中，研究者需要不断地阅读与分析每份资料，从中分析出初步的编码类别。随着编码类别的逐渐完善，研究者就能从原始资料中慢慢找到某种秩序。资料收集结束之后，再检查所有的编码类别，进行综合调整。为了方便后续分析与整理资料，一般会给每个类别编上一个数字代号。当然，在以后的编码及分析过程中，还可以根据需要对其做出必要的修改。

（2）资料的编码与整理

按照从原始资料中分析出来的编码类别和主题给资料进行归类。首先，每份原始资料需要注明页码、观察时间，以方便分析资料时查找、核对，然后按照已有的分析类别划分原始资料，编上相应的数字代号，形成"分析单元"，研究者可以用笔直接在原始资料上划分，也可将其制成索引卡，便于分拣。如果一个分析单元适合两种或两种以上的编码类别，应同时写上两个或多个编码代号。

资料编码后，需要对其进行分类整理，即将同一编码类别的分析单元组织在一起。资料编码和整理后，许多与主题无关的资料被删除，原始的文字资料得到缩减，从而变得有序且贴近研究主题。

（3）资料的展示与解释

通过对原始文字资料的梳理和简化，资料中与研究目的相关的主题和意义会逐渐呈现出来。可以通过文字说明、图或图表等方式展示整理出的信息。例如，可以通过画图的方式呈现学生课堂上注意力的变化节点。

课堂观察是一个专业的判断过程，观察者要深入理解量表，应该结合"此人、此事、此景、此课"进行。不能夸大或缩小单个数据的作用，应该把定量的课堂观察和定性的课堂观察结合起来，形成证据链，用整体性的思想去评价和改进课堂。

量化数据和质性数据应具有一定的保密性，若不顾被观察者的意愿而散布一些不利信息，可能会对被观察者造成伤害。这就要求观察者将数据用于交流与学习时，注意保护被观察者的隐私，如隐去姓名、学校名称等相关信息。

案例：课堂观察编码片段

本次课堂观察重点是教师对学生答案的处理方式，编码表如表5-6所示。

表5-6　教师对学生答案的处理方式编码表

编号	教师处理方式	说明
A	直接给出答案	教师直接为学生提供正确答案
B	转换问题	教师转换问题，让另一位学生试着回答
C	认可其他人	另一位学生说出了答案，教师认可了它
D	重复问题	教师重复原来的问题或者加一个提示，如"那么""你知道吗""答案是什么"
E	转换措辞或给出线索	教师转换措辞或给出线索，使学生更容易回答
F	新问题	教师提出一个新问题（一个与原问题不同的问题，需要给出不同的答案）

表 5-7 所示的案例是课堂《直线、射线、角》中的一个小片段，针对"认识线段"这一环节的编码。

表 5-7 "认识线段"师生活动编码表

师生活动及编码	编码
内容名称：认识线段 师：你所认识的线段是什么样的？ 生：线段是直直的（板书：直的）	
师：非常好。那么，线段和直线有什么不同呢？（F）	F
生（其他同学）：有两个端点。（C）	C
师：对，线段除了是直的，还有两个端点。（D）	D
师：（指端点）这两个是线段的端点，有什么作用呢？（F） 生：有了端点，线段就从这个点开始，到那个点就不能再继续下去了。	F
师：说得非常好！这两个端点分别是线段的起点和终点。端点非常重要，我们画线段的时候必须要画出端点（A）。你能画出一条线段吗？（F） 学生画线段，并汇报长度：3厘米、5厘米、6厘米。	A F
师：同学们画了这么多不同的线段，那么大家能总结一下线段还有哪些特点吗？ 生：七嘴八舌回答。	
师：看来，线段是有长短的，长度可以测量。也就是说，线段是有限长的。（板书：有限长）（D）	D

通过对编码的整理，可以做进一步的资料解读和分析。可以看出，教师在学生回答一个问题后，通过不断地提出新的问题，引导学生对线段的特点进行探寻，从而引导学生发现更多线段的特点。

问题二：常用的数据收集与分析工具有哪些？

随着信息技术的发展与大数据技术的应用，课堂观察中记录的各种数据信息可以借助常用数据处理软件，如电子表格统计软件、词频分析软件或专用数据分析工具，如数据分析平台、专用评课软件、质化分析软件等进行量化统计及简单的分析。

一、数据记录分析平台

对数字化课堂的观察与分析有时需要借助一些特定的平台，在平台中嵌入各类课堂观察工具和量表，利用手机、平板电脑等移动终端，采集教与学行为的数据信息，通过后台计算与处理后，直接为教学评价提供客观的、量化的数据，促进科学的教学评价。其意义是使课堂观察从经验的、主观的判断走向科学的数据分析，使得教学评价的全过程变得清晰可见。目前一些评课系统就兼具课堂记录与统计功能，图5-4所示为一个微信评课小程序的界面，使用起来简单、便捷，能够按事先选择的课堂观察指标进行相应的数据统计。

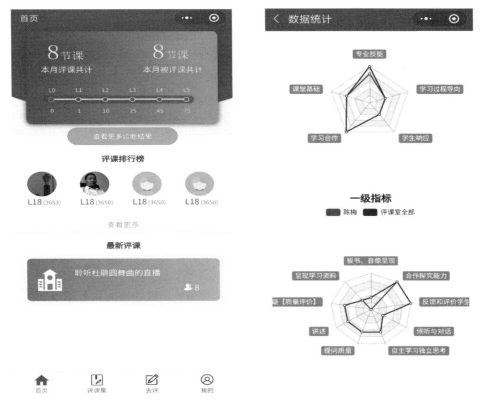

图5-4 微信评课小程序界面

另外，随着人工智能的发展，一些智能课堂行为管理系统可以捕捉学生的面部表情和动作，分析学生在听课过程中的状态。对这些教学数据通过大数据技术进行分析，生成可视化的注意力曲线学习报告，可以帮助教师了解学生课堂学习行为，同时也是观察和研究课堂教学的工具之一。当然这种课堂分析系统涉及隐私、有效解读等诸多问题，其有效性也需要进一步探讨。

二、词频分析软件

词频分析是对文本中重要词汇出现的次数进行统计与分析，词频指词的频率，即词在一定的语料中出现的次数，是文本挖掘的重要手段。它是一种比较典型的内容分析方法，基本原理是通过词出现频次多少的变化，来确定热点及变化趋势。词频分析法可用于对课堂教学过程中的师生语言、教与学行为、学生作业等进行文本分析。

使用词频分析软件对文本内容进行识别，可以提取出高频关键词，生成词云图。使用词频分析软件可对所生成的词云图的形状、字体、布局、颜色、背景色、大小进行自定义编辑，保存词云图片。2020年人大会议上的政府工作报告中的词频分析示例如图5-5所示，可以直观形象地展示报告中的热点词与重点关注领域。

图 5-5 词频分析示例图

使用词频分析软件，还可以批量统计出文档、网页文件或纯文本文件中所有的中英文单词出现的次数或频率。词频分析软件的统计方式主要有三种：全量统计方式，即统计给定的多个文档中所有词汇出现的频率；指定统计方式，即统计特定的某些特殊词汇出现的频率；字频统计，即统计特定的关键字出现的频率。词频分析软件的统计结果可以直接导出为 Excel 表格、Word 表格文档或网页表格。

三、质性数据信息分析工具

课堂观察中有很多质性数据信息，对这些质性信息进行深入的分析研究能够帮助我们在进行课堂观察分析时对授课教师的不易量化的连续的教学行为进行解释性理解，课堂观察获取的质性数据往往具有情境性，进行观察研究时，需要对课堂观察的过程进行背景陈述、细描和解释。数字化课堂的观察中定性数据的分析比较适合用质性研究分析方法与工具进行分析，可将资料整理为有一定结构、条理和内在联系的意义系统。

目前有专门的质性数据信息分析工具 Nvivo 软件，可以对收集到的质性材料进行编码统计分析，编码是将原始资料根据其反映的概念类别进行整理，发展出新的主题或概念。主要采用的编码方式有开放编码（Open Coding）、主轴编码（Axial Coding）、选择编码（Selective Coding）等方式。

基于 Nvivo11 的小学数学优质课教师课堂提问研究示例如图 5-6 所示（渤海大学，2019. 闵译萱）。

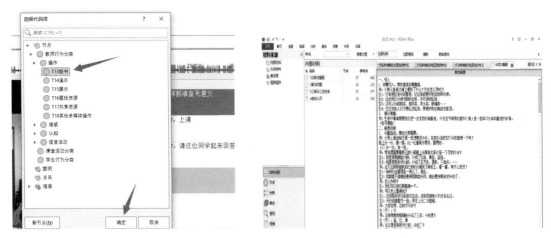

图 5-6 基于 Nvivo11 的课堂提问编码分析示例

通过这样的质性分析，可以较好地实现课堂观察数据的量化与质性相结合的数据统计分析，避免单纯量化的数据分析与解读的片面性，也能够将之前不易量化分析的很多课堂质性数据进行编码量化处理，实现真正意义上的数据驱动的课堂观察分析。

问题三：课堂观察报告如何撰写？

课堂观察的最终目的不是形成可以发表的研究报告或论文，也不只是证明、填补或构建某种理论，最重要的是促进教学、改善实践。但是，一份条理清晰的课堂观察报告对于观察者及被观察者而言都是非常有价值的。因此，课堂观察通常会形成一份文本类型的成果，即课堂观察报告。

一份完整的课堂观察报告一般包括四项基本内容：1. 观察主题解读，即用自己的语言说明研究主题是什么；2. 观察过程介绍，即简单介绍课堂观察的全过程；3. 观察结论阐述，即给出观察结论和证据；4. 提出改进建议。

在这四项基本内容中，其中第三条和第四条都涉及"反思"，在第三条中，要进行关于主题与证据的分析，即解释清楚为什么这样的证据可以证明这样的判断；在第四条中，要对本次观察主题进行再思考，即通过本次课堂观察对该主题有哪些新的认识。

案例：某市小学数学信息化教学现状研究

一、课堂观察目的

信息技术与学科教学深度融合是信息化教学的发展趋势，目前越来越多的学校采用先进的信息化终端设备、移动学习终端设备等辅助教学，作为信息技术与学科教学融合的设计者和实施者的教师，他们在实际教学时如何设计和应用信息技术？信息技术与学科教学可以融合到什么程度？这些问题不仅受到各级各类学校的关注，教育行政部门对此也是非常重视。因此，研究信息技术与学科教学融合的现状，发现待改进的问题并提出相应的发展对策是推动信息化教学发展的关键。

笔者通过对某市的多所学校进行课堂观察，选择较为典型的数学学科来研究当前某市的信息化教学现状。课堂观察的重点是小学数学课堂教学中信息化教学资源使用的现状，以及小学数学教师在课堂教学中应用信息化教学资源进行教学的情况，以此来分析当前某市小学数学信息化教学现状。

二、观察工具

选择合适的课堂观察工具是进行有效课堂观察的前提条件。本次课堂观察的工具是课堂观察表，部分内容如表 5-8 所示。该表是根据教师在课堂教学中的实际表现、本次课堂观察目的，以及《中小学教师信息技术应用能力标准》编制的。

表 5-8 某市小学数学数字化课堂观察表（部分内容）

学校：	年级：	课题：

观察内容 \ 课堂记录	
信息化资源的类型	
信息化资源对应的教学目标	
运用信息技术的方式	
信息技术技能的掌握情况	对信息化教学设备的使用　　熟练□ 较熟练□ 一般□ 不熟练□ 对多媒体课件制作软件的使用　熟练□ 较熟练□ 一般□ 不熟练□ 利用开发软件制作所需资源　　熟练□ 较熟练□ 一般□ 不熟练□ 对教学辅助软件或平台的运用　熟练□ 较熟练□ 一般□ 不熟练□

续表

观察内容 \ 课堂记录	
教学方式	情境体验式□ 小组合作式□ 讨论式□ 讲授式□ 学案导学式□ 任务驱动式□ 自主探究式□ 问题讨论式□ 练习式□

三、数据搜集过程

选择在四种信息化环境（简易多媒体教学环境、交互多媒体教学环境、网络教学环境、移动教学环境）下的数学课堂进行听课。如实填写信息化资源运用实录，包括所听课的教学目标、知识点记录，以及信息技术支持的知识点的呈现情况，信息技术的类型、作用、评价方式，信息技术使用方式、教师技术掌握情况、教学模式。

持续近2个月时间，共听36节课，回收36份课堂观察表，然后对36份课堂观察表的内容按照编号、年级、课堂知识点、内容类别、教学内容分类、学习目标层次、信息技术类型、资源教学作用、信息技术使用方式进行分类整理，整理出"信息技术支持的知识点的呈现情况原始数据表"，如表5-9所示，以便后期进行统计与分析。

表5-9　信息技术支持的知识点的呈现情况原始数据表（部分内容）

编号	年级	课堂知识点	内容类别	教学内容分类	学习目标层次	信息技术类型	教学作用	使用方式
1	3	认识质量单位	数与代数	事实	记忆	动画	BHG	A
2	3	克、千克、吨之间的单位换算	数与代数	辨别	简单应用	课件 平板电脑	BCEM	DI
		……		……				
47	1	11~20这些数是由1个十和几个一组成的	数与代数	原理	简单应用	课件 投影仪	FGDE	A G
1	4	认识射线	图形与几何	符号	记忆	平板电脑	ABCH	D
2	4	认识直线	图形与几何	符号	记忆	平板电脑	ABCH	D
		……		……				
35	1	估量物体长度	图形与几何	规则	简单应用	课件	HM	D

续表

编号	年级	课堂知识点	内容类别	教学内容分类	学习目标层次	信息技术类型	教学作用	使用方式
统计与概率								
1	5	一些简单的随机现象发生的可能性大小	统计与概率	概念应用	简单应用	课件	ABG OFD	G
2	6	认识条形统计图		符号	理解	课件	BH	H

注：信息技术教学作用的编码表示为：A.提供事实，建立经验；B.创设情境，引发动机；C.举例验证，建立概念；D.提供示范，正确操作；E.呈现过程，形成表象；F.演绎原理，启发思维；G.设难置疑，引起思辨；H.展示事例，开阔视野；I.提升审美，陶冶情操；J.归纳总结，复习巩固；K.其他。

使用方式的编码表示为：A.设疑—播放—讲解；B.设疑—播放—讨论；C.讲解—播放—概括；D.讲解—播放—举例；E.播放—提问—讲解；F.播放—讨论—总结；G.边播放边讲解；H.边播放边议论；I.学习者自己操作媒体进行学习；J.自定义。

四、课堂观察数据的统计与分析

笔者对课堂观察数据进行了统计与分析，出于对篇幅的考虑，本书仅呈现部分内容。

1. 教师信息技术的掌握情况

课堂观察中收集的关于教师信息技术技能掌握的数据编码统计结果如图 5-7 所示。

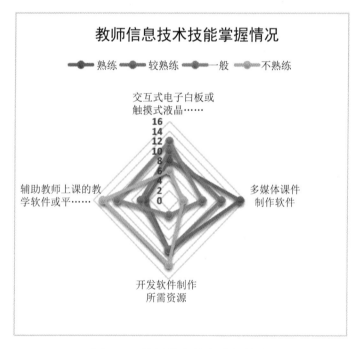

图 5-7　教师信息技术掌握情况

使用触摸式液晶显示屏、交互式电子白板等设备使用比较熟练的教师超过 50%；比较熟练使用 PPT 等工具演示教学内容的教师人数的比例是 72.2%；有约 27.8% 的教师能够熟练使用思维导图、视频编辑软件等制作所需资源。

2. 教师使用信息技术的方式

教师使用信息技术的方式如图 5-8 所示，教师最常用的方式是讲解—播放—举例和边播放边讲解，其次是播放—讨论—总结、设疑—播放—讲解、讲解—播放—概括，接下来是设疑—播放—讨论和学习者操作媒体进行学习，讨论—总结加提问—讲解和边播放边议论这两类方式使用最少。这表明教师在将信息技术作为学习工具支持学生的个性化学习、探究式学习和合作学习方面使用较少。

3. 教师采用的教学方式

笔者在课堂观察的过程中发现教师在信息化教学中会综合运用多种教学方式，关于教师采用的教学方式的观察结果如图 5-9 所示。教师在小学数学信息化课堂教学中使用频次较高的教学方法是讨论式、讲授式、情境体验式、小组合作式，其次是学案导学式、任务驱动式、课题探究式、问题讨论式、练习式。

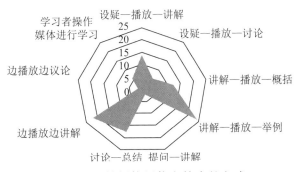

图 5-8　教师使用信息技术的方式

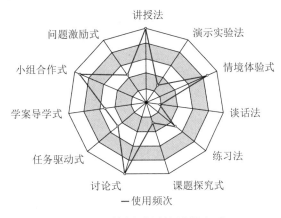

图 5-9　教师采用的教学方式

4. 评价反馈工具的应用情况

目前，在信息化教学环境下，教师使用软件、教学平台等评价工具给予学生评价反馈。笔者围绕本研究课堂观察的 85 个知识点所使用的评价工具进行观察，关于教师在教学中评价工具的应用情况如图 5-10 所示。教师言语为主的评价方式所占比例为 70.70%，教师使用信息技术工具支持的评价工具所占比例为 29.30%。

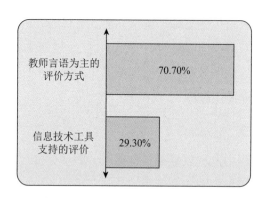

图 5-10　教师在教学中评价工具的应用情况

五、结论与建议

出于篇幅限制，本书仅呈现部分结论与建议。

1. 针对学生高阶思维培养的教学活动相对较少

某市大多数小学数学教师对使用信息化教学资源提高教学效率持积极的态度，认为使用信息技术上课时学生对知识的记忆水平、理解水平、应用水平更好，有助于培养学生的高阶思维（即分析、评价、创造教学目标所要求的能力）。在实际课堂教学中，针对学生高阶思维培养的教学活动相对较少。

出现这种问题的原因是：第一，教师没有从学生高阶思维培养的高度审视自己的教学；第二，教师在设计教学时，较少考虑学生高阶思维的培养；第三，对课堂交互工具的使用不太熟悉。

建议教师在完成课程学习内容、达成教学目标的同时，有意识地培养学生的高阶思维能力。学校的教学计划中要落实学生高阶思维培养的相关理念，要求教师在教学目标、教学活动中贯彻落实学生高阶思维的培养。教师在进行教学时，要在教学活动中设计相对复杂的情境，让学生在复杂的情境中分析、比较、创新、对比、创造、归纳、概括，从而解决问题。

2. 较少使用面向高阶思维培养的互动型教学模式进行教学

教师在信息化教学中会综合使用多种教学模式或方法，较少使用面向高阶思维培养的互动型教学模式。教师对互动型教学模式的思考较少，学校较少从现有的技术和能力、培养学生高阶思维能力、提升学生信息素养、培养学生的创新能力等方面来审视目前的教学模式。

出现这些问题的原因是：第一，教师对面向高阶思维培养的互动型教学模式了解较少；第二，学校领导对面向高阶思维培养的互动型教学模式的重要性不够了解；第三，教师对课堂交互工具的使用不够熟练。

学校需重视对面向高阶思维培养的互动型学习模式的研究，根据自身的实际情况，积极探索面向高阶思维培养的互动型学习模式。在探索面向高阶思维培养的互动型学习模式之前，学校首先需要建立一个新的理论框架，其次要考虑面向高阶思维培养的互动型学习模式如何与学科教学相融合，要考虑到学科内容的特点、教学情境、培养目标等。

本章内容小结

本章我们了解了量化课堂观察数据和质性课堂观察数据的统计分析方法（能力里程碑5-1、能力里程碑5-2），掌握了课堂观察分析报告的撰写方法（能力里程碑5-3）。

本章内容的思维导图如图5-11所示。

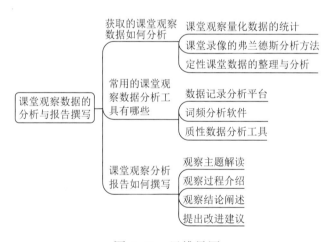

图 5-11　思维导图

自主活动：课堂观察数据的统计与分析

请学习者在学习完本章内容后，进行自我反思，并记录个人学习心得。

小组活动：讨论如何撰写课堂观察分析报告

请学习者围绕本章的学习主题进行组内交流，并做好小组学习记录。

评价活动：评价本章知识与能力学习水平

实践项目

1. 尝试运用前面章节设计的课堂观察表获取一节数字化课堂的观察数据（能力里程碑5-1、能力里程碑5-2）。

2. 尝试运用某种在线工具对获取的课堂观察数据进行统计和分析，并选择合适的图表呈现统计数据。

3. 尝试撰写一个简要的课堂观察分析报告（能力里程碑5-3）。

第六章 数字化课堂观察案例

本章学习目标

在本章的学习中，要努力达到如下目标：
◆ 掌握依据课堂观察目的细化课堂观察要点的基本方法（能力里程碑6-1）。
◆ 能够结合案例利用数据对数字化课堂进行分析与评价，并提出改进建议（能力里程碑6-2）。

本章核心问题

如何解释数字化课堂观察数据的统计结果？

本章内容结构

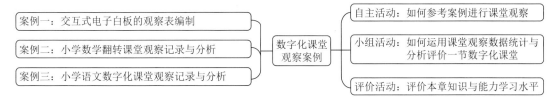

引言

本章我们通过三个观察目的不同的数字化课堂实例，分别从信息技术工具支持的数字化课堂观察项目的确定与细化、学科课堂教学中课堂有效互动的观察、小学语文数字化课堂观察三个角度讨论课堂观察的方法与结果分析，以期展示更多具有不同观察要点的课堂观察实例，供大家参考。

案例一：交互式电子白板的观察表编制

交互式电子白板（以下简称电子白板）是中小学课堂广泛应用的设备之一，为师生提供了教与学的平台，能够将丰富的学科教学资源在课堂教学中较好地展现，其交互功能使学生积极参与到教学中来。在课堂教学中恰当地应用电子白板，能够使学生学习的积极性和自主性大大提高。在当前技术丰富型的课堂教学中，综合运用电子白板与其他信息化教学设备，有效促进信息技术与教学的深度融合。

观察背景： 某市在强化信息化基础设施建设，同时推进共建共享优质教育资源，全市实现"城乡全覆盖城域网"，中小学建成校园网，中小学教师和学生拥有实名网络学习空间，中小学教室都配备了电子白板设备，大多数学校同时配备了平板设备，有近三分之一的学校启动了智慧教育云建设。

观察目的： 了解某市中小学电子白板及其他信息化教学设备与学科教学融合应用的现状，分析教师对电子白板及数字化资源的应用能力。

观察时重点关注如下四个问题：

（1）教师在课堂上是如何将电子白板及其他信息化教学设备与教学相融合的？教师使用了何种教学方式？教学目标达成度如何？

（2）教师是否能利用电子白板及其他信息化教学设备为学生提供有效的学习支持？

（3）教师如何运用电子白板呈现课程的信息化资源？信息化资源是否支持了教师的教与学生的学？

（4）融入电子白板的课堂实践有没有体现课堂文化？教师的教学模式有没有创新与改进？

确定观察要点，编制观察表

观察表的编制可参考第二章的课堂观察维度，即教师教学、学生学习、学习资源、教学过程，以及对应各维度的观察项目，结合观察目的与电子白板的特点，细化确定观察要点。课堂观察维度与观察项目的对应关系见表6-1，具体观察表见表6-2。

表6-1 观察维度与观察项目对应表

编号	观察维度	编号	观察项目
A1	教师教学	B1	电子白板及与其内含的资源支持下的教学
		B2	教师利用电子白板及与其组合设备支持下的教学
A2	学生学习	B3	电子白板及与其组合设备下支持的学生学习
		B4	学生利用电子白板进行的互动学习
A3	学习资源	B5	电子白板及其组合设备下的资源应用（是否支持目标达成、内容适切、教学实施全过程、教学评价）
A4	教学过程	B6	电子白板及其组合设备下的课堂教学过程（环节、创新、生成、有效实施、技术伦理）

注：A1 中的观察维度"教师教学"对应 B1 与 B2 两个观察项目，其中 B1 观察项目突出电子白板的自身作用，包含其功能、资源、支持等。B2 观察项目则突出教师应用电子白板进行教学，即突出教师对信息技术工具的使用。A2 观察维度对应 B3、B4 两个观察项目，B3 观察项目突出电子白板自身能够支持的学生学习。B4 观察项目突出学生能否利用电子白板进行互动学习。A3 观察维度中对应 B5 观察项目，是对应电子白板在教学过程中在教师教学目标、教学内容、教学环节的实施过程中能起到的作用。即教师在教学内容的展开、教学目标的确定、教学环节的实施是怎样使用电子白板及其资源支持教学与学生学习的。A4 维度对应 B6 观察项目，主要是对教学过程的描述，即电子白板的作用在"教学环节合理、教学目标达成、教学有否创新、技术支持教学全过程、技术应用伦理"这个维度上有怎样的体现，例如教师在使用电子白板实施教学时，是否做到"关爱不同学生的学习需求，技术与资源应用是否注意到学生的年龄、关注知识产权"等。

表 6-2　交互式电子白板使用行为的观察表

学校				授课题目			
教师			学科		年级		
观察维度	观察项目	观察要点		符合	使用效果评价		
					优秀(A)	良好(B)	合格(C)	待改进(D)
教师教学	教学资源的适当性	教师能够结合学科特点，利用电子白板有效创设情境						
		教师能够熟练使用电子白板，教学演示行为适时适度						
		演示内容符合教学目标，重点突出						
		教师能够熟练使用电子白板呈现多媒体资源，呈现的资源与教学内容相关						
		教师能够熟练调用电子白板的内部资源，调用的资源与教学内容相关						
	课堂互动的有效性	教师使用电子白板和相关软件展示互动过程						
		教师利用电子白板及其他信息化教学设备开展测验、练习、师生互动等活动，为教学提供及时反馈，提高教学效率						
		教师使用电子白板及其他信息化教学设备（平板、投票器等）的互动功能设计互动活动						
	课堂指导的有效性	教师能够通过电子白板或其他信息化教学设备的即时反馈功能指导学生的学习过程，促进其完成学习任务						
		教师利用电子白板及其他信息化教学设备观察和收集学生的课堂反馈，对教学行为进行调整						

续表

学校				授课题目			
教师			学科			年级	
观察维度	观察项目	观察要点	符合	使用效果评价			
				优秀(A)	良好(B)	合格(C)	待改进(D)
教师教学	教学评价的适切性	教师使用电子白板及其他信息化教学设备提供及时适切的评价；引导学生使用电子白板开展自评与互评					
		教师使用电子白板及其他信息化教学设备的互动功能评价互动活动的效果					
		教师使用电子白板及其他信息化教学设备收集教学过程中的数据信息，提供及时反馈					
	技术和数据支持的生成性策略	教师能够熟练保存教学过程中的生成性资源；教师能够利用教学过程中的生成性资源调整教学策略，指导学生					
		教师利用电子白板构建生成性资源					
学生学习	学习表现	学生可以有效借助电子白板完成自主学习，教师此时提供的是辅助、引导作用					
		学生利用电子白板及其他信息化教学设备完成学习任务，呈现学习结果					
		学生能够熟练调用电子白板的内部资源支持自主学习或者小组学习					
	自主学习	学生能利用电子白板及其他信息化教学设备开展同伴合作任务，且在小组内互相帮助，积极发挥自身长处					
		学生利用电子白板及其他信息化教学设备进行学习的兴趣与动机较高，学习参与度提高					
		学生在利用电子白板及其他信息化教学设备进行学习时保持良好的状态					
	课堂互动	学生可以利用电子白板及其他信息化教学设备熟练完成与资源的互动（主动互动）					
		学生可以在电子白板及其他信息化教学设备的支持下积极完成与教师和同学之间的互动（半主动互动）					
		学生在教师的引导下利用电子白板及其他信息化教学设备进行师生互动（被动互动）					

续表

学校				授课题目			
教师			学科			年级	
观察维度	观察项目	观察要点	符合	使用效果评价			
				优秀(A)	良好(B)	合格(C)	待改进(D)
学生学习	展示评价	学生主动利用其他设备进行自评、互评,利用电子白板及其他设备呈现评价结果(主动)					
		学生在教师要求下利用电子白板及其他信息化教学设备进行互评,查看反馈结果(半主动)					
		学生通过电子白板及其他信息化教学设备查看教师的评价反馈(被动)					
学习资源	学习资源与学习目标的一致性	教师在课堂教学中使用电子白板及资源时关注学生学科核心素养的培养					
		教师使用电子白板创设的教学情境有助于教学目标的达成					
	学习资源质量	电子白板与课堂教学内容深度融合——演示适切,逻辑清晰					
		在电子白板支持下呈现适切的学科教学内容,体现出的学科特性与核心思想符合学科特点					
		能够借助电子白板及其他信息化教学设备调用内、外部资源,与课堂教学内容一致、适切					
	支持学生学习的适切性	教师能在电子白板等的支持下把握学生思考行为,如人数、时间、反馈等,关注高级认知技能与思维的培养					
		能够在电子白板下顺利实施以学为主的教学					
	支持教学评价的适切性	电子白板及其他设备支持下的课堂评价能够有效实施,学生能够及时接收、反馈					
		能够提供适时适切的评价,促进师生评价、生生评价与自我评价					

续表

学校			授课题目			
教师		学科		年级		
观察维度	观察项目	观察要点	符合	使用效果评价		
				优秀（A）	良好（B）	合格（C）	待改进（D）
教学过程	教学目标是否达成	能够依据教学内容和教学目标有效使用电子白板，应用的资源有助于教学目标的达成					
		通过电子白板及其他信息化教学设备能够对目标达成度形成有效评价					
	教学环节合理性	电子白板支持下的教学实施过程适切，教学过程有新意					
		能够在电子白板环境下顺利实施以学为主的教学					
教学过程	课堂教学是否有创新	基于电子白板的教学设计、情境创设、资源利用体现创新性，激发和保护学生的创新思维，支持学生的创新行为，将学生的创新行为及时保存为生成性资源					
		教师支持学生表达奇思妙想，能利用电子白板等设备进行保存与记录、评价与反馈					
	信息技术支持教学全过程	电子白板支持的教学流程连贯、不突兀					
		能够有效利用电子白板及其他设备提供的支持获得生成性资源，促进课堂教学与电子白板的深度融合应用					
	技术应用伦理	基于电子白板的教学，课堂话语权相同、参与程度一致、师生关系融洽					
		能关注技术伦理问题（如不为了用技术而用技术），贴合学情，适时适度					
		使用资源时有标注，注重学生审美能力的培养					

注：优秀（A）：对应指标中的描述都符合；良好（B）：对应指标中的描述至少符合二项；合格（C）：对应指标中的描述至少符合一项；不合格（D）：对应指标中的描述没有符合的项目。

专家访谈与修订

为更好地把握观察要点表的客观性和科学性，编制量表的过程通过咨询专家对量表的指标进行评价、修订，共进行了三轮专家访谈。选择专家时主要遵循以下四个原则：①专家人选应在教育技术及其相关领域；②专家的研究领域应涉及移动学习和教师专业发展；③专家有基础教育学科教师培训或教师培训在线课程主持经验；④优先考虑教学设计专家或"中小学教师国家级培训计划"专家（简称"国培专家"）。

专家的权威程度通常由专家学术造诣、指标判断依据、对指标的熟悉程度这三个因素决定：专家学术造诣指学术水平权（q1），以专家的技术职称为依据，一般认为专家的职称越高，相应的学术水平越高，其提出的建议就越有价值，博士生导师、硕士生导师或教授、其他高职、副高职、其他 5 类职称或资格的学术水平权分别为 1.0、0.9、0.7、0.5 和 0.3；理论分析、实践经验、同行了解和专家直觉四个方面组成了指标的判断依据（q2），根据本次访谈的具体情况，将指标的判断依据分为教师培训经历、在线课程建设经验、教学设计水平、移动学习领域熟悉程度、直观判断（分别赋值为 0.4、0.3、0.2、0.15、0.05）；专家的熟悉程度是指专家对咨询表内容的熟悉程度，分为很熟悉、熟悉、一般和不清楚依次赋值为 1.0、0.8、0.5 和 0.2。专家权威程度 q=(q1+q2+q3)/3，一般认为专家权威程度大于或等于 0.7 即可以接受。

在编制量表的过程中，请专家给出了三轮指导建议，具体建议略。

案例二：小学数学翻转课堂观察记录与分析

有效的翻转课堂对学生学习方式的调整、高阶思维的培养、高层次教学目标在课堂教学中的实现提供了可能。在实际教学中，教师对翻转课堂教学方式的正确掌握与运用，对提升课堂教学效果、培养高阶思维有较好的促进作用。为了更好地了解翻转课堂的应用情况，通过课堂观察分析教师在小学数学课堂教学中开展翻转课堂的方式，观察重点在于课堂的有效互动。

观察样本选择：观察课例选择了全国翻转课堂展评中优秀课例视频中九个小学数学的案例，使用量规进行观察评价。所观察的九个小学数学教学视频内容如表 6-3 所示。

表 6-3 九位教师的编码及授课内容

教师	授课内容
教师 1	《圆的认识》
教师 2	《圆的认识》
教师 3	《圆的认识》
教师 4	《确定位置》
教师 5	《用数对确定位置》
教师 6	《确定位置》
教师 7	《确定位置》

续表

教师	授课内容
教师8	《小数加法》
教师9	《认识三角形》

观察目标：小学数学翻转课堂的有效互动。

观察时重点关注如下四个方面的问题：

（1）小学数学教师在翻转课堂教学中的信息技术应用程度如何？翻转课堂模式的应用与数字化资源是否促进了学生的有效学习？

（2）学生在学习过程中，教师是否能利用有效的课堂互动为学生提供有效的学习支持？是否通过有效问题来促进学生的高阶思维培养？

（3）教师在课堂有效交互的教学实践中如何表现？教师提问问题的层次与应答追问的方式如何？

（4）小学数学翻转课堂实践中数学的高阶思维培养在课堂教学中是如何体现的？

观察工具

《义务教育阶段数学课程标准》指出："数学教学内容要紧密联系学生的实际，从学生的已有知识出发，创设有助于学生学习的情境。"结合数学学科内容和课标要求，翻转课堂下的小学数学课堂的有效互动，对促进学生数学知识技能的提升有较好的作用，同时能够培养学生的高阶思维。有效的课堂互动体现为：教师构建合理的课堂环境，营造民主气氛，学生与教师在平等的状态下进行学习，教师鼓励学生积极回答问题，使学生能够在有效互动中掌握知识与技能，并提升分析问题、解决问题的能力；教师通过创设合理的情境，结合学生的实际生活与学科问题进行教学，互动的过程中，教师设计与学生实际生活联系紧密的活动，通过实际操作来解决问题。课堂互动活动表如表6-4所示。

表6-4　课堂互动活动表

互动主体	编码	具体的互动行为	操作描述
师生	1	组织管理	教师对学生的学习活动进行组织与管理，学生给予相应反馈
	2	提问与回答	教学过程中教师与学生就学习的相关问题进行讨论
	3	引导与启发	教师创设情境或做引导性的提示，引发学生思考与探究
	4	评价与反馈	教师对学生的学习表现做出评价或提出改进性意见，学生做出相应的反应
	5	辅导答疑	教师在学生学习或完成任务的过程中给予辅导、答疑

续表

课堂互动活动表

互动主体	编码	具体的互动行为	操作描述
师生	6	讨论与交流	教师和学生在课堂中展开交流讨论，或陈述自己的观点
	7	请求与回应	教师或学生提出要求，相应的学生或者教师给予回应
生生	8	提问与回答	学生针对某一问题提出自己的疑问，其他学生给予回答
	9	交流与合作	学生之间就学习内容进行交流讨论与合作学习
	10	评价与反馈	学生对其他学生的表现或者作答进行评价或提出意见
教师与信息技术	11	教师应用信息技术展示教学内容	教师应用信息技术展示教学内容，如概念、公式等
	12	教师应用信息技术与学生互动	教师通过创设相关情境，或利用信息技术进行学习，使师生一起进行探讨
学生与信息技术	13	学生使用信息技术与教学内容互动	学生通过教师呈现的信息化教学内容进行学习、讨论
	14	学生通过信息技术与教师互动	学生通过信息技术设备回答问题，将作答情况反馈给教师
	15	学生通过信息技术与同学互动	学生通过信息技术设备与其他同学合作、交流、反馈

对小学数学翻转课堂有效互动的观察包括五个要素：发问主体；互动问题类型与目标层次；教师提问形式；问题回答反馈和信息技术的应用。具体观察内容如表6-5所示。

表6-5 课堂互动观察表

有效互动要素	编码	内容	具体内容	课堂记录
发问主体	1	教师	教师提问，学生回答	
	2	学生	学生提问，其他学生回答	
互动问题类型与目标层次	3	a. 描述性问题	事实解答类问题，主要回答"是什么"	
		b. 判断性问题	事实运用、概念解答类问题，主要回答事实、陈述概念、解释正确性的问题	
		c. 论证性问题	规则应用和高级规则应用类问题，也应考查学生是否知道何时以及为什么运用这些策略的知识。有时用较复杂的规则解决未遇到过的问题，会包括适当的情境性和条件性知识	

续表

有效互动要素	编码	内容	具体内容	课堂记录
互动问题类型与目标层次	3	d.归纳性问题	规则应用和概念归纳类问题,主要培养学生的抽象思维和概括能力,主要回答归纳和抽象后的概念或者规则原理等内容	
		e.操作性问题	规则应用和高级规则应用类问题,需要学生动手操作后回答	
教师提问形式	4	提出问题后教师的停顿时间	a.3s 以内	
			b.3s～10s	
			c.10s 以上	
	5	描述问题的语气	a.听起来有挑战性或激励性	
			b.听起来比较平淡	
			c.听起来给人压力或者像测验	
	6	追问问题	是否与上一问题同时提出	
问题回答反馈	7	学生回答类型	a.无回答	
			b.机械性回答	
			c.认知性回答	
			d.推理性回答	
			e.创造性回答	
	8	教师反馈	a.积极反馈,如微笑、点头、表扬、鼓励等	
			b.消极反馈,如批评等	
			c.没有反馈	
信息技术的应用	9	展示事实	概念、公式等事实类知识	
	10	创设情境	为学生解决问题,设置情境	
	11	提供示范	教师为学生提供正确示范	
	12	呈现解答过程	教师或学生演示解题过程	
	13	设疑思辨	设置问题,进行解决	

主要观察记录

根据表 6-5 所示的课堂观察记录表,对教师们在教学过程中的问题类型进行课堂观察,部分内容记录如表 6-6 所示。

表 6-6　知识点类型与问题类型对应示例表

序号	问题内容	问题类型	知识点	知识点对应的目标层次	问题对应的目标层次
1	以苏州地图为基础，以"东方之门"为观测点，通过寻找苏州的景点，判断方向，测量角度、距离来描述位置	论证性问题 描述性问题 操作性问题	（1）了解比例尺。（2）在情境中，能够按照给定的比例将图上距离与实际距离进行转换（3）根据方向和距离确定位置	理解 简单应用	分析 应用 评价
2	教师利用七巧板上的图形，让学生找出图形，拼成三角形	操作性问题 论证性问题	（1）认识三角形（2）了解三角形两边之和大于第三边（3）能从不同角度描述复杂情境中的图形	理解 记忆 简单应用	应用 分析 创造
3	模拟路线，进行夺宝	操作性问题 论证性问题	（1）参照点（2）能根据物体相对于参照点的方向和距离确定其位置（3）了解比例尺（4）按给定的比例进行图上距离与实际距离的换算	理解 简单应用	应用 分析

通过表 6-6 可以看出，通常教师所提出的问题的目标层次比较高。教师在要求学生掌握基本知识的同时，通过结合生活实际，以实际操作和论证的方式培养学生的高阶思维能力，使学生能够将知识应用到实际问题中，通过分析来解决问题，较好地运用所学知识与技能。

教师提出的问题类型与学生回答问题反馈的部分内容如表 6-7 所示。

表 6-7　学生回答问题反馈记录示例表

序号	授课问题	教师	教师问题类型	学生回答问题类型	涉及知识点	学生回答反馈	达成率
1	教师以"美团外卖"为例，让学生画出并描述骑手取餐和送餐的路线	教师4	论证性问题 操作性问题	推理性回答 创造性回答	会描述简单的路线图	学生能够准确地描述路线图	75%

续表

序号	授课问题	教师	教师问题类型	学生回答问题类型	涉及知识点	学生回答反馈	达成率
2	教师以"武汉高铁站"为例，提供雷达图和相关数据，让同学计算其他城市的方向和距离	教师4	描述性问题 判断性问题 论证性问题	推理性回答	（1）了解比例尺；（2）在情境中，能够按照给定的比例将图上距离与实际距离进行转换；（3）根据方向和距离确定位置	在运算能力方面，学生不能够正确地将比例尺和实际距离进行换算	65%
3	教师让学生列举生活中的数对的例子，并以公园为例，判断其他建筑的位置	教师5	判断性问题 论证性问题	推理性回答 创造性问题	在情境中，能在方格纸上用数对表示位置	学生能够正确地用数对表示位置	80%
4	教师在导入部分播放苏州著名景点的视频，以某一景点为观测点，让学生对其他景点的位置进行确定，并进行描述	教师7	判断性问题 论证性问题	推理性回答	（1）了解比例尺；（2）在情境中，能够按照给定的比例将图上距离与实际距离进行转换；（3）根据方向和距离确定位置	在运算能力方面，学生不能够正确地将比例尺和实际距离进行换算	70%
5	教师以中国地图为主，给出几个城市，并说明南京在北京的北偏西57°，让学生说出南京在北京的什么方位、广州在南京的什么方位	教师7	判断性问题 论证性问题	推理性回答	（1）了解比例尺；（2）在情境中，能够按照给定的比例将图上距离与实际距离进行转换；（3）根据方向和距离确定位置	在推理能力方面，有的学生不能够正确地描述位置	70%

对同一内容教学中教师提问的问题类型与学生回答问题类型记录总结部分内容参见第四章示例6中表4-11和图4-4所示。

总体分析

通过对这九个视频的课堂互动观察分析，教师在小学数学的翻转课堂中，总体教学流程比较符合翻转课堂的教学模式；教师注重课堂提问，是通过问题引导和学生小组活动深度解决问题的方式进行的。总体课堂互动是有效的，下面主要从问题的数量与对应的目标层次、情境的创设、信息技术的作用、反馈几个方面进行分析与说明。

1. 互动主体

课堂互动主体主要分为四种：教师与学生互动、学生与学生互动、教师与信息技术互动、学生与信息技术互动。九位教师的课堂互动主体如图6-1所示。

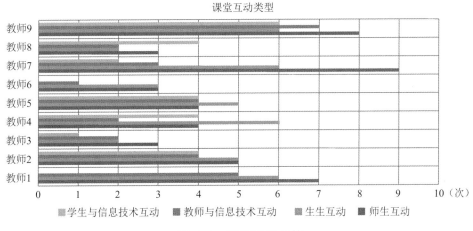

图6-1 课堂互动主体

由图6-1可得出：

①教师7在讲授《确定位置》这节课时，师生互动的比例较多，具体行为是引导与启发、提问与回答两个方面。在整节课中，当学生回答完最基本的问题以后，教师会追问问题，追问的问题是本节课中的重难点和易出错的知识点。在追问的过程中，教师主要引导学生形成完整的思维链。教师进行追问，能够使学生进行完整的思考，学生对知识点的掌握也比较全面。

②在教师1、教师4、教师7和教师9这四位教师的教学过程中，师生互动比较多。学生之间的交流合作可以提高学生之间的合作意识，而且可以集思广益，拓宽学生的思路。

③教师9在教学过程中，教师与学生对信息技术应用的较多。教师9所讲授的课程内容为《认识三角形》，这节课是小学数学中图形与几何领域的内容。在这节课中，学生通过信息技术向其他学生讲解自己的解题过程；教师通过信息技术为学生创设情境，而且通过信息技术向学生呈现概念性知识或解题过程。

2. 课堂互动问题类型与目标层次

（1）问题类型

通过对教学视频的分析，对这九节课教师提问的问题类型统计如图6-2所示。

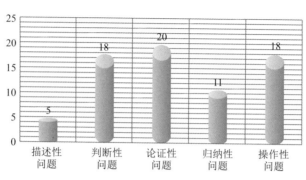

图 6-2 教师提问的问题类型

通过图 6-2 可知，教师提问的问题类型最多的是论证性问题，描述性问题是最少的。论证性问题大多是让学生对问题进行推理，经过自己的推理，结合已学过的知识进行验算得出结果。

在翻转课堂中，主要是培养学生解决问题的能力和高阶思维能力。教师在提出问题时，通常是锻炼和提高学生对知识运用的能力，让学生通过对知识掌握的情况和对问题的理解进行解决。教师提出论证性问题，能在一定程度上提高学生分析问题的能力。

（2）提问后的连续追问

教师在提问问题之后，会追问几个延伸性的问题。在《认识三角形》这节课中，教师在问完第一个问题之后，追问了 2~3 个问题，如表 6-8 所示。

表 6-8 教师追问问题的类型

序号	原始问题	追问问题	追问问题目标层次
1	让学生将三角形的高找出来	教师给出关于三角形高的判断题，让学生进行语句判断，若错误，进行改正	分析 评价
2	在方格 4 个点中任取 3 个点，画三角形	（1）是不是任意 3 个点都能画三角形。若不是，请说出理由； （2）画三角形高的步骤	运用 分析 评价

结合表 6-7 和九节视频课可以看出，每位教师追问问题数量在 1~2 个，追问问题的目标层次是让学生能够进一步思考、分析问题，对问题的解决过程做判断。教师适当追问问题，可以启发学生的数学思维，提高学生的判断能力和知识应用能力，有助于学生形成完整的思维链。

3. 问题回答反馈

在课堂中，教师的有效提问与学生的精准回答是可以提高学生的学习效率的。教师在提问的过程中，问题所对应的知识点是不同的，要求学生达到的能力也是不同的。以《圆的认识》这一内容的四位不同教师的教学过程进行分析，所要掌握的知识点是相同的，但由不同教师进行讲授，在提问的过程中侧重点也是不同的，教师问题的设计是围绕实际生活进行的，学生根据实际理解进行回答，可以提高学生对知识的运用和分析能力，学会举一反三。通过对四节课的分析，对教师提问问题类型与学生回答问题类型进行统计，具体分析图与分析建议参见第四章图 4-4。

结合表 6-7 记录的学生回答情况，学生总体达成目标率在 80% 左右。当教师提出论证性问题时，学生多数回答的是推理性问题，极少数学生能够创造性地回答问题或者提出有创见性的想法。在设计问题和追问问题时，有的教师会将问题范围缩小，聚集到知识点的记忆和简单应用层面，不利于发挥学生思考和解决问题的创造性思维。

4. 信息技术和课堂数据的应用

在翻转课堂教学课例中，教师主要通过信息技术为学生创设解决问题所需要的情境，学生通过教师创设的情境和学习任务单来解决问题，解决问题的过程与内容展示也主要通过信息技术来完成。在一定程度上使信息技术在课堂上发挥了积极作用，提高了课堂效率与学生的学习效果。

（1）信息技术支持学生学习

对于学生来说，这在一定程度上影响了课程的进度与效率。主要向同学呈现自己的解题步骤，学生的学习能力不同，这样做可以使没有跟上教师教学进度的学生进行及时的复习。有教师将二维码作为学生学习的辅助工具，学生将小组绘制的路线图进行扫描，如若正确，可以进行夺宝；不正确，则需要重新进行路线的模拟；有教师将有趣味的动画应用于学生的练习活动中，提高学生学习的热情。

（2）课堂教学数据的收集与反馈

由于没有统一的网络学习平台，学生的预习结果以纸质材料为主，教师在课中巡视来检查学生的预习成果。在课堂教学中的学生学习结果与学习活动反馈数据收集与应用方面，几位教师普遍没有实现，限于网络平台的缺失，学生的课堂学习成果与练习数据的收集和反馈无法得到技术支持，使得课堂教学的效率与智能性体现不足。

案例三：小学语文数字化课堂观察记录与分析

技术和数据支持下的课堂过程记录——以《小真的长头发》一课为例，本节课教师利用"××阅读"APP 开展课堂预习检测、课堂讨论、课堂练习等活动。本节课主要观察教师如何利用 APP 支持师生互动及反馈。因此，本次观察主要针对预习、导入、合作、课堂练习等环节观察教师行为、学生行为以及学生情绪变化等。课堂观察记录表如表6-9所示。

表6-9 课堂观察记录表

观察项目	观察要点	课堂记录
教学过程	1.学习活动设计符合学习目标，能调动学生学习语文的兴趣	课堂教学211模式，各环节的学习目标设计合理，符合本学段本课文学习目标。学习活动设计较有趣味，学生整体学习过程中学习积极性高，关注度高
	2.教师能合理创设情境	1.激趣导入，用趣味性的图片激发学生的想象，引入新课； 2.通过课文内容展开想象并画出来，这一设计十分有趣； 3.写作题目的情境设计合理，引导明确
	3.设计学习应用活动与任务，促进学生高阶思维的发展	让学生想象小真的头发还能变成什么，并进行评价
课堂互动	1.合作任务设计清晰，小组活动组织有序，指导合理	小组阅读与写作任务设计合理，指导语明确，指导合理
	2.学生始终保持良好的学习状态	学生坐姿端正，精神状态好。教师利用图片导入时，大部分同学都流露出好奇的神情，并小声猜测
	3.学生敢于表达、大胆质疑	半数学生在各个环节展示中敢于表达，质疑较少
	4.学生能创造性地提出和回答问题	无
	5.教师对活动点所做的点评与总结有助于学生的思考与能力提升	教师对学生的小组展示与画图展示活动点所做的点评与总结有助于学生的思考与能力提升
教师对信息技术的应用	1.信息技术支持学生学习而不是教学内容演示	使用电子白板及其他设备展示学生学习成果，并进行评价
	2.恰当使用信息技术工具提高评价效率，并有意识地使用评价数据调整策略	教师利用教学辅助软件，了解学生的基础知识预习情况、课文内容的图画效果、写作情况等。通过数据统计，全班45人均完成了检测
学习预习设计	1.预习题目的设计与本节教学目标的对应要合理	1.预习题目与教学目标一致； 2.对学生正确率比较低的题目进行针对性讲解，略过学生全对或正确率比较高的题目
	2.学生预习能够及时反馈，使用技术恰当	教师利用教学辅助软件，了解学生简单的基础知识的预习情况，通过数据统计，全班45人均完成了检测

续表

观察项目	观察要点	课堂记录
学习活动设计	1. 学习活动设计符合学习目标	合作阅读与讨论。对于字音和句子的朗读，三年级学生已经可以在小组内部解决，符合学习目标
	2. 教师能合理创设情境	用趣味性的图片激发学生的想象，引入到新课的讲授；写作题目有材料和语言引导，为学生写作提供情境
	3. 教师对学生的学习时间能进行有效管理	211模式使用恰当，每个环节时间控制得当，小组活动时有明确的提示时间
反馈和评价学生	1. 及时适切，有效跟进学生思路及学生提问	表达、交流、评价，培养了学生的高阶思维和提取信息、概括文章的能力 奖励机制有助于提高学生的学习积极性
	2. 利用技术工具开展阅读、协作、表达、交流、测验、练习等工作，评价效率高	1. 分工朗读和互评保证了小组成员的发言机会均等，小组同读、讨论教师的问题。 2. 在平台上进行十分钟的拓展阅读
	3. 利用信息技术观察和收集学生的课堂反馈，对教学行为进行有效调整	根据学生的阅读情况与进度提出不同要求
	4. 引导学生利用评价工具开展自评与互评	对同学的作品进行评价，对自己的作品进行修改
自主学习能力	1. 学生敢于表达、大胆质疑	半数学生在各个环节展示中敢于表达，质疑较少
	2. 学生能创造性地提出和回答问题	无
合作探究能力	1. 合作小组合理选择方法，分工明确、合作任务清晰	提出了明确的分工和要求，分工明确、任务清晰。 教师展示小组合作阅读分工要求和问题讨论（1. 小组内分角色有感情朗读课文，努力读准字音、读通句子，1号旁白，2号小叶，3号小美，4号小真。2. 小组内互评：字音是否正确，句子是否通顺。3. 小组讨论：课文写了什么？） 小组分工朗读； 小组互评； 小组讨论老师提出的问题
	2. 学生始终保持良好的学习状态	小组分工朗读，相互帮忙；在讨论老师提出的问题时，意见较统一，整体注意力比较集中
信息化资源呈现	1. 呈现形式（文本、声音、视频、动画）	展示图片导入，创设情境；利用图表梳理课文内容；提供拓展阅读文章
	2. 演示时间恰当、内容适切	
	3. 资源内容与学习目标的一致性	教师运用信息化设备和图片资源展示学生的作品，提高课堂学习效率，学生表述和评价，再次达到培养学生高阶思维的效果，与设计目标一致
	4. 信息化突破、化解教学的重难点	教师运用信息化设备展示学生的作品，提高课堂学习效率，学生表述和评价，再次达到培养学生高阶思维的效果

续表

观察项目	观察要点	课堂记录
技术工具使用	1. 相关设备与技术资源在语文课堂环境中正常使用	相关设备与技术资源在语文课堂环境中正常使用
	2. 教师能恰当运用图表、模型或现代技术手段辅助教学,课堂教学收益好	本单元目标是培养学生丰富的想象力,教师围绕主题进行设计,画画是学生想象力的一种很好的表达方式,设计巧妙
	3. 能够利用APP等工具布置预习题目,并将结果反馈给学生,生成对应指导策略	1. 教师利用教学软件,统计学生进步、优秀和完成任务的情况等,对积极的学生进行积极、正向的反馈。 2. 部分受表扬和鼓励的同学很开心
	4. 通过信息化手段评价学生的学习	展示"进步榜""优秀榜"和"完成任务积极榜",对以上同学进行表扬和奖励
	5. 及时收集课堂评价信息并进行反馈	基于数据统计结果,教师对错题较多的同学进行针对性指导,此过程针对性较强,A同学的错题比较有代表性,是多数同学的疑惑点,同时对A同学进行提点

使用改进型弗兰德斯分析系统(iFIAS)记录的结果如表6-10所示。

表6-10 iFIAS分析结果

行为	公式	比例
教师语言比率	1–7列频次/总频次	16.58%
教师语言中对学生的间接影响与直接影响比例	1–4列频次/5–7列频次	95.52%
教师语言中对学生的积极强化与消极强化比例	1–3列频次/6–7列频次	77.36%
教师语言中提问所占比例	4列频次/1–7列频次	17.56%
教师提问开放型问题比例	4.1列频次/4列频次	82.61%
教师提问封闭型问题比例	4.2列频次/4列频次	17.39%
教师语言中受学生驱动的比例	1–3列频次/1–3&6–7列频次	43.62%
学生语言比例	8–10列频次/总频次	35.44%
学生应答中学生被动应答比例	8列频次/8–9.1列频次	7.02%
学生应答中学生主动应答比例	9.1列频次/8–9.1列频次	92.98%
学生语言中学生主动说话比例	9列频次/8–10列频次	45%
学生主动说话中主动应答比例	9.1列频次/9.1–9.2列频次	84.13%
学生主动说话中主动提问比例	9.2列频次/9.1–9.2列频次	15.87%
有益于教学的沉寂比例	12列频次/总频次	14.05%
技术应用比例	13–14列频次/总频次	33.04%
信息技术应用中教师操纵技术比例	13列频次/13–14列频次	36.4%
信息技术应用中学生操纵技术比例	14列频次/13–14列频次	63.6%

观察报告：通过对本节小学语文课堂的观察分析，教师在小学语文课堂的教学完成较好，总体教学流程比较符合语文数字化课堂的 211 教学模式；对小学语文课标中对应的目标把握较准确、听说读写、口语交际、写作领域均有涉及，目标层层递进，注重学生综合能力的培养，课堂教学情境设计合理、有趣味，教学语言清晰、引导性强，学习活动设计与总体课堂时间控制有效，信息技术工具与资源使用正确、得当。

1. 学习目标达成与语文高阶思维培养

通过学生课前预习的检测与反馈讲评，教师掌握了学生对课文内容的学习情况，对代表性错误和学生的疑惑点及时反馈，使学生能够达成课文中的基本学习目标：生字词、课文主体结构与大意；能联系课文内容展开想象，说出小真的长头发还能做什么；通过想一想，画一画活动，体验大胆想象的乐趣，并画出自己的想象内容。

在掌握基本学习目标的基础上，尝试使用文章的写作手法与字词句进行续写片段练习，提高语言和文字表达能力，全班同学全部参与续写练习，有部分学生续写得非常精彩，有想象力。通过这一环节的学习活动，培养学生的高阶思维和综合应用能力。

教师可随时通过平台了解学生的写作情况（字数、修改次数等），对有创意的想法给予肯定。教师运用信息化设备和技术，展示学生的典型作品，提高课堂学习效率，学生表达、交流、评价，培养了学生的高阶思维和提取信息、概括文章的能力，再次达到培养学生高阶思维的效果。

通过课堂观察与课后平台展示，学生都能完成教师布置的学习任务，参与度高，态度积极，学习目标达成度高，且有高阶思维的提升。

2. 教师的教学设计与信息技术应用能力

教师的整体教学设计合理、规范，211 模式应用比较熟练，能够将信息技术设备、APP、交互式电子白板、平板电脑有机结合，很好地提升了语文课堂的教学效果和高阶学习目标的达成。时间安排合理、教学环节流畅，信息技术工具与资源平台使用熟练。

教师在对本课内容提升方面的设计可圈可点，利用画图方式梳理课文并展开想象，利用小练笔"未来的汽车"等活动设计合理，学习目标不局限于课文本身内容的解读与简单应用，体现了综合应用和评价创见的目标。并注重数据在指导学生学习方面的应用，鼓励学生课后继续完成任务及相互评价，能够在一定程度上体现生成性策略的应用。对学生创见性问题和表达的引导方面不足，这与学生的学习方式未改变有关。课堂数据收集和反馈应用仍有改进和提升的空间。

教师能够恰当并熟练地应用手机 APP、电子白板和网络平台展示讲评预习结果、布置学习任务、展示学生学习活动结果。教学活动组织能力较强，教学指令清晰明确，指导点评及时准确。

3. 课堂文化与技术应用伦理

教师运用信息化设备和技术，展示学生的作品，提高课堂学习效率，学生表述和评价，达到培养学生高阶思维的效果。

教师的教学课件制作比较符合教学内容和学生特征；课件界面整体构图基本符合美学要求，图片、视频有相关标注；课堂中使用的信息技术工具资源较好地支持了学生的学习和学习目标的达成，学生使用熟练，没有障碍。

课堂氛围比较民主、轻松，师生、生生之间能够平等对话。

本章内容小结

本章我们掌握了依据课堂观察目的细化课堂观察要点的基本方法（能力里程碑6-1），能够结合案例利用数据对数字化课堂进行分析与评价，并提出改进建议（能力里程碑6-2）。

自主活动：如何参考案例进行课堂观察

请学习者在学习完本章内容后，进行自我反思，并记录个人学习心得。

小组活动：如何运用课堂观察数据统计与分析结果评价一节数字化课堂

请学习者围绕本章的学习主题进行组内交流，并做好小组学习记录。

评价活动：评价本章知识与能力学习水平

实践项目

选择当前某信息技术与学科教学融合课堂实录，按照课堂观察的过程进行深度观察，运用观察要点表、记录工具、统计分析软件等完成课堂观察，并撰写分析报告（能力里程碑6-2）。

参 考 资 料

[1] 崔允漷. 论指向教学改进的课堂观察 LICC 模式 [J]. 教育测量与评价, 2010(03): 4.

[2] 王文涛. 略论课堂教学观察、诊断与评价的具体方法 [J]. 基础教育课程, 2008(08).

[3] 李杰. 课堂观察的一般程序 [J]. 广西教育, 20010(11): 39.

[4] 祝智庭. 教育呼唤数据智慧 [J]. 人民教育, 2018(01): 29-33.

[5] 杨开城. 论信息化教育的数据基础 [J]. 现代远程教育研究, 2019.7.31(4): 19-25.

[6] 崔允漷. 课堂观察 II 走向专业的听评课 [M]. 上海: 华东师范大学出版社, 2013.

[7] 李龙. 教学设计 [M]. 北京: 高等教育出版社, 2010.

[8] 申继亮. 教学反思与行动研究 [M]. 北京: 北京师范大学出版社, 2006(5): 72-93.

[9] 罗伯特·F. 德威利斯 (Robert F. DeVellis). 量表编制: 理论与应用 (第 3 版) [M]. 重庆: 重庆大学出版社, 2016.

[10] 方海光, 高辰柱, 陈佳. 改进型弗兰德斯互动分析系统及其应用 [J]. 中国电化教育, 2012(10): 109-113.

[11] 黎加厚. 新教育目标分类学概论 [M]. 上海: 上海教育出版社, 2010: 1-38.

[12] 马兰, 盛群力. 教育目标分类新架构——豪恩斯坦教学系统观与目标分类整合模式述评 [J]. 中国电化教育, 2005(7).

[13] 盛群力, 褚献华. 布卢姆认知目标分类修订的二维框架 [J]. 课程·教材·教法, 2004, 24(9).

[14] 王陆, 张敏霞. 基于课堂教学行为大数据的课堂观察方法与技术 [M]. 北京: 北京师范大学出版社, 2018(6).

[15] Flanders, Ned. Intent, Action and Feedback: A Preparation for Teaching [J]. Journal of Teacher Education, 1963, 3(14): 25-260.

[16] 刘向永, 李傲雪, 付奕宁等. 基于电子书包的小学英语课堂师生互动分析——以"How are you?"单元为例 [J]. 电化教育研究, 2018, 39(08): 97-102+121.

[17] 陈秀娟,汪小勇.对弗兰德斯互动分析系统应用的探讨——以同课异构为例[J].电化教育研究,2014,35(11):83-88.

[18] 刘慧.鄂尔多斯市小学数学信息化教学现状研究[D].内蒙古师范大学,2019.

[19] 王红蕊.翻转课堂有效互动的评价研究——以小学数学翻转课堂典型视频为例[D].内蒙古师范学院,2019.

[20] 王冰如.课堂观察工具评价之研究[D].华东师范大学,2014.

[21] 郑惠.用证据说话让我们的研究更具实效———以《打枣》为例的音乐课堂观察课例研究[J].中国音乐教育,2015(12).

[22] 朱雪梅.课堂观察在新时代的发展趋向[J].江苏教育,2019(6).

[23] 曹唯实.基于数字化课堂观察的精准教学研究[J].现代中小学教育,2018(6).

[24] 崔志钰,胡劲红.基于教学切片的课堂观察:取样·制备·应用[J].职业教育研究,2019(4).

[25] 张菊荣.课堂观察:基于主题、证据和反思的专业化听评课[J].江苏教育,2019(6).

[26] 柯旺花.基于课堂观察数据的有效性提问分析与反思[J].地理教学,2016(7).

[27] 黄瑞琴.质的教育研究方法[M].台北:心理出版社,1999.

[28] 陈瑶.课堂观察方法之研究[D].上海:华东师范大学,2000.

[29] 黄从俊,于丽娜.课堂观察中的数据与情景分析,基础教育参考[J].2009(1).

[30] 祝智庭,彭红超.智慧学习生态:培育智慧人才的系统方法论[J].电化教育研究,2017,38(04):5-14+29.

[31] 祝智庭.智慧教育:引领教育信息化走向人本主义情怀[J].现代教育,2016(07):25-27.

[32] 朱国军.用好逻辑起点,深化有限无限[J].小学数学教师,2019(5).

[33] 魏伊,王爱霞.基于古德和布罗菲编码表的地理课堂提问行为对比研究[J].地理教学,2018(13).

反侵权盗版声明

电子工业出版社依法对本作品享有专有出版权。任何未经权利人书面许可，复制、销售或通过信息网络传播本作品的行为；歪曲、篡改、剽窃本作品的行为，均违反《中华人民共和国著作权法》，其行为人应承担相应的民事责任和行政责任，构成犯罪的，将被依法追究刑事责任。

为了维护市场秩序，保护权利人的合法权益，我社将依法查处和打击侵权盗版的单位和个人。欢迎社会各界人士积极举报侵权盗版行为，本社将奖励举报有功人员，并保证举报人的信息不被泄露。

举报电话：（010）88254396；（010）88258888
传　真：（010）88254397
E-mail：dbqq@phei.com.cn
通信地址：北京市万寿路173信箱
电子工业出版社总编办公室
邮　编：100036

提炼数据内涵，
回归数学精髓，
提升教学质量。

张景中 2019年10月

丛书主编 方海光

中小学教育大数据分析师系列培训教材

数据驱动的智慧教育

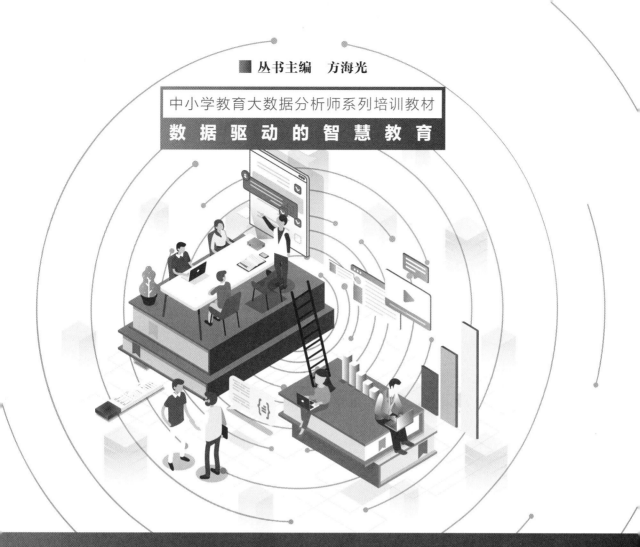

数据驱动的教育研究

中小学信息化课题研究

赵慧勤 | 主编　张天云　崔玲玲 | 编

电子工业出版社

Publishing House of Electronics Industry

北京·BEIJING

未经许可，不得以任何方式复制或抄袭本书之部分或全部内容。

版权所有，侵权必究。

图书在版编目（CIP）数据

数据驱动的教育研究．中小学信息化课题研究 / 赵慧勤主编；张天云，崔玲玲编．—北京：电子工业出版社，2020.9

中小学教育大数据分析师系列培训教材

ISBN 978-7-121-39460-7

Ⅰ.①数… Ⅱ.①赵…②张…③崔… Ⅲ.①数据处理－中小学－师资培训－教材 Ⅳ.① TP274

中国版本图书馆 CIP 数据核字（2020）第 158310 号

责任编辑：张贵芹　　文字编辑：仝赛赛
印　　刷：北京天宇星印刷厂
装　　订：北京天宇星印刷厂
出版发行：电子工业出版社
　　　　　北京市海淀区万寿路 173 信箱　　邮编 100036
开　　本：787×1092　1/16　印张：31.75　字数：660.4 千字
版　　次：2020 年 9 月第 1 版
印　　次：2020 年 9 月第 1 次印刷
定　　价：140.00 元（全 4 册）

凡所购买电子工业出版社图书有缺损问题，请向购买书店调换。若书店售缺，请与本社发行部联系，联系及邮购电话：（010）88254888，88258888。

质量投诉请发邮件至 zlts@phei.com.cn，盗版侵权举报请发邮件至 dbqq@phei.com.cn。

本书咨询联系方式：（010）88254510，tongss@phei.com.cn。

丛 书 主 编：方海光

本 书 主 编：赵慧勤

本书编写者：张天云　崔玲玲

指导专家委员会

指导专家委员会成员：

黄荣怀	北京师范大学	荆永君	沈阳师范大学
李建聪	教育部教育管理信息中心	赵慧勤	山西大同大学
王珠珠	中央电化教育馆	杨俊锋	杭州师范大学
李　龙	内蒙古师范大学	李　童	北京工业大学
王　素	中国教育科学研究院	纪　方	北京教育学院
余胜泉	北京师范大学	郭君红	北京教育学院
刘三女牙	华中师范大学	徐　峰	江西省教育管理信息中心
顾小清	华东师范大学	高淑印	天津市中小学教育教学研究室
尚俊杰	北京大学	陈　平	南京市电化教育馆
魏顺平	国家开放大学	黄　艳	沈阳市教育科学研究院
曹培杰	中国教育科学研究院	罗清红	成都市教育科学研究院
胡小勇	华南师范大学	杨　楠	北京教育科学研究院
李　艳	浙江大学	李万峰	北京市通州区教师研修中心
张文兰	陕西师范大学	马　涛	北京市海淀区教育科学研究院
蔡　春	首都师范大学	石群雄	北京教育学院丰台分院
方海光	首都师范大学	卢冬梅	天津市和平区教育信息中心
张　鸽	首都师范大学	陕昌群	成都市教育科学研究院
鲍建樟	北京师范大学	李俊杰	北京教育学院丰台分院
陈　梅	内蒙古师范大学	管　杰	北京市第十八中学
梁林梅	河南大学	顾国齐	OKAY智慧教育研究院
杨现民	江苏师范大学	楚云海	伴学互联网教育大数据研究院
肖广德	河北大学		

序 一

近年来，大数据、人工智能等技术在教育管理变革、学习模式变革、教育评价体系变革、教育科学研究变革等方面的作用日益凸显。国家高度重视教育大数据的发展，鼓励教师主动适应信息化时代变革。2018年1月，《中共中央国务院关于全面深化新时代教师队伍建设改革的意见》明确提出，"教师要主动适应信息化、人工智能等新技术变革，积极有效开展教育教学"。2018年4月，教育部印发《教育信息化2.0行动计划》，指出要深化教育大数据应用，大力提升教师信息素养。2018年8月，教育部办公厅印发通知，启动人工智能助推教师队伍建设行动试点，将探索应用大数据支持教师工作决策、优化教师管理作为重要试点内容。2019年3月，教育部印发《关于实施全国中小学教师信息技术应用能力提升工程2.0的意见》，强调大数据、人工智能等新技术的变革对教师信息素养提出了新要求，教师需要主动适应新技术变革。

当前，随着新技术的不断涌现与发展，很多原有的教育理论都迸发出了新的火花，大数据、人工智能等技术与教育的深度融合，将促进我们加快发展伴随每个人一生的教育、平等面向每个人的教育、适合每个人的教育、更加开放灵活的教育。教育大数据可以让教师读懂学生，让教育教学更加智慧，让教育研究更加科学。教育大数据可以让管理者读懂学校，由"经验式"决策变为"数据辅助式"决策，推动教育、教学、教研、管理、评价等领域的创新发展。

我认识方海光教授好多年了，启动丛书的策划工作时，海光还提出，希望请重量级人物来担纲主编，但我不这么认为。我觉得像他这样的中青年学者已经成长为学科发展的一线主力，理应主动承担起更大的责任。这套丛书的出版确实也让我有眼前一亮的感觉。丛书内容丰富、形式新颖，根据学校的不同角色分成了五个系列：数据思维系列、数据驱动的技术基础系列、数据驱动的智慧学校系列、数据驱动的智慧课堂系列和数据驱动的教育研究系列。丛书符合中小学教师信息技术应用能力提升工程2.0的要求，相信将在各级单位信息化领导力培训、信息化教学创新培训、数据能力素养培训等工作中发挥重要作用，能够为教育管理者的数据智能决策提供帮助，为教师教育的研究者提供参考，更值得广大的学校管理者、教师阅读和学习。

希望这套丛书的出版能够促使教育大数据更好地助推教育教学改革和培训教研改革，引领中小学教育的整体变革，进而推动教育的跨越式发展。

任友群

华东师范大学教授　任友群

序 二

国家教育现代化和智慧教育示范区的建设都强调了教育大数据的应用方向，教育大数据中心建设和区域数据互联互通成为当前教育信息化的发展重点。

从我国教育信息化的发展趋势来看，基础环境和资源建设与应用快速推进，师生信息化应用能力和水平显著提升。信息化不断发展带来知识获取方式和传授方式、教与学关系的革命性变化，很多学校面临知识的体系化建设阶段。在大数据和人工智能的环境下，我们面临很多新的问题：如何建设学校的知识体系？如何指导学生的学习过程？学习过程的数字化带来了更多的大数据，人工智能的数据处理引擎带来了更复杂、更精准的应用场景，更自然、更贴近人们日常生活的人机交互带来更直观的体验。各种教育大数据和人工智能应用层出不穷，学校的选择空间很大，但是在此之前，我们必须对学校的定位和自身需求有一个明确的认识：学校为什么需要教育大数据？教育大数据能帮学校做什么？学校是否需要转变应用数据的思维方式？

实际上，教育大数据并不神秘，它一直伴随着数字校园、智慧教室学习环境的建设，学习空间的应用，在线教育的发展等。教育大数据具体可以应用于精准教学、学情分析、精准管理、科学决策、学生生涯成长过程记录、学校数据统一优化。未来学校和智慧教育示范区的建设离不开教育大数据，教育大数据的应用也离不开管理者和师生对它的认识和理解，这些都是产生信息化价值的重要基础。

为了服务新时代大数据、人工智能等技术带来的教育变革需求，促进广大教育工作者深入理解和学习有关教育大数据应用的价值和知识，这套丛书应运而生。这套丛书内容全面、新颖，案例丰富且适合实践，可供关注教育大数据和教师培训的研究者和实践者使用，更值得关注未来学校发展和教师队伍建设的学校使用，也期待丛书能根据使用情况和技术的发展，愈加完善。

北京师范大学教授 黄荣怀

序 三

以人工智能为代表的新一代信息技术对教育的发展具有重要影响，国家高度重视智慧教育的发展，希望加快人工智能在教育领域的创新应用。利用智能技术支撑人才培养模式的创新、教学方法的改革、教育治理能力的提升，构建智能化、网络化、个性化、终身化的教育体系，是推进教育均衡发展、促进教育公平、提高教育质量的重要手段，这也是实现我国教育现代化的重要动力和有力支撑手段。

对于学校，数据将会成为学校最重要的资产，这是教育大数据生态的基石。学校将是一个教育大数据中心，能够实现多层面数据价值的共享。对于课堂，数据的核心价值是形成闭环，并通过这种闭环迭代，使学生的学习效果越来越接近预期目标。如何迎接新时代教育大数据的挑战是学校面临的问题，本套丛书旨在帮助学校应用教育大数据，探索基于数据的思维转变过程，掌握应用教育大数据进行教育创新的方法。

本套丛书采用了新颖的内容组织形式，各册均采用扁平化组织，只有章的结构，没有节的结构。各章的结构要素包括知识检查点、能力里程碑、核心问题、问题串、活动。其中，知识检查点是知识检查的基本单元，能力里程碑是任务完成的标志性能力。各章通过核心问题引发学习者思考，以系列问题串组织内容，引导学习者通过评估性问题和反思性活动进行探究，实现知识学习和能力提升的演化过程。活动包括自主活动、小组活动和评价活动。在自主活动中，学习者首先对本章内容进行反思，反思在平时的教育实践中是否出现过类似的问题或现象等，然后写个人心得，结合本章内容阐述在以后的教学实践中可以有怎样的举措。在小组活动中，集体讨论本章所学内容，然后各抒己见，思考如何改善教学质量，属于小组层面的交流。评价活动用于评价和检测，不仅适用于参加教师培训的教师、教育管理者，还适用于不参加培训的广大学习者。这三个活动的设置符合研修的典型特征，每个活动都有一个聚焦的主题，不限定具体的活动内容，有利于组织者安排工作，根据实际的需要展开活动，也适合学习者的自主学习、反思。

本套丛书共分为五个系列，它们分别是：数据思维系列（全1册）、数据驱动的技术基础系列（全4册）、数据驱动的智慧学校系列（全4册）、数据驱动的智慧课堂系列（全

4册)、数据驱动的教育研究系列(全4册),共计17册。本套丛书的任何一册都可以单独组成8～12学时的培训课程,又可以以系列教材为主题组成培训主题单元模块。本套丛书既适用于国家层面、各省、各市、各区县级、各级各类学校进行有组织的教师教育和培训活动,又支持一线教师、教研员、管理者、研究者及教育服务人员的自主学习,还适合大学、研究生及高校教师进行参考和学习。本套丛书难免存在各种问题和不足,恳请各位同仁不吝赐教!

方海光

首都师范大学

前　言

近年来,在《国家信息化发展战略纲要》《"十三五"国家信息化规划》《教育信息化2.0行动计划》等一系列重要文件中,将教育信息化作为教育系统变革的内生力量。特别是《教育信息化2.0行动计划》提出促进教育信息化从融合应用向创新发展的高阶演进,将信息技术和智能技术深度融入教育全过程。在推进教育信息化的实践过程中,教师必然会面临教育模式变革、教育体系重构以及教育创新发展的挑战,只有不断提升自身信息素养、科研素养,由"经验型"教师向"创新型""科研型"教师转变,才能适应时代发展的要求。为此,我们编写了这本书,希望能够帮助中小学教师在信息化环境下从事教育科研。

本书共七章。第一章介绍中小学教师与教育科研的关系,主要包括中小学教师应该具备的科研素养,做教育科研的原因,以及应注意的问题。第二章介绍如何选择课题,主要论述了课题的概念、来源,评价课题价值的方法,选定课题的基本原则。第三章介绍课题研究的基本过程,主要包括课题研究方案的设计、申报书的填写等。第四章介绍课题研究的基本方法,主要包括教育研究方法的定义、特点和分类,常用研究方法的内涵、特点、适用情况,常用信息技术辅助工具的介绍等。第五章介绍科研成果的表达和推广途径。第六章介绍科研成果的撰写,包括论文、研究报告和教育案例的撰写。第七章介绍中小学教师如何持续做科研。

本书的编写得到了"中小学教育大数据分析师系列培训教材"项目组提供的帮助和宝贵意见,也得到了山西大同大学教育科学与技术学院和教务处的大力支持,在此表示衷心的感谢。另外,向本书参考资料中的所有作者表示诚挚的敬意,如有遗漏,敬请谅解。由于编者学识有限,如有疏漏和不当之处,恳请专家、读者提出宝贵意见。

编者联系方式:zhao_hui_qin@163.com。

赵慧勤
山西大同大学

目 录

第一章 中小学教师与教育科研 / 001

- 002 问题一：中小学教师为什么要做教育科研？
- 005 问题二：信息化环境下中小学教师应具备的科研素养有哪些？
- 010 问题三：中小学教师提高教育科研能力的途径有哪些？

第二章 课题的选择 / 015

- 016 问题一：教育科研、课题与立项的关系是什么？
- 018 问题二：课题从哪里来？
- 020 问题三：怎样衡量课题的研究价值？
- 023 问题四：选择研究课题时应遵循的原则有哪些？
- 024 问题五：将问题转化为研究课题需要具备的条件有哪些？
- 027 问题六：怎样选择优质的信息技术课题？

第三章 课题研究的基本过程 / 031

- 032 问题一：如何设计课题研究方案？
- 041 问题二：如何成功申报课题？

第四章 课题研究的基本方法 / 050

- 051 问题一：什么是教育研究方法？

053　问题二：常用的教育研究方法有哪些？如何应用？

075　问题三：教育科研的常用工具有哪些？

第五章　教育科研成果的表达与推广 / 083

084　问题一：为什么要进行教育科研成果的推广？

086　问题二：教育科研成果的表达形式有哪些？

088　问题三：如何进行教育科研成果的表达？

090　问题四：如何进行教育科研成果的推广与交流？

第六章　教育科研成果的撰写 / 096

097　问题一：如何撰写研究性论文？

109　问题二：如何撰写研究报告？

114　问题三：如何撰写教育案例？

116　问题四：怎样区分专著、编著、教材？

第七章　中小学教师如何持续做教育科研 / 119

120　问题一：如何把握信息技术研究课题的趋势？

126　问题二：怎样将教学与教育科研紧密结合？

128　问题三：教学反思对教育科研的重要性体现在哪里？

130　问题四：教师如何保持从事教育科研的积极性？

130　问题五：教育科研共同体对教育科研有哪些促进作用？

参考资料 / 134

第一章 中小学教师与教育科研

本章学习目标

在本章的学习中,要努力达到如下目标:
- 了解中小学教师的科研原因(知识检查点1-1)。
- 了解中小学教师应具备的科研素养(知识检查点1-2)。
- 了解中小学教师提高教育科研能力的途径(能力里程碑1-1)。
- 理解教育科研与中小学教师专业发展的关系(能力里程碑1-2)。

本章核心问题

中小学教师专业发展与教育科研有什么关系?中小学教师应从哪些途径提高教育科研能力?

本章内容结构

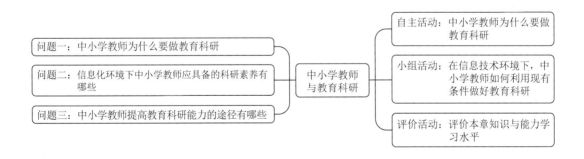

引言

我国基础教育改革的核心是课程改革,在人才培养目标不断调整的情况下,随着《中国学生核心素养》的提出,新一轮的课程改革也开始逐渐推进。新课改在教育思想、教学内容、教学方法等方面都有很大变化。在《国家信息化发展战略纲要》《"十三五"国家信息化规划》《教育信息化2.0行动计划》等重要文件中也提出对信息技术与教育深度融合的企盼，中小学教师已经不能只做个教书匠，必须主动适应核心素养背景下课程改革的要求，实现自身角色的转化。课程改革的过程，不是教师按照专家设计的图纸进行施工的过程，而是一个开放的、民主的、科学的探索过程，需要教师在实践研究中探索、解决。要不断强化科研意识，提高科研能力，完善科研知识，提升科研道德。教师只有不断提高科研素养，才能适应时代的要求，真正实现从"经验型"教师向"科研型""专家型"教师的转变，在科研之路上越走越远。

问题一：中小学教师为什么要做教育科研？

说起教育科研，教师们总有这种感觉：在日常工作中并没见到什么值得研究的内容，又能研究些什么呢？研究内容和素材来源于实践，如果教师认真观察、用心体会、勤于思考，就会发现一线教师在教育研究上有着天然的优势，可以从学生本身，教学本身，以及学生的作品、作业、试卷、作文中去挖掘有价值的素材。另外，对教学规律进行总结也是教师做研究的一种好方法。可以说学校处处是研究之地，天天是研究之时，人人是研究之人。那么，中小学教师为什么要做科研呢？首先要从与教育有关的概念说起。

一、基本概念辨析

1. 教育科研

西南大学教育学部部长朱德全认为，教育科研是"以教育现象和教育问题为研究对象，运用科学研究的原理和方法，探求教育活动规律及有效教育途径和方法的一种科学实践活动"。

教育科研具有三个基本要素：客观的教育事实、科学的教育理论与研究方法、技术。其根本宗旨是揭示教育现象的本质，反映教育过程的规律，解决教育实践问题。总体来讲，教育科研具有系统性、有效性、可靠性、创新性、综合性、复杂性等特征。

2. 教育研究

栾传大、赵刚编写的《教育科研手册》中给出的教育研究（以下简称教研）的定义是对教学主体、目标、内容、方法、媒体、环境等相关要素以及教学准备、教学实施、教学评价等相关环节进行研究，探讨教学规律，提高教学效果和质量。

3. 教育科研与教研的关系

（1）联系

第一，无论是教育科研还是教研，它们的对象都是围绕教育中的现象和规律展开的，都希望将研究成果服务于教学实践，提升教学质量。

第二，教育科研成果能够为教研提供相应的理论支持。教育科研能够引领教研的核心价值取向；教育科研方法以完整、严谨的体系，避免了教研成果的零散化；教育科研能够增加教研的深度、厚度，提升效能。

第三，教研成果为教育科研提供相应的实践依据。教育科研往往脱离教学实际，而教研则可以使教育科研更加接地气；教育科研是少数人的科研，可以用教研来扩大参与面和受惠面；教育科研侧重追求学术成果，可以通过教研实现更好的效能转化。

（2）区别

第一，目的不同。教育科研主要针对学科教学中的重要问题进行研究，目的是在理论上有所突破。教研主要针对学科教学中常规的现实问题进行研究，目的是服务于日常教学，推广教学、教研，提高教学质量。

第二，研究范围不同。教育科研的范围大于教研，是对教育理论及规律的探索，适用群体也相对广泛。而教研的适用群体相对狭小，教研成果在不同地区，不同学科上有差异。

第三，研究周期不同。教育科研是有目的、有计划的，周期相对较长。教研周期相对较短，具有随机性和时效性的特征。

第四，形式不同。教育科研一般以课题形式开展。而教研主要是通过教研活动，如说课、集体备课、观课、评课、教材培训等形式进行。

第五，要求不同。对教育科研的要求比教研高，教育科研需要在研究实践中，检验已有或探索前所未有的教育规律，形成新的方法与模式；而教研则是借助已有经验，根据实际情况进行调整，获得理想的教学效果即可。

第六，成果不同。教育科研成果主要为论文、报告等系统性成果。教研的成果主要是解决问题的方法、思路等。

以教育科研带教研，以教研促教育科研。即要在教研中发现教育科研课题，又要结合教育科研去研究教育教学理论，在教研活动中运用理论分析、探讨、提升教研活动的层次。两者相互依托，共同帮助教师切实提升课堂教学质量，促进教师专业素养的发展。

二、中小学教师为什么要做教育科研

1. 基础教育课程改革的需要

2001年教育部印发的《基础教育课程改革纲要（试行）》中提到，"基础教育课程改革要全面贯彻党的方针，全面推进素质教育"。教师是课程改革的实践者，在全面推进素质教育的同时，必须紧跟时代要求，加快素质教育提升的步伐。在新一轮课程改革中，教师要承担起培养学生创新精神、提高学生实践能力的任务，只有不断提升自身科研素养，才能更好地贯彻课程改革的实质要求，逐渐向"创新型""研究型"教师发展。中共中央国务院发布的《关于深化教育改革，全面推进素质教育的决定》中明确提出，"教师应遵循教育规律，不断创新深化教育科研"。随着我国教育改革的不断发展与深入，科研的作用日益突出，教师科研素养的培养与提升受到更多的关注。教师应该更多地扮演研究者的角色，在自身科研能力提升的同时解决好学科教学中遇到的问题，创新相关教育教学理论，在提升经验的同时，为做一名研究型教师打下良好的基础。

中小学教师不再是单纯的教学人员，也不再是凭借已有经验从事教育教学管理的人员。基础教育课程改革要求教师必须从纯粹的"教师"身份向"教师"和"研究者"合二为一的"教育研究者"身份转变。因此，中小学教师要紧跟时代步伐，扎根中小学教育，这是时代赋予的历史使命。

2. 有利于提高教育教学质量

在实践中，教学与研究是密切相关的，中小学教师做教育科研有助于提升教育教学质量。以教学中常见的试卷分析问题为例，试卷分析常常存在不规范或不合理的情况，那么，教师做科研就可以以如何规范试卷的分析为主要问题进行研究。进行试卷分析时需要考虑的问题应该包括：试卷的难度、题目的区分度、试卷的信度和效度。基于这四大问题，教师可以结合学科特征进行相关的研究。

由此可知，通过教育科研，不仅可以解决教学中的困惑，也可以规范相应的教学活动，使教学目标更加明确，教学过程更加清晰，教学手段更加丰富。另外，从事教育科研也会促使教师积极关注学生的学习经历、成长经历，始终将研究重心放在如何提高学生的学习能力与水平上，放在如何促进学生的全面发展上，使学生在学习过程中不断受益。

3. 有助于教师的专业发展

（1）进一步完善教师的知识结构

教师的知识结构是由本体性知识、条件性知识、实践性知识和文化知识组成的，随着时代的发展，教学内容和教学培养目标在不断地变革和更新，教师由传统教育中的"传道、授业、解惑"的角色，转变为"研究者、组织者、引导者、促进者"的角色。知识结构的发展不仅是传统意义上知识的简单增加，还是知识的创新发展，特别是研究能力和创新能力的发展，是以社会主义核心价值观为核心的专业意识、专业理念的发展，是全方位的、动态的发展。是实现由"应试教育"向素质教育转变的根本之举，是以创新求发展的学校教育取得成功的关键。

（2）促进教师教育科研素养的专业化

教师专业化理念要求教师的教育科研素养与教学专业水平同步提升。教师专业化的实质和核心是教师教育科研素养的专业化，具备良好的科研素养是教师专业化发展的重要支撑，开展教育科研，可以使教师在研究中不断学习，思考教育中出现的问题，从而通过问题的解决，提高教学能力、提高个人专业素质、提高学习能力，促使其适应新时代的教育现状，不断成长。把教师科研素养的提升和教师的专业化结合起来审视，会极大地促进教育科研工作的深入，加快教师专业化进程。

4. 有助于提高教师的教学实践能力

中小学教师教育科研的目的是什么？答案定是"提高教师育人素质，服务教育教学实践。"教书育人、服务教学是教师的职责所在。履行教师的职责，就要充分认识教学、理解教学，不断发现与解决教学过程中出现的问题，包括教师的问题、学生的问题、教学方法的问题、教材的问题、教学环境的问题、管理的问题等。教师要对这些问题做细致的甄别，从中选择适当的问题进行研究，通过由问题到选题或课题，由意识到行为的实践活动，解决实际教学中的问题，不断提高自身的教学能力与研究能力。

问题二：信息化环境下中小学教师应具备的科研素养有哪些？

一、教师科研素养

1. 教师科研素养的定义

栾传大、赵刚编写的《教育科研手册》中将教师科研素养定义为，"教师科研素养是以教育科学理论为武器，以教育领域中发生的现象为对象，以探索教育规律为目的的创造性认识活动"。简而言之，是用教育理论去分析教育现象，探索未知规律，以解决新问题、新情况，是有目的、有计划、连续的、系统的探索活动。

德州学院数学科学学院韩忠月将教师科研素养定义为，"教师科研素养是针对教育教学中的现象及问题，在运用教育学、心理学和其他学科知识，采用科学研究的方法和手段进行理论探讨与实践的过程中，教师所应具有的知识、技能与心理品质的总和。"

云南省红河学院教育科学研究所樊洁将教师科研素养定义为，"教育科研素养是指中学教师针对教育教学中的现象和问题，运用相关知识及科学的方法，进行有效的教学实践。整个过程包括知识、技能和心理品质三个方面，它在中学教师的工作中发挥着重要作用。"

2. 教师科研素养的构成要素

中小学教师科研素养的构成要素包括科研意识、科研知识、科研能力和科研道德。

（1）科研意识

科研意识即对科研活动的理解，是否真正认同科研，是否具有对研究对象积极探索的欲望。科研意识是科研素养中最为基础的部分。中小学教师的科研意识主要包括以下几点。

① 问题意识。教师在教学实践中会遇到很多问题，因此，要培养问题意识，对教学实践过程中遇到的问题具有较强的敏感性，不断发现问题、整理问题，筛选出有价值的问题，并找出解决方法。

② 批判精神。"学贵有疑"，不过于迷信教材和权威，当发现自己所学的理论与教学实践不相符的时候，必须具有批判的精神和勇气，打破原有的禁锢，敢于质疑、敢于认真思考、敢于检验，并形成自己的观点。

③ 创新意识。科研贵在创新，不照搬前人的观点，不人云亦云，要有自己独到的见解，突出自己的特色。

④ 成果积累意识。无论有多么独特的想法、多么先进的教学理念、多么丰富的实践经验，如果最终无法形成研究成果，那么再深入的研究也是徒劳无功。"不积跬步无以至千里"，教师必须具备成果积累意识，把平时积累的教学实践中的经验及时进行总结，最好能形成书面文字，有机会的话还能以各种形式发表出去，扩大自己的科研影响力。

⑤ 反思意识。反思是教师科研水平提升的关键。进行研究时，要不断更新教育观念，养成反思的习惯，不断对教学过程进行分析和总结。不仅要在特色之处精益求精，更要在教学实践瓶颈之处加以反思。教育科研中的反思有助于实现教学技术和优秀经验的常规化，促进教师转变教育观念，改进教学实践。

（2）科研知识

进行教育科研，必须有一定的理论知识作支撑，知识储备越丰富，研究框架结构就越合理，论证就越具有说服力，科研进程才会更加顺利。科研知识主要包括以下两种。

① 学科专业知识。教师做科研是基于教育实践的，旨在更好地解决实践过程中出现的问题。只有具备了扎实的学科专业知识，才能够更好地应对课前、课中及课后出现的各种问题。同时，扎实的学科理论知识能够帮助教师在教育科研的过程中对教学内容、教学模式进行设计与创新，使研究更加规范，体现更多的学科特征。

② 科研理论知识。科研理论指从事科研所必需的各种理论知识与方法，包括教育学、心理学、教育科研等相关理论知识与最新教育理念，它有助于保证研究的规范性与科学性。"不以规矩，不成方圆"，教育科研活动有其独特的流程和操作规范，也有其特定的研究理论与研究方法，研究过程中必须注意遵守相关要求。因此，教师必须认真学习科学研究的基础知识，了解基本原则与具体的实施规范和过程，熟练掌握教育科研的基本方法和技巧。

（3）科研能力

科研能力是指将科研理论应用于问题提炼、方法设计、资料分析、报告撰写等具体的问题情境时，教师所表现出来的解决问题的实际操作能力。教师要不断提高教育科研的针对性和实效性，对自己的教学方法、教学模式进行不断的改进，这样才能让人才培养的结果适应课程改革的需求、教学方法的改进与教学模式的创新。教师的科研能力主要包括六个方面的内容。

① 课题的选择能力。好的课题起的是龙头作用，选好了课题就已经成功了一半。课题选得好、有价值，有利于教育科研工作的开展和研究者积极性的保持；课题选得不好，不仅会影响科研效率，更可能虎头蛇尾，导致最终放弃。由于教师进行研究主要是为了解决教学实践中的问题，因此必须具备敏锐地洞悉问题的能力。只有发现问题，才能进一步找准研究过程中的重点与难点，并通过不断的筛选与整合，选出最合适的课题。

② 研究方案的设计能力。要顺利进行科学研究，除了要确定一个合适的课题以外，还要具备对研究方案进行整体规划和设计的能力。在规划过程中对研究内容、研究创新之处、研究的物质条件与人员条件和研究进程进行合理设计，才能够让该研究有序地开展。

③ 组织与实施能力。教育科研往往是根据研究方案来推进相应的研究活动，在活动实施过程中，必须具有根据实际情况来协调各方面条件和关系的组织与实施能力，包括活动组织与管理能力、研究方法运用能力、沟通交流能力等。

④ 资料处理能力。研究过程中，面对种类繁多、浩如烟海的资料，教师必须提升资料的获取能力、鉴别能力、加工整理能力以及分析能力。只有这样才能够在短时间内确定有效的信息来源，提高信息的利用率，才能够对研究形成充分的支撑。

⑤ 成果整理能力。教师通过将自己的知识与教学经验进行整合，将研究内容与研究结果，甚至是研究感悟，通过文字以各种成果形式表达出来，才能让自己的研究惠及更多的同行。

⑥ 创新创造能力。创新是万物之源，科学研究中同样少不了创新、创造。教师要通过创新相关教学理念，打破常规，在平凡的岗位上追求不平凡的体验，开创前人未走之路，提升创造的意义和价值，形成特点鲜明又具有新意的教育科研成果。

（4）科研道德

科研道德即教师自觉遵守科研的道德规范，杜绝失范行为，它是衡量教师科研素养高低的关键因素。科研道德作为研究人员从事各项研究活动必须遵循的道德规范和准则，是不可逾越的底线。教育部发布的《关于加强学术道德建设的若干意见》中指出，"必须要坚持真理，尊重科学规律，崇尚严谨求实的学风，勇于探索创新，维护科学诚信"。教师科研道德主要包括以下三点。

① 坚持真理，勇于探索。只有坚持真理，才能够在科学研究中不越界；只有积极实践，勇于探索，才能克服科学研究过程中的困难，最终完成科研任务。

② 尊重规律，严谨求实。规律具有客观性和普遍性，科研过程中必须尊重教育规律，按客观规律办事。科学研究本身就是严谨的，从事科研活动必须做到严谨、细致，确保各类研究数据真实、可靠，对有关问题的思考细致入微，维护科学研究的高尚性与纯洁性。

③ 敢于创新，维护诚信。随着社会的发展与进步，教师也应该不断拓宽自己的视野，汲取更多的知识，开拓更多的研究领域。教师做科学研究时，必须抱着打破常规，大胆创新的理念。在创新的同时，也不能投机取巧、弄虚作假。学术有道，诚信为德，要时刻保持研究过程中的学术诚信。

中小学教师在进行教育科研过程中应该具备的科研素养各要素之间的逻辑关系如图1-1 所示。

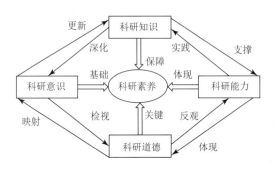

图 1-1　科研素养构成要素关系图

科研意识、科研知识、科研能力和科研道德既相互区别又相互联系，共同构成了教师的科研素养。具体而言，教师科研意识的提升可以更新其科研知识，并反过来深化科研意识；充实的科研知识能够支撑教师的科研能力，并使其借助此能力更好地去实践理论；教师在科研中的表现可以体现其科研道德，而通过科研道德，我们又可以反观教师的科研能力；科研道德在某种程度上能够映射教师的科研意识，另一方面，通过科研意识，我们又可以检视教师是否具有高尚的科研道德。总之，四者紧密相连，共同构成了教师的科研素养。

二、教师的信息素质

信息技术应用能力是信息化社会教师必备的专业能力。中小学教师对信息技术的应用，能够促进信息技术与教育教学的深度融合。《中小学教师信息技术应用能力标准（试行）》要求，"教师主动适应信息化社会的挑战，充分利用各种学习机会，更新观念、补充知识、提升技能，不断增强信息技术应用能力"。

2019 年教育部发布的《关于实施全国中小学教师信息技术应用能力提升工程 2.0 的意见》，指出，"到 2022 年，构建以校为本、基于课堂、应用驱动、注重创新、精准测评的教师信息素养发展新机制……基本实现'三提升一全面'的总体发展目标，即校长信息化领导力、教师信息化教学能力、培训团队信息化指导能力显著提升，全面促进信息技术与教育教学的融合创新发展。"随着信息技术的不断发展与完善，在信息技术背景下做教育科研已是大势所趋。

相关专家认为，信息素质是人所具有的对信息进行识别、加工、利用、创新、管理的知识、能力与情感等各方面品质的总和。由此可知，信息素质有三个基本要素：信息知识、信息能力、信息情感。这三个基本要素的不同内容、不同形式与不同组合关系，构成了信息素质丰富多样的结构。信息知识是人们在利用信息技术工具、拓展信息传播途径、提高信息交流效率中所积累的认识和经验的总和，它是构成信息素质的基础。信息能力是人成功地进行信息活动所必须具备的能力，是信息素质的核心。信息能力按表现程度可分为显在能力与潜在能力，按适用范围可分为一般能力与特殊能力。信息情感涉及人们对信息及信息技术的态度、情感、意识与道德规范，是形成信息素质的重要动力。

在这三者中，信息能力的培养备受关注，信息能力可分为如下7个方面。

1. 信息运用能力。能熟练使用各种信息的采集工具、编译工具、发送工具、存储工具。例如，能利用浏览器收集与下载自己感兴趣的信息和公用软件，能在网页上完善个人资料，能在网上发送电子邮件，能够建立并维护教学公众号等。

2. 信息获取能力。能够根据自己的学习目标主动地、多途径地收集各种学习资料与信息。能熟练使用通过阅读、访问、讨论、参观、实验、资料检索、电子视听感知等获取信息的方法。

3. 信息处理能力。包括鉴别、筛选、分析、综合、抽象、概括、记忆、表达信息的能力。

4. 创新能力。善于运用创造性思维、灵感思维与发散思维的方法，通过比较分析、相关分析，寻找信息生长点，发现与创造新的信息。

5. 信息表达能力。能用恰当的符号把对自己和他人有益的信息进行译码、编码与改造，使所表达的信息简洁、流畅、鲜明、易懂，富有感染力和个性特色。

6. 信息协作能力。能够利用各种信息协作途径和工具开展广泛的信息协作，能与外界建立融洽的、多维的信息协作关系。例如，能开展网上自然科学实验协作活动，进行网上交互协作、网上交流与网上协作性科学研究。

7. 信息免疫能力。有正确的人生观、价值观，能够自觉清除垃圾信息，避开有害信息，抵制不良信息的侵蚀和干扰。

总而言之，信息素质是一种综合能力，是一个特殊的、涵盖面很广的能力，它包含人文、技术、经济、法律等诸多因素，和许多学科有着紧密的联系。信息素养的重点是内容、传播、分析，包括信息检索及评价，它是一种了解、搜集、评估和利用信息的知识结构，既需要熟练的信息技术，也需要完善的调查方法，通过鉴别和推理来完成。信息素养是一种信息能力，信息技术是它的一种工具。

问题三：中小学教师提高教育科研能力的途径有哪些？

一、提高信息素养

近年来，远程教育、开放教育的形式发生了翻天覆地的变化，各种适用于移动终端的微课程、微评价模式层出不穷，随着大数据时代的到来，教师的信息素养也需要进行同步提升，但是大部分教师缺乏基本的信息检索、加工和转换的能力，不能充分挖掘数据背后隐藏的教育真相，导致研究不够深入，难以得出令自己满意的结论。利用信息技术工具改进教学、提高教育科研能力已经是信息时代的必然趋势，教师要适应新变化和新要求，努力提升自身的信息素养。

二、避免研究流程化，促进系统化研究

所谓流程化，就是在对研究问题本身缺乏实质性认识的前提下，使研究流于形式。在对所研究问题没有清晰认识和充足依据的前提下，就"照葫芦画瓢"，机械地模仿他人。往往把复杂问题简单化，期望的只是能够尽快地得出研究结论，是一种为研究而研究的行为。所以教师在研究过程中需要对研究目的、研究方法以及研究结果等有本质性的认识，深入思考每个中间环节的价值和作用，尊重研究过程的动态生成性，才能体现研究的系统性和科学性，形成有价值的教育科研成果。

三、正确认识教育科研，增强科研意识

在教育实践中，我们面临的最主要的问题不是教师能不能"做"研究的问题，而是绝大多数教师缺乏进行教育科研的意识。有些教师认为搞科研是教育理论工作者和教育专家的事，是高深莫测、很难做的工作；一部分教师强调"教育科研无用观"，认为教师的任务就是教书，无须搞科研，搞科研是额外负担；还有一些教师把教育科研简单化，认为能写出文章、发表文章就是搞科研。这些错误观念进一步削弱了教师的研究意识和研究能力。只有端正认识，脚踏实地地进行教育科研，才能有所收获。

四、提高信息检索能力，拓宽研究视野

教师在了解问题的研究现状和动向的同时，需要明确知道已有的研究成果，一是为了借鉴，二是可以避免重复研究。这些工作都依赖于对大量资料的收集和整理。信息检索能力的提高对中小学教师而言相当困难，容易造成视野的局限，导致课题多围绕学校如何办学、如何管理等内容，尤以教学的管理和方式、方法为主。这种微观的理论与实践的研究缺少与宏观环境或发展趋势的联系，必然行之不远。所以在研究过程中经常对

相关的研究内容进行检索和积累，有利于拓宽研究视野，促进研究能力的提高。

五、突破共性，做个性鲜明的独立研究

目前来看，中小学教师教育科研中重复研究和低层次研究居多，缺乏个性。教育科研具有共性，但更具有个性，每个研究者视域的不同决定了研究角度的不同，因此，研究也会因人而异。盲目模仿别人的研究，会使本来非常有意义的研究变得索然无味、漫无目的。所以，要正确认识、理解和把握整个研究过程，根据自己的实际情况确定研究任务、研究目标和研究过程，使自己的研究过程真实、完整而有效，要在自己的研究过程中体味科研。同时，研究不能见异思迁，研究过程中可以不断学习、借鉴他人的成果，但不能被别人牵着鼻子走，要走自己的研究路线，做自己的研究，履行自己的研究过程。

六、不断学习，调整专业知识结构

在教师的教育科研中，泛泛的研究比较多，研究题目大而空，或是对研究题目浅尝辄止，研究不深、不透，价值不大，成效很低。造成该现象的主要原因是教师的知识结构不合理。一些教师没有在"博"的基础上向"专"的方向发展。教育科研是一个综合性很强的研究活动，其交叉性、边缘性十分突出。当前课程改革中的学科交叉、课程整合，特别是新课程的设置，导致教师很难适应。所以，只有不断学习教育科学知识，尤其是教育学、心理学、教学论及教育社会学、教育管理学、教育技术学等新学科知识，才能够参透问题本质，提高研究成效。

七、积极研究，避免选题雷同

刘文甫、李国元在研究中指出，目前教师在教育科研中普遍存在理论知识薄弱、研究能力缺失、研究内容"狭窄"化、研究结论"具体"化、教育科研素养发展不均衡等问题。虽然中小学教师对教育科研性质的认识正在不断提高，但是研究目的显示出了功利性与被动性的特征。中小学研究内容一般是在教学中遇到的实际问题，而问题大同小异，使许多教师在选题过程中视野不开阔，选题范围过于狭窄，或者被教育的表象所迷惑，找不准核心问题，放弃了许多有价值的选题。所以需要将研究真正作为自己改进教学的追求，在课程改革的背景下，结合教学实际，探索与众不同的选题方向。

八、提升研究方法，优化研究结果

大多数教师都认为做教育科研就是像一些理论型专家一样研究一些教育理论问题，所以就把做研究和自己的教学割裂开来。很多教师不会运用一定的方法对研究中的数

据进行处理与分析，只能简单地查阅和整理文献。从研究成果来看，尽管许多教师开始运用如叙事研究、案例研究等方法进行研究，但他们对到底什么是叙事研究和案例研究还不能真正理解，导致经验借鉴和成果提炼不足，容易误把经验总结和论文当作科研成果，缺乏推广的价值。所以需要在教育科研过程中对研究方法及适用情境进行细致研学，让研究内容和研究方法达到良好的匹配，从而形成多样化的研究成果。

九、树立信心，提升教育科研动力

多数中小学教师能够意识到教育科研的重要性，但是大部分人没有专业、系统的科研经历，学术研究能力较低，并且日常教学工作繁忙，时间、精力均有限，直接影响了教育科研。此外，很多教师在教学过程中没有把研究和教学放在同等重视的程度上，参与教育科研大多源于外部的压力和诱惑，而不是自身的内在动力，缺乏由研究所带来的教学成功的积极情感体验，因而缺乏积极参与研究的心理需求。所以教师要改变畏难情绪，树立"不仅要做，而且能做好"的科研信心，以成功的体验提高教育科研的内部动机，自觉、积极地参与到教育科研活动中去。

综上所述，尽管教师进行教育科研已历经数十年的发展，但研究中应该注意的问题仍然有很多，需要在实践过程中逐步改进。

本章内容小结

本章我们了解了中小学教师做教育科研的原因（知识检查点1-1）、中小学教师应具备的科研素养（知识检查点1-2），以及中小学教师提高教育科研能力的途径（能力里程碑1-1），理解了教育科研与中小学教师专业发展的关系（能力里程碑1-2）。

本章内容的思维导图如图1-2所示。

自主活动：中小学教师为什么要做教育科研

请学习者在学完本章内容后，进行自我反思，并记录个人学习心得。

小组活动：在信息技术环境下，中小学教师如何利用现有条件做好教育科研？

请学习者围绕本章的学习主题进行组内交流，并做好小组学习记录。

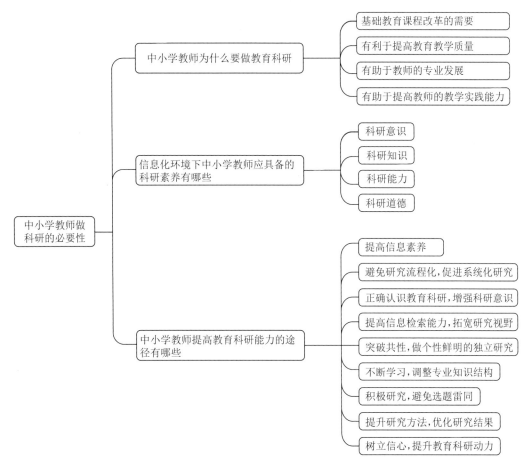

图 1-2 思维导图

评价活动：评价本章知识与能力学习水平

一、名词解释

教育科研（知识检查点 1-1）

教育研究（知识检查点 1-1）

教师科研素养（知识检查点 1-2）

教师信息素质（知识检查点 1-2）

二、简述题

1.教研与教育科研的区别和联系有哪些（知识检查点 1-2）？

2.信息技术环境下教师应该具备怎样的科研素养（知识检查点 1-2）？

3.中小学教师提高教育科研能力的途径有哪些（能力里程碑1-1）？

4.如何利用教育科研促进自身的专业成长（能力里程碑1-2）？

三、实践项目

学习本章内容后，请根据你的实际情况，结合自己在教育科研过程中存在的问题，分析这些问题是否可以通过相应的途径来解决，如何解决（能力里程碑1-1）？

第二章 课题的选择

本章学习目标

在本章的学习中,要努力达到如下目标:
- ◆ 了解教育科研、立项与课题之间的关系(知识检查点 2-1)。
- ◆ 了解课题的来源(知识检查点 2-2)。
- ◆ 了解将问题转化为研究课题的条件(知识检查点 2-3)。
- ◆ 能够准确衡量课题的研究价值(能力里程碑 2-1)。
- ◆ 能够从众多的问题中提炼出优质的信息技术课题(能力里程碑 2-2)。

本章核心问题

如何将教学实际中遇到的问题转化为研究课题?如何选择优质课题?

本章内容结构

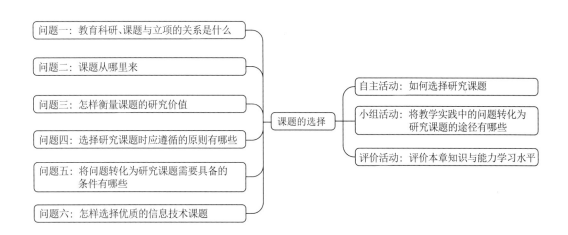

引 言

苏霍姆林斯基说过这样一句话：如果你想让教师的劳动能够给教师带来快乐，使天天上课不至于变成一种单调乏味的义务，那你就应当引导每一位教师走上从事研究这条幸福的道路上来。教师要从教育研究中去发现、去探索、去感受幸福，这其中最关键的一步就是课题的选择。

问题一：教育科研、课题与立项的关系是什么？

一、什么是课题？

1. 课题

"课题"是尝试、探索、研究或讨论的问题，是为解决一个相对独立而单一的问题所确定的最基本的研究单元。《现代汉语词典》中把课题解释为："研究或讨论的主要问题或亟待解决的重大事项"。课题研究的过程包括课题的选择与论证、研究计划的制订、文献资料的查阅、研究的实施、研究成果的评价和推广等方面。课题研究是教育科学研究中最常见的、最基本的方式。

从概念上来说，课题是研究前人或同时代的人还未认识或解决的问题，从课题与项目的区别来说，课题是科学研究的最基本单元，课题的有机组合形成项目。项目是由若干个彼此有联系的课题所组成的一个较为复杂的、综合的科研问题。

2. 课题的分类

课题一般分为国家级课题、省部级课题和校级课题，以及从属于国家级项目、省部级项目和校级项目的课题。国家863计划、国家科技攻关项目、国家自然科学基金项目、国家重点实验室项目、国家社会科学基金项目、全国艺术科学规划项目、全国教育科学规划项目等都属于国家级课题立项。下面以国家自然科学基金项目、国家社会科学基金项目、全国教育科学规划项目为例进行说明。国家自然科学基金委员会公布的项目类型包括面上项目、重点项目、重大项目、重大研究计划项目、青年科学基金项目、地区科学基金项目、优秀青年科学基金项目、国家杰出青年科学基金项目等。国家社会科学基金与国家自然科学基金一样，是我国科学研究领域支持基础研究的主要渠道，项目类型包括青年项目、年度项目、后期资助项目、西部项目、中华学术外译项目等立项资助。全国教育科学规划课题项目包括国家重点课题、国家一般课题、国家青年课题等。

省部级科研课题是指由国家各省级行政部门或国家部委等单位，根据国家科研计划下达的科研课题。省部级科研课题有全国教育科学规划项目中的教育部重点项目、教育部青年专项课题、教育部人文社会科学研究项目（一般项目、重点研究基地重大项目、专项任务项目）、教育部科学技术研究项目等。

校级课题通常是以解决学校自身的教学问题为主导的课题，一般由学校自己组织、立项。校级课题围绕本校确定研究主题，以本校的教育教学问题为研究对象，一般时间短、范围小、容易操作，实用性强，针对性也强，能够对学校的教育教学起到推动作用。

二、课题立项

课题立项是课题申报的结果，指集体（课题组）或个人根据省、市、学校下发的课题通知准备课题申报材料，向上级有关科研管理机构申报，通过各级有关部门的审核以及专家的评审，确认课题有研究价值，符合要求，获得课题组织单位的认可后，给予课题立项书（下发专门的课题立项批准文件），准予立项研究的过程。由此基本步骤是：下发课题通知——确定申报课题——选择课题——撰写课题申报书——审核课题申报材料——专家评审——课题终审部门审批课题——课题立项。如果在申报过程中，有一步不符合要求，就会被淘汰，失去立项的资格。能立项的课题，要具备提出申请、专家评审、批准立项、接受管理四个要素，通常是国家级课题、省部级课题以及市厅级课题。通俗地说，课题立项就是自己申报的课题获得了有关部门的认可，可开展进一步的课题研究了。不是所有的课题都要立项，但是立项对课题研究非常重要，可以获得专业的支持与管理。

三、教育科研、立项与课题的关系

1. 课题是教育科研的定位

教育科研是一种有意识的行动。科研与课题并不是对等的，首先，从时间上来看，教育科研先于课题进行，只有对研究问题进行反复斟酌，积累了一定的资料并确定研究价值以后，才能着手进行课题的凝练。从某方面说，课题是教育科研的最初成果。其次，从研究问题的数量上来看，教育科研所包括的研究问题不计其数，但由于环境和能力的限制，任何一位研究者也只能在特定的时间区间内确定要研究和解决的具体问题，这就是课题。再次，从时限上来看，教育科研可以贯穿于一位教师的教育生涯，包括遇到的全部问题和困惑。而课题是有时限的，在某个时间区间内有具体的科研方向和目标。以语文教师为例，在教学实践中会遇到数不胜数的问题，可能是识字、阅读、写作等各方面的困惑。但语文教师不可能在同一时间包揽识字、阅读、写作所有的科研任务，只能选择某一方面的某一问题，比如"识字教学任务下的韵语识字"，以达到某种程度的认识或结果。

2. 立项是对课题的认可

为了激励中小学教师开展教育科研，推动教育科研的深入进行，各地教育科研管理部门从全局的角度出发，以发布课题申报通知和课题指南的形式，向所有有志于教育科研的人士发出邀请，通知中会说明在某时期内要研究的主要问题和重点问题，并明确开展教育科研的政策导向。由教师提交申报书，由专家进行评审，从中筛选出高质量的科研课题。

问题二：课题从哪里来？

教育科研的课题来自教育理论和教育实践两个方面。在教育理论方面，可以从国内外教育信息的动态报道、教育类报刊、专题资料集、获奖论文集等各种教育信息和理论文献中寻找课题，把前沿问题、热点问题、尚未受到关注的空白问题，或理论与理论之间、理论与经验之间、理论与实践之间的争议点作为自己的研究课题。在教育实践方面，工作在教育一线的中小学教师应在教育实践中选择合适的课题加以研究，辅之以理论，这样才能扬长避短，取得更好的成效。具体来说，可以从以下几个方面来寻找和发掘研究课题。

一、从教学实际问题中选择课题

所有的教育科研都是从发现问题、提出问题开始的。课题选择需要从实际出发，从问题出发，从日常的教学实践出发，继而确定研究课题。教育的最终目的就是提高教育质量，为社会培养所需的人才，所以教师必须以课堂教学为重点，将课题研究与课堂教学实践相结合，从教学实际中亟待解决的诸多问题中选择适合自己学科特点和能力水平的课题，不断提高自己的教学水平和研究能力。

新课程改革要求转变学生的学习方式，而最近两年中小学围绕 STEAM 教育开展的研究也在不断增多，很多教师在自己的学科教学中选择一节或几节课，做基于 STEAM 教育的融合教学尝试。例如，福州市茶园山中心小学的许丽美老师，在讲解完"圆"和"比和比例"这两个单元的知识后，实践课的内容是自行车里的数学问题。通过教学发现，若仅用一课时完成对前后轮的齿轮转数之间秘密的探究，教师只能让学生生搬硬套"比例"的知识，学生很难从中获得学习的乐趣和成就感。所以许老师基于 STEAM 的教学理念，综合运用物理、数学、美术、科学、文学等知识，将教学过程分为五个阶段：第一阶段，引导学生去了解自行车的基本原理，知道自行车是通过轮轴带动齿轮转动而引起前后轮转动的；第二阶段，运用圆周长的知识测算自行车前进的距离；第三阶段，了解变速自行车的原理，知道变速自行车的相关操作；第四阶段，大胆创新自行车的设计，并借助 3D 打印使作品可视化；第五阶段，回顾反思活动的所思、所想、所悟。在整个过程中，数学、语文、科学、美术教师通力协作，最终形成了"融合 STEAM 教育理念的小学数学综合实践活动课程重构"的研究。

二、在学习中发现问题，选择课题

他山之石，可以攻玉。中小学教师可以在研读教育刊物的过程中、在听学术讲座的过程中，也可在参加国家、区、市、县培训以及学术论文交流活动的间隙，将所获取的新知识与实践中的问题，以及改进教学的方式进行反思，激发灵感，得到教育研究的启迪，研究课题便有可能应运而生。在提倡原创性研究的同时，一线教师也可以根据已经发表过的论文和研究过程，进行一些验证性的、重复性的课题研究，通过已经形成的研究流程不断磨练自己提取问题、观点并论证的能力。有时候模仿也是一种学习，通过提高模仿的层次，也可以带动研究层次和研究能力的提高。

例如，基于项目学习的研究有很多，项目学习的流程也大致相同，教师们只要选择不同主题的项目来进行设计和实施，就能够形成研究课题。

三、从困难中发掘课题

教育科研最迫切的任务之一就是要解决教育实践中亟待解决的问题，特别是相当普遍的、关键的问题，这些问题恰恰在理论上没有得到解答。一线教师在教育实践中经常会遇到各种问题，有些问题具有独特性，而有些问题具有一定的普遍性。解决了独特性问题，会形成对个案的研究；解决了普遍性问题，能够推而广之，能大幅度提升教育教学质量，所以将问题作为课题，认真加以研究和探索，会取得很大实效。例如，"'互联网+'时代如何开展青少年德育教育""如何解决学生的作文愁""如何在中小学教学中实施综合活动课程"，等等。再以城乡经常会出现的问题为例，城乡中小学一般存在生源质量和学校环境差的问题，容易造成教育质量不高的结果，所以将该问题作为课题进行研究，以科学方法为指引，确立教学目标、调整教育内容、设计教育策略、改革教育方法，尽其所能为学习有困难的学生创设获取学业成功的机会。只要经过多年的实践，定然能够探寻出新的方法，以高质量的教学改变学校的落后面貌。

四、从国家、市、区、县课题指南中选择课题

依据教育政策及上级下达的课题指南，结合自己的教学实际进行课题选择，也是中小学教师做教育科研的切入点。课题指南是课题申报通知中对课题研究方向的设定指导，教师可以根据课题指南确定课题研究题目和方向。一般只有重点课题有研究指南，重点课题通常是由课题立项委员会评判出来的，属于意义比较重大的课题。所选择的研究内容在省、市区域内有一定影响，无论是纵向研究，还是横向研究都是具有潜力，具有独创性、科学性及普遍意义的，是在一定时期内对社会经济发展起决定作用的课题。教师可以从国家、区教科所，各级教育学会，市、区、县教研室确定的教育教学课题指南中确定自己要研究的课题。

五、从教育改革中寻找课题

随着信息技术的发展，教育早已步入信息化时代，基础教育的方方面面都在发生着变化。第一，基础教育的培养目标由最初的"两基、两全、两重"发展到"知识与技能、过程与方法、情感态度与价值观"的三维目标，再到"中国学生核心素养"，目标不断进行着变革；第二，教学结构从"以教师为中心"的模式发展到"以学生为中心"的模式，再到"教师主导，学生主体"的模式，师生关系发生着变化；第三，教学理论从"行为主义"发展到"认知主义"，再到"建构主义"；第四，教学方法从最初的讲授法，发展为基于"问题"的教学方法、以"项目"为中心的教学方法、以"任务"为中心的教学方法；第五，教学内容在传统课堂面对面传授的基础上，增加了微课、慕课、创客等相关内容。从以上不难看出，只要不断关注教育发展与教育改革，就能够从中发现所要研究的课题。

六、从教学经验中发现课题

努力学习和研究古今中外的教学经验，借鉴和汲取别人在教育、教学实践中积累的成功经验。古为今用，洋为中用，他为我用，从成功经验中提出研究课题。例如：南通特级教师李吉林从外语教学中运用情景进行语言训练得到启示，借鉴我国古代文艺理论中的"境界学说"，吸取传统教学注重读写以及近代直观教学的有效因素，探索、创造出"小学语文情景教学法"。从自身来讲，中小学教师在实践中积累了丰富的教学经验，这些经验是教学过程中的点点滴滴，具有碎片化的特征，如果不及时进行总结，便如过眼云烟般很快被遗忘，难以凝练、运用和推广。俗话说得好，"好记性不如烂笔头"，只有随时、随地地用各种方法对其进行记录并加以总结，才能揭示经验的本质特征。中小学教师基于教学经验进行课题研究，既可对同行的经验加以验证，也可以将自己的经验进行归纳、整理，去粗取精，使之条理化。

问题三：怎样衡量课题的研究价值？

一、课题是否值得研究

中小学教学实践过程中，问题众多，在问题中筛选研究课题时，必须衡量该课题的研究价值，明确研究的意义，如该课题是否值得花费时间和精力，耗费大量的资源进行研究，能否取得自己满意的结果。除此之外，还要不断地进行考量该问题是否重要，该问题的解决对改善教学实践是否有意义，该问题的解决对该领域知识的探索或理论的推进是否有作用，该问题与其他问题有什么联系，该问题的解决能不能给其他问题提供重要启示。所有的思考都围绕该问题的理论价值、实践价值、创新价值三方面进行。

例如，吉林省延吉市教育局承担的"延吉市中小学构建高效课堂实践研究"课题，有13所中小学校参加，但是所有的学校都本着同一个目标，就是关注课堂，聚焦课堂，研究课堂，打造各具特色的优质高效的课堂教学模式。所有参与的学校都立足校情，结合师情，着眼学情，积极开展具有校本特色的课堂教学研究。该课题分为"构建小学高效课堂教学方法与模式的研究""高效课堂学科教学策略的研究""构建高效课堂各学科'师生共学案'设计与实施的研究""运用导学案构建高效课堂模式的实践研究"等子课题，分工明确，研究效果显著，实现了课堂教学方式和学习方式的转变。该研究所选的题目具有针对性，针对教学工作中的重点、难点内容，解决了具有代表和典型性的一般问题，该课题的创新性体现在对高效学习代表性因素的系统性研究，在研究过程中体现出了"研究共同体"。该课题的实用性更是不言而喻，惠及了13所学校的师生，并且具有很高的推广价值，为其他兄弟学校的研究带来了启发、指导和借鉴。

二、课题是否有创新性

一般来说，中小学教师在选择研究课题时，为了使所选的课题更具有研究价值和意义，一般都会绞尽脑汁出奇招。从现有的中外教育理论体系中去挖掘，是提高课题价值的不错的选择。通过阅读大量的期刊、文献对课题进行筛选和对比分析，发现问题，填补空白，揭示矛盾；从不同理论、观点和流派的争议中寻找答案；努力选择那些针对性强、时代感鲜明的课题，尽量使研究与信息技术时代的理论、实践以及课程改革同步，甚至可以领先潮流，在教育理论和方法上提出不同见解，认真辨析和验证，在差异中求同，从同一中求异，不断开拓创新、不断发展。例如，小学分散识字与集中识字、注音识字与以字标音、部件识字与字迹识字不同流派的争议等都能够用于实践，且具有很高的研究价值。

三、课题对改革有没有贡献

教育改革和发展呼唤着教育科研，是整个教育科研的主旋律，一个课题是否有研究价值，还要看是否与国家的教育政策一致。例如，从国家下发的《国家教育事业发展"十三五"规划》《国家中长期教育改革和发展规划纲要（2010-2020）》，以及各省市对应的"规划"与"纲要"中发现问题，进行研究。除此之外，为了选择一个好的课题，达到一定的境界，还可以借鉴各省市已经公布的各种课题，从中激发灵感。例如：新时期基础教育地位、目标与内容，教师队伍建设，提高教育的实效性等方面的研究；教育与人的发展；应试教育向提高学生核心素养的教育的转轨问题；中小学生心理健康教育问题；课堂教学理论与实践问题；智能时代教职工队伍培养问题；中小学学科课程评价问题；等等。这些课题研究对教育改革与发展有极强的导向性，都是有价值的课题。

四、参考课题举例

1. 大数据支持下的学生个性发展的实践研究

该课题通过智慧教室获取大数据,并在对大数据进行分析的基础上,探索获取学生个性特点的有效途径;探索利用信息技术实现个性化学习资源推送和教学引领的有效手段;通过翻转课堂、网络教学和移动平台构建有利于学生个性化学习的课堂教学实践模式。

2. 农村小学语文主题性阅读的研究

该课题本着提高学生全面发展和满足终身学习的需要,从改善小学语文学科阅读的内容整合方式、阅读的指导方式、阅读习惯的有效培养、读写结合提高语文素养等方面的理论基础和实践建构进行研究。以实现改善农村小学学生课外阅读无序状态、规范农村小学语文课外阅读活动、增强课外阅读的针对性和实效性的目标。

3. 利用信息化手段提高小学语文课堂教学的实效性

该课题通过对信息技术与语文课程整合问题的研究,旨在通过对信息技术教学手段的利用促进教学方式和学习方式的转化,探索教育信息化环境中提高小学教学实效性和学生主动性的途径和方法,进一步优化教师的教学行为,为学生创设多样化的学习环境,充分发挥信息技术资源在学生能力发展过程中的作用,带动学校教学资源库的建设和教育资源的创新。

4. 信息技术与小学阅读、习作有效整合的模式与方法的研究

该课题以课程内容为基础,充分利用网络、多媒体等信息技术激发学生的读写兴趣,采用课内外活动紧密结合,家庭与学校紧密结合,书本知识与生活实际紧密结合的方式,探索读写教学的有效模式和方法。

5. 交互式电子白板对信息技术课堂结构的影响

该课题通过有效的教学设计以及对现有资源的充分利用,采用课堂实验的方式展开研究。总结、归纳电子白板对信息技术课堂结构所产生的影响,提出使用电子白板提高课堂效率,并组织学生进行分层学习的方法。

6. 核心素养下的主题教学活动创新设计与课堂实施研究

该课题从教师、学生在品德学科课堂学习中存在的问题入手,以《新课程标准》提出的有效学习方式和创新教学活动模式为借鉴,着眼于培养学生"基础性、发展性和创造性"的学习能力。通过主题教学活动的创新设计,促进教学目标、教学活动、教学主题、教学关系以及教学设计手段和方法的统一,使教学主题在教学过程中得到有效体现。

问题四：选择研究课题时应遵循的原则有哪些？

一、理论与实践相结合的原则

由于中小学教学的特殊性，当前的很多研究都是基于纯实践的，直接解决教育中的实际问题，缺少理论的支撑。这会导致选题过于平淡，无法触及前沿性和挑战性的研究领域。把理论和学术问题转变为单纯的技术性或应用性的问题，虽然具有实际意义，但是很难提升。因此，中小学教师在确定课题的过程中要注意将实践材料和理论基础相结合，要广泛涉猎相关基础知识，把实践性的课题立意于大量的基础理论之上，这样才能显现出研究者应有的理论功底和学术水平，也才能使富有实践意义的应用性研究彰显出应有的理论价值。

二、创新性原则

创新是课题的灵魂，但是不能为了求"新"而不求"是"，课题中提出的新见解、新论断、新方法必须是能够经得起反复的实践检验和理论推敲的，不能够选择那些"假、大、空"的课题。课题的创新主要包括理论创新和方法创新。理论创新需要系统的理论基础和理论研究；方法创新又包括工具创新和手段创新。所谓工具创新，就是运用别人未曾使用的新工具研究课题，这些工具既可以是硬件，可以是软件，也可以是自己独创的教具；手段创新是指针对某课题的研究采用了别人从未使用过的独特方法或者开启了全新视角。在选题的过程中，只有对问题进行创新性的思考和尝试，才能不断进行突破。

三、可行性原则

课题必须是可行的，不能选择那些做不下去的课题进行研究。需要注意以下几点，第一，课题必须大小适中。课题太大，不容易驾驭，难以挖掘出研究问题的深度；课题太小，三言两语就能解决，显得过于勉强。第二，课题开展研究的时长。国家级课题、省部级课题及校级课题等，完成的时限要求是不同的，研究者也可以根据课题的研究难度申请不同的时限。总体来讲，用于课题实际研究的时间其实并不是很长，一定要对研究进度进行合理规划。第三，课题研究质量要有保证。课题质量是研究者保持研究生命力的重中之重，高质量的研究产生高质量的成果，低质量的研究产生学术垃圾，容易造成学术腐败。选择课题时应该脚踏实地，不因为哗众取宠而故意提高选题难度，也不能闭门造车做研究。注意以上问题才能确保课题行得通、行之有法、行之有效。

四、以微型课题为主的原则

"微型课题"又称为"小课题""小专题研究""教师个人课题"和"草根课题"等。关于微型课题,有三种解释。

第一种解释是江苏省如皋市教育科学研究室的袁玥的观点,袁玥认为,"微型课题,是指一线教师在教育教学过程中发现的微小、具体、突出的,影响教育教学效率和效益,并且有条件、有能力解决的实际问题。"它是以中小学教师为主要研究群体,运用教育基本理论,创造性地解决教学实际问题的自主研究。

第二种解释偏重于微型课题的研究流程。认为微型课题的研究和解决的基本思路和方法可以提炼为"发现问题—运用理论寻找方法—结合理论解决问题—总结经验并运用到一般教学体系"。该概念偏重于围绕真正出现的问题开展研究,以达到提升教学质量的目的。

第三种解释是与大课题研究相对而言的,与大课题研究不同,微型课题研究通常范围小、灵活性高、日常化、周期短,更加贴近教师的实际教学情况。微型课题研究的目的是解决教育教学中的实际问题,它有别于学术专家的大型课题研究,因而属于微观层次的小型研究。

微型课题为教师的教学实践提供指导。中小学教师要做实践研究,将自己塑造成教学研究的实践者,微型课题为教师提供了一种教育科研的基本范式。在此基础上,提升研究问题的深度和广度,使研究逐渐走向中观甚至宏观,研究范围从日常的课程教学实践拓展到整个教育领域。

问题五:将问题转化为研究课题需要具备的条件有哪些?

研究课题来自教学实践中的问题。问题是教育研究的课题来源,但并不是教育中的所有问题都可以成为研究课题。问题要成为研究课题,首先要具备三个前提条件,才能在此基础上进行后续的转化,三个条件和转化途径如下。

一、研究是否具有必要性

问题要成为课题,必须具有研究的必要性。在很大程度上,研究对象的代表性和普遍性能够反映问题的研究价值,也就是研究的必要性。研究对象具有一定的代表性,才能够通过研究为同类研究对象的同类问题提供事实、经验或教训,提供既定的实践或研究基础。

二、研究是否有条件保障

一般来讲,研究课题的保障就是人力、财力、物力、信息、时间和研究工具,以及前期对该问题的研究积累。中小学教师要避免求大、求全，以防出现与本校研究队伍、个人能力、研究条件不匹配的情况，而且再没有前导性的研究材料作为支撑，最终导致课题研究不能善始善终。

三、用一种或几种方法可否获得明确结论

有些宏大的问题尽管意义深远，但研究内容不明确，无法用科学的方法来揭示答案，例如，"中国基础教育阶段学生培养模式""基础教育立法与教育规划之间的协同关系"等，只是待研究的问题，而不是课题。我们要研究的是基于明确的理论基础、具有现实意义的问题，这样才能将问题转化成为通过研究能够获得明确结论和成效的课题。

四、具备将问题转化为可研究课题的能力

将问题转化为可研究课题的能力，是教师必须具备的关键能力。日常教学过程中提出的一些问题，通常不能直接拿来作为课题进行研究。因为这些问题使用的是生活化、口语化的语言，无法明确表达其背后的研究意义与研究价值。"为什么"固然重要，但是从问题到课题需要一个转换过程，从不符合科学规范的口语，转换成为有深层次含义的科学用语的过程，与研究者的理论体系、实践经验、知识素养有很大的关系，这是转化的关键，也是研究能力的具体体现。

例如，一般情况下，物体越重，掉落速度越快，但羽毛掉落速度就比较缓慢，所以会产生"为什么羽毛掉落得慢"的问题，该问题的表达趋于口语化，其实该问题的本质是重力以及重力加速度，所以该问题可以转化为"真空环境下物体重力加速度研究"这一课题，这样既揭示了物理中的规律，又解决了"羽毛为什么掉落得慢"的问题，还可以在实验的过程中进行验证。

又如，"科学实验中要不要使用虚拟实验"这一问题，看起来只有两个答案，一个是"要"，一个是"不要"，但是该问题的本质是虚拟实验对科学实验的教学有没有帮助，以及与传统科学实验方法相比，虚拟实验有哪些优势，所以我们必须对该虚拟实验进行试用，根据试用之后学生的反馈，或者和没有使用过虚拟实验的学生进行操作方面的对比，看看是否有明显的差异。所以该问题可以转换为"科学实验中，虚拟实验与传统实验的教学效果比较研究"，这样就将一般的问题转化成了有研究价值的，并且有明确答案的课题。

五、能够在问题解决中推进课题的产生

中小学教学实践中有很多的问题需要解决，在布置工作任务和活动的过程中，如果人们不断地对该项工作或任务的正确性、合理性和有效性进行反思，或者对预期效果有所疑虑，需要进行验证时，就可以将其转化为课题来研究。例如，有些学校每年都会举办"校

园文化艺术节"或者"国学进校园"活动,活动过程中有些教师可能会产生这样的疑惑:放着好好的课不上,会不会影响到学生的学习,对学生成长有没有帮助呢?有些教师认为学生通过组织或参加该类活动能够锻炼综合能力,但是究竟哪方面的能力能够得到锻炼呢?还有一些教师认为活动可以组织,但是如何精简活动,使其既可以提高学生的综合素质,又能节省时间呢?为了解决以上问题,可以围绕活动主题,根据校情和学情开展"校园文化艺术节"或者"国学进校园"活动的可行性研究、从属于主活动的分支活动的有效性研究、学生综合素质培养的方法研究,等等。

六、变锤子课题为锥子课题

锤子和锥子最大的区别就是截面不同,砸(扎)下去的面积大小和深度都不同。锤子课题是指题目大、研究内容多的课题。锥子课题是指研究内容具体、深入的课题。有些教师贪多、求大,研究都是浅尝辄止,在预期的时限内完不成研究,这就没什么价值。而有些教师多年如一日在一个点上做研究,做有深度的研究,通过方法和手段的不断改进,形成了该问题的研究体系,就像是编织了一个围绕核心的关系网,久而久之,把握住了事物或现象的本质和规律,凡是和该类问题相关的内涵和外延都能够信手拈来,也能够形成完整的成果体系。"学贵在专",不仅仅是说给学生听的,对于广大一线教师来讲,更要重视"研贵在专",这样才能保证研究的品质。

七、由问题意识向科研意识转变

教师在专业成长中会经历由"新手教师"向"专家型教师"发展的不同阶段,每一个阶段遇到的问题都不相同。新手教师考虑较多的是如何开展课堂教学,用什么方法教学等问题。而专家型教师考虑较多的是如何因材施教,如何做教育改革等问题。由问题意识向科研意识转变,需要教师跨越固化的教育科研思维的藩篱,以问题意识和思维为实践导向,采取积极的措施。如果教师放任问题的存在而不去探究、解决,也仅仅处于一种问题意识的状态,一定不会获得专业方面的成长。所以需要教师实现由问题意识到科研意识的转变,去反思问题、采取行动,进而解决问题、改进实践。由此教师不但意识到问题的存在,而且会对问题进行思考,并想办法解决,即教师有了科研意识。具有科研意识的教师,能够遵循教育规律,将教育教学不断推向新的发展阶段。中小学教师由问题意识到科研意识的转变,不仅需要反思,更需要行动,主动去了解教育现象、分析教育问题、探索教育规律,从而更好地开展教书育人工作。

问题六：怎样选择优质的信息技术课题？

在研究过程中，很多教师都会发现，问题很多，可以研究的课题也很多，但就是不知道哪个才是应该研究的优质课题。选择一个合适的课题是教育科研过程中最重要的一步，本着宁缺毋滥的原则去"十年磨一剑"，教育科研不怕研究得慢，怕的是走错了方向，多些对课题的思考是值得的。爱因斯坦曾在《物理学的进化》中指出：提出一个问题往往比解决一个问题更重要。所以选题直接关系到了研究的成败，课题选得好，研究起来事半功倍，反之则事倍功半。要选择优质的信息技术课题，需要考虑以下四点。

一、抓住难点

中小学教师在教学实践中会遇到一些实际问题，产生很多困惑，很多人都从不同层面对这些问题和困惑进行了研究。但由于学校不同、学生不同、环境不同，在教学中可以借鉴一些前人成果，但不能完全解决问题。以中小学教师利用《积极心理学》学科内容解决教学中的问题为例进行说明。首先，关于"沟通"的问题，有些家长看到孩子成绩不理想，不由分说就对孩子进行批评、指责，甚至"男女混合双打"。对于该类问题，教师需要利用积极心理学的理论，掌握沟通技巧，给予学生更多的关注，善于发现孩子的优点，在家长面前真诚地夸奖孩子。只有这样才能建立和谐的家校合作关系，有效开发家长资源。其次，"学生手机成瘾"问题。手机的诱惑，成人都无法抵御，更何况自制能力较差的孩子，由此引发了更大的"亲子问题"和"师生问题"。"手机成瘾"只是某种问题呈现的结果，不能将其作为学生学业落后的根源，根源可能是学生缺少陪伴，所以需要家长或教师找到症结所在，形成有价值的优质课题。

二、挖掘亮点

"教学有法，但无定法，贵在得法"，每位教师都会在教学实践中积累一些独特的教学方法和成功的教学经验。有的教师善于做学习困难学生的工作；有的教师善于培养学生的阅读与写作兴趣，提高学生的写作能力；有的教师在课堂活动组织中有独到的见解；等等。例如浙江省温州中学名师谢作如，从传统学科教师到国内最早研究 Scratch 和 Arduino 课程的一线教师，被称为"中小学创客教育第一人"，谢作如老师对中小学教育的贡献主要体现在利用创客教育活动来培养学生的创新精神、创新思维和创新技能，实现了新科技与教学之间的平衡。谢作如老师参与了"机器人走进课堂""多平台、跨学科、聚类化、重创造的中小学机器人教育研究""基于 Arduino 的高中机器人课程建设研究"等项目，发表了文章"用数学知识设计一个镂空的花瓶""创客教育和 STEM 教育关系之辨析""可编程控制的提线木偶""做一个灵小可复制的校园创客空间——以温州中学为例"

等。创客教育本身就是基础教育学科体系中的亮点，再加之谢作如老师的教学智慧，让教育科研更加具有价值性。

三、寻找空白点

空白点就是别人还没有研究过的选题。可以在学科与学科之间，学段与学段之间，学校教育与家庭教育、社会教育之间的"边沿地带""交叉地带"寻找尚未解决的问题，确立研究的课题。例如，"课堂中的小组合作学习"，各个学科、不同年级的很多教师都在研究，看似研究已经十分成熟，如果再去寻找研究问题，很难有所突破。但其实小组合作学习中，也存在着研究的空白点。例如，在给学生分组时，如何科学、合理地将班级中不同学习风格、不同组织能力、不同特长的学生分到一组，共同促进每一个学生的发展，就是个非常有意义的问题。此外小组成员间的客观评价也是一个老生常谈但是没有解决的问题。再有，班级之内的非正式小团体对分组教学的影响究竟体现在哪里，对班集体建设的促进和阻碍作用体现在哪里，都是不错的课题。所以，如果能从空白点深入研究，寻找突破口，就很容易取得成果。

四、关注热点

作为中小学教师，要有一双善于发现有意义的问题的眼睛，其前提之一是教师要对自己所从事的教学工作有较为深入的了解，并保持经常性的关注。机会总是偏爱那些有准备的人，对于大脑一片空白的人来说，当机会来敲门的时候都懒得去开。要成为研究型教师，就要经常阅读与教育相关的学术期刊，浏览权威学科教育网站，参加一些与自己的教学实践相关的学术活动，跨越校际的界限，多去听优秀教师的成果汇报，等等。这样做有助于深入了解国内外教育理论及实践现状，从而更好地进行研究。

本章内容小结

本章我们知道了教育科研、立项与课题之间的关系（知识检查点2-1），了解了课题的来源（知识检查点2-2），掌握了将问题转化为研究课题的条件（知识检查点2-3），能够准确衡量课题的研究价值（能力里程碑2-1），能够从众多的问题中提炼出优质的信息技术课题（能力里程碑2-2）。

本章内容的思维导图如图2-1所示。

自主活动：如何选择研究课题

请学习者在学完本章内容后，进行自我反思，并记录个人学习心得。

第二章 课题的选择

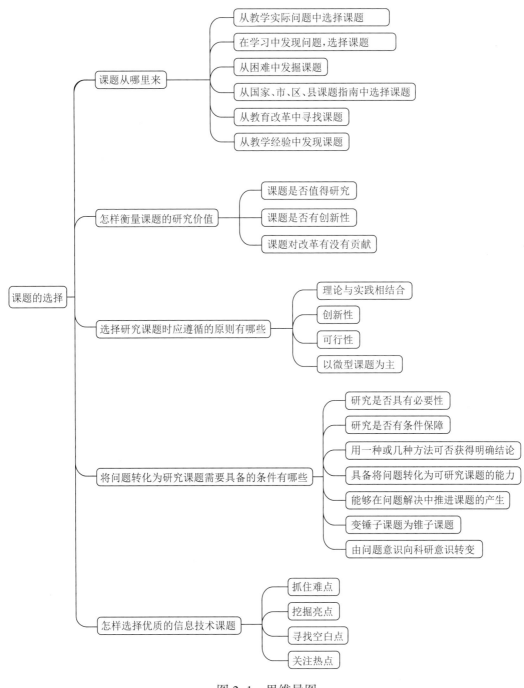

图 2-1 思维导图

小组活动：将教学实践中的问题转化为研究课题的途径有哪些

请学习者围绕本章的学习主题进行组内交流，并做好小组学习记录。

评价活动：评价本章知识与能力学习水平

一、名词解释

教育科研（知识检查点2-1）

课题（知识检查点2-1）

科研立项（知识检查点2-1）

二、简述题

1. 如何在教育实践过程中对研究课题进行挖掘（能力里程碑2-1、能力里程碑2-2）？
2. 如何促进中小学教师由问题意识向科研意识的转变（知识检查点2-2、知识检查点2-3）？
3. 将问题转化为研究课题需要具备怎样的条件（知识检查点2-3）？
4. 如何选择优质的信息技术课题（能力里程碑2-2）？

三、实践项目

请你在学习完本章内容之后，查找近五年的国家级课题、省部级课题立项申报书，分析这些课题能够立项的主要因素，总结优质课题应该具备哪些基本条件（知识检查点2-3、能力里程碑2-2）。

第三章 课题研究的基本过程

本章学习目标

在本章的学习中，要努力达到如下目标：
- ◆ 了解课题研究方案的内容（知识检查点 3-1）。
- ◆ 了解申报课题的基本流程（知识检查点 3-2）。
- ◆ 能够结合案例掌握课题研究方案的设计思路与方法（能力里程碑 3-1）。

本章核心问题

课题研究方案包含的内容有哪些？申报课题时应注意的事项有哪些？

本章内容结构

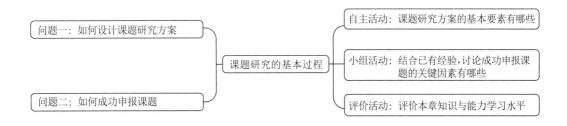

引 言

教育科研是立足已知、探索未知的过程，它不同于日常生活中随机发生的认识活动，是一种预先确定目标，规划活动内容、方法与步骤的认识活动。课题研究之前设计研究方案是为了对课题研究的方向和进程有一个清晰的认识，做到心中有数，从而达到预期的目标。可以说设计良好的研究方案就好比建筑师的规划蓝图，又像现场施工人员手里的工程图，是研究成功的一半。因此，中小学教师从事教育科研活动时必须认真、严谨地制订好研究方案。

问题一：如何设计课题研究方案？

课题研究方案的设计是课题研究之前对整个研究活动的目标、内容、实施程序、研究方法、研究成果等进行规划与部署的关键性工作，是开展课题研究的行动计划和安排，是为了达到研究目的，验证研究假设，而对课题研究的实施方案所做的设计，是科学的施工蓝图。

一、课题研究方案的设计思路

一般来说，要按照以下思路设计课题研究方案：

首先，梳理相关领域的研究背景；

其次，在背景分析的基础上选择缺乏研究或者尚未完善的领域，提炼出新颖而富有实际意义的主题；

再次，把主题分解为具体、明确、可操作的研究任务；

最后，为完成任务制订符合实际情况的操作方法、步骤和手段。

二、课题研究方案所包含的主要内容

简单说，课题研究方案的设计就是要回答"做什么""为什么做""如何做""条件如何""有何成果"这五个问题，对这些问题的回答就构成了研究方案的基本要素，这些要素彼此联系，构成具有内在逻辑关系的整体。具体内容如表3-1所示。

表 3-1　课题研究方案的主要内容

问题	基本要素	作用
做什么	课题名称、概念界定、研究目标、研究内容、研究假设	核心
为什么做	课题研究的背景和意义、国内外相关研究综述、研究依据	缘由
如何做	研究方法、研究步骤、资源配置（如人员分工、经费预算等）	程序
条件如何	已有的研究基础、研究人员组成、结构和能力	基础
有何成果	预期的成效、研究成果应达到的水平和表现形式	效益

下面结合案例进行详细论述。

1. 做什么

（1）课题名称

课题名称是对课题研究内容的高度概括，应包括课题的研究对象及范围、研究内容和研究方法三部分。例如：

基于新课标的高中数学专题学习网站的开发研究；

以教育信息化推进民族地区城乡义务教育一体化发展的路径与机制研究；

智慧学习环境下中学翻转课堂教学的行动研究；

我国基础教育信息化发展指数构建及应用研究；

人工智能助推教师专业发展的机制与策略研究。

课题名称应力求文字简洁而又能展示课题的面貌，以陈述式句型表述，慎用疑问句，不用似是而非的辞藻和口号式或结论式的句型。课题名称中往往包含"实践""探索""研究"等涉及研究方法的词汇。一般可以这样理解：含有"实践"的课题多以活动为载体而展开；含有"探索"的课题则需要研究者有所创新；单写"研究"的课题采用的是思辨性方法，或是多种方法的组合。对于"××研究"类课题，如果采用单一的科研方法，则可在课题名中直接写明，如"××行动研究""对××的调查研究"等。

（2）概念界定

概念界定是课题研究中的一项重要内容，这里的概念一般是指核心概念，课题研究往往是围绕核心概念展开的，核心概念的界定决定了研究的方向和范围，可以防止对研究产生误解。一般情况下，越具体、明确的概念，越容易把握。因此，概念界定的过程往往是一个不断缩小研究概念的内涵，即不断缩小研究范围的过程，只有把核心概念界定清楚，才能使课题研究内容成为一个有确切含义的问题，可在确定的范围内开展，并具有可操作性，同时也便于别人按照研究者规定的范围理解研究结果，评价该研究的合理性。核心概念的界定一般要从两个方面进行定义：一是从内涵（本质特点）上定义，二是从外延（所包含的范围）上定义。

案例分析

案例"初中化学课堂有效合作学习方式的研究"中，对"合作学习"是这样定义的：

合作学习是指学生为达到一个共同的目标。在小组中共同学习，是组织和促进课堂教学的一系列方法的总称。

这一定义存在以下问题。

① 内涵不清。这样的界定没有结合具体课题的研究内容，描述过于抽象，研究方向和内容模糊不清，没有说清楚所要解决的问题。

② 外延缺乏。合作学习的外延主要包括生生之间、师生之间和师师之间的合作，生生之间的合作包括不同层次学生之间、不同性别学生之间、组与组之间和队与队之间等合作形式。该课题主要研究其中的哪一种，没有界定，不够明确、清晰。

③ 主要关系问题没有阐述。没有阐述独立学习与合作学习的关系，因为真正的合作学习是以独立自主的学习为前提的，是通过同伴之间的积极影响来实现个体之间互相帮助、促进个体不断进步的学习方式。

修改后为：

合作学习是指学生在小组或团队中有共同的任务、明确的责任分工，以独立学习为基础的互助性学习方式，包括课堂上不同性别、不同性格、不同学习能力与学习水平，以及组与组等同伴间的合作学习。

案例中对"有效合作学习方式"的定义为：

有效合作学习方式是指在教师的指导下，学生为了完成共同的学习任务，通过采取配合、沟通和支持等相互合作的形式，提高学习效果的学习方式。

在这个课题中，"有效"指什么，没有一个清晰的解释，从现在这个定义推断，"有效"指的是提高了学习"效率"，而不是"效果"。合作学习的目的不仅仅是为了提高学习效率，还包含学会合作方法，锻炼合作能力，培养合作精神，形成合作意识等，是全面提高学生素质的一个方面。

修改后为：

有效的合作学习方式是指在教师的指导下，学生为完成共同的学习任务，通过采取配合、沟通、讨论、商议、协调和支持等相互合作的形式，提高学习效率的一种学习方式，其学习效果包括学会合作方法，锻炼合作能力，培养合作精神，以及提高学习成绩等方面。

（3）研究目标

研究目标是课题研究预期要达到的效果，对课题研究具有导向作用和指导作用。

在确立研究目标时，一般会遇到两个方面的问题：一是常常将研究目标与教育目标混淆，或以教育目标替代课题的研究目标；二是研究目标笼统、模糊。研究目标不明确，会直接影响研究工作的实施。

案例分析

案例"大同市中小学网络教学资源应用调查研究"中，研究目标的正确表述应为：

① 通过问卷调查、访谈、实地观察等多种途径收集大同市中小学网络教学资源建设与应用的相关数据资料，系统地分析大同市中小学网络教学资源应用现状；

② 深入挖掘网络教学资源应用中存在的问题和原因；

③ 总结资源建设的成功经验与教训；

④ 了解中小学教师网络教学资源的真实需求；

⑤ 为大同市教育行政部门及相关研究机构的资源建设提供事实依据，为大同市下一阶段中小学网络教学资源的开发与应用提供合理建议。

（4）研究内容

研究内容主要是课题所涉及的研究问题，一般要根据研究目标确定。相对研究目标而言，研究内容要更具体、明确，目标与内容之间不一定是一一对应的关系，一个目标可能要通过几方面的研究内容来实现。在确定研究内容时，容易出现的问题是不具体、笼统、模糊，甚至把研究的目标、意义当作研究内容。

> **案例分析**
>
> 案例"大同市中小学网络教学资源应用调查研究"中，研究内容应这样表述：
>
> 针对大同市中小学网络教学资源应用现状，设计相应的调查问卷，通过问卷，对教师应用网络教学资源的六个方面进行调查：
>
> ① 教师使用网络教学资源的基本环境与条件；
> ② 教师对现有各类网络教学资源的使用频度与满意程度；
> ③ 影响教师使用现有网络教学资源的主要因素；
> ④ 教师获取网络教学资源的途径与行为；
> ⑤ 教师使用网络教学资源的主要方式与习惯；
> ⑥ 教师使用网络教学资源的效益和效果。

（5）研究假设

研究假设是研究者根据经验事实和科学理论，对研究课题预先赋予的有待验证的可能的答案、结论，是对研究结果的预测，是对课题所涉及的主要变量之间相互关系的设想。研究假设在课题研究中具有定向、限定和参照的作用。中小学教育科研通常要探讨的是因果变量之间的关系，相应的假设是关于条件和反应关系的表述。例如，我们创设了什么条件，控制了哪些不想研究的因素，采取了哪些教育措施，就可能达到怎样的预期结果。当然，研究者可根据研究性质决定是否正式提出研究假设，对于定性研究、描述性研究及单一变量的研究，则不一定要预先提出明确的假设。

> **案例分析**
>
> 案例"翻转课堂教学模式的有效性研究"中，研究假设可以这样表述：
>
> 实施翻转课堂教学模式，有助于学生自主学习能力的培养，从而提高课堂教学质量。

2. 为什么做

（1）课题研究的背景与意义

介绍背景与意义，是为了说明课题的来源，阐述为什么要研究这一课题。一般要考虑以下几个方面：

① 本课题与时代发展、社会变革的联系，这是课题提出的大背景，如果课题的时代特色不明显，也可以不写；

② 结合自己当前的教育教学实际，提出实践中需要解决的现实问题；

③ 阐述研究的意义，也称为选题的价值，一般包括理论价值（课题研究对已有理论研究的丰富、发展与创新，重在实践研究的课题可不写）和实践价值（课题研究能找到解决实际问题的新思路、新方法、新技术和新模式）两个方面。

（2）国内外相关研究综述

国内外相关研究综述的"综"是"综合"，即综合性地叙述某一领域在一定时期内的研究概况；而"述"是"评述"，即作者自己的见解。综述要厘清已有相关研究的方法、观点、结论、成果、水平、动向等，还要评述相关研究存在的问题与不足。撰写时应注意：

① 紧扣主题，应与课题直接相关；

② 高度概括，对引文要精心梳理，避免内容重复、繁杂；

③ 考究原文，对原始文献的解释或转述要谨慎；

④ 有所选择，要选择出自政府或专业机构的有影响、有价值、正式出版的文献资料；

⑤ 内容翔实，对相关观点和成果的叙述要全面、客观，内容要精炼；

⑥ 述评兼顾，引述时不可歪曲别人的观点，同时要阐述自己的看法，指出存在的问题。

（3）研究依据

研究依据用于解决"依据什么进行课题研究"的问题，通常包括两个方面：理论依据和实践依据。

① 理论依据

理论依据即课题研究的科学依据，是选题论证的依据，要确保研究在正确理论的指导下顺利开展。理论有很强的时代性和针对性，有的还存在局限性，在运用时要考虑课题与理论之间的适切性。两者之间的关系越密切，理论对课题的指导性就越强；两者之间的关系越清晰，说明研究者对两者的把握程度就越高。

② 实践依据

实践依据可以有以下两种：一是课题反映了教育改革和发展中迫切需要解决的问题，对实践的反映越深刻，课题的实践依据就越充分，其指导意义就越大，价值就越高；二是某种实践活动可以证明课题研究的合理性、可行性，那么这种实践活动就是该课题研究的实践基础和实践依据。

3. 如何做

（1）研究方法

研究方法是对如何做研究的回答，可以理解为原则、策略、程序、工具、方式的综合表述，重点写明怎样实施。例如，实验研究方法，要说明如何选取自变量、因变量，控制哪些变量，以及如何收集数据，采用何种技术来分析、处理数据。常用的研究方法有文献研究法、调查研究法、观察法、实验研究法、个案研究法、行动研究法、评价研究法、经验总结法等。

研究方法没有好坏之分，采用何种方法是由研究内容来决定的。因此，研究者首先要熟练掌握教育科研的各种基本方法，再从任务的需要出发选择合适的研究方法。一般来说，研究方法的选择依据有四个：阶段研究任务、研究对象、研究方向、研究所用的技术手段。

例如，对于"初中数学课堂教学设计方式的研究"这个课题，若要研究初中数学课堂教学设计方式的现状和进展，需要用文献研究法；若要验证一个假设，可用实验研究法。当然，由于教育现象丰富多样，问题错综复杂，所用的方法可以是多种方法的组合。另外，工具性材料如问卷、观察记录表、测验题等都可作为方案的补充。

（2）研究步骤

研究步骤也称为研究阶段，就是课题研究的具体活动安排。每个阶段都要标明起止时间、研究目标、任务、要求等，如研究过程较长，则研究阶段还可再分为几个小的阶段。研究阶段的拟定要科学、合理、详细、具体、可操作性强。实践证明，研究阶段的工作安排越详细、具体，操作起来越方便，研究的效果就越好。

研究步骤一般分为准备、实施和总结三个阶段：

① 准备阶段包括调查和前测、制订研究方案、确立研究对象等。

② 实施阶段包括研究内容的操作、研究方案的完善和研究过程的管理等。

③ 总结阶段包括材料的加工和处理、规律的寻找、研究成果的提炼、预期成果的设计、研究报告的撰写、研究论文的发表等。

（3）资源配置

主要涉及人员分工、经费预算等。人员分工要符合课题组成员各自的水平、能力和特点，任务要具体，目标和时限要明确。分工的同时要利用集体的力量克服研究过程中的各种困难。综合性课题可以下设子课题组并明确负责人，必要时还可以聘请顾问。经费预算主要包括计划申请或自筹的经费数额、经费支出的具体科目预算，以及年度预算。

4. 条件如何

完成条件主要包括课题已有的物质条件、人力资源和前期成果等。物质条件包括图书资料、研究设备等，人力资源主要涉及课题组成员的年龄、专业结构、研究能力、学术优势等，前期成果主要指课题组已取得的与本课题相关的研究成果。

5. 有何成果

有何成果指希望从研究中得到的收获，包括可能产生的效益、问题解决的程度、成果表现的方式。成果的表现方式是成果的物化形态，例如，研究报告、学术论文、专著、案例等。从研究者角度看，预先设计成果内容及表现形式，有助于积累材料、构思框架、合理分工，避免阶段性成果的流失。从管理者的角度看，有助于进行检查、验收。

上述讨论的是设计课题研究方案时的主要内容，然而研究方案的格式是多样的，并不是所有内容都会同时出现在同一份研究方案里。另外，在设计研究方案时，应让课题组的所有成员都参与考虑、讨论，就研究方案的各个方面充分发表意见。这样，一方面可以使方案更为周详，另一方面可以使课题组成员在这一过程中对研究的设想和每个人的分工更为明确，为研究的开展打下良好的基础。

三、课题研究过程中资料的收集应注意的问题

课题研究过程中资料的数量及客观性、真实性决定了课题研究成果的质量。因此，全面地收集、整理和保存课题研究资料，是课题研究中的一项重要工作，主要包括两方面内容：课题过程性资料的内容有哪些，怎样收集和整理课题资料。

1. 课题资料的内容

（1）什么是课题资料

课题资料是指课题研究过程中的全部资料，是课题研究的重要组成部分。它如实地记载了一个课题从策划、立项、研究到最后结题的全过程。它不仅是课题成果的佐证材料、课题验收的重要依据，更是开展科研工作的保证。

（2）课题资料的种类

① 基础性资料：是课题研究前期以及课题研究中所做的调查、测量、检索、研讨等工作中产生的各类资料。

② 计划性资料：是课题研究起始阶段所形成的各类计划方案。

③ 过程性资料：是课题研究过程中产生的各类资料，这些资料的采集重在随时随地地收集、积累与整理，特别要注意收集研究过程中的原始数据与资料。

④ 专题性资料：是课题研究过程中围绕一些事关整个课题运作的专题进行深入、系统的研究所形成的资料。

⑤ 效果性资料：对实验变量的控制、检测，对课题实施的阶段性、终结性评估等得到的资料，这是形成最终成果的主要资料。

⑥ 成果性资料：课题实施的各个阶段与研究结束时得到的专题性或综合性的总结，对课题最终成果的形成具有直接意义。

这里，过程性资料是课题研究过程中的关键性资料，一般比较复杂。对于一些小的研究课题，过程性资料已经是整个研究过程的全部资料了。

（3）课题过程性资料的主要内容

① 主件：课题立项申请书、批准书、课题方案（包括每个阶段具体的研究计划和总结）。

② 其他过程性资料：围绕课题展开的调查报告、方案论证、开题报告、阶段报告等；围绕课题的学习材料、学习体会等；围绕课题的课堂实录或教学设计、说课、评课、自我反思、课堂评价表等；教育教学效果测查情况，包括检测、问卷等所得的数据资料；研究过程中对研究对象的观察记录、调查材料、测验统计等；课题组成员所写的随笔、经验总结、案例分析、发表的相关论文、专著等；课题研究过程的大事记，成果的推广应用情况、效果、效益等；课题中期评估申请和报告、阶段成果；课题结题申请书、结题报告、最终成果等。

收集课题的过程性资料可以防止研究者将研究流于形式，为督促与检查工作提供依据。

2. 课题过程性资料的收集和整理

课题研究过程中资料的收集与整理是非常重要的工作，起着监控、检验和调节的作用，直接关系到研究的定向、成败等。

（1）收集资料的基本要求

① 收集资料要全面

收集工作应贯穿于研究工作的全过程，不仅要把相关的材料、信息（包括文字记录、数据、图表、音像）记录完整，而且要注意时间的完整性。

② 收集资料要及时

及时记录是研究人员应具备的良好素质，写研究随笔，记观察日记，在课后追记学生问答等，都是及时记录的有效手段。

③ 收集资料要真实

是什么就记录什么，不能人为更改，甚至连极微小的更改也不允许。

④ 收集资料要有序

有序地存放资料有利于日后对资料的整理和分析。

（2）收集资料的途径

① 文献

教育科研的资料一方面来源于教育教学实践，另一方面来源于大量的文献，借鉴别人的研究成果。

② 调查

调查是教育科研获取资料的手段，同时它又是一种研究方法（称为调查研究法）。如果对每一个研究对象都进行调查，就叫做全面调查，否则叫做抽样调查。常用的调查方式包括书面调查和口头调查，前者通过填写问卷调查、调查表来获得资料，后者通过组织调查会和访谈获得资料。

③ 测验

利用测验可以获得有价值的资料，如知识测验、智力测验、人格测验、耐力测验等。

④ 实验

实验是一种人为地创设环境，控制条件从而获得资料的方法，有些教育现象在现实生活中观察不到，这就需要通过实验来获取，一般通过实验比通过调查和测验获取的资料更精密、更具体。

我们在收集资料时往往存在一些问题，例如，文献资料不注明出处，事实性材料没有时间、地点、背景，收集资料的方法、使用的工具、调查问卷欠科学，材料堆砌等。

（3）材料的分析与整理

通过上面几种方法获得的资料叫做原始资料。为了使资料更加系统化、规范化、明确化，必须对资料进行分析、整理，分析、整理后的资料叫做统计资料。

分析和整理资料的要求是：

① 资料归类；

② 对文字资料进行加工、编辑成文；

③ 对数据资料做统计分析，得出次数分布表及分布图、均数及均数差异的显著性检验、标准差及标准差之差的显著性检验、相关系数等。

四、做好课题研究的阶段性总结

如果课题研究周期较长，就应该做阶段性总结，撰写阶段性研究报告。一是对前期研究工作进行小结，从而发现问题并及时纠正，便于下一阶段工作的开展；二是向上级科研部门汇报研究工作，寻求指导；三是展示自己或科研小组的阶段性研究成果。

1. 阶段性总结的内容

课题研究的阶段性总结的主要呈现形式是阶段性总结报告，它是完成课题研究计划中的某一分阶段任务后进行的书面总结，用于汇报课题研究进展。通常包含课题研究的准备工作、课题研究运作情况和课题研究初步成效及存在的问题。撰写时，力求做到客观、真实，条理清晰。

（1）课题准备工作主要包括课题研究背景资料的收集、相关课题研究情况的动态、课题的学习研讨准备等。

（2）课题研究运作情况主要包括课题研究的实施计划、相关的课题活动安排和记录等。

由于教师工作的特殊性，课题研究实施计划既可单独制订，也可融入学校学期工作计划中，做到研究工作化，工作研究化。

（3）课题研究初步成效是指课题研究中开展的各项活动及取得的成果，如进行课堂观察时形成的录像材料。

（4）课题研究中的问题主要分为主观和客观两个方面，主观问题包括研究者理论水平和科研经验不足等，客观问题一般体现在人、财、物及时间上。

2. 阶段性总结的基本步骤

阶段性总结一般遵循以下步骤。

（1）积累材料

阶段性总结必须以事实为依据，只有具有足够的事实材料，才能有效地进行总结，揭示教育规律。主要包括案例、教学活动计划、教案、学生发展材料、现场观察材料（如听课笔记、教学日记、课堂录像、调查材料、研讨会的记录与述评、教师谈话录音、学生座谈记录等）。

（2）理论指导

阶段性总结以事实为依据，但不是事实的简单堆砌，要对阶段性总结进行合理的解释，所以必须有科学的理论指导。

（3）提炼主题

这里的"主题"是指贯穿于整个教育教学实践过程中，起主导作用的、反映教师教学行为实质的某种教育思想、教育观念，是隐含的东西，是真正发挥支撑作用的东西。

问题二：如何成功申报课题？

课题申报、课题立项、设计研究方案、组织课题实施、完成课题结题四个步骤构成了教育科研课题的整个过程。其中，课题申报是关键环节，是为了把研究课题纳入到科研规划系列或获得研究基金资助，以取得法律、行政管理以及经济上的支持，保证课题顺利完成。

一、申报课题前要做好哪些准备工作？

目前，我国教育科研课题的申报渠道很多，申报者在申报前应及时获得课题申报的信息，包括申报时间、申报要求、课题指南、课题申请书等，这些信息可以从课题管理单位的网站上获取。

1. 选择申报层级

目前课题管理主要有以下层级：国家级课题、省部级课题、市级课题、校级课题等，不同级别课题的研究侧重点有一定差异，教师可以根据实际情况进行选择。

（1）国家重点课题：一般采用公开招标方式。此类课题事关我国教育改革与发展的基础性、全局性、战略性、前瞻性问题，鼓励跨学科、跨部门协同攻关，研究成果要在学术界和实践领域产生重要的影响。申报人应有承担省部级课题的经验，已有相关研究成果，研究团队优势互补，研究方法恰当，研究技术先进。

（2）其他课题：一般采用匿名评审方式。此类课题主要围绕推进素质教育、促进教育公平、提高教育质量、建设学习型社会等主题，探索适应不同地区、不同民族和不同类型的教育理念、标准、体制、策略、实践模式和案例等，研究成果要产生实际效用。

教师在申报课题时，与课题有关的研究基础非常重要，如果已经主持或参与的课题、发表的论文、出版的专著等与预申报的课题联系比较大，则申报成功的可能性就会增加。

2. 选定申报领域

各级各类教育科研课题管理机构往往会划分研究领域，例如，A.教育基本理论与教育史；B.教育心理；C.教育信息技术；D.比较教育：E.德育；F.教育经济与管理；G.教育发展战略；H.基础教育；I.高等教育；J.职业技术教育；K.成人教育；L.体育卫生美育；M.民族教育；N.国防军事教育。中小学教师申报课题时，一般集中在基础教育、德育、教育信息技术、体育卫生美育等领域，教师在申报课题时，如能选择与学校教育教学联系较为密切的领域，成功申报课题的比例会相应提高。

二、如何填写申报书？

课题申报能否成功，主要取决于申报书的质量，填写申报书本身就是一种研究，意味着研究课题的目的、内容、方法、条件等都已经十分清晰。填写时，要注意做到前后表述一致。各级各类课题申报书的填写内容大致相似，主要包括以下5点。

1. 已有研究成果

申报人要选择相应级别的《课题申报书》，仔细阅读"填表说明"，按照"填写数据表注意事项"填写，陈述课题负责人和课题组主要成员近年来取得的与本课题有关的研究成果及主持的重要课题。

2. 课题设计论证

课题申报书最为关键的是"课题设计论证"，包括课题核心概念的界定，国内外研究现状述评、选题意义及研究价值；课题的研究目标、研究内容、研究假设和拟创新点；课题的研究思路、研究方法、技术路线和实施步骤等。

3. 可行性分析

申报人要对研究课题的可行性进行分析，包括已取得相关研究成果的社会评价（引用、转载、获奖及被采纳的情况）、主要参考文献；课题负责人的主要学术经历；主要参加者的学术背景和研究经验、组成结构（如职称、专业、年龄等）；课题完成的保障条件（如研究资料、实验仪器设备、配套经费、研究时间、所在单位的条件等）。

4. 预期研究成果

申报人要设计预期研究成果，成果形式包括研究报告、论文、专著、软件、课件等。课题不同，研究成果的内容、形式也不一样。

5. 经费预算及其他所需条件

申报人要明确给出研究经费的数额、支出明细，以及对设备的需求，确保研究的顺利实施。

三、申报课题应注意的事项有哪些？

申报课题前，要做好准备工作，注意事项主要包括以下4个方面内容。

1. 选题

（1）申报的课题应有前期成果，除此之外，还应了解国内外关于该领域的研究情况。

（2）申报的课题要符合"课题指南"的要求。"课题指南"一般体现了教育的发展趋势和研究的热点、难点，代表当前需要研究的问题，有一定的指导意义。

（3）选题要有价值，包括理论价值和应用价值。理论价值又叫学术价值，是指选定的研究课题要符合发展的需要，有利于检验、修正和发展理论，或有利于建立新的科学理论体系。应用价值是指选定的研究课题符合社会发展的需要，有利于迫切要解决的问题。

（4）选题要有创新性，如果是理论研究，应有新发现、新观点、新见解；如果是应用研究，应有新内容、新途径、新方法。

（5）选题要有可行性，对于不可能取得成果的不要选；限于研究能力、管理权限等，无法展开研究的也不要选。

2. 题目拟定

课题名称要简明、具体，准确反映研究范围、内容和实质。具体应做到以下4点。

（1）准确。课题名称要把课题研究的问题、对象概括出来，涵盖研究的全部内容。题目大小要适当，太大容易空泛，太小容易分量不足。

（2）规范。课题名称所用的词语、句型要规范、科学，似是而非、口号式、结论式的句型不能用。

（3）简洁。课题名称不能太长，一般不超过 20 个字。

（4）醒目。课题名称要新颖，使人一看就对课题留下深刻印象。

3. 课题论证

课题论证的好坏是课题能否被立项的前提条件，必须论证清楚以下七个问题：要研究的问题是什么性质和类型的问题？要研究的问题具有什么现实意义？要研究的问题的理论价值和实践价值是什么？要研究的问题目前已有哪些研究成果？要研究的问题所具备的条件是什么？课题研究的策略和步骤有哪些？课题研究的成果及其表现形式有哪些？

为此，重点从以下几个角度进行论证。

（1）对课题的理论价值和实践价值的论证

对于这部分的论证，要认真、仔细地查阅与本课题有关的文献资料，了解前人对本课题或有关问题做过的研究及其研究的指导思想、研究范围、方法、成果等。把已有研究成果作为自己的研究起点，并从中发现以往研究的不足，从而找出自己的研究特色和突破点。在论证过程中要阐述为什么要研究，研究的价值趋向是什么，解决什么问题。

对于理论价值，一般的陈述格式为：该研究是对 ×× 相关理论的细化和补充；是对 ×× 的具体阐述；是对 ×× 理论的充实等。

对于实践价值，一般的陈述格式为：该研究有利于促进 ×× 的发展；有利于带动 ××；有利于改变 ×× 等。

（2）对课题主要内容的论证

对于这部分的论证，总体原则是脉络清楚、内容翔实。除此之外，还应注意以下 3 点。

① 要清楚地表述主要研究方法。

② 要分阶段来阐述实施步骤，通常分为三个阶段。第一个阶段（准备阶段）：一般涉及收集资料、开题。第二个阶段（实施阶段）：一般涉及选择实验对象、实施调查、个案追踪与访谈、理论研讨等，要注意标明时间与研究内容的层次性。第三阶段（总结阶段）：一般涉及撰写课题研究报告、验收课题、评定成果、推广和应用等。

（3）对保障条件的论证

主要涉及对人员、时间、实验场所、经费等的论证。

4. 其他注意事项

（1）课题组成员

课题研究需要发挥集体的智慧，成员要搭配好，一是研究实际问题的课题，成员中除理论工作者外，应包括一些实际部门的工作人员。二是研究基础理论的课题，成员中应有造诣高的教授,还要有从事该领域理论研究的具有博士学位的青年学者。

(2)经费预算

要合理安排经费,要体现对重点和难点研究问题的重点投入。

综合案例分享

《基于虚拟现实技术的中学物理实验探究性教学仿真
平台的研究与实现》课题研究方案

一、课题名称

基于虚拟现实技术的中学物理实验探究性教学仿真平台的研究与实现

二、核心概念的界定

1. 虚拟现实技术:也称灵境技术,是指利用三维图形生成技术、多传感交互技术、多媒体技术、人工智能技术、人机接口技术以及高分辨显示技术等高新技术,生成三维、逼真的虚拟环境,实现人与虚拟环境直接进行自然交互和沟通的技术。

2. 探究性教学:是指在教学过程中,要求学生在教师指导下,通过以"自主、探究、合作"为特征的学习方式对当前教学内容中的主要知识点进行自主学习、深入探究并进行小组合作交流,从而较好地达到课程标准中关于认知目标与情感目标要求的一种教学模式。其中认知目标涉及与学科相关知识、概念、原理与能力的掌握;情感目标则涉及思想感情与道德品质的培养。

三、课题研究的目的和意义

物理学是一门以实验为基础的自然科学,实验不仅是学习和掌握知识的手段,而且是物理教学内容的重要组成部分,围绕实验活动开展的探究性教学是学生获取物理知识、实验技能、科学研究方法的重要途径。在初中物理教学中,实验对概念的深化、规律的总结和解释,具有巨大的贡献,是培养学生科学素质不可缺少的内容。然而长期以来,在中学物理实验教学中,或者由于各种限制条件,或者由于教学观念落后,使得学生缺乏个性和创造力,没有很好地发挥实验教学作用。主要存在以下不足:实验现象过于抽象或微观,学生不易观察;实验过程不能及时控制,无法向学生展示关键的实验现象;实验操作复杂,实验仪器更新不及时,无法给学生开设相关实验;实验推理或观测过程漫长,推理数据难于收集,学生不可能在有限的时间内观察全过程;实验原理与实际生活的联系不易解释;实验教学方法和手段单一;学生按实验要求按部就班地完成,遇到问题不去主动寻找解决的方法;学生对实验不感兴趣,缺乏对问题进行探究的意识。

为了使中学物理实验教学达到好的效果,基于分布式认知理论、情境学习理论及建构主义理论等的指导,充分利用虚拟现实技术的沉浸性、交互性、想象性的特征设计中学物理实验三维仿真平台——让学习者如置身于真实的三维环境,能够自然地与环境进行交互,并将探究式的教学模式应用于中学物理实验教学中,与传统实验教学相结合,有效改变当前实验教学固化、单一的现状,解决传统实验教学存在的实验设备不全、实验环境受限、实验过程缺乏创造性等问题,对培养学生的创新思维,提高学生的综合素质具有重要意义。

1. 理论价值

虚拟现实技术在教育领域的应用研究已经成为教育技术领域的研究热点之一,目前基于虚拟现实技术构建支持探究性教学模式的三维虚拟实验仿真平台,特别是用于中学物理实验教学中的研究在国内尚处于起步阶段,本课题的研究成果将会丰富和扩展教育技术学科的理论体系,对探索在信息技术环境下如何将课程深度融合具有重要的理论研究意义,对传统实验教学方法和教学手段的变革具有重要的理论指导意义。

2. 实践价值

研究基于虚拟现实技术的中学物理实验仿真平台,并将探究性教学模式应用于实验教学中,将有利于激发学生的创造性思维,培养学生的专业技能,具有重要的实践价值,为虚拟现实技术在教育领域的进一步应用和研究提供科学的依据。

四、研究目标

建立基于虚拟现实技术的中学物理实验仿真平台将达到以下研究目标:

1. 以中学物理实验为研究对象,研究基于虚拟现实技术的中学物理实验探究性教学模式的框架结构,包括理论依据、教学目标、教学流程、教学策略、教学评价;

2. 研究基于虚拟现实技术的三维虚拟实验仿真平台的相关技术;

3. 设计并实现基于虚拟现实技术的中学物理实验仿真平台;

4. 以初中物理电学、力学、光学等为实例,验证中学物理三维虚拟实验探究性教学的效果。

五、研究内容

1. 研究基于虚拟现实技术的中学物理实验探究性教学模式的框架结构

基于虚拟现实技术的中学物理实验探究性教学模式,分为支撑实验操作的探究模式和支撑实验设计的探究模式两类,每类模式均包括理论依据、教学目标、教学流程、教学策略、教学评价。其中,教学策略的设计是核心,要形成一套可操作的流程,教学评价是关键,要构造评价指标和评价模型。基于虚拟现实技术的中学物理实验探究性教学模式的理论依据包括:分布式认知理论,情境学习理论、建构主义理论、布鲁纳的发现学习理论、行为主义理论。

2. 研究基于虚拟现实技术的三维虚拟实验仿真平台的关键技术

三维虚拟实验仿真平台的关键技术,包括构建三维实验场景与实验仪器的建模技术、开发技术和平台的选择、根据支撑实验操作探究还是实验设计探究的不同进行实验交互的设计、实验教学策略的设计、教学评价的设计等。

3. 设计并实现基于虚拟现实技术的中学物理虚拟实验仿真平台

基于虚拟现实技术的中学物理虚拟实验仿真平台的实现方案，根据支撑实验操作探究还是支撑实验设计探究的不同进行功能模块的设计与实现、实验流程的设计与实现、组织结构的设计与实现、交互界面的设计与实现等。

4. 以初中物理电学、力学、光学等为实例，验证中学物理三维虚拟实验探究性教学的效果

选择初中物理中的电学、力学、光学内容作为实例，找出其中适合利用三维虚拟实验解决的知识点，验证构建出的三维虚拟实验仿真平台的有效性和实用性。

六、研究假设

通过对虚拟现实技术与初中物理实验进行融合，研究并实现基于虚拟现实技术的中学物理实验探究性教学仿真平台，将会进一步丰富信息技术与课程深度融合的实践。课题组假设，三维虚拟实验仿真系统的研究成果，将会指导更多的教育工作者投入到三维虚拟学习环境的教学中，发挥虚拟现实技术的优势，进一步提高教学质量，实现优化教学效果的目标。

七、研究方法

本课题主要采用文献研究法、调查研究法、实验研究法、行动研究法。

1. 文献研究法

整理国内外关于虚拟仿真实验系统的探究性学习的相关研究成果，作为课题研究的基础材料。

2. 调查研究法

通过问卷与访谈，了解教师和学生在实际教学中遇到的难题，特别是使用二维空间难以表达的实验与知识点，准确掌握师生对虚拟仿真实验系统的态度与需求，真正做到按需研发。

3. 实验研究法

中学物理实验仿真系统开发以后，选择合适的实验环境和被试者，将系统投入使用，验证系统的合理性和科学性，进而提出并完善探究性学习理论。

4. 行动研究法

课题组成员以指导教师或虚拟教师的身份参与到实验中，及时地记录过程、统计数据、量化评价、比对分析，研究虚拟仿真系统环境下探究性学习的特点与规律。

八、研究步骤

1. 前期准备与调研阶段（2014年1月—2014年6月）

收集国内外相关资料，进行问卷和访谈，掌握师生对虚拟实验仿真系统的需求情况，确定研究目标与思路。

2. 分析和整理文献阶段（2014年7月—2014年10月）

通过研读相关文献，分析相关案例，制订研究计划，进行子课题的立项。

3. 理论建模阶段（2014年11月—2015年2月）

构建虚拟仿真实验系统环境下的探究性教学模式的理论模型，并撰写阶段性论文。

4. 三维虚拟实验仿真系统的设计与开发阶段（2015年3月—2016年2月）

按照需求分析、详细设计、产品整合与导出的设计与开发流程，迅速完成系统原型，通过试用、反馈、修改的螺旋式开发不断完善系统。

5. 实验验证阶段（2016年3月—2016年9月）

选择理想的实验环境与实验被试者，将三维虚拟实验仿真系统投入使用，同步评估与验证探究式教学理论模型，进一步完善各项工作，撰写研究论文。

6. 成果总结和结题阶段（2016年10月—2016年12月）

整理材料、分析评价及总结反思，撰写研究报告和论文，筹备结题。

九、研究基础与经费预算（略）

本章内容小结

本章我们了解了课题研究的方案（知识检查点 3-1）和申报课题的基本流程（知识检查点 3-2），能够结合案例掌握课题研究方案的设计思路与方法（能力里程碑 3-1）。

本章内容的思维导图如图 3-1 所示。

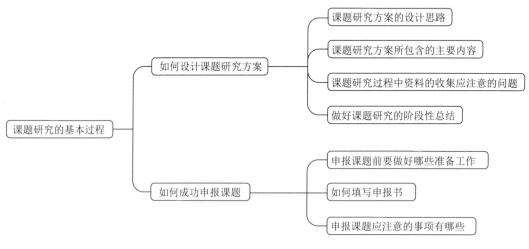

图 3-1 思维导图

自主活动：课题研究方案的基本要素有哪些

请学习者在学完本章内容后，进行自我反思，并记录个人学习心得。

小组活动：结合已有经验，讨论成功申报课题的关键因素有哪些

请学习者围绕本章的学习主题进行组内交流，并做好小组学习记录。

评价活动：评价本章知识与能力学习水平

一、简述题

1. 课题研究方案应包含哪些内容（知识检查点3-1）？
2. 课题研究过程资料应如何收集和整理（知识检查点3-1）？
3. 课题申报前要做好哪些准备工作（知识检查点3-2）？
4. 申报课题时应注意哪些事项（知识检查点3-2）？

二、实践项目

从网络上查找一个自己感兴趣的研究方案，根据本章所学课题研究方案的设计思路与方法，尝试独立完成课题研究方案的设计，通过对比分析，找出自己在研究方案撰写方面的优势和不足，并提出改进措施（能力里程碑3-1）。

第四章 课题研究的基本方法

本章学习目标

在本章的学习中,要努力达到如下目标:
- ◆ 了解研究方法的定义和分类(知识检查点 4-1)。
- ◆ 掌握教育科研的常用研究方法及其适用条件(知识检查点 4-2)。
- ◆ 能够结合案例掌握研究方法的运用(能力里程碑 4-1)。
- ◆ 能够根据实际需求确定相应的教育科研工具(能力里程碑 4-2)。

本章核心问题

如何在教育科研中选择合适的研究方法?教育科研的常用工具有哪些?

本章内容结构

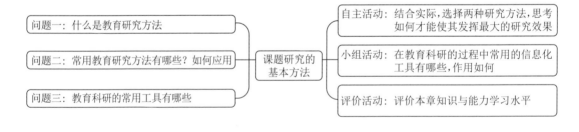

引 言

探索、发现、揭示研究对象本质属性和规律的研究过程本身,必须借助一定的方法才能得以实现,教育研究方法对于教育科研能否取得成效以及取得成效的大小,往往具有决定性作用。中小学教育科研的常用方法有教育调查法、教育观察法、教育实验法、教育行动法、教育个案法等。

问题一：什么是教育研究方法？

任何教育科研都离不开一定的方法，但不存在适用于任何研究的"万能方法"。

一、研究方法

1. 研究方法的定义

研究方法是科学研究采取的方法，它强调方法的研究性质，是人们从事科学认识活动的工具、技术、手段，是在科学认识活动中采取的一系列程序、步骤、方案、计划、规则、标准等。

2. 研究方法的特点

研究方法强调方法的系统性、严谨性、逻辑性、科学性。系统性指研究方法丰富、多样，并且按照一定的规则和要求被组织起来，是一个系统的过程。所谓严谨性，是指研究要严肃、认真，要谨慎地一步接着一步，环环相扣，而不是随机地任意作为。逻辑性是指研究要遵循逻辑规则，推理、判断、归纳、演绎等过程应符合思维规律。科学性强调研究要有一定的理论依据和基础，在理论指导下开展活动。所以，科学研究工作者不但要对研究对象和研究活动有清醒的认识，而且要把握每一种研究方法的要领。

二、教育研究方法

1. 教育研究方法的定义

教育研究方法就是人们在开展教育研究时所采取的一系列程序、步骤、方案、计划、规则、标准等，是一个综合的研究方法体系。

教育研究方法是一种研究方法，要遵循研究方法的一般规则，讲求系统性、严谨性、逻辑性、科学性，要服务于科学研究。对于教育研究而言，就是要服务于教育的科学认识，描述教育现象和问题，形成教育理论，发现教育规律，找到解决教育理论问题和教育现实问题的办法，预测教育未来发展趋势，发挥科学研究的作用。

教育研究方法是一个综合的研究方法体系。一项严谨的教育研究常常不是使用某种单一研究方法就能完成的，而往往是多种研究方法的综合作用，需要经历问题确定、文献查阅、研究方案的制订、研究的实施、资料的收集、理论论证等多个环节和步骤。

2. 教育研究方法的特点

在教育科研中已经形成了众多方法，这些研究方法有以下几个共同特点。

（1）服务性

研究方法服务于研究任务。任何一种研究方法都是在科学研究中产生和发展出来的，同时又为科学研究服务。科学研究人员要借助一定的工具、手段，通过一定的途径才能达到目的，完成研究任务。例如，调查研究服务于人们对事物发生、发展现状的了解，是在对事实、现状了解的基础上形成的。

（2）受制约性

① 教育研究方法受制于研究的对象和目的。研究的对象和目的是研究的前提，如果着眼于教育基本理论的探讨，目的是发现教育规律，形成一般的教育理论认识，那么就应该运用哲学思辨、逻辑归纳和演绎等方法。如果探讨研究对象相关因素之间的关系，那么就采用教育实验法。

② 教育研究方法受制于研究人员的水平和创造力。研究方法服务于研究的过程是通过研究人员来完成的，如果研究人员不掌握它，即使再有价值，也不可能发挥作用。任何研究方法能否发展，能否适用于更大范围，也受到研究人员的制约，如果研究人员善于总结，勇于创新，那么研究方法就会不断得到发展。

（3）规范性

任何研究方法都有其特点、步骤、操作要领和基本功能，有确定的要求、准则和规范。当研究的方向、任务和目标都确定后，研究方法就成了研究成败的关键。研究结果是否科学、有效，与是否正确运用了研究方法、是否遵循了其规范密切相关。

（4）发展性

任何研究方法都是在研究过程中产生的，又是在研究过程中发展的。在研究某一问题过程中产生的方法，运用于其他问题时，由于对象的改变，必须对其进行创造性改造，使之适应新的研究对象。

（5）通用性

每一种研究方法虽然都有其产生的特定背景，但一经形成，就可以独立存在，被应用到其他背景中，在新的研究领域发挥作用。研究方法的通用性特点，使得其适用于不同学科、不同研究对象、不同研究内容。教育领域没有太多自己的研究方法，更多地引进、移植和借鉴了其他学科领域的方法。当然，教育研究在应用其他学科领域的研究方法时大都做了教育学化的处理，使其适合教育研究的对象、任务和内容。

三、教育研究方法的分类

根据不同的分类标准，教育研究方法的分类如下。

1. 教育实证研究方法、教育理论研究方法、教育应用研究方法

根据教育研究过程中对待研究对象的方式，分为教育实证研究方法、教育理论研究方法与教育应用研究方法。

教育实证研究方法是指针对研究对象的特性，从经验入手，采用程序化、操作化和定量分析的手段，使研究达到精细化和准确化水平的研究方法。实证研究就是从现象出发，从事实出发，通过观察、调查搜集经验事实来证明研究现象之间的关系，并加以描述。教育观察法、教育调查法、教育个案法、教育实验法、教育内容分析法等都属于教育实证研究方法。

教育理论研究方法是指运用各种逻辑和非逻辑方式对已有的客观材料及思想理论材料进行加工整理和理性分析，从研究的教育现象中获得系统化的理论认识方法。它可分为逻辑与非逻辑的方法，逻辑的方法主要包括归纳、演绎、类比、分类、比较、分析、综合、概括等。非逻辑的方法主要指灵感、直觉、顿悟等。在已有经验和事实的基础上，研究者通过创造性思维和想象，获得对研究对象的理解和认识。

教育应用研究方法是指通过主动变革研究对象从而获得研究结果的方法。教育实验法、教育行动法都属于教育应用研究方法。

实证研究主要是获得对研究对象的描述性资料，理论研究主要是获得对研究对象的理性认识，这两类研究方法都不改变研究对象的自然状况，而应用研究则是要改变研究对象，在主动施加影响的过程中获得对研究对象的认识。实证研究和理论研究只能等待研究对象的变化，研究周期较长，研究者有时是被动的。应用研究则可以主动诱发研究对象的变化，研究者是主动的。

2. 教育定性研究方法与教育定量研究方法

根据研究是否采用量化手段，可以分为教育定性研究方法和教育定量研究方法。

教育定性研究方法就是对事物的质的方面的分析和研究。事物的质是它区别于其他事物的内部所固有的属性，它通过与其他事物的联系和区别表现出来，主要包括矛盾分析、系统分析、理论研究、经验总结、文献分析等方法。

教育定量研究方法就是对事物的量的方面进行分析和研究。事物的量是事物存在和发展的规模、速度、程度和水平以及构成事物的要素等，教育定量研究方法主要包括教育统计、教育测量、教育实验、教育预测、教育模型分析等方法。

由于事物是质和量的统一，完整地认识事物需要定性研究与定量研究相结合，一项好的研究往往是定量研究与定性研究的有机结合。

问题二：常用的教育研究方法有哪些？如何应用？

一、教育调查法及其应用

教育调查法目前被广泛地采用，一方面是为教育科研搜集事实，另一方面是为各级教育行政部门制订政策、法令、法规和规划提供依据，同时为广大教师提供经验教训，以更好地改进教学工作，提高教育质量。

1. 教育调查法的定义和类型

（1）教育调查法的定义

教育调查法是在科学方法论和教育理论的指导下，通过运用问卷、访谈、观察等科学方式，有目的、有计划、系统地收集有关教育问题的资料，从而获得关于教育现象的科学事实，形成关于教育现象的科学认识的一种研究方法。运用教育调查法可以研究教育现状，例如，对某一地区信息技术教师现状的调查；可以研究人的教育理念、态度、观点、认识等问题，例如，对某所学校学生运用在线课程进行自主学习的态度调查；还可以进行教育的比较研究，例如，农村与城市教育均衡发展的比较研究等。

（2）教育调查法的类型

依据调查研究的目的、范围、内容和方法等方面的差异，可将调查研究法划分成不同的类别：

① 根据调查研究目的来分，可以分为现状调查、关系调查、发展变化调查、比较调查与原因调查。

② 根据调查研究范围来分，可以分为全面调查和非全面调查，后者又包括典型调查、抽样调查与个案调查。

③ 根据调查研究内容来分，可分为综合调查和专题调查，后者包括事实调查与征询意见调查。

④ 根据调查研究方式来分，可分为问卷调查和访谈调查。

2. 教育调查法的一般步骤

（1）确立研究的课题及其目的、性质和任务。

（2）拟订调查计划。依据课题的目的、性质和任务，确定调查对象、调查地点，并选择相应的调查类型和调查方式，同时要拟订实施的步骤和时间的安排。

（3）实施调查，收集材料。应严格按照调查提纲的规定进行操作，力求调查材料的真实性、客观性、典型性和横向可比性。因此，应注意以下几点。

① 尽可能保持材料的客观性。

② 多个调查人员采用座谈会或谈话等手段收集资料时，必须采用统一的标准、统一的表格做调查记录，否则会影响材料的信度和效度。

③ 不能把事实和意见混在一起。

④ 尽可能采用多种手段或途径，从不同角度、不同层次广泛地收集材料。

（4）整理与分析调查材料。对于直接采集到的原始材料，必须进行整理和分析，找到相互关系，发现教育规律。

（5）撰写调查报告。分析调查结果，撰写调查报告，对所研究的问题做出解释，给出结论，提出改进的意见、建议和措施。

二、常用的教育调查法

1. 问卷调查法

问卷调查法是调查者运用统一设计的问卷向调查对象了解情况或征询意见的方法，问卷调查是抽样式的、标准化的、定量的书面调查。按照问卷填写者的不同，可分为自填式问卷调查和代填式问卷调查。自填式问卷调查，按照问卷传递方式的不同，可分为报刊问卷调查、邮政问卷调查和送发问卷调查；代填式问卷调查，按照与被调查者交谈方式的不同，可分为访问问卷调查和电话问卷调查。

（1）问卷的结构

问卷的结构通常由问卷说明（前言）、注释和问卷本文构成。

① 前言。一般包括调查目的、意义、主要内容、组织者、选样原则、保密措施等。前言一般印在问卷的封面或封二上。

② 注释。一般指对问卷填写的具体要求，有时也包括对条款及措辞的解释。例如，"请选出一个您认为最佳的答案""请尽可能多地进行选择"。注释一般应包括四个方面的内容：对选择答案所使用符号的规定；对计算机代码表格的解释；对回答者署名与否的说明；对返还问卷形式（面交、邮寄还是其他方式）、时间等的说明。

③ 问卷本文。一般包括指导语、调查对象的自然状况、问卷题目等。

指导语

指导语是对问卷填写方法的说明，主要用来指导调查对象填写问卷、提示注意事项，并做必要说明，以消除调查对象的思想顾虑。指导语要简洁、明了，用词恰当，便于理解。

举个例子，《网络环境下中学生学习行为及方式调查问卷》中的指导语如下。

亲爱的同学：

你好！

为了了解网络环境下中学生的学习行为及方式，特进行这次问卷调查，请选择你认为最合适的答案。你所提供的情况不会计入任何档案，我们将严格保密，谢谢你的合作。

调查对象的自然状况指姓名、年龄、单位、班级、通讯地址等。

问卷题目

问卷题目是问卷的主体，主要有两种类型：开放式问题和封闭式问题。开放式问题只提出问题，不提供答案，被调查对象可以根据题意自由作答。封闭式问题不仅要提出问题，还要提供备选答案，且所提供的答案要准确，符合实际，便于被调查者进行选择。

（2）问题的排列

调查问卷中的题目顺序应合理设计，从而激发被调查者填写问卷的积极性，提高问卷的答题质量和回收率。排列问题应考虑以下5个方面。

① 时间顺序：按照事件发生的先后顺序排列。

② 理解顺序：按照理解的难易程度排列。

③ 内容顺序：按照问题的性质排列。

④ 交叉顺序：按照问卷中的变量交叉排列。

⑤ 类别顺序：按照内容的类别进行排列。

（3）问题的表述方式

问卷题目包括提问和回答两部分，问卷的提问质量是问卷质量的主要体现，决定问卷提问质量的是问题的表述方式。问题的表述方式有6种。

① 直接提问式：直截了当地提出问题，从而直接获得答案。

② 间接提问式：从侧面迂回提问。

例如，关于中学生通过网络学习，您认为网络除了能够提供丰富的学习资源外，还能在哪些方面促进学习活动的展开？

③ 情景提问式：调查者简述事例、故事等，让被调查者对其中的内容、人物或情景进行分析和回答，再从答案中推理出调查结果。

④ 意见征询式：调查者提供对某些事物的态度，征询被调查者的意见。

⑤ 列举提问式：要求被调查者提供某些事实。

⑥ 填表提问式：调查者需要了解某一方面的详细情况或搜集有关数据时常用此方式。

（4）问题的回答方式

为了便于问卷的分类、整理和统计，问题的表述形式和回答形式要结合起来考虑。封闭式问题的常见回答方式有以下几种。

① 两项式：又称为是否式，答案只有同意和不同意两种，被调查者必须选择其中之一。

例如，你是否参与过网络课程的学习？

是（　　）　　否（　　）

② 选择式：问卷的答案相互之间不是矛盾关系，只是类别、程度、数量的不同，回答者可以从中选择一个或几个答案，这是当前问卷调查中最常用的形式。

例如，通过网络课程进行教学时，你觉得困难在于：

A. 网络传输速率和时延问题

B. 用户的计算机硬件和软件配置

C. 学生的自控能力

D. 学生使用网络技术的能力

E. 缺乏教师与学生、学生与学生之间的互动

F. 对在线答疑的支持不够

③ 等级式：备选答案由具有等级意义的词汇或数字构成。

例如，你进行网络学习的频率如何？

A. 经常　　　B. 有时　　　C. 从不

④ 并列式：备选答案由等价的、各自独立的词汇构成。

例如，你认为你每天通过网络进行学习的最佳时间是何时？

A. 早晨　　　B. 上午　　　C. 中午　　　D. 下午　　　E. 晚饭后　　　F. 其他

⑤ 填答式：在问题中留有一定的空白，让被调查者填写完成。

例如，你最希望通过网络学习的学科有（　　　）。

⑥ 排序题：让调查对象根据一定的要求对答案进行排序。

例如，你认为影响网络协作学习效果的主要因素是什么？请按照重要程度排序，在（　　）内标上序号1、2、3、4、5，重要程度最大的为"1"，次之为"2"，以此类推。

（　　）学生对协作学习没有兴趣

（　　）学生协作交流的时间不够

（　　）学生的信息技术应用能力不足

（　　）缺乏教师的有效指导

（　　）缺乏有效的评价方法

⑦ 问答式：允许调查对象自由作答的开放式问题。

例如，您认为提高网络学习效果的方法有哪些？请把它写出来。

（5）问卷的发放与回收

① 现场发放问卷并回收，此方法回收率最高。

② 邮寄给被调查者，此方法回收率较低。

③ 将调查问卷放到网上，此方法比较简便，回收率较高。

发出的问卷要有记录，便于查证和催询，以保证较高的回收率。

（6）问卷的整理与分析

问卷的回收率应不低于50%，否则是不能作为研究结论的依据的。整理问卷时应逐一检查，必要时进一步补充调查，以弥补调查的疏漏，鉴别答案的真实性程度。将有效问卷根据问题的设计按项目分类统计，有条件的可分类编码，输入计算机进行处理，分析研究数据（自编程序或采用通用的Excel数据处理软件、SPSS或SAS统计软件等），对所得结果进行分析和讨论，在此基础上写出调查报告。

2. 访谈调查法

访谈调查法是调查者通过访问或座谈的形式来了解情况，搜集客观事实材料的方法。

（1）适用情况

访谈调查法主要适用于以下几种情况。

① 所需调查的问题比较复杂，需要详细了解较具体的事实材料。

② 对需要了解的材料，被调查对象用书面形式难以确切表达。

③ 调查对象较复杂，不可能用一份问卷或量表获取事实材料。

④ 被调查对象文化水平不高，不能提供所需要的书面材料。

（2）访谈调查法的类型

根据谈话组织水平分为正式访谈和非正式访谈，根据谈话方式分为电话访谈与面对面访谈。

① 正式访谈与非正式访谈

正式访谈是通过一定的组织程序，严格按照预先拟订的访问计划进行恰当引导的谈话，在调查中组织召开的座谈会、调查会都属于正式访谈。非正式访谈是根据研究目的，与调查对象在自然状态下进行的谈话，非正式访谈一般只能作为正式访谈的补充。

② 电话访谈与面对面访谈

电话访谈花费较低，而面对面访谈能获取更详尽的细节，访谈时间也可更长。如果研究项目要求访谈对象对一些书面材料做出回应，可以配合使用电话访谈。首先把材料寄送给访谈对象，然后通过电话来获取答案，适用于访谈机关或专业人员。例如，调查一个地区教育局局长推进基础教育均衡发展的情况时就可以用这种方法。

（3）访谈调查法的步骤

① 制订访谈计划

访谈计划要根据课题研究方案认真设计，一般包括以下内容。

a. 谈话的具体方式：是个别访谈还是集体座谈，是面对面访谈还是电话访谈；

b. 谈话的内容项目和谈话提纲；

c. 分类方法和代码记录系统。

调查者可根据分类和代码记录系统制订谈话记录表，以便于记录，不能用符号记录的谈话内容，则应做详细的笔录或进行录音。

② 进行访谈

和访谈对象进行谈话的过程中，要自然地按计划进行，切忌随意离题。为确保谈话达到预期目的，必须掌握一些谈话技巧。

a. 提问时，要按谈话计划进行，使被调查者有思考的余地，也易于自己记录；

b. 提问要讲究方法，可使用直接法或间接迂回法；

c. 话题的转换要自然，要注意问题的前后联系和衔接，不要让被调查者有生硬和牵强的感觉。

  d. 所提的问题要简明，问话时不能暗示答案；

  e. 谈话中要保持和谐的交谈氛围，鼓励被调查者畅所欲言。

  ③ 整理谈话记录，写访谈调查报告。

访谈结束后，研究者应及时整理谈话记录，写出访谈调查报告。

二、教育观察法及其应用

中外教育史上，许多优秀的教育家善于观察自己的教育对象，并把观察的结果记录下来，形成了宝贵的第一手材料，如今，观察法已逐渐成为教育研究中重要的收集资料的方法，其作用也越来越重要。

1. 教育观察法的内涵

（1）教育观察法的定义

教育观察法指在教育科研中通过科学的观察对相关教育现象进行研究的一种基本方法。教育研究者最初是通过肉眼观察、耳听手记去认识世界、获取信息的。目前，更多的是利用各种视听工具，例如，使用照相机、录音机、摄像机等作为辅助手段来提高观察的效果。

（2）教育观察法的功能

观察是教育科研搜集资料的基本途径，是发现问题、提出问题的前提，是产生理论假设的手段，也是其他研究的基础，既可以单独使用，也可以配合调查法、实验法、经验总结法、行动法等综合运用。

① 教育观察是获取原始资料的最基本的方法，观察可以提供有关教育行为的详细的、第一手的资料。例如，长期观察某一个或某一类型学生的行为表现，完整地记录其成长历程，就可以为教育研究提供一笔宝贵的资料。

② 教育观察可以发现问题，是课题选择的重要来源。教育科学领域是一个复杂多变的领域，许多新问题有待去探索。通过观察可以捕捉教育发展中的问题，得出准确判断，提出教育研究方案等。许多重要理论就是通过研究者的科学观察得出的。例如，赞可夫通过对课堂教学的长期观察，提出了新的教学结构理论。

③ 教育观察可以验证假说，是检验教育科学理论的重要依据之一。

（3）教育观察法的特点

① 自然性：观察是在教育活动自然状态下进行的。

② 客观性：观察者持客观的态度，客观、准确地观察，如实记录观察到的现象和内容。

③ 直接性：观察者要亲临现场，深入到研究对象的生活场景进行观察。

④ 选择性：观察是按事先制订的提纲和程序进行的，同时规定了观察的时间和内容，是从大量教育现象中选择典型对象、典型条件。

（4）教育观察法的类型

根据观察时研究者是否借助于仪器，教育观察法分为直接观察和间接观察；根据观察时研究者是否参与研究对象的活动，分为参与观察和非参与观察；根据观察方式的结构化程度，分为结构观察、准结构观察和非结构观察；根据收集到的资料本身的属性，分为定量观察和定性观察；根据观察的方式，分为抽样观察与追踪观察。

2. 教育观察法的应用

一般来说，可以在以下两种情况中采用教育观察法，一是在较大规模的综合性教育研究项目的起始阶段，研究者用观察法去搜集第一手的事实材料，从中发现问题，确定研究课题的主攻方向；二是在收集研究对象的非言语行为资料方面，观察法取得了很好的效果。

教育观察法的一般步骤如下。

（1）观察准备

准备工作的好坏是观察成败的关键之一，准备工作包括以下三项内容。

① 界定研究问题，明确观察目的。

观察目的是根据教育科研任务和观察对象的特点而确定的。为了明确观察目的，应做大量的调查和试探性观察。目的不在于系统收集科研材料，而是掌握一些基本情况，了解观察对象的特点，以便确定通过观察需要获得什么材料、弄清楚什么问题，然后确定观察范围，选定观察重点，规划观察步骤。

② 制订观察计划，做好观察准备。

确定了观察目的后，还必须制订一份详尽的、可操作的观察计划，使观察有计划、有步骤、全面、系统地进行，一般应包括如下内容。

a. 观察题目：阐明想要探索和解决的问题；

b. 观察重点和范围：一般重点不能太多，范围不能太广；

c. 观察提纲：列出需要通过观察获得材料的要目，一般至少应该回答以下6个方面的问题。

Who：有谁在场，多少人在场，其角色、身份、地位是什么，等等。

What：发生了什么事情，在场的人有什么行为表现，其语调和形体动作如何，等等。

When：有关的行为或事件何时发生，持续时间多少，发生的频率如何，等等。

Where：有关的行为或事件在哪里发生，地点有什么特点，地点与行为或事件有何关联，等等。

How：事件是如何发生的，事件各方面之间的关系是怎样的，事件的特殊性体现在哪里，等等。

Why：事件或行为为什么发生，行为的目的动机和态度是什么，等等。

d. 观察过程：包括选择观察的途径，安排观察的时间、次数和位置，选择观察的方法和掌握观察的密度，等等。

e. 观察的注意事项，根据观察的特点，列出为保持观察对象常态的有关规定。

f. 观察的记录表格，速记符号，规定统一的参照标准。

g. 观察仪器。

h. 观察人员的组织、分工。

i. 观察的应变措施。

③ 做好物质准备。

a. 如果要借助仪器进行观察，就必须事先对仪器进行检查、安装，做好相关准备。

b. 印制观察记录表格，以便迅速、准确、有条理地记录所需要的材料，便于日后的核对、比较、整理和应用。

（2）进行实际观察

① 实际观察时尽量按计划进行，不要轻易更换观察重点。如果原定计划确实不妥，或观察现象有所变更，则按计划中的应变措施或实际的变化情况调整，但力求完成原定任务。

② 通过各种途径进行有效的观察，一般包括参观、听课、参加活动、列席会议、查看资料（如教学计划、教师档案、教学反思、学生工作等）。

（3）观察记录的方法

把观察活动的过程和结果记录下来，就是观察记录。常见的观察记录方法有以下几种。

① 实况详录法

也称连续记录法，是指教师针对某个教学片段或某个时段内的行为进行连续且详细的记录，通常以文字记述为主。运用该方法时要注意根据观察目的确定观察场景和时间，要善于借助先进设备，记录要客观、全面。

② 日记描述法

简称日记法，是以日记的方式记录观察对象行为表现或教育现象的一种观察方法。日记描述法可分为两种类型：一种是综合性日记描述，即把观察对象的各个方面如实地记录下来，为全面观察研究对象所用；另一种是主题日记描述，即只记录观察对象在某一方面或某几方面的情况，适用于专项研究观察对象的某种特征。

③ 时间取样法

指观察者以特定的时间为样本，观察和记录在特定时间下所发生的行为频率的方法，表4-1为学生参与社会活动的观察记录表。

④ 轶事记录法

又称记事法，即将研究者认为有意义的事件完整地记录下来。它与日记法的区别在于，它不是连续记录某一特定个案的行为及其发展,而是着重记录有研究价值的事件的全过程,如表4-1所示。

表4-1　学生参与社会活动观察记录表

时间	学号	活动类型					
		无所事事	旁观	单独活动	平行活动	联合活动	合作活动

⑤事件取样法

是以特定的行为或事件的发生为取样标准,注意记录某些预先确定的行为表现或事件完整过程的观察方法。它与轶事记录法有相似之处,但不同的是,事件取样法是实施正式观察活动时采用的方法,而不是事后追忆记录。表4-2为学生特殊行为事件记录表。

表4-2　学生特殊行为事件记录表

学生	年龄	性别	行为持续时间	发生背景	行为表现	行为结果	行为性质	影响

⑥行为检核法

也称为清单法,或称查核清单法,主要用来记录目标行为呈现与否。观察前,预先将所要观察的行为项目排列成清单式表格,观察者只需对照表上列出的项目,在观察的行为发生时做个记号,或标明数字。行为检核法的关键在于行为检核表的编制,主要步骤包括列出重要项目,根据主要项目分解出具体项目,按一定逻辑顺序排列项目,编制出行为检核表。表4-3为学生行为检核表。

表4-3　学生行为检核表

学生姓名_____	学号_____	记录者_____		
观测内容		能	不能	日期
写出下列图形变换的方法 平移 旋转 轴对称 相似 投影				

三、教育实验法及其应用

教育实验法是教育科研的生命，只有通过实验，才能认识、理解并改进教育教学工作。

1. 教育实验法的内涵

（1）教育实验法的定义

教育实验法是研究者运用科学实验的原理和方法，以一定的教育理论及假设为指导，有目的地操纵某些教育因素或教育条件，观察教育措施与教育效果之间的因果关系，从中探索教育规律的一种研究方法。

（2）教育实验法的要素

教育实验法包含三个要素：

① 对实验自变量（实验处理）的操纵；

② 对实验因变量（实验结果）的观察与测量；

③ 对无关变量的控制。

指教育研究者有意识地操作一个变量（自变量），使它发生变化，并且控制其他无关变量，然后观察、测量这种变化是否会对另一个变量（因变量）产生影响。

例如，在"不同的学习环境对学生参与教学活动积极程度的影响"的教育实验中，自变量就是不同学习环境；控制无关变量，排除因授课内容、教师教学风格、学生学习兴趣等的不同带来的影响；而此实验的目的就是要研究自变量（学习环境）与因变量（学生参与教学活动积极程度）之间存在着的因果关系。

（3）教育实验法的特点

教育实验法就是探讨事物的因果关系，与其他研究方法相比，研究过程更严格，研究结构更清晰，研究结果更可靠。其特点如下：

① 揭示教育现象或教育行为之间的因果关系。

② 对因果关系的预先设想以假设为前提，整个实验过程围绕着验证、假设展开。

③ 需要操纵或控制条件，人为地创设一定的情境。

④ 可重复验证，这是实验研究法成果推广运用的必备条件，是评判实验优劣的标准之一。

（4）教育实验法的类型

根据实验目的分为探索性实验、验证性实验与推广性实验；根据实验分析方法，分为定量研究实验和定性研究实验；根据实验场所，分为现场实验（自然实验）和实验室实验；根据实验自变量的多少，分为单因素实验和多因素实验；根据实验被试者选择的方式，分为单一被试实验和成组实验；根据实验设计的组织形式，分为单组实验、等组实验与轮组实验。

2. 教育实验法的应用

（1）教育实验法的一般步骤

① 选定实验课题

实验法适合于研究变量少且清晰、可以分解并能加以操作的问题。在对某问题有了一个或几个初步方案，但是不能确定此方案是否优良，或者不能确认究竟哪个方案更好的情况下，可以采用实验法。

② 建立实验假说

实验假说指实验者对自变量（实验变量）与因变量（反应变量）之间关系的推测与判断。它具有三个特征：假说应当设想出实验变量与反应变量之间的关系，用表述或条件句的形式明确地阐述出来，并且可以检验。

③ 实验设计

实验设计主要涉及以下几个方面：

a. 实验变量的操作与控制，确保实验者依据实验要求操作；

b. 反应变量的观测方法、测量手段，通过制表、绘图等方式进行比较、分析；

c. 无关变量的控制措施，即运用消除法、恒定法等方法进行控制；

d. 实验对象的选择，即被试的选择；

e. 实验数据处理方法的确定。

④ 实验的实施

实验工作者按照实验方案，操作实验变量，控制无关变量，观察、记录、测量反应变量，搜集实验信息，也就是将实验方案物质化、现实化。实施过程必须做好两方面工作：

a. 实验进程的控制，保证实验过程按实验设计的要求、程序进行；

b. 经常有重点地搜集实验信息与资料，观测反应变量，为因果推断提供事实和依据。

⑤ 资料的统计处理

对实验过程中积累的资料可采用科学的统计方法进行统计分析。一般是先用描述的方法把反应结果的原始资料可视化，或计算该资料的平均数、标准差和相关系数等，然后再用推断统计的方法来检验自变量与因变量之间的关系。在教育实验中常用的推断统计方法有Z检验、T检验、F检验等。

⑥ 实验报告

实验报告是反映一个实验研究的过程及结果，并将其公之于众的书面形式，是对实验研究的进一步验证、认可、推广和深入研究等。

（2）教育实验的效度

① 效度的定义

实验效度是指实验的准确性和代表性，它是影响实验设计、实施、解析、推广、评价等工作的重要因素，是衡量实验成败、优劣的关键性的指标，由内在效度和外在效度构成。内在效度决定了实验结果的准确性，影响对实验结果的解释。影响实验内在效度的因素主要包括：时间、对象成长、测验动机、对象的损耗、测量的误差。外在效度直接影响了实验结果的可推广性。影响外在效度的因素主要包括：实验情境的过分人工化，被试对象缺乏代表性，测量工具具有特殊性等。

② 提高效度的方法

为了提高实验的内在和外在效度，通常采用一些方法来控制干扰因素。

用衡定、平衡法减少无关变量的影响

a. 随机分配：在选择被试、安排实验处理顺序等环节上由偶然的随机配对决定。

b. 测量配组：采用等组形式进行实验，最重要的条件是各组须尽量相等。一般采用测量排列，就是把参加实验对象的知识、能力统一测量一下，按水平高低依次编号，再均等地分配在各组。

c. 平衡配对：不打乱原有班组编制，在确定了实验组和控制组之后，对两组学生在某些特征、水平方面进行大体相等地一一配对。

用循环法抵消无关变量的影响

把实验处理排列为机会均等的组合，让被试先后轮换，接受不同的实验处理。从理论上讲，由实验顺序造成的练习、适应、疲劳等无关因子效应可在轮换过程中相互抵消，轮换能提高实验精确度，但也会延长实验时间。

用代表性策略克服无关变量的影响

在实验点的确定、被试选择、实验教师的配合等方面，确定其在研究范围内的代表性。如坚持在普通学校、普通教师、普通学生、普通教材的条件下开展实验，由于师生及有关人员情感效应对实验结果产生的影响是不可忽视的，因此，必须对其情感进行控制。

（3）教育实验方案的设计

设计实验方案是教育实验法实施前的准备工作，是对实验过程进行的周密、详细的安排。它主要包括分析实验变量、选择实验对象与分组、选择实验设计模式、制定实验研究方案。

① 分析实验变量

教育实验中的变量根据其与研究目的的关系，可以分为自变量、因变量和无关变量。自变量是指在实验中由实验者操纵其变化的量，例如，考察某种教学媒体的效果，则教学媒体是自变量。因变量是指实验中随自变量变化而变化的量，例如，学生的学习成绩、学习能力等都属于因变量。无关变量是指实验中不是研究者研究的量，即自变量和因变量以外的变量，例如，在"基于网络的学习方式与学生学业成绩的关系"这一实验研究中，"基于网络的学习方式"是自变量,"学生学业成绩"是因变量,而这二者之外的变量,如学生的知识水平、性别、教师的教学经验等都是无关变量。

② 选择实验对象与分组

确定实验主试和被试是实验方案设计的一项重要工作。主试是实验中实验变量的主要操纵者和执行者,一般应由专业人员和实验教师组成。被试指参与实验的学生,主要通过抽样的方法选择,根据实验内容和研究条件的要求而定。抽样的方法有很多,最常用的是随机抽样法和分层抽样法,且被抽取的学生必须满足三个条件:代表性,被选学生应能代表学生总体特征;随机性,学生被选的概率均等,每人都有被选的可能;样本容量适当;样本过小,不具代表性和随机性;样本过大,又不便统计、计算。

实验对象选出后,按照"相等"原则进行分组。所谓相等原则,是指每组实验被试在所要控制的因素上整体平均水平相等,以便保持实验组与对照组间的可比性,分组多采取随机分组法、测量选择分组法、匹配分组法等。

③ 选择实验设计模式

实验设计模式是指在实验中把实验变量安排给被试的方法,即实验变量的组合配置方法。实验设计模式有很多,下面简单介绍五种主要的模式。

完全随机化设计

完全随机化设计是指用随机化的方法将实验对象分配为若干组,然后又将每一种实验处理随机分配给实验对象组的实验设计。

其基本格式为:

$R \quad X_1 \quad O_1$

$R \quad X_2 \quad O_2$

……

$R \quad X_n \quad O_n$

这里,"X"表示实验处理,即研究者操纵的实验变量;"O"表示实验前后的观察;"R"表示随机化处理被试;空白或"—"表示控制。

a. 当实验是单因素双水平时,实验只有一个因素,只有一个实验组,没有控制组,称为单组后测设计,其格式为:

$R \quad X \quad O$

该模式没有对照比较,难以说明实验因素是否发生作用,历史、成熟、选择、实验对象流失等都可能影响实验结果,外在效度极低。

如果加上前测,这一模式称为单组前后测设计,其格式变为:

$R \quad O_1 \quad X \quad O_2$

该模式虽然有了实验前后测的对照比较,但仍难以说明实验前测的变化是由于实验处理造成的。历史、成熟、选择，甚至前测等的影响仍没有得到有效控制。

b. 当实验是单因素双水平时，需要两个等组，例如，一个组施加实验处理，作为实验组，一个组保持原来的状态，作为控制组，称为实验组控制组后测设计，其内、外在效度较高，格式为：

$R \quad X \quad O_1$

$R \quad — \quad O_2$

为了避免随机分组的两组不相等，可在实验前分别进行前测，称为实验组控制组前测后测设计，其格式变为：

$R \quad O_1 \quad X \quad O_2$

$R \quad O_3 \quad — \quad O_4$

由于施加了前测，前测与实验处理发生交互作用，可能对后测产生影响，降低实验的外在效度。

c. 当实验是双因素双水平时，设两个因素为 A、B，所处的状态分别是 A_1、A_2、B_1、B_2，则实验处理数是4，即分别为 A_1B_1、A_1B_2、A_2B_1、A_2B_2。采用完全随机化设计就是随机地把实验对象分为4个等组，再随机地把每一种实验处理安排到每一组中，其格式为：

$R \quad X_1(A_1B_1) \quad O_1$

$R \quad X_2(A_1B_2) \quad O_2$

$R \quad X_3(A_2B_1) \quad O_3$

$R \quad X_4(A_2B_2) \quad O_4$

通过方差分析和多重比较，可以检验出多个实验处理的效应及其因素之间的交互作用。

随机化区组设计

完全随机化设计不能完全保证随机分配到各组的实验对象等同，分成的各组也并不一定相等，因此，实验结果既有随机误差，又有系统误差。随机误差一般不易控制，系统误差可以通过采用随机化区组设计得以控制。

实验设计中的一个区组相当于接受处理的单位，许多区聚合在一起就形成区组，配对组、班级、学校、城市、国家等均可称为区组。随机化区组设计的目的就是使区组内实验对象之间尽量同质，并使区组间尽量异质。

教育实验中，使区组内尽量保持同质的方法有两种。一是配对法，即把在某些因素（例如智力、学习成绩、年龄、家庭文化背景等）上相同的多个对象加以配对，这时每个配对组就是一个区组。给予配对组内的多个实验对象的实验处理采用随机分配的方法来决定。二是区组内的基本单位不是单个实验对象，而是由多个实验对象组成的团体。例如，同一年级的几个班为一个区组，通过随机分配来安排每个班的实验处理。

a. 当实验是单因素双水平时，通过匹配分组法可以把实验对象分成匹配的两组，用随

机的办法确定一组为实验组,一组为控制组,称为实验组控制组配对设计,其格式为:

$X \quad O_1$

$M \quad O_2$

这里的"M"表示把实验对象配对或区组化。

b. 当实验是双因素双水平时,设两个因素为 A、B,各自的两个水平分别为 A_1、A_2、B_1、B_2,则这时有四个实验处理:A_1B_1、A_1B_2、A_2B_1、A_2B_2。如果选三个区组,其格式如表 4-4 所示。

表 4-4　三个区组的双因素双水平实验设计格式

区组 \ 实验处理	A_1B_1	A_1B_2	A_2B_1	A_2B_2
I	O_{11}	O_{12}	O_{13}	O_{14}
II	O_{21}	O_{22}	O_{23}	O_{24}
III	O_{31}	O_{32}	O_{33}	O_{34}

多因素实验设计

多因素实验设计也称析因设计,是指在同一个实验里同时施加多个实验因素的设计。完全随机化设计通过随机化控制无关因素的影响;随机化区组设计通过设置区组控制主要无关因素的影响;多因素实验设计则是把影响系统误差的无关因素纳入实验,直接检验其影响,同时分析各实验因素的主效应及其相互作用。多因素实验设计,如果有两个自变量,叫作二项析因设计;如果有三个自变量,叫作三项析因设计。多因素实验设计中,每一个自变量可以有多个水平。如果两个自变量各有两个水平,称为 2×2 析因设计。如果一个变量有两个水平,另一个自变量有三个水平,称为 2×3 析因设计。

多因素实验设计中不设控制组,全为实验组或互为对照组、实验组,实验组数的多少根据实验因素水平的多少确定,实验组数等于各实验因素的水平数之积。例如:我们要研究两种教学媒体、两种教学方法由三种不同风格的教师任教时所产生的教学效果,则该实验需要的实验组数为 12(2×2×3),各实验变量的组合(实验处理)方式见表 4-5 所示。

表 4-5　三项析因设计的实验变量组合

媒体			A_1		A_2	
教学方法			B_1	B_2	B_1	B_2
教师教学风格		C_1	$A_1B_1C_1$	$A_1B_2C_1$	$A_2B_1C_1$	$A_2B_2C_1$
		C_2	$A_1B_1C_2$	$A_1B_2C_2$	$A_2B_1C_2$	$A_2B_2C_2$
		C_3	$A_1B_1C_3$	$A_1B_2C_3$	$A_2B_1C_3$	$A_2B_2C_3$

不等组实验组控制组前后测设计

前述实验组控制组前后测设计，如果由于不能打破班级界限，无法随机抽样、随机分配，也无法匹配分组，那么它就成了不等组实验组控制组前后测设计，其格式为：

$O_1 \quad X \quad O_2$

……

$O_3 \quad X \quad O_4$

它与实验组控制组前后测设计相比，缺点在于两个组不等，选择与成熟的交互作用对结果产生影响。同时，实验组控制组前后测设计的缺点同样在它身上表现出来，实验的内外在效度都不如实验组控制组前后测设计。

时间系列设计

教育实验中仅通过一次测量，有时并不能真实反映实验效果，因此，就需要采用时间系列设计。时间系列设计是指对一个实验组做一系列的定期测量，并在这一时间系列中施加实验处理，然后观测呈现实验处理后的一系列分数是否发生间断跳跃性现象，从而推断实验处理是否产生效果。其基本格式为：

$O_1 \quad O_2 \quad O_3 \quad O_4 \quad O_5 \quad O_6 \quad O_7 \quad O_8$

时间系列设计能够克服一次测验的局限，控制成熟的影响，并能够把历史的影响降到最低程度。其缺点是由于没有控制组，不能控制偶发事件的影响，不能排除与自变量同时出现的附加变量，反复观测容易导致实验对象的疲劳、厌烦或敏感，从而影响实验效果。

④ 编制实验研究方案

一般实验设计的格式如下。

a. 标题（实验课题名称）：研究单位名称（或研究人员名称）

b. 问题的提出：教育现实发展的需要；教育理论发展的需要。

c. 实验假设和理论依据：实验假设及其内涵；实验的理论依据。

d. 实验目标和实验原则。

e. 实验内容和措施：实验自变量；实验对象的选择和分组；实验的观测项和指标；实验数据和资料的搜集。

f. 实验的组织管理：实验时间、场所、材料、范围；实验参加人员的分工；实验中的规章制度。

g. 参考文献。

四、教育行动法及其应用

教育行动法就是由计划、实施、观察、反思构成的一个螺旋式循环发展的过程。教师以教学活动中的问题为研究主题,以真实课堂教学为研究情境,以改进教学活动为研究目的,以研究的形式帮助教师不断地从经验中学习,增强教师运用理论解决实际问题的能力,提高教育教学质量和研究水平。

1. 教育行动法的内涵

（1）教育行动法的定义

教育行动法是指在自然、真实的教育环境中,教育实际工作者按照一定的操作程序,综合运用多种研究方法与技术,以解决教育实际问题为首要目标的一种研究模式。

（2）教育行动法的特点

① 为行动而研究：从行动研究的目的来看,它不是构建学术理论,而是解决实际工作者所处情境中的紧迫问题,强调实用性、针对性和即时性。

② 在行动中研究：从研究的情境和方式看,它的环境就是实际工作情境,而非经过特别安排或控制的场所,研究的过程就是解决实际问题,是一种行动的表现,也是实践工作者学会反省、探究的过程。

③ 由行动者研究：从研究的人员看,行动研究的主体是实际工作者,而不是外来的专家学者,专家在研究中所扮演的角色是咨询者、协作者,而不是研究的主体。

（3）教育行动法的类型

根据参与者的不同,行动研究可以分为三种：

① 个体的行动研究,是指某个教师单独对某学科教学试行新方法,研究者与实践者为一人,规模小,研究问题范围窄,易于实施。但一人力量单薄,很难从事深入的、细致的、说服力强的研究。

② 小组协作的行动研究,是指将若干教师组成研究小组,开展研究,发挥多位教师的集体智慧和力量,但在理论指导方面较欠缺。

③ 学校组织的行动研究,是指由专业人员、教师、政府部门、学校行政领导等组成的较为成熟的研究队伍从事的行动研究,是较理想的研究类型。优点是有专业人员参与,有较强的理论指导,研究力量大,能够充分发挥各类人员的作用。

2. 教育行动法的应用

行动研究者对其研究步骤有多种划分,除去选题和撰写研究报告两个步骤外,"计划——行动——观察——反思"四个环节是行动研究的典型模式。计划：形成旨在改进现状的行动蓝图,包括总体计划、每一个行动的具体计划。行动：实施计划或按照目的进行的具体行动。观察：对行动、结果、背景以及行动者特点的细致考察。反思：对现象、事实加以思考、判断,并且修正计划和行动方案,它是一个螺旋圈的结束,又是过渡到另一个螺旋圈的中介,主要包括整理和描述、评价和解释、下一步工作。借鉴学者们的研究,我们将教育行动法的步骤总结如下。

（1）确定研究问题

教育行动法的目的就是解决教育实践者在工作过程中遇到的实际问题，将其作为研究的起点，问题即课题，有具体的时间、地点、当事人、特定的情境、特定的背景、特定的事物及其发生发展的历程等。行动研究的选题范围很广，学科教学方法、课程的开发、教学资源的建设、班级管理、学生心理健康、师生冲突、教学管理等方面的问题都可以研究。

（2）制订研究计划

制订研究计划是以大量事实和调查研究为前提制订总体规划和每一步的具体行动方案。它是行动研究的首要环节，旨在从基础调研入手，了解所要研究问题的现状及原因，并有针对性地制订出研究计划。计划是灵活的、开放的、允许修正的，尽量适应没有预料到的情况和没有认识到的制约因素。

（3）实施研究行动

在行动实施之前，一定要熟悉总体计划，做好准备工作，包括确定行动步骤、核实资料、培训研究人员等，确保做好充分准备。从行动研究的过程来看，实践者的行动既是问题解决的实际操作过程，是研究计划付诸实施的过程，也是后续观察和反思的实践基础。实践者在采取行动的过程中，必须以研究计划为指导，也要重视实际情况的变化，及时进行合理的调整。

（4）观察

观察是反思、修整计划及确定下一步行动的前提条件。观察的对象包括行动过程、行动效果、行动条件和制约因素、行动者情况、出现的问题等，为了使观察全面和客观，实践者应该运用各种有效技术，全面而详尽地进行记录。

（5）反思、改进

反思是行动研究的第一个循环过程的结束，也是新的行动研究循环过程的开始。反思的目的在于寻求实践的合理性，一般涉及两个方面：

① 对整个行动研究过程的系统性描述，即勾勒出从确定问题到制订计划、从采取行动到实施考察的整体图景。

② 对行动研究的过程和结果进行判断和评价，并对有关现象和原因做出分析和解释，找出计划与结果的不一致性，进而确定原有的研究问题、研究计划和下一步计划是否需要做出修正，以及需要做出哪些修正。

在反思过程中，应该注意以研究问题为基点、以研究计划为参照、以教师行动为对象、以改进实践为归宿。通过反思，实践者又重新站在了一个新的起点上。行动研究的过程是不断调整自己行动的过程，因此，每一次失败都是研究的起点，教师要注意总结经验教训，及时调整研究方向与行动。

（6）公开研究成果

所有研究都需要采用一定的形式将成果呈现出来，虽然教育行动法重在实践的改进，但研究成果的公开也是必需的。通过公开研究成果，实践者的收获与洞察得以开放地在批判性讨论中得到检验。另外，公开研究成果可以增强实践者的自信心，提高反思能力，利于他们的专业成长。公开研究成果的方式可以有多种，例如，口头报告或书面报告、图表、研究日志、教育案例、教学反思等。

五、教育个案研究法及其应用

教育个案研究法是教育科研中一种常用的研究方法，也是一门复杂的认知课程，用以帮助个人解决现实问题。

1. 教育个案研究法的内涵

（1）教育个案研究法的定义

教育个案研究法是指采用各种方法，搜集有效、完整的资料，对单一对象进行深入、细致的研究过程，是对特定的人、事、物所进行的描述和分析。研究对象可以是个体的人、一个团体、组织或机构，资料搜集可以采用查阅档案记录、问卷、测验、访谈等方式。

在教育科研中，个案研究往往适用于对不良问题的研究或对某些难以重复、预测和控制的事例进行研究，如：学生辍学、学业失败、青少年犯罪等，也适用于对学生的心理问题和人格偏差的诊断研究和矫正研究。

（2）教育个案研究法的特点

① 研究对象的特殊性：研究对象的确定一般按照研究者对特殊问题的目的和要求，在特定的范围内选取特定的对象。

② 实施方法的综合性：根据具体对象的特点和具体任务的不同，综合应用观察、访谈、问卷、作品分析、测验、评估等方法。

③ 资料来源的多元性：需要通过周期较长的调查，在自然（不加控制）过程中，系统搜集有关研究对象的一切资料，详尽地了解并准确地分析其发展变化的过程和量变、质变的规律。

（3）教育个案研究法的分类

根据不同的分类标准，教育个案研究法有不同的分类。

① 根据研究对象的不同，分为个人个案研究、机构个案研究、团体个案研究。

② 根据研究目的和功能的不同，分为探索性个案研究、描述性个案研究、解释性个案研究、评估性个案研究。探索性个案研究是在未确定研究问题和研究假设之前，凭借研

究者的直觉线索到现场了解情况、搜集资料，形成个案，然后根据个案来确定研究问题和理论假设的研究。描述性个案研究是以描述为目的的研究，研究者会尽力描述一些现象并使之概念化，可以使用故事讲述、图画描绘等方法。解释性个案研究旨在对研究对象进行解释，这种解释叫作模式，即将观察到的一种变化与另一种变化系统地联系起来。如果没有表明一种变化对另一种变化有因果作用，称为关系模式；如果表明有因果作用，就是因果模式。

2. 教育个案研究法的应用

（1）教育个案研究的一般步骤

教育个案研究是一种有组织、有目的、按程序进行的研究活动，实施的步骤如下。

① 阐述研究问题

确定并系统阐述研究问题是进行个案研究的基础。

② 确定个案，评定现状

根据研究目的，选定具有某一方面典型特征的个案作为研究对象。例如，关于"学困生"的研究。选择个案时，一般考虑以下三个显著特征：一是在某方面是否有显著的行为表现；二是与该方面有关的某些测量评价指标是否与众不同；三是与研究对象有关的主要关系人是否有类似的印象和评价。

研究对象确定后，要对个案现状进行了解与评定。评定要全面，除了对突出方面要有专门的测量与评定，以便正确认识个案在这些方面的特点、所处水平外，对个案的一般情况也应有一个全面的了解与评定，这有助于认识个案各方面的情况。例如，关于"学生学习障碍"的研究，可以考虑个案的各科学业成绩、智力测验成绩、个性测验情况、兴趣爱好、父母受教育程度、家庭成员间的关系等。

③ 收集资料，进行诊断及因果分析

收集个案资料是前提，一般包括个案现状资料和历史资料，主要内容包括：基本情况（姓名、年龄、性别、籍贯、民族、所在学校和班级等）、身体健康情况（既往病史、药物过敏史等）、成长及心理发展状况（人际交往、性格特征、自我态度及价值取向等）、家庭背景（父母的年龄、职业、文化程度等）、当前问题（主要症状、行为表象）等。收集的方法有问卷、测量、访谈、观察、成品分析等。

④ 个案的发展指导

个案的发展指导是关键，是在诊断与分析的基础上，针对学生存在的问题设计一套因材施教的方案并加以实施。一般从学生发展的内因与外因出发，一方面是对学生的内在因素进行适应性训练与矫治的指导，使其与社会环境的要求相适应，如：通过心理咨询与矫治，使学生改变习惯性焦虑的情绪及过分孤僻的性格；另一方面是尽可能改变外部条件，使之适应学生发展的需要，主要考虑学校教育措施、家庭的气氛与影响、父母对子女的教育态度和方法、校外教育的作用，以及学生间的人际关系等因素。

⑤追踪研究

教育个案研究法是一种深度研究方法，对于研究对象需要有一段较长时间的追踪与研究，以了解其发展情况，测定与评价用于指导其发展的教育措施的实践效果。如果有效，就结束研究；如果无效，就要重新诊断和矫正，继续研究下去。

⑥撰写个案研究报告

个案研究报告的内容主要包括研究对象的基本情况、存在的主要问题、诊断与分析、指导策略、实施结果与分析等几部分。

（2）教育个案研究的具体方法

①追因法

追因是个案研究常用的一种研究方法，与实验法的因果顺序刚好相反。实验法是先确立原因，然后根据原因探究产生的结果。追因法则是先见结果，然后根据发现的结果去追究其发生的原因。

②追踪法

追踪法就是在一个较长时间内，连续跟踪研究单位的人或事，收集各种相关资料，揭示其发展变化的情况和趋势的研究方法。追踪研究的时间可以是几天、数月，也可以是几年或更长的时间。追踪法适用于三种情况：一是探究单个研究对象发展的连续性；二是探究单个研究对象发展的稳定性；三是探索早期教育对后续阶段性教育的影响。例如：研究者选择一些接受良好早期教育的孩子，从小学一年级开始进行追踪研究，对他们德、智、体等方面的发展情况进行全面、综合的考察，从而分析他们后期的发展与早期教育的关系。

③作品分析法

作品分析法又称活动产品分析法，是指通过分析研究对象的活动产品，如日记、作文、书信、自传、绘画、教案、总结、工艺作品等，了解研究对象的倾向、技能、情感状态和知识范围，从而对个案状况做出准确判断。运用这种方法时，不仅要研究活动产品，而且还要研究产品制造过程本身及有关的各种心理活动状况。作品分析法往往与实验法结合使用，设置对照组，观察制作作品的实际过程，这样可以获得更加科学、合理的结论。例如，心理分析与治疗中所使用的"沙盘游戏"，通过对来访者沙盘作品的分析，判断其心理状态和心理特质，就是运用了作品分析法。

④临床法

临床法又称临床谈话法，可以是口头谈话（如面对面地交谈），也可以是书面谈话（如问卷）。谈话者可以根据具体情况决定选择何种方式，对于复杂的个案问题，需要使用两种谈话方法。需要注意的是，教师找学生谈话时，一定要先消除学生紧张、戒备的心理，创造轻松自如的谈话氛围。同时，教师的提问要以封闭性和开放性问题交替进行。

⑤ 教育会诊法

教育会诊法是指召集有关教育专家学者通过讨论，就个案（学生的行为）进行鉴定，得出对研究对象比较客观、公正的结论的一种研究方法，具有集体性、公正性、简便性的特点，适用于问题学生和正常学生。会诊主要是针对学生思想品质及学习方面的问题进行。

问题三：教育科研的常用工具有哪些？

一、统计分析工具

1. Excel

Excel 是 Microsoft Office System 中的电子表格程序。可以使用 Excel 创建工作簿（电子表格集合）并设置工作簿格式，以便分析数据，做出更明智的业务决策。特别是可以使用 Excel 跟踪数据，生成数据分析模型，编写公式以对数据进行计算，以多种方式透视数据，并以各种具有专业外观的图表来显示数据。

2. SPSS

SPSS 的基本功能包括数据管理、统计分析、图表分析、输出管理等。SPSS 统计分析包括描述性统计、均值比较、一般线性模型、相关分析、回归分析、对数线性模型、聚类分析、数据简化、生存分析、时间序列分析、多重响应等内容。每项内容中又分为若干个统计过程，例如，回归分析中又分线性回归分析、曲线估计、Logistic 回归、Probit 回归、加权估计、两阶段最小二乘法、非线性回归等多个统计过程，而且每个过程中又允许用户选择不同的方法及参数。SPSS 也有专门的绘图系统，可以根据数据绘制各种图形。

3. Amos22.0 与 LISREL

Amos22.0 是 IBM SPSS 22 系列的一部分，是一款功能强大的结构方程建模（SEM，Structural Equation Modeling）工具。通过对回归分析、因子分析、相关性分析和方差分析等传统多元数据分析方法的扩展，为理论研究提供更多的支持。Amos 的探索技术和 SEM 的"界定搜索"功能，可以让使用者从大量候选模型中筛选出最佳模型，可以利用之前的模式界定或通过在模型中设定参数值约束条件，或者利用贝叶斯估计指定参数的先验分布。利用验证性因子分析，可以指定和验证因子模式，而不需依赖传统的探索性因子分析。

LISREL 被公认最专业的 SEM 工具，通过运用路径图（Path Diagram，又称通径图）直观地构造结构模型是 LISREL 的一个重要特点，在 LISREL 中，新增了多层次分析（Multilevel Modeling）、广义线性模型（Generalized Linear Regression，又称通用线性模型）。在过去的四五十年中，LISREL 模型、方法和软件已经成为结构方程模型（SEM）的同义词。SEM 使社会科学、管理科学、行为科学、生物科学、教育科学等领域的研究人员对他们的理论进行实证研究。这些理论通常归结为两种理论模型，可观测变量和不可观测变量。如果为理论模型的观测变量收集数据，那么 LISREL 可以用来将模型拟合为数据。

4. SAS

SAS (Statistical Analysis System) 是一个模块化、集成化的大型应用软件系统，由数十个专用模块构成，其中 Base SAS 模块是 SAS 系统的核心。其他各模块均在 Base SAS 提供的环境中运行。用户可选择需要的模块与 Base SAS 一起构成一个用户化的 SAS 系统。SAS 功能包括数据访问、数据储存及管理、应用开发、图形处理、数据分析、报告编制、运筹学方法、计量经济学与预测等。SAS 系统主要完成以数据为中心的四大任务：数据访问、数据管理、数据呈现、数据分析。

二、常用定性分析软件

Nvivo 是由澳大利亚 QSR 公司发行的用于质的研究分析的软件，可以处理文本数据（访谈录音稿、田野工作笔记、会议记录等）和非文本数据（照片、图表、可视化影像等），能够有效处理数据，创建和探索新的创意和理论，可以帮助研究人员处理包括可视化数据和文本数据在内的多样化数据的输入，统计摘要，撰写数据报告，为数据间的关系创建可视化的展示环境。

三、文献管理工具

1. EndNote

EndNote 是一款管理参考文献的软件，被广泛用于学术领域。使用该软件，可在网络上创建个人参考文献库，它支持文本、图片和表格等各式各样的内容资料与链接地址，能够完美兼容 Microsoft Word。它有检索文献、编辑引文和共享与协作文献等诸多功能，可进行文献批量下载和管理，写作论文时添加索引，分析某篇文献的引文索引，分析某领域或者学术课题的经典文献地位等。也可以直接套用其中的模板进行稿件、论文等的编写，对写论文的人来说是个不错的选择，即使边写论文边看资料也不用担心发生任何错误。

2. Biblioscape Librarian Edition

Biblioscape Librarian Edition 是一款非常实用的信息管理软件,使用这款软件能够将文件夹分类管理。该软件支持自定义搜索,并且能够绘制流程图,操作十分方便。

3. NoteExpress

NoteExpress 是一款专业级别的文献检索与管理系统,其核心功能涵盖"知识采集、管理、应用、挖掘"的知识管理的所有环节,是学术研究、知识管理的必备工具。该软件有四大主要功能:题录采集功能,可以从互联网上数以千计的国内外电子图书馆、文献数据库中检索和下载文献书目信息;题录管理功能,检索方便,检索结果可以保存下来作为一个研究方向专题;题录使用功能,快速检索和浏览,以了解研究方向的最新进展;笔记功能,可以为正在阅读的题录添加笔记,并把笔记和题录通过链接关联起来,方便以后阅读。

综合案例分享

教育调查法、教育实验法的综合应用

一、课题名称:微信平台在高中信息技术教学中的实验研究

二、实验准备

(一)实验环境

本次实验研究将在天津市某校高一年级进行,经过调查,该校学生每人都拥有一部可以运行微信软件的移动终端。

(二)教学材料

本次实验使用天津高中信息技术教材,第三章"信息的表达"的选修章节"思维导图"。

(三)问卷调查表

高中信息技术课程学习兴趣调查

亲爱的同学:

你好!欢迎你参加本学期高中信息技术课程课堂学习情况的调查。本调查仅作教学研究之用,答案无对错之分,请不要有任何顾虑。请你认真阅读以下题目,并根据自己的实际情况如实填写。你的回答将对我们教学的开展提供重要的参考价值。感谢你的合作!

年龄_____ 性别_____

1. 你认为每周应该开设几节信息技术课?

A. 2 节   B. 3 节   C. 4 节   D. 5 节

2. 你喜欢跟他人谈论自己的信息技术老师和同学吗?

A. 非常不喜欢   B. 比较不喜欢

C. 说不清楚   D. 比较喜欢

E. 非常喜欢

3. 你喜欢看与信息技术知识相关的课外书吗？

A. 非常不喜欢　　　　　　B. 比较不喜欢

C. 说不清楚　　　　　　　D. 比较喜欢

E. 非常喜欢

4. 每次上信息技术课你都很投入，思路非常清晰，对吗？

A. 是　　　　　　　　　　B. 否

5. 课堂上教师让设计作品时，你是否能够非常投入？

A. 是　　　　　　　　　　B. 否

6. 你对整个学期信息技术课程的学习会制订一个学习计划吗？

A. 是　　　　　　　　　　B. 否

7. 你认为让你非常喜欢信息技术课程的原因有哪些？（可以多选）

A. 国家政策　　　　　　　B. 学校督促

C. 家长希望　　　　　　　D. 个人兴趣

8. 上课时，你会认真思考教师提出的问题吗？

A. 非常不同意　　　　　　B. 比较不同意

C. 说不清楚　　　　　　　D. 比较同意

E. 非常同意

9. 下课后，你会及时复习教师所讲的知识吗？

A. 非常不同意　　　　　　B. 比较不同意

C. 说不清楚　　　　　　　D. 比较同意

E. 非常同意

10. 你认为信息技术课程的学习能促进其他科目的学习吗？

A. 非常不同意　　　　　　B. 比较不同意

C. 说不清楚　　　　　　　D. 比较同意

E. 非常同意

11. 课堂上你认真思考学习了吗？

A. 非常不同意　　　　　　B. 比较不同意

C. 说不清楚　　　　　　　D. 比较同意

E. 非常同意

12. 你认为信息技术课程很重要，对将来的工作或多或少都会有帮助，对吗？

A. 是　　　　　　　　　　B. 否

13. 对于不会的问题，你通常先自己思考，然后向他人请教，是吗？

A. 是 　　　　　　　　　　B. 否

14. 信息技术课上你从来不上网聊天或玩游戏？

A. 非常不同意 　　　　　B. 比较不同意

C. 说不清楚 　　　　　　D. 比较同意

E. 非常同意

15. 你经常对信息技术课所讲的内容进行上机练习吗？

A. 每天1次 　　　　　　B. 每天2次

C. 每天3次 　　　　　　D. 每两天1次

16. 你从来没有为了考试而进行学习？

A. 是 　　　　　　　　　　B. 否

17. 除了教师指定的作业，你总是能再多做一些？

A. 是 　　　　　　　　　　B. 否

18. 信息技术课程测试后，你总是对全班成绩最好的同学特别感兴趣，是吗？

A. 非常不同意 　　　　　B. 比较不同意

C. 说不清楚 　　　　　　D. 比较同意

E. 非常同意

19. 对于思维导图工具，你感兴趣吗？

A. 是 　　　　　　　　　　B. 否

20. 你能在其他学科中熟练运用思维导图相关知识吗？

A. 非常不熟练 　　　　　B. 比较不熟练

C. 说不清楚 　　　　　　D. 比较熟练

E. 非常熟练

（四）实验被试

对于实验被试的选取，笔者在与该高中一年级的负责教师沟通之后，对他们的信息技术能力以班级为单位进行调查，最终根据前期测试成绩选取了一班与六班两个班级作为本次实验的被试。其中一班作为实验班，采取实验教学；六班作为对照班，使用传统方式教学。两个班级的人数统计结果如表4-6所示。

（五）实验变量

自变量：实验班利用微信学习平台辅助教学，对照班选择传统的教学方式。

因变量：学生对信息技术的学习兴趣；学生的问题解决能力。

控制变量：两个班人数男女比例相近，由同一位教师执教，所学内容一致，课时相同，所用的问卷与随堂作业均无差异。

表 4-6　班级人数统计

班级	男生	女生	总人数
一班	20	21	41
六班	15	13	28
总计	35	34	69

（六）实验假设

在高中信息技术学科教学中，应用微信移动学习有助于提高学习者的学习兴趣。

三、实验实施

通过对天津市某高中整个高一阶段学生的信息技术基本能力的了解，选择高一一班与六班两个班信息技术基础水平没有明显差距的学生作为实验被试。本次实验研究历经三个月，实验班采取微信平台支持的线上与线下结合的方式教学，对照班选择传统的教学方式教学，同一名授课教师，授课时间为一天中的同一时段，避免不同时间与不同教师对教学实验结果的准确性造成的干扰。

（一）实验前期

在实验开始之前，通过对实验班和对照班分发学习兴趣问卷，对这两个班的学生对于信息技术的学习兴趣进行调查。最终利用 SPSS 软件对收集的数据进行独立样本 T 检验分析。分析结果显示两个班的同学对信息技术的学习投入、情感倾向以及学习主动性没有明显差距。具体分析如表 4-7 所示：

表 4-7　实验前：实验班与对照班学生学习兴趣独立样本 t 检验结果

班级	样本数	均值	标准差	t	p
实验班	41	73.8780	17.37987	0.738	0.471
对照班	28	70.6071	19.04058	0.726	

由表 4-7 可以看出，数据分析 $p > 0.05$，不具有显著性，两个班在实验开始前学习兴趣没有明显差异，可以进行对照实验。

（二）实验中期

在实验的进行过程中，对两班学生每次作业得分的平均分做了统计，结果显示：在第一次的作业中，实验班的平均分比对照班的略低；而在接下来的几次作业中，实验班学生的平均分明显高于对照班，两班同学逐渐对信息技术形成了一个稳定的学科认识，对信息技术的学习兴趣趋于稳定提升。

（三）实验后期

在信息技术课程结束的前一周，对两个班的同学进行了对信息技术的学习兴趣的后期问卷调查。在对问卷数据进行分析的过程中，对两个班的学习兴趣前后测进行了分析，通过这些分析，试图验证微信支持的高中信息技术教学与传统的信息技术教学之间的差异。

四、实验数据与结果分析

（一）学习兴趣实验结果分析

1. 实验班和对照班结果比较

表 4-8　实验后测：学生学习兴趣独立样本 t 检验结果

班级	样本数	均值	标准差	t	p
实验班	41	83.6585	13.29588	2.678	0.013
对照班	28	74.0357	16.46204	2.573	

由表 4-8 可以看出，数据分析 $p<0.05$，具有显著性，说明进行教学实验后，实验班对信息技术的学习兴趣得到了提升。

2. 对照班前后测结果分析

表 4-9　对照班前后测：学生学习兴趣独立样本 t 检验结果

前后测	样本数	均值	标准差	t	p
前测	28	70.6071	19.04058	−0.721	0.474
后测	28	74.0357	16.46204	−0.721	

由表 4-9 可以看出，$p>0.05$，不具有显著性，对照班在进行传统教学的过程中学生对信息技术的学习兴趣并没有得到提升。

（二）实验总结

高中信息技术课采用移动端的微信平台辅助教学，更能激发学生对信息技术课的学习兴趣。

本章内容小结

本章我们了解研究方法的定义和分类（知识检查点 4-1），掌握了教育科研的常用研究方法及其适用条件（知识检查点 4-2），能够结合案例掌握研究方法的运用（能力里程碑 4-1），能够根据实际需求确定相应的教育科研工具（能力里程碑 4-2）。

本章内容的思维导图如图 4-1 所示。

自主活动：结合实际，选择两种研究方法，思考如何才能使其发挥最大的研究效果

请学习者在学完本章内容后，进行自我反思，并记录个人学习心得。

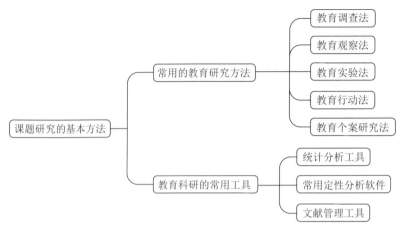

图 4-1 思维导图

小组活动：在教育科研的过程中常用的信息化工具有哪些，作用如何

请学习者围绕本章的学习主题进行组内交流，并做好小组学习记录。

评价活动：评价本章知识与能力学习水平

一、名词解释

教育研究方法（知识检查点 4-1）

教育调查法（知识检查点 4-2）

教育观察法（知识检查点 4-2）

教育实验法（知识检查点 4-2）

教育行动法（知识检查点 4-2）

教育个案研究法（知识检查点 4-2）

二、简述题

1. 教育研究方法都有哪些？如何分类（知识检查点 4-1）？
2. 如何根据条件选择合适的教育研究方法（知识检查点 4-2、能力里程碑 4-1）？
3. 教育科研的工具有哪些？如何使用（能力里程碑 4-2）？

三、实践项目

结合教学实际中存在的研究问题，运用研究方法进行研究方案的设计与实施，并对方案进行修改和完善（能力里程碑 4-1）。

第五章 教育科研成果的表达与推广

本章学习目标

在本章的学习中，要努力达到如下目标：
- 了解推广教育科研成果的原因（知识检查点 5-1）。
- 了解教育科研成果的表达形式（知识检查点 5-2）。
- 能够对教育科研成果进行正确的表达（能力里程碑 5-1）。
- 了解教育科研成果在推广过程中应注意的问题（知识检查点 5-3）。
- 能够通过网站及社交媒体等渠道进行教育科研成果的推广与交流（能力里程碑 5-2）。

本章核心问题

教育科研成果的表达形式有哪些？教育科研成果的推广渠道有哪些？

本章内容结构

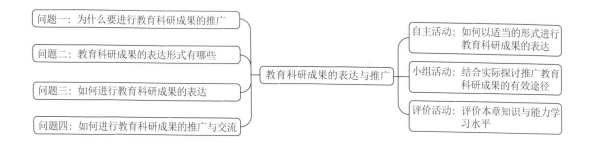

引言

教研科研成果的表达是指在中小学教育科研活动中，按照一定的逻辑结构，以某种特定的形态来反映对研究问题的认识与解决策略。成果的表达首先需要经过提炼，从意识形态转变为初步的物质形态，再进行概括，以成熟的物质形态展现出来，简而言之，就是基于大量的资料积累，根据成果的类型对资料进行取舍和概括，最终生成目标类型的成果。

近年来，为了鼓励广大一线教师积极投身科研，围绕教学实践过程中出现的问题积极开展研究、践行理论、在解决实际问题的同时提高专业水平，国家和地方政府专门开设了教学成果奖的评选与奖励。教学成果奖的设立重在激励广大一线教育工作者进行研究探索、经验分享、方法传递，并以此对成果进行推广，起到辐射周边、共同提高的作用。但是对于中小学一线教师来讲，他们更希望评审专家走进教学现场去打分，因为"写得好不如说得好，说得好不如做得好"，科研成果的书面归纳、文字表达和呈现恰恰是中小学教师的弱项。本章我们探讨一下教育科研成果表达和推广需要关注的一些重点内容，使教师们能在有限的文字内容中彰显自身特色。

问题一：为什么要进行教育科研成果的推广？

教育科研成果是广大一线教师的劳动结晶，是宝贵经验的集合。成果的推广不仅是人类社会知识、财富的积累和传播，更是促进教育变革必不可少的手段。通过成果的应用和推广，把教育科研与教育实践活动紧密衔接，使成果服务于教学过程，形成教育科研和教育实践的良性互动。"十年树木，百年树人"，不同于科学技术成果，教育科研成果的价值更多地体现在社会的精神产品上，体现出对教育理论进行不断丰富以及促进教育实践，进而塑造人才、培养人才、造就人才的整体价值。以下就从"三需求、一检验、一方法、一途径"出发，对教育科研成果推广的原因进行分析。

一、教育生产力转化的需求

基础教育科研作为推动我国教育事业不断向前发展的重要力量，只有当教育科研成果得到真正的推广和应用时，才能真正转化为现实的教育生产力，其内在的科学价值和应用价值才能得到社会的承认。

优秀教育科研成果被推广后，如果能被借鉴，便能产生辐射效应，其生产力价值也能最大化。长期以来，我国基础教育科研工作存在着重科研成果数量、轻推广应用的问题，中小学教育科研成果推广效果不佳，许多研究成果仅停留在项目结题或论文发表的阶段，很少进行后续的实践和推广。因此，需要转变基础教育科研工作理念，正确认识推广应用的重要性。教育科研成果的推广，不仅有助于提高一个地区或学校的整体科研意识，而且可以加速学校教育教学的改革。

二、改进教学实践的需求

日本"推销大王"齐藤竹之助有一个著名的观点:"人人都是自己的推销员"。不管你是什么人,若要达到目的,就必须具备向社会自我推销的能力。一个人能否成功,不仅取决于你能力的大小,还取决于你如何进行自我推销。科研成果不推广,就像"关起门来放鞭炮"——纯属自娱自乐。

在推广成果的过程中,中小学教师既是实践者、研究者,也是学习者,通过研究发现问题,从而解决问题。首先,应该将成果应用于自己的教学实践。优秀教育科研成果的推广应用落实到教学实践中,可以促进一线教师教育教学实践行为的改进,进而促进学生的发展。其次,通过良好的实践效果的呈现,逐渐得到他人及社会的认可,并带动更多的人参与实践,以科研促教学,以教学促科研,形成一个良性循环,教师也可以在不断的实践中获得更大的提升,这是最好的研究成果的推广与应用。

三、打破科研瓶颈,完善科研流程的需求

2016年12月,教育部部长陈宝生在第五届"全国教育科学研究优秀成果颁奖大会暨全国教育科研管理工作会议"上强调:"要抓好理论生产到成果转化应用的有机衔接,让教育科研成果更多、更好地转化为教案、转化为决策、转化为制度、转化为舆论。"一个完整的教育科研过程不仅包含严谨的科研流程、显著的科研成果,还有对成果的推广和应用。在科研过程中,不能成果一出万事休,成果推广应用不足已成为制约教育科研质量的"瓶颈"。所以,需要通过对科研成果的推广和交流,使成果接受实践的检验,获取更好的教育价值和社会效益。并且,在成果推广的过程中可以扩大研究对象,深化研究内容,拓展应用领域,使项目成果的内涵得以丰富的同时,推进成果的深入与创新,形成新的研究与探索。

四、对教育科研成果最好的检验

任何科研成果都是在有限的范围内运用研究手段得出的对事物的规律性认识。由于研究对象的复杂性,一线教师往往在新的技术环境下运用自然科学的研究方法与社会科学的研究方法进行研究。此外,由于区域性差异,研究条件存在很大的不同,这会导致教育科研成果实际价值和应用范围的差异。哪些是教育的一般规律,哪些是教育中的偶发现象,都要在反复的实践中进行检验。在实践中通过一轮又一轮的形成性评价和总结性评价,不断归纳与提升,才能对规律形成更为完整、科学的认识。所以,成果的推广与应用可以对成果的科学性、实用性、普适性进行进一步的检验,进而改进教育教学过程。

五、扩大教育科研工作影响力的有效方法

如果一项成果通过结题与验收后，随即束之高阁，画上句号，那么它的作用就不能得到很好的发挥，它对社会的影响也就十分有限，就可能"藏在深山人不识"。只有推广和应用，才能使更多的教育同行获得符合教育规律的教育经验，同时使成果产生辐射作用，使教育科研产生共振效应。当然，合适的成果推广方式还可使各个社会群体了解教育科研工作的意义、性质、特点和作用，扩大教育科研的影响力。

六、培养教育科研队伍的重要途径

教育科研活动的特殊性就是科研队伍具有较为广泛的群众基础，一大批有条件、有能力、有志于此的教育工作者都积极参与教育科研活动。他们在教育实践的一线工作，有丰富的实践经验，又有解决教育发展和教育改革中涌现出的大量瓶颈问题的需求，但与专业人员相比，他们又较为缺乏教育研究的专业知识和方法。通过教育科研成果的应用与推广，专业教育科研人员和成果拥有者采取成果报告、现场展示、科研讲座、案例分享、面对面指导等方法，把普及科研知识、培养科研骨干、组织科研队伍的功能充分发挥出来，产生"价值增值"，把相当数量的教育工作者同时培养成为教育科研的内行人，达到不断壮大教育科研队伍的目的。

问题二：教育科研成果的表达形式有哪些？

从研究成果的内容和性质来看，可以把中小学教育科研成果分为以下几类：教育理论类、教育事实类、教育探索与应用类。

一、教育理论类科研成果

教育理论类科研成果的主要表现为学术论文、专著等。教育理论类研究以深刻的理论分析和严密的逻辑论证来阐述对研究问题基本属性的认识与理解。这种研究从问题的内在矛盾出发，阐述新旧理论之间的关系。通过揭示研究问题内部要素的系统关系与规律来提出新学说、新观点、新概念和新方法，或开辟新的研究领域。教育理论类研究以创新作为最重要的特征，创造新内容、提出新思想是该类研究的根本目的。创新程度是确定该类研究成果价值的首要条件，所以教育理论类研究相对较为深入、较为根本。

教育理论研究还注重普遍指导意义、科学逻辑和系统性，以期对教育实践起到指导作用。在中小学教育科研过程中，基本理论是解决实际问题的出发点，也是指导问题解决的有效手段，它决定着研究者以哪种理念去解决哪类问题，会得出哪种结论。它们涉及的研究内容包括：研究问题的性质、研究现状、问题的类型、问题解决的制约因素等。通过对

以上问题的研究，将结论以调查报告、论文、专著等形式进行呈现，在成果中要求论点鲜明、论据充分、论述逻辑严密、研究结论能够得到充分支持。

教育理论类科研成果举例："高职院校产学研结合下创业教育人才培养体制机制研究""3～6岁幼儿核心素养框架理论研究""基于初中生核心素养构建化学学习活动理论模型""核心素养视域下校园足球课程目标的理论构建"等。

二、教育事实类科研成果

教育事实类科研成果是在基本理论类成果指导下对研究问题存在的弊端进行的改造与革新，是基本理论作用于教学实践的工具。教育事实类的研究可以分为描述研究和实验研究，其中，描述研究主要是对教育事实进行描述、记录、分析和解释；实验研究主要解决在精确控制变量的情况下可能出现的教学结果问题，以确定变量与结果之间的关系。

教育事实类的科研成果一般基于确凿的理论，采用系统、科学的操作方法，生成调查问卷、实施方案、实验内容或教材、评估标准、监测评估量表等具有典型技术特征的材料，是改造教育教学实践的重要基础，是优化教学实践的主要技术手段。

教育事实类科研成果举例："学生思想政治教育工作实施方案简介""×小学剑气书香——多彩经典校园建设实施方案""新课标下×省农村小学音乐课现状调查分析、对策研究以及实施方案""小学信息技术课游戏化实践活动教学设计""基于项目式教学的小学科学课程教学设计"等。

三、教育探索与应用类科研成果

有些学者把这一类科研成果称为综合性科研成果，它是中小学教育科研成果价值的集中体现，以典型案例分析、研究心得或随笔、经验论文等文字材料，或活动的录音、录像等音像材料为主。

教育探索与应用类科研成果主要反映研究实践中研究者改造教育教学实践的实际操作流程和具体方法，是教学最真实的反映，其实质是教育理论类科研成果和教育事实类科研成果的具体应用，使实践有理论的支持，使理论有接受实践检验的机会，为二者提供了实施的演练场，它是中小学教师普遍认同的成果形态。在很多教育科研成果中，既有对事实的发现和报告，又有在此基础上所做的理论性分析和阐述。

教育探索与应用类科研成果举例："义务教育阶段数学课程的改革行动研究""实施科学教育·×市学校创新实验室建设的探索与实践""小学语文合作识字学习活动模式的建构"。

上述三类成果是中小学教育科研成果中最重要的组成部分，在教育实践环境下，以充分的教育理论类成果为依据，以科学系统的教育事实类成果为支撑，才能有丰富多彩的教育探索和教育应用科研成果。三者之间相互联系、互相支撑，共同构筑了中小学教师教育科研的流程和体系。

教育科研成果的表达形式是多种多样的，对成果类型的正确认识，能够使中小学教育教学研究与实践过程更加规范、有序，并且有助于教师树立必要的成果意识，提高研究成果的质量。中小学教育科研成果可以按照不同的分类形成与之相适应的表达形式。但由于教师个人研究能力的不同，不是所有的成果形式都适合某一位教师，也不是某种成果形式适合所有的教师。教师要选择与自己研究方向和表达能力相对应的成果形式。一般来说，便于操作并且与工作实践相辅相成的成果体现形式才是适宜教师采用的。

问题三：如何进行教育科研成果的表达？

中小学教育科研成果可以从宏观和微观两个层面来进行表达，宏观表达是指通过对成果进行科学的规划和设计，形成反映整个研究过程和解决问题的思路和方法；微观表达是指从一个个具体的问题出发，反映的是对该问题的解决思路和方法。科研成果的表达是有章可循的，有很多一般的结论可以借鉴。

一、以"解决教育实践问题"为核心，突出创新性

中小学教育科研活动的一切成果都是基于教育实践并回归于教育实践的，科研成果的表达必须以解决教育实践问题为核心，对问题进行分类和比较，从创新的角度解决问题，形成独特并行之有效的解决方法。对于教育理论类科研成果来讲，需要揭示教育实践问题的本质，找出问题的基本属性和内在矛盾，在此基础上提出解决策略；对于教育事实类科研成果而言，就是将解决问题的思路和策略具体化，形成方案，使之具有可操作性；对于教育应用类科研成果来说，就是着眼于教育实践问题的解决，形成解决问题的工具类成果，无论是经验还是随笔，都能够为其他教师的研究提供相应的借鉴。

二、对成果表达思路进行整体设计，突出个性

一项完整的科研成果是由众多单项成果组成的，单项成果的不同组合会出现不一样的表达效果。所以需要教师根据研究的总体任务、成果、题目和观点，以及需要解决的教育实践问题对单项成果进行选择并根据一定的策略进行顺序表达。

教育理论类科研成果需要围绕研究涉及的理论基础、对研究的基本认识、对基本问题的阐释与界定进行整体设计，并结合研究的实际情况恰当表达。这样不仅可以使研究有扎实的理论基础，还可以使其在同类问题的解决中得到进一步的推广和应用。教育事实类科研成果要主打"实用"标签，要能为理论类成果的具体运用提供"场所"，同时又能为教

育应用类成果提供具体指导，以便于其他教育同行理解和运用，甚至成为常规化应用，使成果在实践中得以进一步完善。教育应用类成果要突出个性，积极表达教育实践中的创新成果和解决问题的特殊途径。

三、确定成果表达形式，规范格式

科研成果的表达实质上是为了研究结论在更大的范围内传播，扩大影响力。因此要遵循教育传播的特征，选择合适的载体形式。一般来讲，某种载体形式只适合某类研究结论的传播，某类研究结论也只能选择某种特定形式的载体才能发挥最大的传播效果。例如，事实性的研究结论用调查报告的形式最好。科研成果的表达，还要注意规范书写格式，充分体现研究者严谨的治学态度。相关的结构规范请参考第六章的教育科研成果的撰写部分。

四、科研成果要有严密的逻辑结构

研究结论决定了科研成果的表达形式，确定了表达形式以后，就能够选择论证材料对研究结论进行说明。所选择的科研成果的表达形式决定了科研成果的结构，成果的结构一般表现为提纲的形式。成果不同，逻辑顺序也不同。例如：论文的逻辑结构为论点——论据——论证；研究报告的逻辑结构为：事实——分析——定论——讨论；专著、教材的逻辑结构一般为章、节标题等。

五、要对成果进行多元表达

首先，成果语言多元性的表达。教育科研成果不同于其他科研成果，是广大一线教师基于教学实践的经验总结，所以表达成果时，要注意按照教育科研严谨的语言和修辞来对问题及结论进行描述，确保成果的科学性。同时，在行文中也可以采用准确的、生动形象的教学语言对过程进行适当描述，坚持用客观事实和客观体验说话，避免出现言辞华丽不实、词藻堆砌无用的现象。在对成果进行表达的时候要以严密的逻辑，深入浅出的语言（可在教育科研语言和教学语言之间寻找一个合适的平衡点），将深奥的道理进行剖析，给人无可辩驳的力量。

其次，成果类型多元性的表达。教师对成果进行提炼和总结时可以采用文字、音像、实物等不同形式。此外，还可以采用论文、报告、案例、随笔等不同表现形式进行表达。对成果进行多元表达可以使读者从不同的方面更好地达到对成果的认知，从而产生更大的社会影响。

问题四：如何进行教育科研成果的推广与交流？

一、教育科研成果推广的主要途径

科研成果的推广过程首先是一个传播的过程，要对成果进行多种宣传，让大家了解科研成果。在进行成果推广时，需要多花些心思好好想一想、查一查，比如：成果主要的推广途径有哪些，自己的科研成果适合通过什么手段进行推广，可以利用的网络途径和社会媒体、社会活动有哪些？如果对成果的推广形式不了解，推广就变成了一句空话。中小学科研成果推广的主要途径，如表5-1所示。

表5-1 科研成果的推广途径

	科研成果推广的主要途径
文本推广	将项目成果转化为案例集、操作手册等可读性强的，具有指导性的文本材料供教师参考、使用
成果宣讲	在成果推广初期，以单次集中开展讲座的形式对项目进行整体介绍，输送项目成果
课程培训	对项目成果进行后期加工，将其转化为培训课程，以区域或校本培训的形式对参与项目推广应用的指定对象进行培训
互动研讨	以座谈、研讨会等形式，对科研成果在实践中的运用情况进行跟进、验证、拓展与深化
示范展示	成果持有方和推广方以公开示范或展示的方式，直观、感性地展示项目推进过程中的阶段性成果
实践创新	在实践过程中对原有项目进行改进、优化和创新，衍生出新的研究内容，促进成果的可持续推广与应用

二、利用网络与社会媒体扩大教育科研成果的影响

1. 利用网络进行成果推广与交流

在信息化时代，网络在社会各个领域扮演着异常重要的角色。当然，在科研成果的推广中，网络渠道作用的发挥更是不容小觑，利用网络进行成果推广与交流的渠道包括以下几种。

（1）专题网站

制作教育科研成果推荐网页（或联合专题报道）推广科研成果，有以下三种方式：第一，课题项目学校可以组织有关技术人员设计制作教育科研成果推荐网页，对课题项目各方面的工作情况与最新信息进行介绍与展示；第二，将课题研究的活动信息和相关成果发布在互联网上；第三，将科研成果推荐网页与上级主管部门的网页进行链接，在上级主管部门网站的主页上设置教育科研成果检索栏目，借助上级主管部门的网站进行宣传。

第五章 教育科研成果的表达与推广

（2）社交媒体

社交媒体是人们彼此之间用来分享意见、见解、经验和观点的工具和平台，包括社交网站、微博、微信、博客、论坛等。社交媒体可以打破时空、地域界限进行通信。

课题组成员建立各自的教育博客，并与网络上"志同道合"的研究者组成博客圈子。教学设计、研究报告、论文、教学资源等都可以发布到博客上进行共享。同时博客能集四方之智慧，共同探讨研究中遇到的问题和困惑。

利用学校的官方微博对科研情况、活动报道、心得体会、问题疑惑等进行及时的更新和发布。通过个人微博发布相关内容，获得好友圈的认可，同时教师需要对教育领域的微博进行关注，及时掌握相关研究领域的最新成果，向专家学者请教，并与同行们交流。

利用社交媒体组建与科研成果相关的QQ群，与本校或本省，乃至全国范围内志同道合的同行进行交流，例如：利用QQ群在群邮件和群公告中发布研究的资源，并在压缩包中加入课题研究网站、微博、博客等的链接，以便下载资源的人进行访问。另外，在论坛发帖可以起到一呼天下应的效果，推广的同时也可以获得更加多元化的反馈。

（3）相关学术网站

可以把论文研究报告、研究反思等一些优秀文章发表到一些知名的学术网站，如K12中国中小学教育教学网、中国现代教育网、中国基础教育网等，随后便会有许多网站从这些网站转载我们的成果。此外也可以与相关网站合作，将成果链接做成"友情链接"的形式，这样可以起到和网站的绑定效应，提升自身科研成果的价值。下面对一些主要的成果推广网站进行简单介绍，见表5-2。

表5-2 教育科研成果推广相关网站简介

名称	网址	相关栏目
K12中国中小学教育教学网	http://www.k12.com.cn/	云课堂、教育资源、教育空间、教育求职、教育论坛等
中国21世纪基础教育网	http://www.china21edu.com/	百强名校、教育管理、教师频道、学生频道、资源中心、精品论文、课题申报、教育社区等
中国教育和科研计算机网	https://www.edu.cn/	中国教育、高校科技、教育信息化、下一代互联网、CERNET、人才服务、中国教育在线等
全国中小学教师继续教育网	http://www.teacher.com.cn/	在职培训、自考助学、本科后教育、教师社区、教研文汇等
安徽省中小学教师教育网	http://www.jsjy.ah.cn/index.html	教育新闻、政策文件、专家风采、学科教研、资源展示等
中国教师科研网	http://www.cncxedu.org/	课题介绍、科研动态、科研成果、学术论文、名师名校、精品课程、活动交流等
全国教师教育科研网	http://www.msmxchina.com/index.aspx	全国名校、全国名师、课题研究、申报流程、典型经验、期刊推荐等

2. 利用社会媒体进行推广与交流

社会媒体推广的形式多种多样，常用的是新闻媒体，主要包括报纸、电视、广播等。报纸的特点是种类繁多、发行面广、读者量大、有连续性、经济性，发行频率高、发行量大、信息传递快的特征。特别是报纸这一媒体相对比较便宜，因而宣传时可以用比较低的成本传递大量信息，因此，进行科研成果推广时，可以多与报社取得联系，充分利用这一媒体。

电视是一种集视觉、听觉为一体的传播媒体。心理学研究表明，在一般情况下，人类83%的信息通过视觉获取，11%的信息通过听觉获取。一种宣传如果只通过听觉感受，三天后的保持率为15%；只通过视觉感受，三天后的保持率为40%；如果视听共用，三天后的保持率仍然为75%，所以，电视是进行成果推广的绝佳选择。

三、通过活动进行教育科研成果的推广与交流

1. 先进成果推广会议

先进成果推广交流会，一般由各级教育行政部门、专业推广组织来召开。会上向与会代表推广先进成果，直接传播推广信息。先进成果推广专题讨论会一般由推广组织、教育学术团体主持，以举办学术年会或专题成果讨论会的形式，召集推广对象代表参加，选择优秀的科研成果总结报告，要求与会代表宣传自己的研究成果供与会人员学习。2016年6月18日至19日，基础教育国家级教学成果特等奖"育人模式创新及学校转型实践"推广会在新疆克拉玛依市举行，该活动旨在促进基础教育国家级教学特等奖成果的推广、实践和经验分享，切实发挥获奖成果对创新人才培养模式、推进教育教学改革的示范，发挥引领和辐射作用。

2. 先进成果推广活动

推广一些操作性比较强的科研成果，可以组织先进成果推广演示活动。通过现场观摩、演示的形式进行推广。由课题成果拥有者就成果的关键部分，边讲解，边指导，进行操作、示范。

3. 通过先进成果传、帮、带推广活动

先进成果传、帮、带推广活动适用于基层学校或小型研究成果推广组织。由学校的骨干、积极分子开办培训班，通过传授、帮助，带动全体教师积极主动地推广研究成果，提高教育教学质量。

四、通过信息化课题研究论文发表进行成果推广与交流

教育科研源于教育教学实践，但要把教育科研转化为一种研究成果服务于教学，还需

要文字作为载体,常见的形式就是论文。论文的发表是教师综合运用能力的集中体现,也是研究成果进行推广与交流的重要形式。那么中小学信息化课题研究论文可发表的刊物有哪些呢?下面在5-3中进行详细介绍,以便教师们根据自己的情况选择合适的期刊进行论文发表。

表5-3 信息化课题研究论文可发表刊物简介

刊名	主办单位	主要栏目
中国电化教育	中央电化教育馆	理论与争鸣、教学实践与教师专业发展、学习资源与技术、教育特别关注
电化教育研究	西北师范大学	理论探讨、网络教育、学习环境与资源、课程与教学、学科建设与教师发展、中小学电教、历史与国际比较等
现代教育技术	清华大学	行业资讯、年度策划、理论观点、教学研究、网络与开放教育、基础教育信息化、创新实践教学
中国教育信息化	教育部教育管理信息中心	专题&专栏、前言论坛&创新探索、管理信息化、资源建设与共享、智慧校园、信息技术与教学实践融合
基础教育参考	教育部教育管理信息中心	前沿视点、创客与STEM专栏、区域探索、管理论坛、教师成长、海外借鉴
中国信息技术教育	教育部中央电化教育馆	专题,专栏,视点·圆桌,巡礼,信息技术课,课程整合,技术与应用,数字社区课题研究,域外采风,NOC-ZONE,经验交流
中国教育技术装备	中国教育装备行业协会	理论研究、装备在线、装备管理、技术在线、环境构建、校长论坛、课程整合、信息化教学、实验教学、实践·实训、节约型学校建设、国际观察
中小学信息技术教育	北京教育音像报刊总社	卷首、封面人物、资讯、本期策划、新思维、教与学、技术应用、大视野、职业与技术教育等
中小学电教	吉林省电化教育馆	观点、专题、课程改革、网络建设、资源建设、网络教学、教学设计、课程整合、课堂教学、技术与应用、教学反思、综合教育

注:信息来源于中国知网及各期刊官网。

本章内容小结

本章我们了解了进行教育科研成果推广的原因(知识检查点5-1)、教育科研成果的表达形式与分类(知识检查点5-2)、教育科研成果推广过程中应注意的问题(知识检查点5-3)、能够对教育科研成果进行正确的表达(能力里程碑5-1)、能够通过网站及社交媒体等渠道进行教育科研成果的推广与交流(能力里程碑5-2)。

本章内容的思维导图如图 5-1 所示。

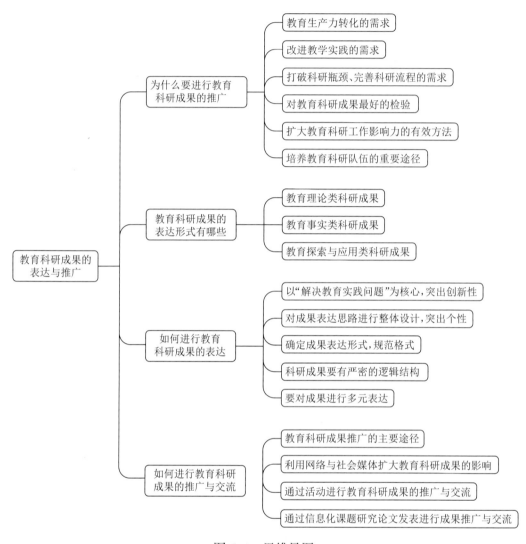

图 5-1　思维导图

自主活动：如何以适当的形式进行教育科研成果的表达

一、自我反思

请学习者在学完本章内容后，进行自我反思，并记录个人学习心得。

小组活动：结合实际探讨推广教育科研成果的有效途径

请学习者围绕本章的学习主题进行组内交流，并做好小组学习记录。

评价活动：评价本章知识与能力学习水平

一、名词解释

成果表达（知识检查点 5-2）

成果推广（知识检查点 5-3）

二、简述题

1. 如何对教育科研成果进行正确表达（能力里程碑 5-1）？
2. 教育科研成果推广的主要途径有哪些（知识检查点 5-3）？
3. 信息化课题研究论文可发表的刊物有哪些（知识检查点 5-3）？
4. 如何打破校际边界，对教育科研成果进行集群推广（能力里程碑 5-2）？

三、实践项目

根据本章列举的教育科研成果推广与交流的途径，结合自己已有成果，按可行性列举一份清单，根据清单顺序对已有成果进行推广，并对推广效果进行跟踪记录（能力里程碑 5-2）。

第六章 教育科研成果的撰写

本章学习目标

在本章的学习中,要努力达到如下目标:
- ◆ 了解研究性论文的结构与撰写流程(知识检查点6-1)。
- ◆ 了解研究性报告的结构与撰写流程(知识检查点6-2)。
- ◆ 了解教育案例的撰写流程(知识检查点6-3)。
- ◆ 知道专著、编著、教材的区别(知识检查点6-4)。
- ◆ 能够根据本章内容撰写对应体裁的研究成果(能力里程碑6-1)。

本章核心问题

如何撰写研究性论文和研究报告?

本章内容结构

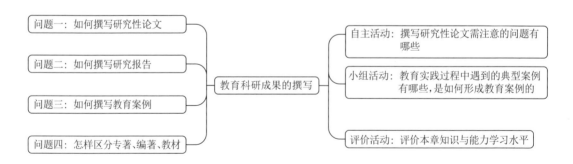

引 言

中小学教师长期工作在教育实践的第一线,具有非常丰富的专业知识和实践经验,同时也具有一定的研究能力和充足的研究条件,但是研究成果的撰写对教师来说仍然是充满

"神秘感"的未知领域。事实上,各类研究成果都是研究过程理性的升华,在万事俱备的情况下,只差撰写的"东风"而已。本章我们将主要介绍研究报告和论文的撰写及注意事项,简要介绍教育案例的撰写,最后对专著进行简单介绍。

研究性论文、研究报告和教育案例是对研究者在研究过程中思想发展的忠实记录,是研究成果的重要载体,教师的写作水平直接影响到读者对课题研究水平和价值的判断,同时也反映了研究者的科研素养。撰写过程是发展研究者自身研究能力的又一次重要实践活动,对于深化原有研究、促进科研水平的提高具有非常重要的作用。

问题一:如何撰写研究性论文?

研究性论文是针对某一个(些)问题、现象进行深入分析、讨论并得到有意义的结论的文章。

一、研究性论文的基本结构

研究性论文的结构是研究内容的表现形式,是作者对研究成果在写作上的布局、谋划和安排。任何论文的结构都不是固定不变的,但也不是无规律可循的,规范性的学术论文框架结构基本上要遵循"绪论——本论——结论"的逻辑顺序,一般包括六个主要部分。

题目
摘要(或提要)
导言(或前言、引言)
正文
结论
参考文献

以上六个部分是比较常用的研究性论文的结构形式,教师可以根据不同的内容灵活选择。

二、撰写研究性论文的流程

明确撰写研究性论文的目的和意义,了解了研究性论文的结构之后,便可以着手进行研究性论文的撰写了,撰写研究性论文时要完成如下几项工作。

1. 准备工作

撰写研究性论文时,必须做好写作前的准备工作。认真做好准备工作的每一个环节,为研究性论文的顺利完成奠定基础。

（1）资料的收集

收集资料主要有两条途径：第一条途径是广泛阅读与研究课题有关的书籍、文章及相关论述，并从中搜集资料，不仅可以从那些论述中得到启发，还可以引用经过考证的事实作为旁证。第二条途径是通过问卷调查、观察、测量、实验、内容分析等方法获得数据资料。只有在拥有大量的、科学的、客观的事实和数据的基础上，才能为论文的写作提供科学的依据。

（2）写作的构思

写作的构思主要包括选择课题、确定论点、分配论据与资料、拟定写作提纲等工作。

① 选择课题。要根据教育实践的实际情况选择合适的课题，可以选择对传统观点提出质疑的课题、新技术与新方法在基础教育中应用的"前沿"课题，教育技术研究中空白领域的课题，还可以选择某些有争论的课题。

② 确定论点。研究论文的论点是作者对研究课题的新见解，是在对大量材料进行分析以后产生出来的。确定论点的过程，也是对大量材料进行深入分析、提炼和加工的过程。首先要确定全文的中心论点，它起着统摄全文的作用，材料的取舍、结构的安排、论文表达方式、甚至各级标题的拟定都要围绕中心论点。其次，在中心论点确定之后再确定分论点，便于对中心论点的支撑和论证。

③ 分配论据与资料。论点确立以后，便可以将大量的论据和资料根据需要分配到各个论点中去，为论点的论证提供令人信服的依据。

④ 拟定写作提纲

拟定写作提纲就是给论文搭架子，需要根据论文的目的和主旨对全文进行构思和设计。在拟定写作提纲的过程中，通过对结构做统一的布局，规划出论文的轮廓，显示出论文的条理和层次，并在各层次下列出要点和事例，最后在提纲的各个大小项目之下记下一些需要用到的具体材料，以备行文时应用。

2. 撰写初稿

初稿的撰写流程是基于论文结构的。

（1）题目

题目是论文内容的高度概括，是论文精髓的集中体现，必须做到确切、中肯、鲜明、精炼、醒目、得体，既要准确地表达论文的内容，恰如其分地反映研究的范围和达到的深度，又要引人注目。题目形式可以多种多样，可以明确点明题意，也可以不点明题意，仅指出研究的问题范围，也可用提出问题的方式。一个好的题目应能准确概括论文内容，能反映研究方向、范围和深度，同时文字简练，具有新颖性，便于分类。也就是说，从题目上不仅能判断研究所属的学科范畴，而且能反映该研究课题在这一领域有关问题研究发展过程中的位置及特点。

为了更好地揭示论文的论点，也可在题目的下方加上副标题，但是应当指出大部分研究论文最好不要副标题，而是直截了当地使用一个简明扼要的题目。

（2）摘要（或提要）

摘要就是将文章中最重要的东西写出来，它虽然被放在论文的前面，但往往是在论文完成之后写成的。摘要是针对研究的主要内容与结构做的介绍，并略加评论。它不是整篇论文的大意，其作用在于使读者通过这段简洁的文字，了解全文主题及主要内容，从而决定是否阅读全文。内容摘要独立成篇，要求准确简练、结构严谨、逻辑性强。

（3）导言（或前言、引言）

导言写在正文之前，它是论文的开头、引子。导言部分的主要任务是说明进行这项研究工作的缘由和重要性。导言的具体内容一般包括三个方面：第一，阐明研究的背景和动机，提出自己所要研究的问题，对该研究问题已有研究理论的完备性及研究方法的科学性进行分析，指出已取得的研究成果和尚待进一步研究的问题；第二，说明自己选择该课题的目的、原因，以及研究重点、研究方法和手段，希望在哪方面取得新进展；第三，概述研究成果的理论意义和现实意义。导言部分的写作要求开宗明义、条理清楚、据理分析、切忌空泛或言过其实。

（4）正文

正文是学术论文的主体部分，包括论点、论据、论证。正文的主要任务是详细阐述科研成果，因此在整个论文中占有极其重要的地位。无论哪种类型的论文都要注意事实材料的可靠性，以及逻辑推理的严谨性。论据要充实，论证要遵循一定的逻辑思维要求，分清主次，抓住本质，条理清晰，能够体现出研究的力量。

初次撰写研究性论文，容易出现两种问题：一种是只表述自己的论点而缺乏科学的论证，只有观点，没有材料，这种论文空洞无物，有骨无肉，没有说服力；另一种是罗列大量的材料，平铺直叙、不得要领，看不出论点是什么，想说什么。出现上述问题的原因都是没有处理好理论与实际的关系，理论脱离实际造成的结果。撰写研究性论文必须正确处理论点和论据的关系，必须以论点为纲，论点明确，并以确凿的论据来说明论点，做到论点与论据相统一。

正文部分的内容较多，为求眉目清楚，往往要使用不同的序码，有时候还要加上小标题。正文部分还常常采用表、图来集中反映数据和关键环节，易于显示事物的变化规律。

（5）结论

结论是围绕正文（本论）所做的结语，是全篇研究论文的总结，是通过归纳得出的结论，起着深化主题的作用。它主要阐述对事实和关系的肯定，以及对一些规律、原则、法则加以表述。结论能够对研究成果进行更高层次的精确概括。

（6）参考文献

教育科研是在前人或他人已有研究成果的基础上进行的，作者或受到理论观点的启迪，或借鉴相应的研究方法。参考文献的多少与质量，反映了本课题的历史和现实研究水平，以及作者的科学态度和求实精神。论文中应列出直接提到或利用的资料、数据、论点、文章来源。一是帮助读者了解有关本课题的研究历史和已有成就，作为进一步研究的依据；二是尊重他人的研究成果，同时体现作者治学的严谨；三是为别人提供查证的线索，避免由于马虎，转引他人研究观点而产生误解。

3. 修改定稿

论文初稿写好以后，必须认真进行修改。不要急于投稿，而要反复推敲，不断修改。

（1）修改的对象

修改研究性论文，主要从两大方面来考虑：一是思想内容，二是表现形式。对思想内容的检查和修改是首要的，而对表现形式的修改也不容忽视。论文的修改主要有以下几个方面：

① 论点是否明确，论点是全篇论文的精髓，决定着该论文的水平与价值，必须明确；

② 论据是否充分，文中的主次是否分明，详略是否得当；

③ 论证手段是否正确，推理是否严密，分析是否合理；

④ 条理是否清晰，结构是否完整、紧凑，布局是否合理，前后是否呼应，各部分之间的衔接是否连贯；

⑤ 题目是否贴切，字、词、句、标点符号是否正确，语言是否准确、简洁。

有的人在写完论文初稿之后，由于过程繁琐，不愿意修改；有的人认为自己写得不错，是自己"十月怀胎"得来的，哪部分都舍不得删除；有的人则认为修改比写初稿还难，畏难而退。改比写难，确有其事，因为初稿是自己呕心沥血写出来的，自己觉得很恰当才写上去，要去发现哪些方面不妥就不那么容易了。但要知道，修改文章是一项细微的工作，只有肯下功夫，才能有明显的成效。

（2）修改的方式

修改论文应遵循先大后小、由全局到部分的原则。首先检查和解决根本性的大问题，即文章的思想内容是否有意义，中心论点和分论点是否正确、全面、深刻，然后才检查和解决结构、表达方式以及语言等方面的问题。修改论文的具体方式主要包括：增、删、换、移四个方面。

① 增，就是增加、补充。如发现论文中有材料不足、论据不充分的情况，就需要增加支撑材料。如果论文中前后内容缺乏必要的承上启下、过渡转折的内容，便要重新加上去。

② 删，就是删繁就简。论文中多余、重复、拖沓冗长的段落、句子、词语等要删去。

③换，就是更换。修改中如果发现初稿中有不恰当的材料，或表述上有不正确、不全面、不妥帖的地方，就必须进行更换。

④移，就是移动、调整。修改时往往会发现初稿中某些材料或语句在文中出现的位置不够恰当，例如，有的提前了，而有的推后了。发现这些情况后，就要对材料进行调整，包括对语句和段落的调整。

三、撰写研究论文应注意的问题有哪些？

1. 选择大小适中、难度适宜的题目

论文的题目是论文内容的高度概括，是论文精髓的集中体现，题目犹如"文眼"，因此，看人先看眼，看文先审题。题目是否合适，往往决定了论文的命运。一个好的题目，往往可以吸引读者的兴趣，进而体现论文本身的价值。

（1）问题面要小。问题有大有小，有难有易，题目涉及的面不宜过大、过宽，要量力而行。题目大小是能否深入问题本质和抓住要害进行突破的关键。确定题目时不要贪大、贪深，不要面面俱到。能在自己学科领域内解决一个或两个小问题，或者有新的发现和创新，所写出的论文就已经很有分量了。

例如，如果将论文题目定为"信息技术在教育过程中的应用"，这个题目就太大了。首先，没有申明哪个学段的教育，是大学的、中学的、还是小学的？其次，教育过程可能是语文、数学、外语等不同学科的具体实施过程，涵盖范围太广。再次，教育过程包括了教育者、受教育者、教育媒介、教育环境四个要素，那么论文题目想表达的是对哪个要素的影响呢？如果改成"信息技术在小学语文教学中对学生学习效果的促进作用"，不仅表明了使用的工具、学科、学段，而且表明了作用对象，即学生。另外，"论素质教育""关注留守儿童，办人民满意的教育"，这类标题太大、太宽、内容太多，一般一线教师没有能力和条件写好，所以尽量避免。

（2）文字要简洁。论文题目要围绕研究对象、研究目的、研究范围、研究方法四大要素拟定，在表达清晰的基础上，用最短的词汇层次分明地表达研究的范围和达到的深度，使审稿者、读者可以从中获取有效信息。题目一般不超过20个字，如果在要求范围内无法准确表达全部信息，可以考虑增加副标题进行界定。

例如，"根据农村特点，重视培养学生学习地理的兴趣，搞好农村中学的地理教育"，这个标题就太长了，如果改为"激发兴趣，有效实施农村中学地理教学"，标题就变得精干了，研究对象、研究范围、研究目的都没有改变，但是概括性提高了。

（3）用词要新颖、恰当。如果论文具有新颖性和独特性，一定要在论文题目中体现出来，不要"把肉埋在碗里"。题目用词一定要能突出自己的新技术、新见解和新突破，虽

然可以使用"研究""设计""应用""探究"等词汇，但是不宜滥用，否则给人千篇一律的感觉。江苏省如皋中学王学东老师总结了五种拟定题目的方法，可供参考。

第一，前加法，即在传统观点前加"也谈""也说"之类的词语。例如"形象直观，画龙点睛——也谈教学媒体在小学语文古诗教学中的作用""也谈多媒体在小学数学课堂中的辅助效应"。

第二，后加法，即在传统观点后加"别议""新解""又何妨"之类的词语。例如，"'难题'别议——有感于'一道数学试题引发的争议'""高中语文古代诗文单元主题教学法新解""做个'哑巴'教师又何妨——高中美术鉴赏教学方法再认识"。

第三，中加法，即在传统观点中间加"未必""不"等词。如"'错误'未必不精彩——也谈语文课堂中学生的'错误'答案"。

第四，换字法，即将传统观点中的某个字换掉，如"学海无涯'巧'作舟"，"巧"换掉了原来的"苦"。

第五，设问法，即加设问语气，使传统观点变成一个设问句，如"语文教师：你把阅读教学进行到底了吗"。

2. 摘要表达简明扼要

摘要主要是对论文整体构成与主要内容的简要摘抄，一般由论文的背景与研究目的、研究内容与研究重点、研究方法与创新、研究结论等几个方面构成。摘要是整个论文的精华所在，可以起到"见微知著"的作用。一般读者总是先读标题和摘要，然后决定是否阅读全文。摘要的字数应按刊物的要求来定，3000字左右的论文，摘要一般在200字左右。摘要的表述一般涉及问题、方法、结果和结论，是对论文相关要素的记录与展示，不能添加评论或者主观色彩的成分于其中。摘要的书写过程需要注意以下几点。

（1）排除本学科领域的常识内容；不能简单重复题名中已有的信息；不可以将文中写好的内容直接摘抄过来；切忌将引言中出现的内容重复写在摘要中。

（2）摘要短小精悍、结构严谨，能把论文全篇的主要内容概括出来；要按研究的逻辑顺序来安排，句子上下连贯，互相呼应，句型力求简单；每句话表意清楚，无空泛、笼统、含混词汇。

（3）要使用规范的术语和人称，不用非公知公用的符号和术语，新的或有争议的术语要慎用；尽量不要使用"本文""本人""笔者""作者"等词汇。建议采用"通过对……的研究得出……""描述了……的现状""采用……方法对……进行了调查"等。

（4）一般不在摘要中引用他人观点，除非该文献证实或否定了他人的已有结论；一般不在摘要中使用数学公式和化学结构式，不出现插图、表格，特殊情况除外。

以中央电化教育馆刘峰老师的论文《中小学教师信息技术应用能力远程培训有效性研

究》为例，说明如何撰写摘要，如表 6-1 所示。

表 6-1 摘要解析示例表

目前，基于网络平台的远程培训方式已经成为促进中小学教师专业发展的重要途径	研究背景
该文依托"国培计划"中小学教师信息技术应用能力提升相关培训项目	所属项目
通过对中小学教师信息技术应用能力培训现状与需求分析	研究对象
从"构建远程协作培训体系，创新远程培训管理模式""构建远程协作培训思路，创新远程培训实施路径""直面远程培训目标，创新远程培训实施策略""远程培训评价与激励机制创新""培训后可持续机制建立的思考"五个角度阐述关于提高远程培训有效性的思考与方法	研究内容
为网络平台远程培训提供了可借鉴、能复制、易操作的经验指南	研究效果

3. 关键词要关键

关键词不是我们觉得比较时髦的词汇或者看起来高大上的词汇，它是将研究性论文中能反映研究方向和研究领域的最重要的词，或者支撑研究过程的关键词汇提取出来，放在摘要之下，读者一看就能了解研究论文的主要内容和主攻方向，也便于文献检索系统进行主题分类和索引编制，所以关键词一定要关键。通常关键词选自题目的变量，研究假设中的变量、研究方法中的变量。重要的词应尽可能往前放。一般一篇研究论文的关键词为 3～5 个，最多不超过 8 个。例如，刘峰老师的论文《中小学教师信息技术应用能力远程培训有效性研究》选取"中小学教师、远程培训、协作管理、实施策略"作为关键词。通过对上文摘要的解读，不难发现，关键词中的两个来源于题目，另外两个来源于研究内容。再如，华中师范大学张莉的论文《榜样和移情对幼儿分享行为影响的实验研究》，作者将"分享行为、移情训练、榜样作用、比较研究"作为关键词，其中三个来源于题目，一个来源于研究方法。由此不难看出，题目、摘要、关键词是对论文进行高度概括的词汇和语句，是作者着重表达的重中之重。

4. 导言要突出导引作用

导言也叫前言或引言，它是论文的开头、引子，研究论文导言部分的写作必须做到开门见山、简明扼要，防止面面俱到、不着边际、文不对题；切忌出现诸如"本研究对世界基础教育方法变革会产生重大影响"等一步登天的语句。研究论文的导言部分必须说明内容的有：进行这项研究工作的缘由和重要性；前人在这一方面的研究进展情况，存在的问题；研究目的、研究方法、计划解决的问题、在学术上的意义。一般供学术刊物发表的研究论文，导言部分要力求简单扼要、直截了当、不要拖泥带水。例如，重庆市开州岳溪初级中学李华义老师的论文《初中语文课堂教学改革的思考》，其导言如表 6-2 所示。

表 6-2 导言解析示例表

作为初中教学体系中一门基础性学科，语文的重要性不言而喻	研究学科
语文是初中教育的基础学科，初中语文课堂教学改革是必然趋势。因为只有通过课堂教学改革，才能改善传统教学模式的弊端，提高教学效率和质量	研究原因
但教学改革并非一蹴而就。从传统课堂教学问题入手，厘清教学改革中需要处理的关系，找出科学有效的教学改革途径，以保证教学改革的成功	研究目的
需要采取多元化的方法，促进教学质量的提升	研究方法
现阶段，教师不要过于强调自身在课堂上的作用，要能够根据不同学生的学习状况以及接受能力，采取针对性的教学策略	研究效果

5. 正文论证过程要逻辑清晰、论述合理

正文在论文中占有极其重要的地位，它是充分表达作者研究成果的部分。撰写研究论文的正文，首先必须掌握充分的材料，然后对材料进行分析、综合、整理，经过概括、判断、推理，最后得出正确的观点。中心论点要贯穿全文，并以此为轴心，用材料进行说明，做到材料与观点相统一。

作者要对正文进行完整的构思，体现严密的逻辑。要反复推敲、仔细斟酌，以期做到论文结构严谨、内容充实、论述完整、逻辑性强。如果做不到这一点，那么论文的可读性就会很差，自然很难调动读者的阅读兴趣。

正文主要包括如下三大部分。

（1）论点陈述。论点要明确，使人看后一目了然，通常采用的陈述方式有假设陈述式、特征概括式以及肯定陈述式等。

（2）论据铺列。包括本研究的理论依据、实验方法、调查方法，及实验数据的处理等。

（3）论证展开。根据从不同途径获得的论据，对前面提出的论点加以论证。论证的方法主要有以下几种。

① 纵深式，即指各论据之间的关系是递进的，它们的位置不能互换，论证时步步紧逼，直到得出结论。

例如，温州市广场路小学张全苍老师的论文《数形结合，促进两种思维和谐发展》论证的层次是：

a. 充分感知，积累表象，发展形象思维；

b. 语言参与，表现概括，引发抽象思维；

c. 数形结合，促进两种思维相辅相成。

② 并列式，即指各个论据间的关系是并列的，是围绕一个中心论点，把若干有关的论据分类排列，逐一论述。例如，江苏省如皋中学王学东老师的论文《在"点拨"中点亮

学生智慧的火花》是这样安排的：

a. 成功的点拨教学要充分激发兴趣；

b. 成功的点拨教学要善于设疑；

c. 成功的点拨教学要相机而导；

d. 成功的点拨教学要富有层次；

e. 成功的点拨教学要能放能收。

③综合式，或以"递进式"为主，在论述过程中又局部采用"平列式"；或以"平列式"为主，局部采用"递进式"。

6. 结论要肯定，突出总结性

结论是整个研究过程的结晶，是全篇论文的精髓，也是作者独到见解之所在。结论的内容包括做出总结和提出展望两个方面。结论部分的作用是总结全文、深化主题、揭示规律，而不是正文部分内容的简单重复，更不是谈几点体会，或者提几句口号。所以，写结论必须十分谨慎，措辞要严谨，逻辑要严密，文字要简明、具体，不能模棱两可，含糊其词，不得用"大概""可能"之类的词语。在结论里，作者往往会提出本课题还需进一步探讨的问题。继续以刘峰老师的论文《中小学教师信息技术应用能力远程培训有效性研究》为例进行说明，见表6-3。

表6-3 研究结论解析示例表

综上所述，提升网络平台远程培训项目的有效性	研究目的
必须以遵循教育规律为前提，注重理论联系实际，因地制宜，改革创新，分析新形势，研究新情况，破解新难题	研究方法
着力解决好"远程培训课程资源开发并使之系统化、网络化、超市化、物流化，协同项目区域（学校）建立教师培训管理体制，改进远程培训评估方式方法，建立远程培训教师发展性评估体系、资源共享增值性评价体系和教师团队的学术性评价体系"等问题	研究内容
最大限度优化远程培训效能，真正提升教师队伍整体素质，促进基础教育科学发展，为中国教育发展贡献智慧和力量	研究效果

7. 参考文献要规范

（1）参考文献的一般要求

参考文献是指我们引用的、用来支撑论文的重要文献，往往附在论文的篇末，每一项参考文献都应写明著者姓名、书刊名、出版社、出版时间和出版地点。由于写论文时常常需要引文的支撑，如果引用的是别人的原话，就要将引用的内容加引号；如果引的是别人的原意，则不加引号而用冒号。但要注意的是，不要把被引文献作者的"原意"同自己的话混在一起。特别重要的引文要自成一段，叫提行引文。提行引文在写时要比正文缩进两格，第一行开头比正文缩进四格，引文要核对无误，不要引错。

（2）参考文献的形式

说明引文的出处或解释引文中的难点时都要加注，加注的方法主要有以下三种：

① 夹注，即在段中注，写在正文中一律用括号标明；

② 脚注，即在本页中加注，注在正文的下方；

③ 尾注，即写在全文的末尾。

（3）参考文献术语

我们首先了解一下《信息与文献：参考文献著录规则》。2015年5月15日，国家质量监督检验总局和中国国家标准化管理委员会联合发布了国标《信息与文献：参考文献著录规则》（GB/T 7714—2015）。此标准已于2015年12月1日正式实施。

标准规定了各个学科、各种类型信息资源的参考文献的著录项目、著录顺序、著录用符号、著录用文字、各个著录项目的著录方法以及参考文献在正文中的标注法。下面我们依据该标准对研究论文中参考文献的一些经常使用、容易混淆或不清楚的概念与规则在表6-4、表6-5、表6-6中进行列举。

表6-4 《信息与文献：参考文献著录规则》术语和定义节选表

参考文献	对一个信息资源或其中一部分进行准确和详细著录的数据，位于文末或文中的信息源
主要责任者	主要负责创建信息资源的实体，即对信息资源的知识内容或艺术内容负主要责任的个人或团体。主要责任者包括著者、编者、学位论文撰写者、专利申请者或专利权人、报告撰写者、标准提出者、析出文献的著者等
专著	以单行本或多卷册（在限定的期限内出齐）形式出版的印刷型或非印刷型出版物、包括普通图书、古籍、学位论文、会议文集、汇编、标准、报告、多卷书、丛书等
连续出版物	通常载有年卷期号或年月日顺序号，并计划无限期连续出版发行的印刷或非印刷形式的出版物
析出文献	从整个信息资源中析出的具有独立篇名的文献
电子资源	以数字方式将图、文、声、像等信息存储在磁、光、电介质上，通过计算机、网络或相关设备使用的记录有知识内容或艺术内容的信息资源，包括电子公告、电子图书、电子期刊、数据库等
顺序编码制	一种引文参考文献的标注体系，即引文采用序号标注，参考文献表按引文的序号排序

注：连续出版物，诸如各种期刊；析出文献，如在《鲁迅全集》中找到《阿Q正传》，《鲁迅全集》中的《阿Q正传》就是一篇析出文献；顺序编码制，即参考文献要按引用顺序进行编号。

（4）参考文献类型和标识

表6-5 文献类型及标识代码

文献类型	普通图书	会议录	汇编	报纸	期刊	学位论文	报告	标准	专利	数据库	计算机程序	电子公告	档案	舆图	数据集	其他
标识代码	M	C	G	N	J	D	R	S	P	DB	CP	EB	A	CM	DS	Z

注：舆图，指小比例尺且涵盖大区域范围的地图。

表6-6 电子文献类型及其标识代码

载体类型	磁带（magnetic tap）	磁盘（disk）	光盘（CD-ROM）	联机网络（online）
标识代码	MT	DK	CD	OL

（5）常用参考文献格式

① 著作

标准：主要责任者.题名：其他题名信息[文献类型标识/文献载体标识].其他责任者.版本项（第1版不写）.出版地：出版者，出版年：引文页码[引用日期].获取和访问路径.数字对象唯一标识符.

一般格式：[序号]主要责任者.题名：其他题名信息[M].其他责任者.版本项（第1版不写）.出版地：出版者，出版年：页码.

示例：[1] 谢幼如，李克东.教育技术学研究方法基础[M].北京：高等教育出版社，2006：257-262.

② 专著中的析出文献

标准：[序号]析出文献主要责任者.析出文献题名[文献类型标识/文献载体标识].析出文献其他责任者//专著主要责任者.专著题名：其他题名信息.版本项.出版地：出版者，出版年：析出文献的页码[引用日期].获取和访问路径.数字对象唯一标识符.

一般格式：[序号]析出文献主要责任者.析出文献题名[M]//专著主要责任者.专著题名：其他题名信息.版本项.出版地：出版者，出版年：析出文献的页码.

示例：[2] 白书农.植物开花研究[M]//李承森.植物科学进展.北京：高等教育出版社，1998：146–163.

③ 连续出版物中的析出文献

标准：[序号]析出文献主要责任者.析出文献题名[文献类型标识/文献载体标识].连续出版物题名：其他题名信息，年，卷（期）：页码[引用日期].获取和访问路径.数字对象唯一标识符.

一般格式：[序号] 作者 . 篇名 [J]. 刊名，出版年份，卷号（期号）：页码 .

示例：[3] 韩忠月 . 中小学教师科研动力缺失与改进策略 [J]. 中国教育学刊，2012（7）：84-85.

④ 专利

标准：[序号] 专利申请者或所有者 . 专利题名：专利号 [文献类型标识 / 文献载体标识]. 公告日期或公开日期 [引用日期]. 获取和访问路径 . 数字对象唯一标识符 .

一般格式：[序号] 专利申请者或所有者 . 专利题名：专利号 [P]. 公告日期或公开日期 .

示例：[4] 张凯军 . 轨道火车及高速轨道火车紧急安全制动辅助装置：201220158825. 2 [P] . 2012-04-05.

⑤ 学位论文

一般格式：[序号] 作者 . 题名 [D]. 培养单位所在地：培养单位，出版年：页码 .

示例：[5] 赵欢欢，中小学教师数据素养能力结构模型及评价指标体系研究 [D]. 北京：北京邮电大学，2018：35-36.

⑥ 报纸中的析出文献

一般格式：[序号] 作者 . 题名 [N]. 报纸名称，出版年份 – 月 – 日（版次）.

示例：[6] 傅刚，赵承，李佳路 . 大风沙过后的思考 [N]. 北京青年报，2000-04-12（14）.

⑦ 报告

一般格式：[序号] 作者 . 报告题名：报告编号 [R]，出版地：出版者，出版年 .

示例：[7] 冯西桥 . 核反应堆压力管道与压力容器的 LBB 分析 [R]. 北京：清华大学核能技术设计研究院，1997.

⑧ 标准

一般格式：[序号] 主要责任者 . 标准名称：标准号 [S]. 出版地：出版者，出版年：页码 .

示例：[8] 全国量和单位标准化技术委员会 . 量和单位：GB 3100-3102-1993 [S]. 北京：中国标准出版社，1994：3.

⑨ 会议录、汇编作品中析出的文献

一般格式：[序号] 析出文献主要责任者 . 析出文献题名 [C 或 G] // 会议录（或汇编作品）主要责任者 . 会议录（或汇编作品）题名：其他题名信息 . 版本项 . 出版地：出版者，出版年：析出文献的页码 .

示例：[9] 王细荣，韩玲 . 学术研究视野下的高校文献检索课——上海理工大学"文检课"的设置理念与配套教材述要 [C] // 孙济庆 . 信息社会与信息素养：2010 全国高校文献检索教学研讨会论文集 . 上海：华东理工大学出版社，2010：317- 321.

示例：[10] 王细荣 . "湛恩纪念图书馆"的前世今生 [G] // 章华明，吴禹星 . 刘湛恩纪念文集 . 上海：上海交通大学出版社，2011：278-282.

⑩ 电子文献格式

网上一般文献：[序号] 作者 . 标题 [EB/OL].（上传或更新日期）[检索日期]. 网址 .

网络数据库中的电子文献：[序号] 作者 . 标题 [DB/OL]. [检索日期]. 网址 .

期刊论文网络电子版：[序号] 作者 . 题名 [J/OL]. 刊物名称，年，卷（期）：页码 [引用日期]. 获取或访问路径 .

报纸论文网络电子版：[序号] 作者 . 题名 [N/OL]. 报纸名，年 – 月 – 日 [引用日期]. 获取或访问路径 .

图书（包括专著或会议文集或汇编作品）网络电子版：[序号] 作者 . 题名 [M/OL 或 C/OL 或 G/OL] 其他责任者 . 出版地：出版者，出版年：页码 [引用日期]. 获取或访问路径 .

示例：[11] 中华人民共和国国务院新闻办公室 . 国防白皮书：中国武装力量的多样化运用 [R/OL].（2013-04-16）[2014-06-11]. http：//www.mod.gov.cn/affair/2013-04/16/content_4442839.htm.

⑪ 非在线电子文献格式及示例

一般格式：[序号] 主要责任者 . 题名：其他题名信息 [文献类型 /MT 或 DK 或 CD]. 出版地，出版者，出版时间 .

示例：[12] 陈征，李建平，郭铁民 .《资本论》选读 [M/CD]. 北京：高等教育出版社，2007.

⑫ 未定义类型的文献

一般格式：[序号] 主要责任者 . 文献题名 [Z]. 出版地：出版者，出版年 .

示例：[13] 中国轻工总会 . 轻总行管 [1997] 4 号关于限制电池产品汞含量的规定 [Z]. 北京：中国轻工总会，1997.

问题二：如何撰写研究报告？

一、研究报告是怎样分类的？

反映教育科研成果的形式有很多：可以在总结经验的基础上撰写总结报告；可以在分析问题、研究资料的基础上撰写论文；可以在个案研究、观察研究、调查研究、实验研究完成后撰写个案研究报告、观察报告、调查报告、实验报告及综合研究报告等。严格意义上来说，通常所说的研究报告是指后者。研究报告主要分为以下几类。

1. 实证性研究报告：这类报告要求用事实说明问题，通过对具体、典型、翔实可靠的资料、数据及典型事例的介绍和分析，总结经验，找出规律，指出问题，提出建议。这种研究报告既注重理论，又重视实践，往往与接触性的研究方法有关。这是一种较适合中小学教师的研究报告写作类型。大量的教育教学研究是应用实证型的研究，例如，教育调查报告、实验报告、经验总结报告等。

2. 文献性研究报告：主要以文献资料作为研究材料，以非接触性研究方法为主，以文献的考证、分析、比较、综合为主要内容，着重分析、辨明某一方面的研究信息、水平、进程、争议、趋势等，以述评、综述类文章为主要表达形式。

3. 理论性研究报告：狭义上的论文。以阐述对某一事物、某一问题的理论认识为主要内容，重在研究其本质及规律性。独特的看法、创新的见解、深刻的哲理、严密的逻辑和个性化的语言风格是其内在特点。理论性研究报告没有实证研究过程，因此，对研究者的逻辑分析能力和思维水平有较高的要求，同时还要具备较高的专业素养。

二、研究报告的基本结构是什么？

撰写研究报告是课题研究的最后阶段，需要研究者对研究的过程和成果进行客观、全面的描述，使读者能够通过对研究报告的理解来验证、评判、接受或应用这一研究成果。研究报告的结构主要包括七个部分。

1. 标题

研究报告的标题，不但需要反映研究的核心问题，更要激发读者的兴趣。研究报告的标题一般要求明确、简单、完整。标题的命名方法主要有以下几种。首先，直接采用研究课题的名称，突出研究的范围、对象，以及研究方法，使人对所研究的问题一目了然。例如，"中学生创造性科学问题提出能力调查研究"，研究内容为创造性科学问题提出能力，研究对象为中学生，研究方法为调查法。诸如此类的研究报告在标题或研究过程中都包含了调查研究、实验研究、案例研究等关键词汇。其次，围绕课题题目另立标题。有时候，由于课题研究题目对研究对象、方法、内容等方面有诸多限制，会使报告名称冗长、拖沓，所以，另立标题，突出重点，是个不错的选择。例如，"核心素养背景下初中化学教学中培养学生创新能力的研究"可以简化为"初中化学教学中培养学生创新能力的研究"。最后，也可以通过题目加副标题的形式，对研究报告题目进行补充。同样以"核心素养背景下初中化学教学中培养学生创新能力的研究"为例，可以将题目变为"初中化学教学中培养学生创新能力的研究——核心素养的视角"，这样就能够弥补因为简化而导致的研究背景的缺失。又如"减少必修课、增设选修课、加强活动课"这个标题容易让人一头雾水，但是加上副标题"×市×中学高中课程结构改革试验报告"以后，读者便非常明确其研究对象和内容了。

2. 研究背景

研究背景主要用来说明研究的理论依据和实践依据，交代研究问题从哪里来，以及提出的目的和意义。在该部分需要表达清楚三层意思：首先，说明研究提出的背景，包括理论背景和现实背景。理论背景主要描述研究是基于什么理论提出的，或者什么理论能够给研究问题的解决提供支撑；现实背景主要交代研究是针对教育教学实践中的什么问题提出的，是否能够解决实际问题。其次，说明相关研究现状。主要介绍是否有人进行过同类研究，以及取得了什么样的成果，在对以往研究进行总结时要选择观点鲜明以及近期最新发表的研究成果，根据研究方法、研究成果类型、问题解决情况、尚未解决的问题等对这些成果进行言简意赅的综述，同时要阐明自己的研究与同类研究在选题依据、目标、范围、对象、方法等方面的不同，突出自己研究的创新点和突破点。最后，在背景的基础上提出自己研究的目的和意义，表明要解决的问题以及预期成效，通常采用"本项研究的目的是……"和"本研究的意义是……"的句式来说明。

3. 研究目标与研究内容

目标体现着研究的方向，是研究最终要达到的目的，对整个研究过程具有导向功能、激励功能、评价功能和调控功能。研究目标的描述要与工作目标进行区分，工作目标是为了完成培养年轻一代的教育教学任务，重在结果。研究目标是获得对教育规律的正确认识，也就是对某一教育现象及现象之间的相互联系的科学认识，重在过程、方法，原因。研究目标的表述要重点突出，言简意赅。例如"小学数学课堂教学师生活动模式的研究"，研究目标如果描述为"让教师和学生之间通过有效的活动达到对数学教学内容的理解"就错了，研究目标应该是"师生活动模式"，以及该模式应用的原则和策略。

研究内容主要是在研究目标的统领下，着重探讨从哪几个方面促进目标的达成。如果研究目标研究的是策略，那么研究内容就要看到底有什么策略；如果研究目标是模式，那么研究内容就应该是模式的组成部分及相互关系。例如"利用网络开展家校联系的实践研究"，研究目标可以列举为："第一，通过实践研究，总结出网络环境下提高家校联系的有效策略；第二，建立班级的QQ空间、班级论坛、校友录，促进家校的长期联系；第三，提高教师的教育教学水平；第四，提高家长的教育水平"，第一条表明了研究的目标，第二条是研究内容，第三条和第四条是研究的预期效果。

4. 研究方法和过程

该阶段需要完整地介绍研究方法与研究过程，研究方法的介绍不仅仅停留在对研究中用到的方法的简单描述，更重要的是说明为什么要用该研究方法，用这种研究方法能够解决什么问题，达到什么效果。研究过程包括每一段时间做什么，预期有哪些成果等，能够让人直观地看到你做了哪些工作。设计研究过程必须认真梳理整项研究，按照一定的逻辑顺序来完成，不能简单地罗列。有时候借用结构图可以清晰地对研究过程、研究内容、研究方法等进行表述，这无疑是非常加分的选择。

5. 研究成果

研究成果是衡量研究报告质量的重要因素。研究成果可以从理论成果与实践成果两方面进行表述。理论成果包括通过研究得出的新模式、应用策略、新认识、新发现等；实践成果包括所建立的网络课程、公开课、已发表的或获奖的文章等。纵使你有很多的研究成果，也一定要切记选择与课题、研究目标关系紧密的成果进行呈现。例如"基于××平台的初中地理教学研究",如果在表述研究成果时出现"研究者获得了校级优秀班主任""五一劳动奖章",很明显和研究是没有关系的。再例如,将成果描述为"通过利用学习平台提高了学生对信息技术的认识和应用能力,激发了学生学习地理的兴趣"就不合适了,这很明显是工作目标,从本质上是偏离了研究目标的,最根本的问题是没有在工作目标和研究目标之间建立合理的联系。

研究成果原始证明材料的呈现尽量做到在理论与实践的指导下将一般与典型、数据与素材进行紧密结合。既要有翔实的描述性资料,又要有典型的事例(案例)分析。如果研究采用了实验、观察、测量和调查的方法,那么通过定量分析所得的相关结论就更有说服力;如果采用案例(课例)、叙事研究等形式,则可采用定性分析的方法。如果能够将定量与定性研究相结合,则更能全面、准确、深刻地认识课题的全貌,把握研究的方向。

6. 讨论和建议

在讨论部分,需要简要地交代研究的问题、获得的结果,其结果与研究问题的对应性,需要将自己的研究结论与他人的研究结论进行对比,对研究结论做理论上的分析与讨论。在建议部分,需要根据研究结论,针对研究的问题提出建议,指出进一步研究的必要性和可能性,未来研究中待改进的地方、研究问题等。有待研究的问题包括由于某些原因未进行研究的问题、已研究但未取得结果的问题、与课题有关却未研究的问题和值得商榷的问题。

7. 附录

附录主要包括以下几部分内容:研究中参考、引用的重要文献、著作和资料目录;对研究报告中引用的材料、观点或语句(原文)进行的说明;研究中收集的重要原始材料;研究中采用的设备、工具和手段;相关成果附件及目录。

三、撰写研究报告应注意的问题有哪些?

1. 将研究报告与研究方案进行区分

研究方案是对课题研究的总体规划和设计,主要包括以下几部分内容:提出研究问题的假设,提供解决问题的基本途径和方法;通过对课题的论证来说明此课题的研究价值;进一步阐述研究者完成课题的条件保障;确定研究目标与研究内容;对研究过程进行设计,以确保课题研究能够有步骤、有秩序地开展。研究方案的确定有利于课题的论证、评价与管理。研究方案出现在开展研究之前,是研究的蓝图。

研究报告是在课题研究完成之后,研究者对研究过程的反思、对研究成果的总结。在研究报告中主要阐述采用哪种方法，做了什么，如何做的，达到了何种目标。研究报告是对研究方案的验证。

一般来讲，研究报告应该与研究方案的部分内容相呼应，例如，研究方案的题目是"基于××智慧平台的混合式教学模式构建"，显而易见其目标是教学模式的构建，那么在研究报告中就应有模式构建的具体步骤与措施；"基于实验法培养高中物理核心素养教学策略的研究"的研究方案中明确了研究方法为实验法，那么研究报告中就应该有研究实施前后的数据对比，以此来说明教学策略对物理教学的促进作用。

2. 避免研究报告结构中的常见问题

研究报告的结构包括标题、研究背景、研究目标与研究内容、研究方法和过程、研究成果、讨论和建议、附录，但是在研究过程中存在如下问题：

第一，研究目标不够单一，表述繁多。一般来讲，一个标题之下的研究目标只有一个，即便研究课题需要下分若干子目标，子目标与总体目标的表述也应该是一致的。例如，总目标是"促进初中学科教学方法的变革"，子目标可以是"促进初中语文教学方法的变革""促进初中信息技术教学方法的变革"。教师"个人课题"研究期限为一年，这样的课题研究目标大多只有一个，所以要言简意赅地对研究目标进行阐述。

第二，研究内容泛化。研究目标一旦确定以后，教师通过查找文献会发现可参考的内容非常多，于是就对全部可获得内容进行罗列。殊不知研究内容与研究目标的相关度直接决定了研究的成败，所以研究者应该围绕研究标题中的关键字，去粗取精、去伪存真，做到内容重点突出、条理清晰。

第三、研究方法选择不当，应用过程不清晰。研究目标决定研究内容，研究内容限制研究方法。研究内容与研究方法是研究报告的主体，与研究目标要三位一体：研究目标突出"要做什么"，研究内容突出"做了什么"，研究方法突出"怎么做的"。一个严谨、规范的研究项目，必须以科学、规范的方法为支撑，在研究报告的表述中要突出研究的技术路线，分阶段说明用哪些方法解决了哪些问题。但实际上，教师堆砌了很多研究方法的名称，却游离于研究内容之外，并无具体应用，或说不清具体的应用流程，给人模糊笼统、可信度低的感觉。

第四，混淆研究成果和研究效果。课题研究成果一方面是指高度概括的理论成果，是探索出的具有理性思考价值的规律；另一方面是总结提炼出的解决教育问题的原理、方法、技术、途径、策略等，是具有一定实践指导意义的实践成果。课题研究效果是研究过程中教育的主、客体按照研究者意愿发生的变化，一是学生方面的变化；二是教师的发展；三是教学效果和教育质量的提高。课题研究成果的质量都要用研究效果来验证。

3. 处理好各种数据和材料

现代教育越来越呈现出多规格、多结构、多因素的复杂形态。要获得科学的结论，就要在充分尊重客观事实的基础上，围绕观点，在材料的取舍中区分现象与本质、主流与支流。使选取的材料真正具备典型性特征，以此反映事物发展的趋势，继而真实地揭示教育规律。材料中的数据应用得当，会增加研究结果的可信度，但是连篇累牍，全是统计图表就会影响可读性。要选择重要结果中的重要数据进行展示，处理好数据显示与文字表述之间的关系，在数据可信的基础上进行合乎逻辑的文字归纳和提炼，使之互相映衬、互为补充，让读者感受到报告的张弛有度、有理有据。

问题三：如何撰写教育案例？

一、确定案例主题

案例的主题和研究报告以及论文的主题一样，就是表明要阐述的中心思想和主要内容，主题是案例的灵魂，或者说是案例的精髓。案例的主题一定要鲜明而又深刻，要具有现实意义。案例事件可以是一件小事，但"小故事大教育"，透过现象反映的一般都是当前教育教学亟需解决的热点、重点、难点问题。案例主题的选择要符合课程改革和教师专业发展的需要。可以从新课程理念、教育教学组织实施过程、教学关系的处理、教师作用的发挥、教学技能与方法的运用等方面确立主题。能够反映新的教学组织实施方法、新教学关系的处理。经过提炼的主题要能够升华到一定的理论高度。

案例标题是对主题的概括和提炼。确定案例的标题有两种方式：一种是用案例中的突出事件作为标题，如反映课堂教学事件的标题"杨桃都是星形的吗"，反映男女生交往行为的标题"桌子上的三八线"等。另一种是把事件中包含的主题分离出来，作为案例的标题，如反映师生教学相长的标题"和学生一起成长"，反映教师引导学生养成读书习惯的标题"读书滋养生命、习惯成就人生"等。第一种方式展示的是事件，吸引读者进一步了解相关的信息，第二种方式反映的是主题，能帮读者把握事件的主旨。

二、阐述案例背景

背景是案例写作的起因、缘由，主要说明案例发生时的政治条件、经济条件、物理环境和心理条件等。背景可以从以下几方面展开说明：第一，描写你遇到的难题；第二，交代一些基本情况，如学校类型、学生情况和教师情况等；第三，具体、明确地叙述对你的教学或学生学习产生重要作用的学生的文化、种族背景等；第四，介绍教学内容，对本节课包含的知识点及知识点在教材中的承接性和延续性进行分析、对教学目标进行准确地描述和分析。背景描述中目标的提出应符合相应的课程标准或教学大纲，体现新课程理念，关注对学生学科学习、学科共通以及情感意识等多方面能力的培养。目标的提出还应该体现教学设计思路及其依据，如教学目标、学生特点、教学内容、教学条件、教学流程和教学方法等。背景介绍并不需要面面俱到，主要说明故事发生时特别的原因或条件即可。

三、阐述案例事件

该部分介绍如何处理"问题或疑难情境"，并通过这个事件说明、诠释类似的事件，该部分是教育案例的主体内容。在案例撰写的初期可以较为鲜明地提出问题，让读者直接获得问题发生的各种信息。随着案例撰写的深入，则逐渐要将问题与其他事实材料交织在一起，使读者通过分析确定问题的所在。案例撰写过程中需要注意：内容真实，确实是教学过程中遇到的事件；情景完整，案例从开始到结束有完整的情节；表现手法取舍得当，案例事件的描述应是一件文学作品或片段，应该以一种有趣的、引人入胜的方式来讲述；叙述客观，客观地介绍典型案例，不能直接提出问题或表述观点，更不能流露出感情的褒贬，要让读者自己悟出其中的道理；揭示人物的内心，人物心理是案例故事发展的内在依据，通过对人物心理的揭示让读者明白采取教学行为的因果关系与内在逻辑，达到对案例的理解。

四、反思与讨论

反思是一个由故事上升为理性的过程，通过对教育教学出发点、指导思想、过程和结果进行解读、评述和分析，进一步明确案例所反映的主题、思想观点和规律策略，使案例具有突出的意义和价值。在撰写反思的过程中需要注意反思要就事论理，紧扣案例。运用教育学、心理学的基本原理，对案例中隐含的符合新课程理念和教育教学的原理进行科学分析。反思立意要新，要以先进的教育思想、教育理念作为指导，要紧跟基础教育改革的步伐。反思要有针对性，不要讲空洞的大道理，要讲这个案例反映的小道理，让读者以小见大。反思要有重点，不需要面面俱到，选择实践中的重要方面进行深入、细致的分析即可。讨论能够起到画龙点睛的作用，进一步引发读者的思考。一般来讲，一个案例的质量高低在很大程度上都是由反思和讨论来决定的。

五、附录

附录是对正文的补充说明材料，一般篇幅过长，放在正文中叙述会影响正文的可读性，打断读者的思考，所以该部分可以采用附录的形式，放在文后。例如，在以"课堂教学改革"为主题的案例中，可以选取一节典型的课堂教学设计作为附录。并不是每个案例都需要附录，是否安排附录，要视案例的具体情形而定。

上述案例构成包含的内容不是所有案例写作都必须遵循的形式和结构，教师们可以根据自己的实际情况进行增删，只要考虑到以上几方面内容，并按照一定的逻辑结构加以组合就可以了。

教育案例举例：

1. 广州市海珠区昌岗东路小学，谢晓华，《爱孩子，爱地球——"冈特童话进校园活动"的生态教育案例思考》。

2. 广东省广州市天河区第一实验小学，潘国芳，《小学一年级自闭症儿童音乐课融合教育案例》。

3. 汕头市龙湖区丹霞小学，吴岱雯，《我是你可以信任的"军师"——沉迷游戏学生的教育转化案例》。

4. 无锡市育红小学，张梦岩，《面向STEM教育理念的小学科学课堂的实践与思考——案例："学做小火箭"》。

5. 顺义区张镇小学，孟海芹、杨海宝、李精辉，《探索如何满足教师多样化专业发展需求——扬长教育案例："我写的文章也能获奖了！"》

问题四：怎样区分专著、编著、教材？

一、专著、编著、教材的区别

我们以一个表格来对专著、编著、教材这几个概念进行区分，如表6-7所示。

表6-7 概念区分表

	含义	对象	形式
专著	针对某一专门研究题材编写，是著作的别称	某一专门研究的题材	单篇学术论文、系列学术论文和学术专著三种
编著	一种著作方式，属于编写	独自见解的陈述，或补充部分个人研究、发现的成果	以书的形式展现
教材	依据课程标准编制的、系统反映学科内容的教学用书	目录、课文、习题、实验、图表、注释和附录等部分	以书的形式展现

"编"和"著"都是著作权法确认的创作行为，但独创性程度和创作结果不同。"著"的独创性最高，产生的是绝对的原创作品。"编"的独创性最低，产生的是演绎作品。"编著"则处于二者之间，是指整理、增删、组合或编排他人著作而形成的新的作品。

二、专著、学术专著、个人学术专著的区别

专著是针对某一专门研究题材创作的，是著作的别称。学术专著是作者根据自己在某

一学科领域内的科研成果撰写成的理论著作,该著作的发表对学科的发展或建设有重大贡献和推动作用,并得到国内外公认。个人专著是指由个人完成的一项研究成书的专著。专著包含学术专著,学术专著包含个人学术专著。专著和学术专著都可以由多人完成,个人专著一定要本人亲自撰写。

本章内容小结

本章我们了解了研究性论文和研究报告的结构与撰写流程(知识检查点6-1,知识检查点6-2),以及教育案例的撰写流程(知识检查点6-3)。知道了专著、编著、教材的区别(知识检查点6-4),能够根据本章内容撰写对应体裁的研究成果(能力里程碑6-1)。

本章内容的思维导图如图6-1所示。

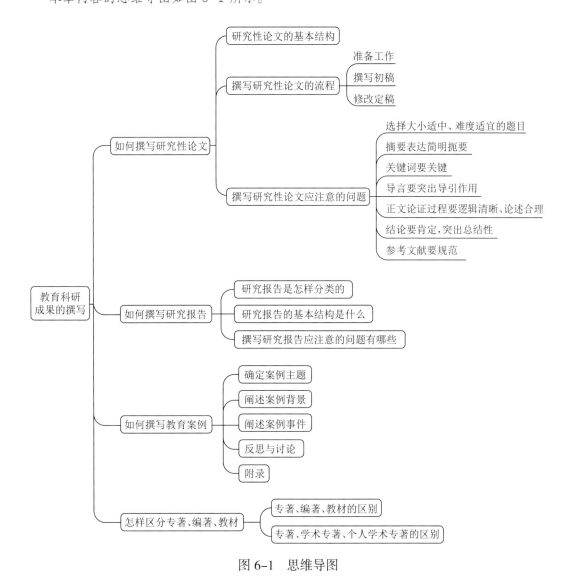

图6-1 思维导图

自主活动：撰写研究性论文需注意的问题有哪些

请学习者在学完本章内容后，进行自我反思，并记录个人学习心得。

小组活动：教育实践过程中遇到的典型案例有哪些，是如何形成教育案例的

请学习者围绕本章的学习主题进行组内交流，并做好小组学习记录。

评价活动：评价本章知识与能力学习水平

一、名词解释

研究性论文（知识检查点6-1）

研究报告（知识检查点6-2）

教育案例（知识检查点6-3）

二、简述题

1. 研究性论文的撰写分为几个步骤（知识检查点6-1）？
2. 撰写研究性论文时应该注意的关键问题有哪些（知识检查点6-1）？
3. 撰写研究报告时应该注意的问题是什么（知识检查点6-2）？

三、实践项目

根据本章讲解的研究案例的基本撰写过程，仔细观察教学过程中的典型事件，尝试撰写一篇教育案例（能力里程碑6-1）。

第七章 中小学教师如何持续做教育科研

本章学习目标

在本章的学习中,要努力达到如下目标:
- ◆ 了解把握信息技术研究课题趋势的方法(能力里程碑7-1)。
- ◆ 了解教学与教育科研结合的途径(知识检查点7-1)。
- ◆ 认识教育反思对教育科研的作用(知识检查点7-2)。
- ◆ 了解教育科研共同体对教师持续做教育科研的重要性(知识检查点7-3)。
- ◆ 根据研究目标组建教育科研共同体并开展相关科研活动(能力里程碑7-2)。

本章核心问题

如何确定信息技术研究课题的趋势?如何综合利用各方因素,持续做教育科研?

本章内容结构

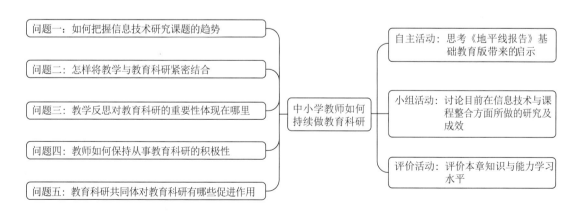

引 言

当前,科研兴教已经成为学校教育改革的重要方向。人们充分认识到,教育科研不仅是提高教育教学质量的重要条件，也是促进学生核心素养全面发展、提高教师专业素质的重要条件。持续性的教育科研不仅有利于学校整体教育生态的构建，也是提高学校声誉，使学校具有生命力、创造力和可持续发展力的重要途径。研究不能围绕一个问题老生常谈，研究也不可"一曝十寒"，中小学教师需要创新研究，需要做可持续研究，确保可持续发展。

问题一：如何把握信息技术研究课题的趋势？

一、明确人才培养目标，找准研究方向

社会对人才的需求决定了教学方式的变革，教学方式的变革决定了教师教育科研的基本方向。只有明确了社会对人才需求的变革，才能紧跟时代脉搏，找准研究方向。我国教育目标的设定大概经历了三个发展阶段。

第一阶段，1993年《中国教育改革和发展纲要》印发之后，我国教育任务主要是"提高全民族的思想道德和科学文化水平，基本普及九年义务教育，基本扫除青壮年文盲"，所以教育定位于知识取向的基本知识、基本技能。

第二阶段，2001年教育部《基础教育课程改革纲要（试行）》中指出，"国家课程标准是教材编写、教学、评估和考试命题的依据，是国家管理和评价课程的基础。应体现国家对不同阶段的学生在知识与技能、过程与方法、情感态度与价值观等方面的基本要求"，标志着课程改革从"双基"走向"三维目标"。

第三阶段，2016年9月13日，中国学生发展核心素养总体框架在北京师范大学核心素养研究成果发布会上公布，标志着《中国学生核心素养》正式落地。核心素养以培养"全面发展的人"为核心，分为文化基础、自主发展、社会参与3个方面，综合表现为人文底蕴、科学精神、学会学习、健康生活、责任担当、实践创新等六大素养，具体细化为国家认同的18个基本要点。

人才需求从基本知识、基本技能到三维目标，再到核心素养，进一步提出了要依据学生发展核心素养体系，明确各学段、各学科具体的育人目标和任务，完善高校和中小学课程教学有关标准，突出强调个人修养、社会关爱、家国情怀，更加注重自主发展、合作参与、创新实践。培养学生应具备的适应终身发展和社会发展需要的品格和关键能力。

我国人才培养目标的变革会带动整个教育生态环境的调整，作为中小学的一线教师，更能够深切感受到国家在人才培养目标变革过程中带来的机遇与挑战，更能够在教学过程中调整教学方式，尝试新的方法，在教育科研方面有所建树。

二、明确信息技术与课程整合在人才培养中的作用，做基础研究

信息技术课题的研究绕不开信息技术在教学过程中的应用，但是，应用什么？如何应

用？都是困扰教师的难题，这里有个必须要提的概念——信息技术与课程整合。有些老师认为，信息技术与课程整合就是把信息技术作为教学辅助工具，在课堂上用一下就行了，事实并非如此。为了达到对学生核心素养的培养，必须对这个概念有深刻的认识，才能规避信息技术在课堂中应用的误区，真正发挥信息技术的作用，探索信息技术与各学科课程整合的规律，将教学与科研有效结合，做好基础研究。

北京师范大学何克抗教授认为，"所谓信息技术与学科课程的整合，就是通过将信息技术有效地融合于各学科的教学过程来营造一种信息化教学环境，实现一种既能发挥教师主导作用又能充分体现学生主体地位的以'自主、探究、合作'为特征的教与学方式，从而把学生的主动性、积极性、创造性充分地发挥出来，使传统的以教师为中心的课堂教学结构发生根本性变革，从而使学生的创新精神与实践能力的培养真正落实到实处。"由该定义可知，信息技术与课堂整合包含三个基本属性：营造（或建构）信息化教学环境、实现新型教与学方式、变革传统教学结构。应当指出，这三个属性并非平行、并列的关系，而是逐步递进的关系——信息化教学环境的建构是为了支持新型教与学方式，新型教与学方式是为了变革传统教学结构，变革传统教学结构是为了最终达到创新精神与实践能力的培养目标（即创新性人才培养的目标）。

在信息技术与课程整合的过程中，中小学教师只有冲破"信息技术仅能'呈现事实'"的狭隘认识，从培养学生的高阶思维能力出发，深刻理解"怎么设计技术来支持学习者的需要"，利用信息技术弥补学生的认知缺陷，提供认知支架，才能有效发挥信息技术的助学作用，最终促进课堂有效教学。因此，围绕信息技术与学科课程整合的研究需要突破的认识局限有以下几个方面：

1. 信息技术支持课堂教学的支点在于学生思维能力的全面发展，并非仅仅作为信息呈现的工具；

2. 信息技术支持课堂教学的载体在于教学系统设计，并非机械地操作各类技术；

3. 信息技术支持课堂教学的价值在于营造师生积极参与的学习空间，并非仅仅服务于教师的单向信息传输；

4. 信息技术支持课堂教学的效果在于教学事件的丰富性和学生知识建构能力的提高，并非知识传输总量的增加。

信息技术支持中小学课堂教学的作用就其本质而言，是要利用营造的学习空间，将个人潜能融于复杂的学习情境之中。将技术的有形价值和无形价值转化为个体的社会资本，促进人类学习的主动性和积极性。这个目标的实现需要教师充分认识和理解信息技术的有效性，在技术支持有效教学的相关理论指导下，系统规划和设计整个教学过程。

下面以几篇论文为例进行说明，《智能手机与"互联网+"课堂——信息技术与教学整合的新思维、新路径》探讨了以关联主义和新建构主义理论基础上的互联网进课堂、生活实践进课堂、创新教育进课堂为主要特征的"互联网+"课堂模式;《深融技术,助力深度学习——以信息技术在〈认识方向〉一课中的整合为例》论述了在利用 QQ 群、云盘进行翻转课堂教学的过程,旨在促进学生思维的延伸以及数学方法与实际生活结合的拓展应用。由以上两个例子不难看出,不断发展的信息技术为与学科教学的深度融合提供了多种选择,中小学教师需要不断转变观念,积极探索围绕课堂教学的基础研究的新技术、新方式、新方法。

三、熟悉信息技术教学环境构建的基本工具,做融合研究

要做好信息技术与课程整合的融合研究,就需要明确教学过程中能够使用的信息技术工具有哪些,这些工具对教学的辅助作用体现在哪里。只有这样才能够掌握信息技术这把利剑,更好地在教育科研的路上披荆斩棘、开拓进取。

1. 信息技术在教育中的基本作用

谈到信息技术在教育中的基本作用,主要的三个观点分别是传媒观、工具观、环境观。传媒观将教学过程看作信息传递过程,信息技术的根本作用是改变了教学活动的时空结构,在网络化教育中,教学活动可以同时同地、异时异地、同时异地、异时同地发生。工具观认为信息技术作为学生的学习效能工具、交流协作工具、研究工具、问题解决工具,让学生成为利用这些工具进行学习的主人,自主地进行信息加工和知识建构。环境观是指信息技术可以起到拟人和拟物的作用:在拟人的情况下,信息技术可以成为导师、学伴、学员、助手的"代理";在拟物的情况下,信息技术可以构建虚拟情境,提供丰富的信息资源。现实教学过程中的信息技术应用是以上三种观念的有机整合。

2. 信息技术与课程整合的基本工具

"工欲善其事,必先利其器",下面对信息技术与课程整合过程中可能用到的"器",分门别类地进行简单介绍,如表 7-1 所示。

表 7-1 课堂信息技术教学工具介绍

类别	名称	功能简介
图像类	Acdsee	(1)迅速选取图片,对图片进行简单的编辑:裁剪、调整大小、旋转、翻转等简单加工。 (2)迅速找到背景音乐,支持 midi、wav、mp3 等格式。 (3)播放 gif、swf 格式的动画,还可以实现图像格式的转换
	Hypersnap	(1)连续抓图功能,能够抓取任意形状图形,为动画制作提供素材。 (2)可保存成 gif、jpg 等 20 多种格式,支持从扫描仪、数码相机等设备中获取素材
	金山画王	提供简单画笔与模板,创造需要的图片
	Photoshop	专业图片加工工具,可以自由加工所需图片

续表

类别	名称	功能简介
声音类	Cool Edit Pro	非常出色的数字音乐编辑器和 MP3 制作软件，提供声音文件的录制、编辑、特效等多种功能
	Adobe Audition	一款完善的工具集，其中包含用于创建、混合、编辑和复原音频内容的多轨、波形和光谱显示功能
	GoldWave	集声音编辑、播放、录制和转换的音频工具，它可以对音频内容进行播放、录制、编辑以及转换格式等处理
	MP3 音频录音机	一款功能强大的电脑录音软件，可将计算机内部或外部声音进行录制
影像类	RealProducer Plus	提供了高效、稳定、容错的编码方式，可以把各种格式转化为 RealAudio 和 RealVideo
	EO Video	一个集播放，剪辑，转换于一体的视频软件，不但能转换 ASF 文件，而且可以转换 RM 文件，同时还支持 AVI 的编码选择
	Ulead VideoStudio	创建带有生动的标题、视频滤镜、转场和声音效果的视频文件
	Adobe Premiere	一款常用的专业视频编辑软件，输出的视频格式非常丰富。广泛应用于广告制作和电视节目制作中
	爱剪辑	多种视频与音频格式支持，多种文字特效、滤镜效果、转场特效，是一款所见即所得的免费视频编辑工具
动画制作类	Ulead GIF Animator	优化动画 GIF 图片，还可将 AVI 文件转成动画 GIF 文件，同时内建的 Plugin 有许多现成的特效可以套用
	Xara3D	是一款功能强大的 3D 动态文字设计软件，可以设计视频文字、3D 字幕等动态文字
	万彩动画大师	一款免费的 MG 动画视频制作软件，适用于制作企业宣传动画、动画广告、营销动画、多媒体课件、微课等
格式转换类	格式工厂	支持几乎所有主流的视频、音频、图片格式之间的相互转换
微课制作类	Camtasia Studio	可以进行屏幕录制、视频剪辑、视频制作等操作
	超级录屏	最基础的视频录制工具，提供录制方式、视频编辑、视频转换功能
程序类	Scratch	一款图形化编程工具，可以制作出具有交互性的故事动画或游戏
数学类	几何画板	适用于数学、平面几何、物理的矢量分析、作图，是函数作图的动态几何工具，可以随心所欲地编写出自己需要的教学课件
	GeoGebra	GeoGebra 是一款结合"几何"、"代数"与"微积分"的动态数学软件，具有强大的命令和函数等功能

以上介绍了中小学学科教学过程中可能会用到的信息技术工具，并不是说运用以上工具就可以创建结构良好的信息化教学环境。工具固然重要，但更重要的是使用工具的人。首先，我们不能走工具使用的形式主义，必须把"好钢用在刀刃上"，解决教学过程中的

重点、难点问题，营造良性互动的教学环境，促进学生核心素养的提高。其次，教学过程的关键还是在于设计，同样的工具在不同人手中发挥的价值是不同的。所以，扎实的理论基础、丰富的学科教学经验、熟练的信息技术工具操作能力，缺一不可。只有这样，才能在信息技术教育科研的路上得心应手地搞研究。

四、探寻技术应用与教学的新趋势、新方法，做创新研究

科研创新是指在立项、论证、研究方法、研究手段、数据处理、现象分析、设备组合、项目理解及抽象等一系列科研活动中所表现出的与前人不同的思维方式和行为方式。"新"从哪里来？中小学教师如果要围绕信息技术课题做研究，"新"首先要从信息的发展及趋势上来。

1.《地平线报告》简介

《地平线报告》由美国新媒体联盟和美国学校网络联合会合作完成，自2009年开始推出专门针对基础教育的地平线报告。过去十多年来，这两家机构每年邀请世界各地上百位专家，开展为期近一年的研究。从未来全球基础教育面临的挑战、基础教育发展的大趋势，以及未来将会驱动教育变革的技术三个方面展开预测。每一年《地平线报告》所预测的六大重要趋势、六项重大挑战以及教育技术的六个重要进展，都可以说是全球学校教育研究人员、教育管理和决策者，以及中小学校长需要持续跟踪和关注的研究成果，表7-2为2015-2017年《地平线报告》基础教育版主要内容。

表7-2 2015-2017年《地平线报告》基础教育版主要内容

趋势分类		年度	具体趋势
驱动学校应用教育技术的重要趋势	远期趋势	2015	重塑学校运行机制
			探索深度学习策略
		2016	重新设计学习空间
			反思学校运行机制
		2017	推动创新文化
			深度学习方法
	中期趋势	2015	加强学生之间的合作学习
			学生从消费者转变为创造者
		2016	开展协作学习
			探索深度学习策略
		2017	关注学习测量
			重新设计学习空间
	近期趋势	2015	加强混合式学习的应用
			提升科技与艺术（STEAM）学习
		2016	培养编程素养
			学生成为创客
		2017	编程成为素养
			STEAM学习兴起

续表

趋势分类		年度	具体趋势
影响学校应用教育技术的重要挑战	可解决的挑战	2015	提供实景学习机会
			将技术融入教师教育
		2016	实景学习体验
			反思教师角色
		2017	怎样开展实景体验式学习
			如何提升数字化素养
	有难度的挑战	2015	推进个性化学习
			重塑教师专业角色
		2016	推进数字化公平
			推广教学创新
		2017	怎样重构教师角色
			如何发展计算思维
	严峻的挑战	2015	教学创新的推广
			复合思维的教学
		2016	缩小成绩差距
			推动个性化学习
		2017	怎样弥合学习成绩差距
			如何在领导的变更中持续创新
教育技术在基础教育中的重要进展	1年以内	2015	自带设备
			创客空间
		2016	创客空间
			在线学习
		2017	创客空间
			机器人
	未来2-3年	2015	3D打印
			自适应学习技术
		2016	机器人
			虚拟现实
		2017	分析技术
			虚拟现实
	未来4-5年	2015	数字徽章
			可穿戴技术
		2016	人工智能
			可穿戴设备
		2017	人工智能
			物联网

从上面的表格不难看出，驱动学校应用教育技术的重要趋势分为长期趋势、中期趋势以及近期趋势。长期趋势通常已经影响决策的制订了，在未来5年或更多年内仍然具有重

要意义。中期趋势将很可能在未来3～5年继续成为决策制订的影响因素。而近期趋势是当下正在推动教育技术的应用，在未来1～2年内也很可能继续保持重要影响，此后会逐渐丧失影响力。以上三个趋势各包含两个方面，共六个方面。

2.《地平线报告》研究启示示例

2017年《地平线报告》带给中小学教育科研的启示如下，以驱动学校应用教育技术的重要趋势里的中期趋势为例。"关注学习测量"可以围绕教育工作者用于评估、测量和记录学习准备、学习进度、技能获取，以及学生其他教育需求的各种方法和工具展开研究。不管是数据挖掘软件的迅速传播，在线教育、移动学习、学习管理系统的发展，还是在线和混合课程设计的应用、学习数据的描绘和学生行为的揭示，均可帮助教师取得进步，得到具体的学习成果。"重新设计学习空间"表明以教师为中心的传统教育方法正逐渐向以学生为中心的教学法转变，新的课堂设计方式验证了这一转变。建筑和空间规划方面的创新思维也正在影响着新学校基础设施的可持续设计和建设，这些基础设施可能会对课堂实践和学生学习产生重要影响。创客空间和STEAM学习的兴起进一步印证了学习空间和方式的变化。以上仅就中期趋势中的两个趋势进行了列举，不难看出，《地平线报告》可以成为我们把握基础教育发展趋势的重要途径，在此基础上进行研究，必然是教育科研中的创新之处。

问题二：怎样将教学与教育科研紧密结合？

教育系统是为了达到一定的教育目的，实现一定的教育、教学功能的教育组织形式。具体可分为教育目的、教育内容、教育方法、教育活动、教育媒体、教育设施、教育环境、学生、教师、教学管理人员等要素。这些要素相互独立、相互联系、相互作用，构成有机整体。系统思考理论认为，系统的每个因素、环节都是相互作用的，只有对系统的整体综合进行思考，才能发挥最大效益。教育科研过程中，学校只有创设科研条件，让教师扎根教学改革，做好小课题研究，才能形成科研支持教学、教学与科研协同发展的良好局面，为教师科研的可持续性奠定坚实的基础。

一、强力推进课堂教育改革，以高效课堂带动教育科研

学校教育研究主要是探讨培养怎样的人和怎样培养人的问题，所以课堂是教师课程改革和教育科研的主阵地，应该将课程改革作为"领头羊"，用课程启迪学生的心灵，开启学生的心智，满足学生成长的需求。提高课堂教学效果，提高教师教育科研质量的根本途径是深入推进课堂教学改革。要积极鼓励教师按照"走进教学模式——研究教学模式——

超越教学模式——形成教学特色和教学风格"的顺序对教学与研究进行提升。通过"走进教学模式"来规范教学行为，教育科研才能真正为改进教学方式、提高教学效果服务；教学有法、教无定法、贵在得法，固有的教学模式并不是研究追求的最终结果，而是应该通过"研究教学模式"探寻本校教学的优势和局限，提升教师专业化水平；通过"超越教学模式"形成自己的独立思想，利用现有条件，积极探寻新的教学模式，为基于课堂的教育科研打下坚实的基础；最后形成自己独特的教学特色和教学风格。

基于课堂的教育科研往往从基本的日常教学入手，形成共学、共享的教学研究氛围。教研室需要大力组织教师开展集体备课，鼓励个性化教学设计，引导撰写出既兼顾共性，又富于个性的实用教案。对于教学成果突出的教师的经验积极进行总结，围绕教育科研进行成果收集和整理，形成教育科研成果校本课程。采用骨干教师上示范课的方式，积极开展校内"优秀课堂教学模式展示交流活动"，为学校和教师的课堂教学改革搭建展示、交流的平台，带动其他教师开展教育科研的积极性，在互听、互评的过程中促进教师教学能力和科研能力的提高。

二、扎实开展小课题研究，解决教育教学实际问题

小课题研究是教师根据自己在教育教学中遇到的问题确定的一种"面对真题、开展真研究、获得真发展"的行动研究；是一种低起点、低要求、重实践的"草根"研究；是一种易接受、易操作、易见成效的贴近教师生活实际的研究。小课题研究能够真正解决学校、教师在教育教学中遇到的最为真实的具体问题和困惑，促进教育教学质量的提高。开展小课题研究本着"问题即课题，教学即研究，成长即成果"的基本追求，坚持"微型化、草根化、校本化，来源于教学一线，应用于教学一线"的基本观点，对教学中的问题进行及时跟踪、深入剖析、客观总结，形成有规律的结论。

为了鼓励教师开展小课题研究，学校要围绕教学实际中凸显的问题，定期开展课题申报、课题评审、课题立项、课题中期检查、课题结题等工作；要求立项的课题要"小而实，"要切合学校实际，切合教师的研究能力；组织教育教学研究课题开题仪式、研究课题中期汇报交流会，营造课题研究的浓厚氛围；注重到期研究课题的结题鉴定工作，在回顾总结的基础上提炼出有用、有价值的研究成果。促进基于课堂教学的小课题研究由"小校本教研"向"大校本教研"的转变，提高教育科研的层次和水平。

三、展开校本培训，围绕学校优势，强化教育科研的持续性

1. 校本培训的主体

研究表明，随着中小学教育科研的不断开展，同时随着科研团队和学术力量的积聚，

学校内部会形成由低到高、由下而上的金字塔结构的研究梯队。在学校内，可以采用面向全体教师的方式，围绕学校教育改革和教学方针，以提高教师教育教学能力和教育科研能力为目标，通过梯队当中的骨干教师定期开展关于教育科研的校本培训。校本培训基于本校、基于教师的教学实际、基于学生的直接体验，更容易被广大教师接受。

2. 培训的形式

学校根据科研规划制订切实可行的培训制度和计划，以促进教师科研能力的提高。一是专业引领，学校可以在每学期举行读书论坛活动，旨在"以读促思""以读促教""以读促做"。可以邀请专家做科研讲座，加强理念的提升和方法的引导。二是同伴互助，组织教师相互听评课，搭建组内教师间的合作共同体，有效促进教师课堂教学水平的整体提升，促进新老教师互勉共进、共同提高。三是自我反思，课题组定期举行总结反思活动，通过教法研究、问题会诊、案例分析、实践反思、观摩讨论等，促使教师在研究中应用，在应用中研究。

3. 培训的注意事项

培训计划的安排要周详，准备要充分。周密的计划、认真的准备是提高教育科研培训效果的前提条件。培训形式要活泼、多样、富有情趣。教师教育科研培训的形式不能都是骨干教师讲课，可以结合实际操练、经验分享、情感共鸣等内容形式，把本校教育实际有机结合起来。如果在培训过程中涉及教育科研成果的展示，可以安排教师观看有关的多媒体课件、录像及课题成果材料等。这样培训学习就不会空洞，使人印象深刻。

要对培训结果进行测评。学习是由经验和练习引起的学习者在能力或倾向方面的较稳定的变化过程，学习者能力或倾向的变化，必须通过学习内容的有效测评才能获悉。测评在培训中具有导向、激励、反馈、调节作用。培训内容测评的方式有很多，如口头提问测评法、书面问卷测评法等。测评是一种手段，而非目的，培训测评可结合校本培训的内容进行，每学期或每学年进行一次。

问题三：教学反思对教育科研的重要性体现在哪里？

一、教学反思的重要性

教学反思是在某一特定情境中，教师经由关键事件的触发、外在的影响因素与原有的教育信念、知识等内在结构的冲突所引发的对各种因素关系的反省。反思与一般的思想具有显著的不同，反思包括怀疑、踌躇、困惑和心智上的困难，以及在反思过程中产生的解决疑惑的需要。反思具有驱使与召唤中小学教师进行深入思考与研究的作用，有利于激发中小学教师内在探究的主动性，激发中小学教师内心深处解决问题的欲望。教学反思是提高教育质量的前提和保障。

二、教学反思的内容

从宽泛意义上讲，教学反思当然要反思教学，但反思教学的哪些方面呢？要进行真正的反思，提高反思质量，就要寻找那些值得反思、足够引起反思和足够明确与具体的事件，主要包括：

1. 在教学实践中，频繁遇到的教学问题、受之困扰较久的教学难题和经常发生却难以说清楚的教育教学事件；

2. 在教学实践中，新近发生的意外事件、反常事件和闻所未闻的偶发事件；

3. 在教学实践中，遇见的令人惊喜的成功事件或具有打击性的失败事件；

4. 在教学实践中，新近发生的鲜活的、印痕深刻的异类事件；

5. 在日常生活中，发生的扰人心神与发人深思的能够牵连到教学的相关事件。

不难看出，中小学教师的教学反思要扎根于教学实践，来源于实践，提高实践水平。叶澜教授也指出，"一位教师写一辈子教案不一定能成为名师，但如果一位教师写三年的反思，就有可能成为名师"。反思有利于改善教学和促进教师专业成长，是教师专业成长最有效的方式之一。

三、教学反思的研究性特征

教育科研一般按照发现问题、分析问题、解决问题的步骤来进行。发现问题是一切研究的根源，思想是行为的先导，教育反思是发现教育科研问题的直接途径。反思的过程性特征是研究性，需要具备可靠的方法、可信的证据、充分的证明和正确的结论才能够完成。反省思维的5个阶段分别是：1. 暗示，在暗示中，教师内心主动寻找可能的解决办法；2. 理智化，将感觉到的疑难或困惑理智化，放在特定的教学环境中进行具体考察，使其成为有待解决、可以解决和必须解决的问题；3. 假设，以一个接一个的暗示作为导向意见，在目的性暗示的指导下搜集事实材料，同时对解决方法的探寻工作进行指导；4. 推理，对一种解决问题的概念或假设加以推敲，并判断问题可能的解决程度；5. 用行动检验假设，通过对解决问题方法的实施，以外显的或想象的行动来完成对假设的检验。上述教育反思的基本逻辑过程是：提出问题——确定问题——提出假说——搜集资料——验证假说——得出结论——检验结论，是非常完整的研究步骤。

由此可见，在研究性特征上，教育反思和教育科研是一致的。教育反思有利于教师寻找教育、教学中的问题。在教学中反思和探究、在反思和探究中教学，反思贯穿于教师的教学、学习和科研的全过程，是教师专业发展的有效途径。教师必须把教学反思、经验反思作为自身教育科研能力发展的手段。

问题四：教师如何保持从事教育科研的积极性？

教师从事教育科研积极性的保持是内部动力与外部动力相互作用的结果。内部动力指人类所具有的自生成、自发展的心理动力，根据马斯洛的"需要层次理论"，教师科研的内部动力就是自我提高、自我实现的需要。外部动力指学校和社会文化环境对教师的影响作用，对于教师来讲主要指学校制订的提高教师科研积极性的基本措施，如职称评定、考核评估、资金奖励等，以此激发教师做科研的积极性。在提高教师科研积极性的过程中，必须"双管齐下"，达到内部动力和外部动力的良性互动，形成发展动力，成为促进教师教育科研发展的真正动因，增强学校科研发展的凝聚力和竞争力。

每个人都有自我提高的需要，在全校广大教师和科研人员积极投身教育科研的过程中，每个教师也是看在眼里、急在心里，所以学校要创建人人热爱教育科研、献身教育科研的氛围，激发教师的热情，为教师的自我激励创造条件。一是学校根据课题研究情况，发动教师撰写教育叙事或科研论文，进行一系列评选活动，并择优参加各级部门的评奖活动，以此激发广大教师参与研究、参与学习的积极性；二是组织观摩研讨活动，举行校园十大教学能手、科学研究先进个人等项目的表彰，并定期举行观摩研讨活动，引领教学改革新潮流；三是组织成果交流会，学校可组织以课题组为单位的成果交流研讨会，让获得成果奖的教师介绍自己有效的做法和取得的成果，并提出进一步深入研究的打算、建议，择优在校会上做典型交流，让教师的劳动获得最大范围的认可，从而激发其他教师自我实现的需求。学校可以出台相关绩效考评规定，将教师所获的各种形式的奖项和发表的论文计入年终教师工作考评中。对为学校科研做出显著贡献的创新团队、重大项目、标志性成果予以嘉奖和大力宣传，以此激发教师进行教育科研的积极性。

问题五：教育科研共同体对教育科研有哪些促进作用？

一、什么是教育科研共同体？

所谓教育科研共同体（以下简称共同体）就是通过课题研究把中小学教师、科研机构的研究人员乃至地方行政人员组织在一起进行教育科研所形成的集体。通过集体的知识、诊断，去粗取精，达成共识。从"个人愿景"融合成为"集体愿景"，是发展"共同愿景"的基础。成员之间在合作与分享、领导与决策以及支持性条件的创建上达成共识，是价值观与规范"共同"的基础。科研共同体不是短期内为了一个研究目的进行的合作，而是有长期的目标分工，从不同角度进行研究，最终形成的不只是课题的研究成果，更有可能是一种新的见解和观点。

二、教育科研共同体对教育科研有哪些促进作用？

1. 发挥共同体的职能作用，提升教研人员的科研能力

共同体在构建与实施过程中，能够充分确立作为研究组织的研究、指导和服务的职能，发挥其在课题研究、业务指导、教育科研管理等方面的综合作用，提高共同体在教育科研中的服务力和贡献力，形成学校开展教育研究的合力。共同体通过一系列保障制度，促进工作有序、高效地开展，同时，在运作过程中，共同体中相关的教育科研人员能够立足岗位，结合实践，实现教、研结合，校内外研究力量的结合，促进教研人员自身理论素养和实践能力的提高。

2. 促进教研与科研高度融合

共同体成员基于学校教学实践，紧紧围绕教学和科研两条主线来开展研究活动。基于教学的科研可以围绕课堂教学改革、教学管理、德育管理等一线问题进行研究；基于教育科研的教学可以开展主题式、项目式教学探究活动。二者的有效结合能够改善以往将教育科研束之高阁，只关注教学的情况。二者相互渗透、相互关联，可以实现教育理论与实践的一体化发展，有效促进教学与科研的高度融合。

3. 促进教育科研方式的转变，实现多元合作

共同体改变了教师孤立搞科研、学校孤立搞科研的"单打独斗"的方式，形成了"集群"研究的方式。使教育科研从独立个体的"我"的研究转型为集体的"我们"的研究。实现了从单向沟通向多向沟通的转变。共同体的形成，能够以具体的教育科研活动、开展教学实践研究、教学理论研究、课题研究、共同学习等为载体，实现跨学校、跨专业的教育科研合作。

4. 加速学校内部教研组织形式的变革，促进学校教学、科研质量的全面提高

教研组是开展教育研究的基本组织形式，但是科研组却很少见。教研组承担着安排考试、组织公开课、检查教师教案、传达学校指令等教学辅助性工作。教研组丧失了将"教"与"研"相结合的功能；教研组长仅仅是一个管理者，而不是一个有效的课程与教学领导者；教研组活动中教师之间缺乏实质性合作；教研活动过程中规划的意识与能力不够，大部分仍停留在"就课论课"的层面，难以发现教研组发展中存在的问题，并提出有针对性的发展策略。

共同体的建立打破了教育科研的组织形式，形成学校内部不同学科、不同年级组共同

参与的研究团队，有效地改善教师之间缺乏实质性合作、难以找到合适的研究课题等问题，为教师提供开展教育科研的空间，提升学校教研活动的规划意识与能力。

本章内容小结

本章我们了解了获取信息技术研究课题趋势的方法（能力里程碑7-1）、教学与教育科研结合的途径（知识检查点7-1），认识了教育反思对教育科研的作用（知识检查点7-2），了解教育科研共同体对教师持续做教育科研的重要性（知识检查点7-3），能够根据研究目标组建科研共同体并开展相关科研活动（能力里程碑7-2）。

本章内容的思维导图如图7-1所示。

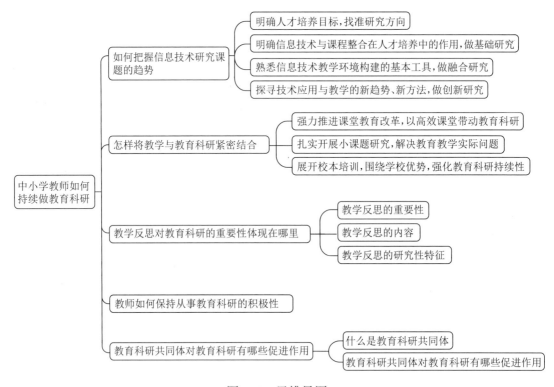

图7-1 思维导图

自主活动：思考《地平线报告》基础教育版带来的启示

请学习者在学完本章内容后，进行自我反思，并记录个人学习心得。

小组活动：讨论目前在信息技术与课程整合方面所做的研究及成效

请学习者围绕本章的学习主题进行组内交流，并做好小组学习记录。

评价活动：评价本章知识与能力学习水平

一、名词解释

教育科研创新（知识检查点 7-1）

地平线报告（知识检查点 7-1）

教育科研共同体（知识检查点 7-3）

二、简述题

1. 怎样把握信息技术研究课题的趋势（能力里程碑 7-1）？
2. 信息技术与课程整合的基本工具有哪些（能力里程碑 7-1）？
3. 教育反思对教育科研的重要性体现在哪里（知识检查点 7-2）？
4. 如何建立教育科研共同体，共同体成员的目标是什么（知识检查点 7-3）？

三、实践项目

与本校同事组建科研共同体，结合教学实际分析近五年《地平线报告》（基础教育版）中的相关内容，与共同体成员协作，最终确定一个可研究的课题，并撰写课题方案（能力里程碑 7-1、能力里程碑 7-2）。

参 考 资 料

[1] 贡雅丽. 小学教师小课题研究的现状、问题及对策 [D]. 南京：南京师范大学，2014.

[2] 吕宪军，王延玲. 中小学教师教育科研需要关注的几个问题 [J]. 大连教育学院学报，2018（3）：24-27.

[3] 浦明磊. 中学政治教师科研素养及其提升研究 [D]. 扬州：扬州大学，2017.

[4] 朱德全，易连云. 教育学概论 [M]. 重庆：西南师范大学出版社，2003：428.

[5] 杨红倩. 改进中学政治教师科研状况的思考 [D]. 开封：河南大学，2015.

[6] 顾玉军. 中小学教师走向校本教研的路径选择——以"科研能力提升"培训为例 [J]. 中小学教师培训，2019（1）：15-19.

[7] 韩忠月. 中小学教师科研动力缺失与改进策略 [J]. 中国教育学刊，2012（7）：84-85.

[8] 栾传大，赵刚. 教育科研手册 [M]. 大连：大连出版社，1991：100-110.

[9] 樊洁. 科研素质——中学教师亟待提高的教育素养 [J]. 现代教育科学（普教研究），2003（5）：17-19.

[10] 张斌. 中小学教师科研素养提升研究——从教师核心素养谈起 [J]. 教师教育论坛，2017（8）：30-33.

[11] 黄荣怀，沙景荣，彭绍东. 教育技术学导论 [M]. 北京：高等教育出版社，2006：95-96.

[12] 赵欢欢，中小学教师数据素养能力结构模型及评价指标体系研究 [D]. 北京：北京邮电大学，2018.

[13] 魏荣荣. 中学教师行动研究现状及其能力的培养策略 [D]. 西安：陕西师范大学，2013.

[14] 刘文甫，李国元. 中小学教师教育科研素养现状成因及对策研究 [J]. 中小学教师培训，2010（7）：27-30.

[15] 丁波，朴今哲.依托课题研究构建优质高效课堂——《构建高效课堂实践研究》课题成果展示活动反思[J].现代教育科学.普教研究，2015（8）：81-83.

[16] 许丽美.融合STEAM教育理念的小学数学综合实践活动课程重构[J].福建基础教育研究，2018（3）：142-144.

[17] 方健华.中小学教科研方法指南及论文导写[M].南京：南京师范大学出版社，2012（3）.

[18] 曲天立.研究是一种境界[M].上海：西南师范大学出版社，2015（8）.

[19] 袁玥.教师微型课题研究指南[M].上海：华东师范大学出版社，2011（9）.

[20] 申海燕.基于中小学教育科研的教师专业发展研究[D].石家庄：河北师范大学，2010.

[21] 付蓉丽.小学教师微型课题研究中的问题及对策研究——以龙泉驿区H小学为例[D].四川成都：四川师范大学，2018.

[22] 苏忱.与一线老师谈科研[M].上海：上海教育出版社，2018.

[23] 徐世贵，李淑红.做个研究型教师——微课题研究实施指南[M].上海：华东师范大学出版社，2019.

[24] 李哉平，沈江天.中小学课题研究方案的设计[J].教学与管理，2009（5）：24-27.

[25] 李冲锋.教学科研课题方案的设计[J].当代教育科学，2013（8）：15-18.

[26] 谢幼如.教育技术研究方法与项目实践[M].北京：中国铁道出版社，2011（9）.

[27] 梁惠燕.中小学教育科研的N个问题[M].广州：广东高等教育出版社，2017.

[28] 龚国胜.课题研究方案编制与撰写策略分析[J].教育研究与评论（中学教育教学），2009（6）：31-35.

[29] 肖昌圣等.应用信息技术培养学生创新意识和实践能力的实验研究.[J].教育信息化，2003（8）：46-48.

[30] 和学新，徐文彬.教育研究方法[M].北京：北京师范大学出版社，2015（3）.

[31] 郑金洲.行动研究指导[M].北京：科学出版社，2004（1）.

[32] 李世平.翻转学习理念下小学英语微课开发的行动研究[D].广州：广州大学硕士学位论文，2017（6）.

[33] 肖昌圣等.应用信息技术培养学生创新意识和实践能力的实验研究[J].教育信息化，2003（8）：46-48.

[34] 宋虎平.行动研究[M].北京：教育科学出版社，2006（3）.

[35] 王凤云.微信平台在高中信息技术教学应用中的实验研究[D].天津：天津师范大学，2018.

[36] 科学软件网.

[37] 定新浪博客.

[38] 百度百科.

[39] 王洪.基础教育科研成果的推广应用路径[J].中国高校科技,2015(05):18-19.

[40] 教育部人事司组.高等教育学[M].北京:高等教育出版社,1999:311-312.

[41] 王铁军.中小学教育科学研究[M].武汉:武汉大学出版社,1997:110.

[42] 上海市黄浦区教育学院科研室.区域教育科研成果推广应用——行动与策略[J].上海教育科研,2018(12):51-55.

[43] 俞晓东,王保全.教育科研成果推广的定位、机制与策略[J].上海教育科研,2018(12):43-45.

[44] 田慧生.创新管理工作,提升科研水平[J].教育研究,2017(01):11-15.

[45] 张启胜.中小学教育科研成果推广的有效探索[J].教书育人,2011(02):38-39.

[46] 易海华.教育科研成果推广应用的误区及对策思考[J].中国教育学刊,2007(04):16-20.

[47] 谢幼如,李克东.教育技术学研究方法基础[M].北京:高等教育出版社,2006:257-262.

[48] 李洵.教师撰写研究报告的常见问题[J].上海教育科研,2011(3):47-48.

[49] 姚继琴.教师撰写课题研究报告的误区与解决策略[J].襄樊职业技术学院学报,2012,11(3)105-106.

[50] 沙景荣,姚勇伟,王艳艳.信息技术支持中小学课堂教学的作用到底是什么[J].中国电化教育,2009(09):89-93.

[51] 焦建利.《地平线报告》2015基础教育版简评[J].中国信息技术教育,2015(21):31-32.

[52] 张坤颖.《新媒体联盟地平线报告:2017年基础教育版》对我国基础教育的启示[J].教师教育研究,2018,30(2):41-47.

[53] 陈晨,杨成,王晓燕等.学习测量:大数据时代教育质量提升的新力量[J].现代教育技术,2017,27(02):33-39.

[54] 石保聚.深化教科研工作,助推区域教育可持续发展[J].教育实践与研究,2016(14):19-22.

[55] 董素静.国外中小学教师校本教育科研能力的培养——教师专业化发展的重要途径之

一 [J]. 外国中小学教，2005，（4）：5-9.

[56] 何克抗，吴娟. 信息技术与课程整合 [M]. 北京：高等教育出版社，2007：31-35.

[57] 董鹏. 主题式立体化教科研体系成就学校可持续性高位发展 [J]. 基础教育参考，2017（22）：18-20.

[58] 徐杰，董建勋. 大数据支持下的学生个性发展的实践研究 [DB/OL].https：//wenku.baidu.com/view/c365debbf80f76c66137ee06eff9aef8941e48a9.html.

[59] 高国华. 农村小学语文主题性阅读的研究 [DB/OL].https：//wenku.baidu.com/view/68f5853d5a8102d276a22fa4.html.

[60] 余广生. 利用信息化手段提高小学语文课堂教学实效性的研究 [DB/OL].https：//wenku.baidu.com/view/2019e012168884868762d669.html.

[61] 郭芳. 信息技术与小学阅读、习作有效整合的模式与方法的研究 [DB/OL].http：//www.docin.com/app/p?id=259070537.

[62] 李晓玉. 交互式电子白板对信息技术课堂结构的影响 [DB/OL].http：//www.docin.com/p-98469862.html.

[63] 姜勇. 核心素养下的主题教学活动创新设计与课堂实施研究 [DB/OL].https：//wenku.baidu.com/view/a8ed2bb5b9f67c1cfad6195f312b3169a451ea32.html.

[64] 方健华. 中小学教科研方法指南及论文导写 [M]. 南京：南京师范大学出版社，2010（12）.

[65] 谢幼如，李克东. 教育技术学研究方法基础 [M]. 北京：高等教育出版社，2006：257-262.

反侵权盗版声明

电子工业出版社依法对本作品享有专有出版权。任何未经权利人书面许可，复制、销售或通过信息网络传播本作品的行为；歪曲、篡改、剽窃本作品的行为，均违反《中华人民共和国著作权法》，其行为人应承担相应的民事责任和行政责任，构成犯罪的，将被依法追究刑事责任。

为了维护市场秩序，保护权利人的合法权益，我社将依法查处和打击侵权盗版的单位和个人。欢迎社会各界人士积极举报侵权盗版行为，本社将奖励举报有功人员，并保证举报人的信息不被泄露。

举报电话：（010）88254396；（010）88258888

传　真：（010）88254397

E-mail：dbqq@phei.com.cn

通信地址：北京市万寿路173信箱

电子工业出版社总编办公室

邮　编：100036